权威·前沿·原创

皮书系列为

“十二五”“十三五”“十四五”时期国家重点出版物出版专项规划项目

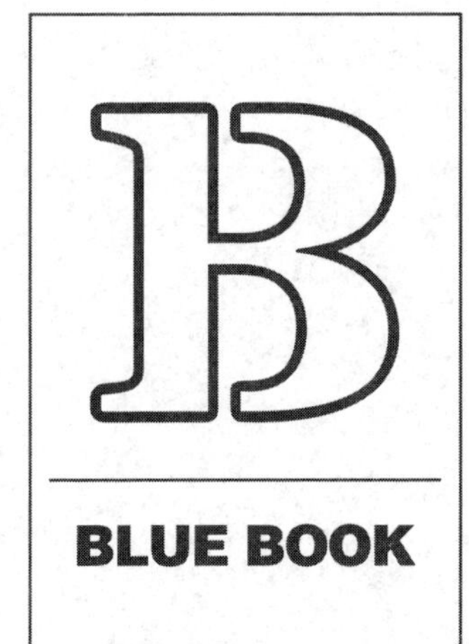

智库成果出版与传播平台

黄河流域生态保护和高质量发展报告（2022）

ANNUAL REPORT ON ECOLOGICAL CONSERVATION AND HIGH-QUALITY DEVELOPMENT OF THE YELLOW RIVER BASIN (2022)

研　创 / 青海省社会科学院
主　编 / 索端智
副主编 / 孙发平

社会科学文献出版社
SOCIAL SCIENCES ACADEMIC PRESS (CHINA)

图书在版编目（CIP）数据

黄河流域生态保护和高质量发展报告．2022／索端智主编；青海省社会科学院研创；孙发平副主编．--北京：社会科学文献出版社，2022.9
（黄河流域蓝皮书）
ISBN 978-7-5228-0570-2

Ⅰ．①黄…　Ⅱ．①索…　②青…　③孙…　Ⅲ．①黄河流域-生态环境保护-研究报告-2022　Ⅳ．①X321.22

中国版本图书馆 CIP 数据核字（2022）第 147111 号

黄河流域蓝皮书
黄河流域生态保护和高质量发展报告（2022）

研　　创／青海省社会科学院
主　　编／索端智
副 主 编／孙发平

出 版 人／王利民
责任编辑／陈　颖　桂　芳
责任印制／王京美

出　　版／社会科学文献出版社·皮书出版分社（010）59367127
　　　　　地址：北京市北三环中路甲 29 号院华龙大厦　邮编：100029
　　　　　网址：www.ssap.com.cn
发　　行／社会科学文献出版社（010）59367028
印　　装／三河市东方印刷有限公司

规　　格／开 本：787mm×1092mm　1/16
　　　　　印 张：28.5　字 数：474 千字
版　　次／2022 年 9 月第 1 版　2022 年 9 月第 1 次印刷
书　　号／ISBN 978-7-5228-0570-2
定　　价／168.00 元

读者服务电话：4008918866

黄河流域蓝皮书（2022）
编 委 会

研创单位　青海省社会科学院

协编单位　四川省社会科学院
甘肃省社会科学院
宁夏社会科学院
内蒙古自治区社会科学院
陕西省社会科学院
山西省社会科学院
河南省社会科学院
山东社会科学院

主要编撰者简介

索端智　藏族，中共党员，博士，教授。青海省社会科学院党组书记、院长。兼任中国民族学人类学学会副会长、西南民族研究会常务副会长、教育部社会学学科教育指导委员会委员。长期从事藏学、民族学、人类学研究，先后主持完成国家社科基金项目“三江源生态移民研究”“青藏高原藏族游牧区公共服务研究”等多项课题，发表专业学术论文50余篇。研究成果获青海省哲学社会科学优秀成果一等奖1项、二等奖2项，首届青海省科学成果奖论文类二等奖1项，国家民委社会科学研究成果优秀奖（调研报告类）1项，青海省第四届高等教育省级教育成果二等奖1项。

孙发平　汉族，中共党员，研究员，享受国务院特殊津贴专家。青海省社会科学院原副院长。获青海省政府“青海学者”荣誉称号。长期从事经济发展战略、区域经济学和青海经济问题的研究与教学工作，先后独立、合作、主编书籍10余部，在《光明日报》《经济日报》《青海社会科学》等报刊发表论文100余篇，主持和参与完成国家社科基金项目2项、青海省社科基金项目9项、各类委托课题40余项，主持完成智库报告60余篇。研究成果获青海省哲学社会科学优秀成果一等奖4项、二等奖2项、三等奖5项，青海省优秀调研报告一等奖5项、二等奖7项、三等奖4项。20余篇智库报告获省部级以上领导肯定性批示。

摘 要

“黄河流域蓝皮书”是我国黄河流域地区青海、四川、甘肃、宁夏、内蒙古、陕西、山西、河南、山东九省区社会科学院联合组织专家学者撰写的反映黄河流域改革发展的综合性年度研究报告，是研究黄河流域经济、政治、社会、文化、生态文明“五位一体”建设中面临的重大理论和现实问题的重要科研成果。

《黄河流域生态保护和高质量发展报告（2022）》由青海省社会科学院研创，由总报告、综合篇、省区篇、生态保护篇、黄河经济篇、黄河文化篇、案例篇、附录8个部分组成。

总报告以“建设造福人民的幸福河”为题，从流域生态系统安全健康、水资源节约集约利用、环境污染系统治理、特色优势现代产业体系、区域城乡发展新格局、保护传承弘扬黄河文化等十个方面梳理了黄河流域生态保护和高质量发展取得的成效，并通过审视与思考，总结提炼发展进程中的现实启示，指出进一步推进黄河流域生态保护和高质量发展的战略走向。综合篇聚焦黄河流域各省区碳达峰路径、县域生态治理、生态产品价值实现路径研究。省区篇重点分析2021~2022年沿黄九省区各自的生态保护和高质量发展现状。生态保护篇重点研究了青海黄河流域生态治理状况、内蒙古黄河流域山水林田湖草沙系统治理状况、黄河三角洲生态治理成效与经验。黄河经济篇围绕黄河流域制造业绿色化转型、沿黄城市群经济社会高质量发展、宁夏能源转型升级、山西沿黄地区文旅康养产业融合发展、四川黄河流域相对贫困人口生计转型情况等问题展开研究。黄河文化篇展示了青海黄河文化发展现状、甘肃黄河文化标识体系构建等方面内容。案例篇分别从黄河县域经济文化高质量发展、黄河湖泊流域生态修复保护、黄河省域文化旅游带创新、黄河干流段生态治理等主要方面出发进行了专门研究。附录对 2021 年 7 月至 2022 年 6 月黄河流域生态保护和高质量发展方面的重大事件做了专门记载。

关键词： 国家战略　黄河流域　生态保护和高质量发展

Abstract

The "Blue Book of the Yellow River Basin" is a comprehensive annual research report reflecting the reform and development of the Yellow River Basin written by experts and scholars from the Academy of Social Sciences of nine provinces including Qinghai, Sichuan, Gansu, Ningxia, Inner Mongolia, Shaanxi, Shanxi, Henan and Shandong. It is an important scientific research achievement in studying the major theoretical and practical problems faced in the "Five-In-One" construction of economy, politics, society, culture and ecological civilization in the Yellow River Basin.

"Blue Book of the Yellow River Basin: Report on Ecological Protection and High-quality Development of the Yellow River Basin (2022)" was researched and created by Qinghai Academy of Social Sciences. It consists of eight parts: general report, comprehensive chapter, provincial chapter, ecological protection chapter, Yellow River economy chapter, Yellow River culture chapter, case chapter and appendix.

The general report is titled "Building a River of Happiness for the Benefit of the People". The achievements of ecological protection and high-quality development in the Yellow River Basin were sorted out in ten aspects including: safety and health of river basin ecosystem, conservation and intensive use of water resources, systematic management of environmental pollution, modern industrial system with distinctive advantages, new pattern of regional urban and rural development, protection, inheritance and promotion of Yellow River culture etc. Through review and thinking, the practical enlightenment in the development process was summarized and extracted, and the strategic direction of further promoting the ecological protection and high-quality development of the Yellow River Basin was pointed out. The comprehensive chapter focuses on the research on the path of carbon peaking, county-

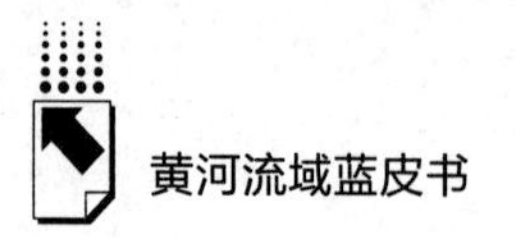

level ecological governance, and the realization of ecological product value in various provinces and regions in the Yellow River Basin. The provincial chapter focuses on analyzing the status quo of ecological protection and high-quality development along the nine provinces from 2021 to 2022. The ecological protection chapter focuses on the ecological governance of the Yellow River Basin in Qinghai, the governance of the mountains, waters, forests, fields, lakes, grass and sand systems in the Yellow River Basin in Inner Mongolia, and the effectiveness and experience of ecological governance in the Yellow River Delta. The Yellow River economics chapter focuses on the green transformation of the manufacturing industry in the Yellow River Basin, the comparison of the industrial structure development of the five major urban agglomerations along the Yellow River, the transformation and upgrading of energy industry, the integrated development of the cultural, tourism, health and wellness industries in the Yellow River Basin, and the livelihood transformation of the relatively poor population in the Yellow River Basin of Sichuan. The Yellow River culture chapter shows the development status of the Yellow River culture in Qinghai and the construction of the Yellow River cultural identification system in Gansu. The case chapter is carried out from the main aspects of the high-quality economic and cultural development of the Yellow River County, the ecological restoration and protection of the Yellow River Lake Basins, the innovation of the Yellow River provincial cultural tourism belt, and the ecological governance of the main section of the Yellow River. The appendix specifically records the major events in the ecological protection and high-quality development of the Yellow River Basin from July 2021 to June 2022.

Keywords: National Strategy; Yellow River Basin; Ecological Protection and High-quality Development

目录

Ⅰ 总报告

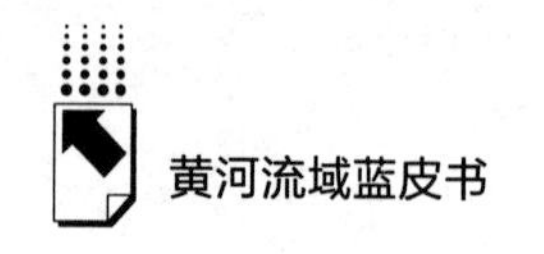

Ⅱ 综合篇

Ⅲ 省区篇

Ⅳ 生态保护篇

Ⅴ 黄河经济篇

Ⅵ 黄河文化篇

Ⅶ 案例篇

Ⅷ 附 录

CONTENTS

I General Report

Ⅱ Comprehensive Chapters

Ⅲ Provincial Chapters

Ⅳ Ecological Protection Chapters

V Yellow River Economy Chapters

Ⅵ Yellow River Culture Chapters

Ⅶ Case Chapters

Ⅷ Appendix

总 报 告

General Report

B.1

建设造福人民的幸福河

——黄河流域生态保护和高质量发展报告（2022）

青海省社会科学院课题组*

摘　要： 黄河流域生态保护和高质量发展是一个系统工程，加强黄河生态保护、实现高质量发展、促进黄河长治久安是中华民族的夙愿，也是建设美丽中国的根基。本报告聚焦于流域生态系统安全健康、水资源节约集约利用、环境污染系统治理、特色优势现代产业体系、区域城乡发展新格局、保护传承弘扬黄河文化等十个方

* 课题组组长：孙发平，青海省社会科学院原副院长，研究员，主要研究方向为区域经济学。课题组成员：毛江晖，青海省社会科学院生态环境研究所所长，副研究员，主要研究方向为生态经济、自然保护、环境规制等；王礼宁，青海省社会科学院经济研究所助理研究员，主要研究方向为区域经济、能源经济；郭婧，博士，青海省社会科学院生态环境研究所助理研究员，主要研究方向为生态经济；胡芳，青海省社会科学院文史研究所研究员，主要研究方向为青海地方文学、民俗文化和历史文化；张明霞，博士，青海省社会科学院生态环境研究所副研究员，主要研究方向为森林生态系统及可持续性经营、生态经济；李婧梅，青海省社会科学院生态环境研究所助理研究员，主要研究方向为生态经济；魏珍，青海省社会科学院经济研究所助理研究员，主要研究方向为区域经济；刘畅，青海省社会科学院经济研究所助理研究员，主要研究方向为区域经济协调发展；任妍妍，青海省社会科学院中国特色社会主义理论体系研究中心助理研究员，主要研究方向为区域经济学。

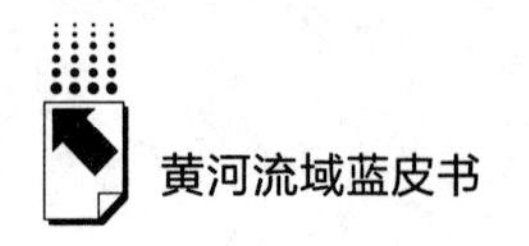

面，梳理了近三年来黄河流域生态保护和高质量发展的做法与取得的成效，通过审视与思考，总结提炼了推进黄河流域生态保护和高质量发展的主要启示，并指出在未来几年发展过程中，黄河流域各省区应坚持以水为基础，有效保障生态环境安全、不断提升现代环境治理能力，在治理方式、发展方式、民生保障和黄河文化等方面呈现新的战略走向。

关键词： 生态保护　高质量发展　黄河流域

2019 年 9 月 18 日，习近平总书记在河南郑州主持召开黄河流域生态保护和高质量发展座谈会，为保护好黄河流域生态环境，促进沿黄地区经济高质量发展指明了方向、明确了目标。随着黄河流域生态保护和高质量发展上升为重大国家战略，2020 年 10 月 5 日，中共中央、国务院印发《黄河流域生态保护和高质量发展规划纲要》（以下简称《黄河流域规划纲要》），拉开了新时代黄河流域生态保护和高质量发展的历史大幕。2021 年 10 月 22 日，习近平总书记在山东济南主持召开深入推动黄河流域生态保护和高质量发展座谈会并发表重要讲话。习近平总书记两次重要讲话深刻阐明了黄河流域生态保护和高质量发展的重大意义，做出了加强黄河治理保护、推动黄河流域高质量发展的重大部署，推动黄河生态保护、黄河治理和黄河流域经济社会发展取得巨大成就。2022 年 1 月 19 日，韩正副总理在北京主持召开推动黄河流域生态保护和高质量发展领导小组全体会议，强调要牢牢把握共同抓好大保护、协同推进大治理的战略导向，全方位贯彻“四水四定”原则，始终坚持问题导向，推动黄河流域生态保护和高质量发展不断取得新进展。三年来，在党中央坚强领导下，沿黄各省区认真学习贯彻习近平总书记关于黄河流域生态保护和高质量发展重要讲话精神，相继出台了各省区黄河流域生态保护和高质量发展规划，经过艰辛探索和不懈努力，黄河流域水沙治理取得显著成效、生态环境持续明显向好、发展水平不断提升，各项工作都取得了举世瞩目的成就，人民群众获得感、幸福感、安全感显著提升。基于此，本报告立足从水源涵养能力建设、水资源配置、环境污染治理、建设特色优势现代化产业、构建区域城乡发展新格局等多个方面回顾梳理了黄河流域生态保护和高质量发展取得的成效，并对进一步推进黄河流域生态保护和高质量发展的战略走向进行了探讨，以期为建设造福人民的幸福河提供学理支撑。

一 加强上中下游协同治理，促进流域生态系统安全健康

习近平总书记强调："要加强雪山冰川、江源流域、湖泊湿地、草原草甸、沙地荒漠等生态治理修复，全力推动生物多样性保护。要积极推进黄河流域生态保护和高质量发展，综合整治水土流失，稳固提升水源涵养能力，促进水资源节约集约高效利用。"[①] 黄河生态安全是黄河流域经济社会可持续发展的重大前提。同时，黄河流域是一个相互联系、相互协同的整体性系统，流域内生态系统的自然特征及其生态服务功能的公共性要求其进行整体性治理。因此，加强流域生态保护、开展流域协同治理是黄河流域生态保护和高质量发展的必然要求。

（一）加快推进山水林田湖草沙冰保护修复，生态安全屏障进一步筑牢

黄河最大的问题是生态，黄河生态本底脆弱，上游三江源、祁连山，中游黄土高原，下游黄河三角洲等地区都极易发生退化，且恢复难度大；流域3/4以上区域属于中度以上脆弱区，部分区域水土流失严重。黄河生态环境保护具有长期性、复杂性和艰巨性特征，实现黄河流域生态保护和高质量发展，绝非一日之功。三年来，从国家层面到沿黄九省区出台了各种保护措施，黄河流域生态保护取得了明显成效。一是加强顶层设计。2022年，生态环境部、国家发展和改革委员会、自然资源部和水利部四部门联合印发了《黄河流域生态环境保护规划》，确定到2030年，黄河流域生态环境质量将明显改善，生态安全格局初步构建。同时，沿黄九省区也陆续出台了本省区黄河流域生态环境保护和修复方案，为黄河山水林田湖草沙冰保护和修复擘画蓝图。二是上游加强

① 习近平2021年6月7~9日在青海考察时的讲话。

水源涵养。黄河源头加大对扎陵湖、鄂陵湖、约古宗列曲、玛多河湖泊群等河湖保护力度，加强黄河源区封育保护，提升水源涵养能力，筑牢“中华水塔”。加大水蚀风蚀交错、农牧交错地带生态修复力度，实施封禁治理，改善生态环境。[①] 三是中游加强水土保持和污染治理。陕西省黄河流域生态保护修复开展以来，通过实施“三北”工程、退耕还林、退牧还草等工程，植被覆盖明显增加，森林覆盖率提高3%。沙化土地面积减少到2020万亩，860万亩流动沙地实现基本固定和半固定，沙区植被覆盖率达到60%。水土保护综合治理效果显著，入黄泥沙明显减少，累计治理水土流失面积5.7万平方公里，建成淤地坝3.4万座，累计拦泥58亿吨，年均入黄泥沙量由8.3亿吨减少到2.68亿吨。[②] 四是下游加强湿地保护修复。自2019年以来，山东省通过多种修复方式，保障黄河下游湿地生态系统健康，打造生态保护样板区，有效推进黄河三角洲湿地生态系统的良性维持，湿地生态系统明显改善，湿地生物多样性显著提升。通过自然恢复与工程修复相结合，黄河三角洲完成退耕还湿、退养还滩7.25万亩，累计修复湿地近30万亩。

（二）促进生物多样性保护，人与自然和谐共生格局初步显现

习近平高度关注生物多样性保护工作，“生物多样性既是可持续发展的基础，也是目标和手段”。[③] 黄河贯穿青藏高原、黄土高原和华北平原，形成的流域包含高寒草甸、戈壁荒漠、温带草原、河湖湿地、城市农田、河口三角洲等典型生态系统。由于流经距离长，地质地貌差异大，上、中、下游生态本底不一致，空间异质性高。同时，黄河历史上经历多次改道，与海河、淮河、长江等水系存在一定的物种交流，黄河流域在我国生物多样性保护工作中具有独特价值。三年来，沿黄流域通过加强监测、就地保护等措施，流域生物多样性丧失的势头得到一定遏制。一是建立完善生物多样性监测体系。近年来，为提高黄河流域生物多样性保护水平，生态环境部黄河流域生态环境监督管理局以乌梁素海、小浪底水库、东平湖、黄河河口等为重点，开展黄河水生态环境和

---

① 中共水利部党组：《为黄河永远造福中华民族而不懈奋斗》，《求是》2022年第4期。

② 王雁林、魏宏安、曹小曙等：《推进陕西黄河流域山水林田湖草一体化修复治理》，《学习与研究》2022年第3期。

③ 2020年9月30日，习近平在联合国生物多样性峰会上的讲话。

水生生物多样性调查并建设观测网络，评估黄河水生生物受威胁状况。二是加强珍稀濒危动植物栖息地保护和土著鱼类栖息地保护与涉水工程建设的受损栖息地修复。系统开展替代生境保护、鱼类庇护所建设、连通性生态恢复、生态岸线保护等措施，保护鱼类资源和“三场一通道”生境。加强水利水电工程监管和提高修复水平，努力保障黄河干流和重要支流生态流量，确保生态平衡，开展鱼类生态通道修复。在黄河上游源区段等重点河段实施乌梁素海生态环境综合整治，开展生境连通相关研究，在黄河口推动开展退化水生生态系统修复示范工程等。三是强化生物安全管理。针对外来物种入侵严重影响黄河三角洲生物多样性的情况，山东结合黄河三角洲实际，重点开展了互花米草治理研究，促进了黄河三角洲新淤地功能的改善、鸟类栖息觅食环境的提升和滩涂的形成。

（三）优化国土空间开发保护新格局，“一带五区多点”空间布局正在形成

习近平总书记强调，要强化国土空间规划和用途管控，落实生态保护、基本农田、城镇开发等空间管控边界，实施主体功能区战略，划定并严守生态保护红线。[①] 黄河流域生态保护与空间开发格局体系关系密切。三年来，沿黄流域统筹划定“三区三线”（生态空间、农业空间、城镇空间及生态保护红线、永久基本农田、城镇开发边界），强化底线约束，为可持续发展预留空间。各省结合自身区域特点，构建符合“一带五区多点”的空间保护格局。如宁夏提出构建“一河三山”生态空间格局，突出黄河、贺兰山、六盘山、罗山在维护区域生态安全中的核心地位，坚持自然恢复为主、人为修复为辅，推进森林、草原、湿地、流域、农田、城市、沙漠七大生态系统建设，提升生态系统碳汇能力，不断增强生态系统的平衡性、安全性和稳定性。

（四）探索建立流域横向生态补偿机制，流域协同治理逐步推进

习近平总书记指出：“要围绕生态文明建设总体目标……进一步推进生态保护补偿制度建设，发挥生态保护补偿的政策导向作用。”[②] 黄河流域横向生

---

① 习近平 2021 年 4 月 30 日在十九届中央政治局第二十九次集体学习时的讲话。
② 习近平 2021 年 5 月 21 日在中央全面深化改革委员会第十九次会议上的讲话。

态补偿机制是流域治理主体之间横向协作、推动流域全面发展的重要手段，更是从宏观角度协调流域整体利益的保障。实施好横向生态补偿机制，将调动流域上下游地区积极性，从“各自为政”变为“同舟共济”，形成责任清晰、合作共治的长效机制。一是明确方向。生态环境部、财政部等部门2020年联合印发《支持引导黄河全流域建立横向生态补偿机制试点实施方案》，明确以地方补偿为主，加快建立起流域跨省横向生态补偿机制。“十四五”期间，将安排引导资金20亿元，推动建立全流域横向生态保护补偿机制。二是开展探索实践。陕甘两省沿渭六市一区启动渭河流域跨省界生态补偿；自2021年起，已有山东、河南、甘肃、四川等省之间分别签订了横向生态补偿协议，实现黄河上下游、左右岸协同共治。2021年5月，河南、山东两省签署我国首份省际横向生态补偿协议，启动黄河流域跨省横向生态补偿机制的实践探索。根据协议，2021~2022年河南省共可获得生态补偿金1.26亿元。河南、山东两省携手打造省际横向生态补偿机制，初步形成黄河流域生态治理共担共享的新格局。

（五）强化黄河流域司法保障，生态保护司法效能日趋提升

习近平总书记指出：“用最严格制度最严密法治保护生态环境，加快制度创新，强化制度执行，让制度成为刚性的约束和不可触碰的高压线。”① 长期以来，损害黄河流域生态环境的违法行为对黄河流域生态环境造成了严重的破坏，亟须依法进行整治。三年来，沿黄各省区行政机关、检察机关、审判机关发挥职能作用，协同配合，对生态环境违法案件进行了整治，取得了较好的法律效果和社会效果。一是完善黄河流域环境资源案件专业化审判机制。黄河流域九省区都构建了生态司法体系，为黄河流域生态环境司法治理提供了保障，也逐渐探索出处理生态保护及环境资源损害案件的成熟路径。同时，最高人民法院在全国设立了四个跨区域集中管辖环境资源法庭（南京、兰州、昆明、郑州），其中，兰州、郑州环境资源法庭有望根据黄河流域上中下游的生态环境特点，搭建成黄河上游、中游的生态保护司法平台，通过跨域立案、巡回审判等方式维护环境法治整体性、统一性，促进黄河流域生态环境一体化司法保

① 2018年习近平在全国生态环境保护大会上的讲话。

护，满足黄河流域生态保护和高质量发展的司法需求。二是设立生态保护巡回法庭。2021 年 9 月，山西省成立黄河万家寨库区生态保护巡回法庭。这是黄河流域首家由省高级人民法院设立的巡回法庭，旨在通过行政执法与司法保护协作联动形成执法合力，及时查处河道内水事违法行为，依法快速处理破坏黄河河道生态环境案件。三是专门立法被提上日程。2021 年 12 月，《黄河保护法（草案）》提请十三届全国人大常委会第三十二次会议初次审议。为黄河专门立法，能够为黄河流域提供更为整体和系统的法律保护，弥补现行分散立法的不足。草案聚焦黄河流域突出问题，围绕生态保护与修复、水沙调控与防控安全、污染防治、黄河文化保护传承弘扬等方面做出相应规定。这意味着未来将用法治力量守护母亲河安澜，推动高质量发展，保护传承弘扬黄河文化，推进生态文明建设。

二　优化水资源配置格局，加强全流域水资源节约集约利用

习近平总书记在黄河流域生态保护和高质量发展战略中指出，黄河水资源量就这么多，搞生态建设要用水，不能把水当作无限供给的资源。要把水资源作为最大的刚性约束，实施全社会节水行动，推动用水方式由粗放向节约集约转变[①]。这为黄河流域破解水资源短缺问题提供了思想指引和行动指南。“十四五”是推动黄河流域生态保护和高质量发展的关键时期，黄河流域是多民族聚居地区，流经的 9 个省区中，除四川外全部位于北方地区，从根本上解决黄河流域水资源过度开发、超量和无序取用水等问题，对缓解南北经济空间失衡意义重大。黄河流域生态保护和高质量发展战略实施三年来，采取有效应对措施逐步转变水资源配置和利用管理理念以及流域经济发展方式，相关九省区通过补好预警监测基础设施短板，流域防洪减灾体系基本建成；通过构建黄河供水工程体系，黄河水资源配置体系日趋完善；通过加强黄河水资源刚性约束，流域内取用水行为进一步规范；通过强化水资源统一调度，黄河流域水资源集约节约利用水平得到有效提升。

---

① 习近平 2019 年 9 月 18 日在黄河流域生态保护和高质量发展座谈会上的讲话。

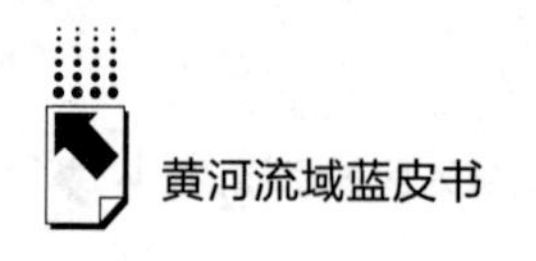

（一）补好预警监测短板，流域防洪减灾体系基本建成

在灾情面前，及时预报、预警是关键。习近平总书记强调，扎实推进黄河大保护，确保黄河安澜，是治国理政的大事。要强化综合性防洪减灾体系建设，加强水生态空间管控，提升水旱灾害应急处置能力，确保黄河沿岸安全①。三年来，黄河流域深入落实“两个坚持、三个转变”防灾减灾救灾的理念，着力于补好灾害预警监测短板，补好防灾基础设施短板，按照做细做实做准预报、预警、预演、预案“四预”工作，保障了伏秋大汛岁岁安澜，确保了人民生命财产安全。一是基本实现防汛指挥现代化。以流域为单元，建成了完善的防汛指挥调度系统，构建了主要由河道及堤防、水库、蓄滞洪区组成的现代化防洪工程体系，全面提升了黄河防洪减灾能力。二是建设江河控制性工程。病险水库除险加固，提高了洪水调蓄能力；严格河湖行洪空间管控，提高了河道泄洪能力。三是优化调整蓄滞洪区布局。实施蓄滞洪区安全建设，加强黄河主要支流和中小河流治理，确保蓄滞洪区关键时刻能够发挥关键作用。四是优化实施调水调沙。黄河流域开展了大规模治理保护工作，通过完善流域水沙调控体系，下游主河槽过流能力得到有效提升，黄河干流堤防全面达标。五是充分发挥生态环境监督管理局作用。通过开展黄河流域水环境监管实验室能力建设，配齐、配强应急监测装备，提高了流域水环境监管执法和突发环境事件应急响应能力。生态环境部于2019年底启动了《黄河流域水生态环境监测体系建设方案》编制工作，2022年3月30日在新闻发布会上指出，2021年黄河流域“清废行动”应用卫星和无人机遥感技术，对黄河干流中上游青海、甘肃、宁夏、内蒙古、四川五省区24个地级市约7.5万平方公里开展遥感识别，各地各部门累计投入资金约2400万元，清理各类固废882.6万吨，水沙治理取得显著成效，防洪减灾体系基本建成，保障了经济社会的持续稳定发展。

（二）构建供水工程体系，黄河水资源配置体系日趋完善

黄河流域生态保护和高质量发展战略的实施，对水资源保障提出了新要

---

① 习近平2021年10月20~21日在山东东营考察时的讲话。

求，构建黄河水利工程体系越发重要。新中国成立后，我们党领导开展了大规模水利工程建设。党的十八大以来，党中央统筹推进建成了一批跨流域跨区域重大引调水工程。三年来，黄河流域供水工程体系发挥着抵御洪水、调节径流、蓄洪防旱、控制污染、控制水量、调水调沙、水能发电等重要作用，黄河两岸生态环境进入良性循环，基本形成了“上拦下排、两岸分滞”多源丰枯互补、大中小微并举的供水工程体系格局，为流域及下游引黄地区农林牧灌溉、城市用水、黄河中上游能源基地提供了水源保障。从黄河上游的龙羊峡水电站、青铜峡水利枢纽，到中游的海勃湾水利枢纽、黄河潼关水文站，以及黄河下游的三门峡水利枢纽、小浪底等“上拦”水利枢纽工程，增强了拦蓄洪水、拦截泥沙和调水调沙能力，为黄河安澜、百姓安乐奠定了坚实的基础。标准化堤防工程建设、河道整治等“下排”工程，使洪水“漫决”和“溃决”问题基本得到解决，初步形成“拦、调、排、放、挖”综合处理和利用泥沙体系，有效减缓了黄河下游河道淤积抬升的趋势。南水北调西线工程既是国家“四横三纵”水资源配置格局的重要组成部分，可将长江水资源调至黄河流域，更是黄河水网的核心工程。南水北调西线等工程体系建设弥补了黄河天然来水较少的缺陷、进一步增加了流域可用水资源量。

（三）加强刚性约束，黄河流域内取用水行为进一步规范

黄河水资源总量较少、利用较为粗放，农业用水效率不高，但是水资源开发利用率却高达 80%，水资源保障形势严峻[①]。要建立水资源刚性约束制度，严格用水总量控制，统筹生产、生活、生态用水，大力推进农业、工业、城镇等领域节水[②]。黄河流域要抓好农业深度节水控水，因水施种，发展节水农业、旱作农业，把农业用水效率提上去、总量省出来[③]。三年来，黄河流域强化水资源刚性约束，落实用水总量和用水强度“双控”，严格水资源用途管制，对流域内水资源超载地区暂停新增取水许可，及时制止和纠正无证取水、超许可取水、超计划取水、超采地下水、擅自改变取水用途等行为，使得黄河流域内取用水行为进一步规范。黄河流域生态保护和高质量发展战略的实施，

① 习近平 2019 年 9 月 18 日在黄河流域生态保护和高质量发展座谈会上的讲话。

② 习近平 2021 年 5 月 12~13 日在河南南阳考察时的讲话。

③ 习近平 2020 年 12 月 28 日在中央农村工作会议上的讲话。

对黄河水资源综合开发利用提出了更高要求，核心内容就是把水资源作为最大刚性约束，黄河流域经济社会需要以水资源量为刚性约束条件进行发展，凸显约束性、均衡性和保护性。黄河“87”分水方案是确定各省耗水量指标的依据，为黄河流域的有序用水发挥了非常重要的历史作用，但随着气候变化及人类活动的影响，黄河流域水资源面临新形势。2021年，水利部印发了《2021年水资源管理工作要点》，强化了水资源的刚性约束，深入落实最严格水资源管理制度，把“四水四定”原则贯穿到水资源管理全过程。做好黄河流域初始水权分配，把流域内水资源量逐级分解到行政区域、黄河控制断面，黄河流域的水权水资源统一管理得到了强化。健全水资源监测体系，实现干支流规模以上取水口动态监管。黄河流域用水量、工业增加值用水量、亩均灌溉用水量都有所下降，通过实施深度节水控水等行动，黄河流域水资源开发利用程度进一步提高。

（四）强化统一调度，水资源集约节约利用水平有效提升

水资源短缺问题是黄河流域经济社会可持续发展和良好生态环境维持的最大制约和短板，河干断流等问题曾经给沿岸经济社会发展和生态系统带来严重影响。三年来，随着黄河流域生态保护和高质量发展战略的深入落实，优化黄河流域水资源配置格局、加强流域集约节约利用成为维护全流域生态平衡的关键途径和重要举措，国家发展改革委联合水利部、住房和城乡建设部、工业和信息化部、农业农村部制定印发《黄河流域水资源节约集约利用实施方案》（发改环资〔2021〕1767号）。黄河流域实施水量统一管理与调度，实施全社会节水行动，推动用水方式由粗放向节约集约转变，实现水资源代际社会福利公平，提升了流域整体的连续性和贯穿性，实现黄河20余年不断流。截至2022年初，黄河流域已有7个省区将节水纳入地方节水型社会综合考核评价体系，448个县级行政区达标。黄河干流和6条重要跨省支流15个控制断面生态流量全部达标，为世界江河保护治理提供了“中国范例”。有效缓解了水资源供需紧张局面，更加促进了全流域水资源节约集约利用，保证了黄河畅流，为国民经济高质量发展提供了可靠的水资源供给基础。

三　强化环境污染系统治理，净化黄河“毛细血管”

黄河流域是中国重要的经济地带和生态安全屏障，流域污染综合治理问题备受关注。习近平总书记曾在黄河流域生态保护和高质量发展座谈会上提出，治理黄河，重在保护，要在治理①。经过综合治理，黄河流域生态环境治理及其发展已取得显著成效。这对于扭转黄河流域生态环境系统恶化趋势和提升生态系统质量发挥着不可替代的作用。

（一）深入推进农业面源污染防治，流域水环境质量得到有效改善

农业面源污染治理是水污染治理的重要环节，从根源上讲，农业面源污染治理是实现农业生产环境健康的有效途径。习近平总书记强调，要“以钉钉子精神推进农业面源污染防治”②。农业农村部、生态环境部等国家相关部委出台了《重点流域农业面源污染综合治理示范工程建设规划（2016—2020年）》，加快转变农业发展方式，打响了农业面源污染防治攻坚战，采取有力措施，深入推进农业面源污染防治工作且取得明显成效。一是农业面源污染监测能力不断加强。逐步建成了流域农业面源污染治理监测平台，开展了农业面源污染长期定位监测工作。截至2022年5月，内蒙古巴彦淖尔市以产地环境净化为核心，以精准测污为手段，高质量完成了农业面源污染普查，农牧业投入品可追溯体系建设有序推进。二是节肥节药技术大面积推广应用。实施化肥农药零增长行动，开展化肥减量增效试点，加大农作物病虫害绿色防控力度。2012~2021年，宁夏农业污染排放总氮从1.47万吨下降到0.54万吨，化肥使用量持续零增长。三是强化种植业污染源头管控。根据流域农业污染源类型分布、地理气候条件等因素确定了农业面源治理试点地区。甘肃省以能源升级转型、农业环境生态治理为重点加强科学技术支撑，

① 孙立成：《奋力书写“造福人民的幸福河”时代答卷》，《求是》2021年第18期。

② 洪亚雄：《以钉钉子精神推进农业面源污染防治》，《中国环境报》2021年4月8日。

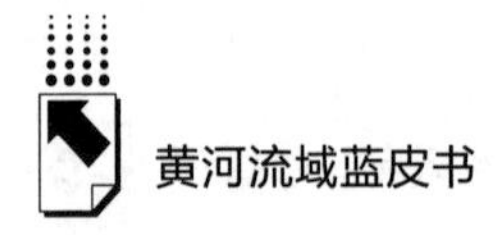

强化种植业污染源头管控，有效推动循环产业发展。陕西省坚持源头减量、过程控制、末端利用的治理路径，实现粪污零排放。黄河流域在深入推进农业面源污染防治上，重点突出流域上下游、左右岸、干支流协同治理，通过减少农业投入品、提高资源化利用率，结合生态措施和工程措施，提高了综合治理的系统性和整体性。

（二）推进工业污染协同治理力度，氮氧化物排放强度有效降低

近年来，沿黄两岸，能源化工、钢铁冶金、低端制造等高污染排放企业数量巨大，治理形势严峻，工业污染减排已成为黄河流域生态保护的主要任务。《黄河流域规划纲要》中明确提出“推动沿黄一定范围内高耗水、高污染企业迁入合规园区，加快钢铁、煤电超低排放改造，开展煤炭、火电、钢铁、焦化、化工、有色等行业强制性清洁生产”。因此，促进工业污染排放协同治理，对于黄河流域生态屏障的形成和高质量发展具有重要意义。一是注重臭氧与PM2.5的协同治理。在遏制臭氧污染上升趋势的同时，降低了PM2.5浓度；优化了PM2.5和臭氧协同治理的科学技术，同时也为减排路径提供保障，确保了氮氧化物和挥发性有机物实现流域范围内的“双控双降”。甘肃省加强黄河流域工业污染源管控治理，建成了沿黄38个县级以上工业园区污水集中处理设施，严控严管新增高污染、高耗能、高排放、高耗水企业，建立了以排污许可为核心的固定污染源管理制度。2022年上半年，甘肃省14个市州所在城市细颗粒物平均浓度下降15.4%，市州空气质量平均优良天数比例为86.3%。二是实现了流域重点高耗能行业节能监察全覆盖。深化环评领域“放管服”改革，对黄河流域石化、煤化工等高污染行业项目进行严格环评审查。四川省借助工业污染治理项目，推进重点行业清洁化技术改造和强制性清洁生产审核，重点乡镇开展“散乱污”集中排查整治等，从而持续推进空气质量的改善。2022年上半年，PM2.5、PM10年均浓度持续下降，大气网格化监测系统和大数据平台已建成使用，确保氮氧化物排放强度有效降低。

（三）深入开展固废排查整治，流域废物利用处置能力得到提升

深入开展固体废物排查整治，是从源头推动污染治理、改善黄河流域生态环境的重要举措。近年来，习近平总书记就固体废物与化学品环境管理领域先

后做出多次重要指示批示，涉及禁止洋垃圾进口、“无废城市”建设试点、“白色污染”综合治理、危险废物和医疗废物利用处置等多个方面[①]。因此，2021~2022年，生态环境部集中开展了黄河流域“清废行动”。2021年排查整治了内蒙古、四川、甘肃、青海、宁夏五省区黄河干流沿岸、渭河甘肃段沿岸和湟水河沿岸，覆盖面积达到74872平方公里；2022年集中排查整治陕西、山西、河南、山东四省黄河干流沿岸、渭河陕西段沿岸、汾河山西段沿岸和石川河沿岸，覆盖面积56875平方公里。一是全面摸排整治流域固体废物倾倒情况。科学处置各类违法倾倒固体废物问题，特别是历史遗留固体废物问题，解决了固体废物环境污染问题，同时有力提升了黄河流域危险废物利用处置能力和全过程信息化监管水平。二是建立固废遥感解译标准和技术流程。形成了一套成熟的“卫星遥感+无人机遥感+地面排查”的天地空一体化固废执法业务体系，开创了固废核实与整治的新模式，实现了固废调查与执法的信息化管理。目前，已开展黄河干流中上游青海、四川、甘肃、宁夏、内蒙古五省区24个地级市约7.5万平方公里的遥感识别，确认问题点位497个，整改完成率98.4%。各地各部门累计投入资金约2400万元，清理各类固废882.6万吨，在有效防范黄河中上游沿线生态环境安全风险的同时，形成了“遥感排查—分批交办—地方整改—专家帮扶—遥感再看”的闭环管理工作模式，取得显著成效。

（四）开展矿山生态环境综合治理，矿山生态环境逐步修复

矿山生态修复是加强生态文明建设的重要内容，也是黄河流域自然生态治理修复的关键环节。《黄河流域规划纲要》中指出“按照‘谁破坏谁修复’‘谁修复谁受益’原则盘活矿区自然资源，探索利用市场化方式推进矿山生态修复”。沿黄各省区优先对破坏生态严重、影响人民群众生产生活的废弃露天矿山开展生态修复，综合整治取得阶段性成效。一是创新模式加速推进矿山生态修复。青海省自启动黄河流域矿山生态修复以来，稳步推进历史遗留矿山生态修复工作。截至2021年底，51个历史遗留矿山生态修复项目已全部开工，其中38个项目已完成主体工程建设，累计完成治理面积1109公顷。同时，在

① 《生态环境部：2020年底前我国将实现固体废物零进口目标》，中国经济网，2020年11月30日。

工程治理前、治理中和治理后三个阶段，均采用无人机对各项目区进行航拍，并通过三维立体影像核查工作量及治理成效等。2022 年 5 月，甘肃省白银市平川区通过创新“国家储备林+N”模式，加速推进融入产业发展、矿山生态修复、采煤沉陷区恢复治理等项目的国家储备林建设。二是调查评价矿山历史遗留生态破坏与污染状况。实施了矿区地质环境治理、地形地貌重塑、植被重建等生态修复和土壤、水体污染治理等项目，同时探索了利用市场化方式推进矿山生态修复。三是统筹推进采煤沉陷区、历史遗留矿山综合治理。根据《中国国土资源统计年鉴》统计，在矿山企业数方面，四川的矿山企业数最多，而青海、宁夏矿山企业数相对较少。内蒙古、山东和山西在矿山环境治理投资中投入相对较高。整体来看，在矿山治理方面，黄河流域各省区重视程度逐步加强，并取得了一定的成果，矿山生态环境逐步修复。

（五）加强重点河湖水污染治理力度，水资源可持续利用结构不断优化

黄河流域河流水系网络包含干流和支流，加大重点河湖水污染治理力度对黄河流域生态保护和高质量发展具有重要意义。中共中央、国务院《关于加快推进生态文明建设的意见》中把江河湖泊保护摆在重要位置，并提出“江河湖泊具有重要的资源功能、生态功能和经济功能，是生态系统和国土空间的重要组成部分”①。三年来，黄河流域水污染治理取得阶段性成果，是黄河流域各省区加大重点河湖水污染治理力度取得的成效。一是黄河流域水质类别提升明显。2018 年，内蒙古将黄河流域列入“水十条”考核的 16 个断面中，与上年相比较，共有 10 个断面的水质类别实现提升，黄河干流的 6 个断面水质全部达到Ⅱ类。2020 年，汾河流域实时掌握水体水质状况、预警预报等，对保留的 449 个入河排污口加强水质监测，超标排放的限期治理、封堵，完善监测体系。这说明黄河流域河湖管护责任体系基本形成，黄河流域“四乱”问题增量基本得到遏制，加强了智慧河湖的建设。二是黄河流域特别是中上游降水量明显增加。根据《2020 中国生态环境状况公报》，黄河流域监测的 137 个

---

① 陈雷：《落实绿色发展理念 全面推行河长制河湖管理模式》，《水利发展研究》2016 年第 12 期。

水质断面中，Ⅰ~Ⅲ类水质断面占84.5%，比2019年上升11.8个百分点；无劣Ⅴ类水，比2019年下降8.8个百分点（见表1）。干流水质为优，主要支流水质良好。黄河流域各省区水资源使用结构不断优化，这对于水生态环境修复、促进流域资源环境生态的协同保护均具有重要意义。

表1　2020年黄河流域水质状况及年际比较

水体	断面数	比重(%)						比2019年相比增幅(个百分点)					
	(个)	Ⅰ类	Ⅱ类	Ⅲ类	Ⅳ类	Ⅴ类	劣Ⅴ类	Ⅰ类	Ⅱ类	Ⅲ类	Ⅳ类	Ⅴ类	劣Ⅴ类
流域	137	6.6	56.2	21.9	12.4	2.9	0	3	4.4	4.4	0	-2.9	-8.8
干流	31	3.2	96.8	0	0	0	0	-3.3	19.4	-16	0	0	0
主要支流	106	7.5	44.3	28.3	16.1	3.8	0	4.7	0	10.4	0	-3.7	-11.3
省界断面	39	5.1	69.3	7.7	12.8	5.1	0	2.5	12.8	-5.1	2.5	-5.2	-7.7

资料来源：《2020中国生态环境状况公报》。

四　加快供给侧结构性改革，建设特色优势现代产业体系

习近平总书记强调，“持续推进产业结构和能源结构升级优化，努力打造绿色低碳循环发展的经济体系”①。“百年未有之大变局”形势下，黄河流域各省区摒弃传统“高污染高排放”项目，利用科技创新对一二三产进行改造升级，应用新一代通信技术增强三产融合效果。结合自身发展基础和优势强项，深化供给侧结构性改革，科学合理地利用各项资源，谋划产业布局、落实产业项目、推动产业发展、打造产业集群。经过三年发展，黄河流域特色优势现代产业体系逐步构建，在全国范围内，依然发挥着粮食安全、能源安全的重要保障作用，从区域角度看，产业结构明显合理，产业集群竞争优势逐渐显现，为流域实现高质量发展筑牢了根基。

（一）大力促进农业增产提质，粮食安全保障作用依然稳固

习近平总书记指出，“农业现代化发展要向节水要效益，向科技要效益，

① 习近平2019年9月16~18日在河南考察调研时的讲话。

发展旱作农业，推进高标准农田建设"[①]。三年来，黄河各省区专注把握种子和耕地两个关键，通过严格落实以水定地、因水施种，强化耕地面积保护、加强人民口粮安全保障、积极稳定主要农副产品供给，农业发展动能持续增强。一是持续推动种质资源保护。位于河套地区的中国黄河流域西北地区种质基因库于2020年开始运营，已收集2.5万份种子，为黄河流域选育各种作物新品种提供了物质基础。二是加快推进农业现代化产业化。西宁市黄河流域（湟水河）高原蔬菜现代农业产业园、济南黄河流域现代农业引领区项目、黄河口（利津）全产业链现代高新农业产业园等项目加快建设步伐。三是不断深化农业发展特色化、品牌化。青海建设绿色有机农畜产品输出地成效显著，"黄河几字弯""天赋河套""洛阳源耕"等一批黄河流域农副产品公用品牌逐渐打响。四是充分发挥金融赋能农业作用。2020年，农业农村部在黄河流域选择青海等7个省区启动"利用亚洲开发银行贷款黄河流域绿色农田建设和农业高质量发展项目"，项目总投入30亿元，主要用于绿色农田建设、农业生态治理和面源污染控制、农业产业高质量发展等。2021年，黄河流域粮食播种面积4218.0万公顷，占全国总面积的35.9%，粮食产量2.39亿吨，比2019年增长2.1%，粮食产量占到全国总产量的35.0%，较2019年略微下降0.3个百分点（见图1）。总体来看，黄河流域农业发展效益明显提升，保障全国粮食安全的重要作用依然稳固。

（二）稳步推进工业改造升级，产业集群竞争优势逐渐显现

习近平总书记强调，"要扎实推动黄河流域高质量发展，建设特色优势现代产业体系"[②]。三年来，黄河各省区加强高端要素资源集聚能力，着力提升创新发展能力，在产业更新升级方面取得了一系列成果。青海、四川、甘肃、宁夏、内蒙古、山西等中西部地区关停大量高耗能、高污染企业，加快新旧动能转化步伐。青海构建的以盐湖资源综合利用产业为核心的循环经济工业增加值占比超过60%，锂电、新材料、盐湖化工、光伏光热四大产业集群加快构建；宁夏推进传统产业优化提升，电解锰、铁合金等传统产业装备技术水平全国领先；陕西能源化工、航空航天、装备制造、电子信息等产业

① 习近平2021年10月22日在深入推动黄河流域生态保护和高质量发展座谈会上的讲话。

② 习近平2021年10月22日在深入推动黄河流域生态保护和高质量发展座谈会上的讲话。

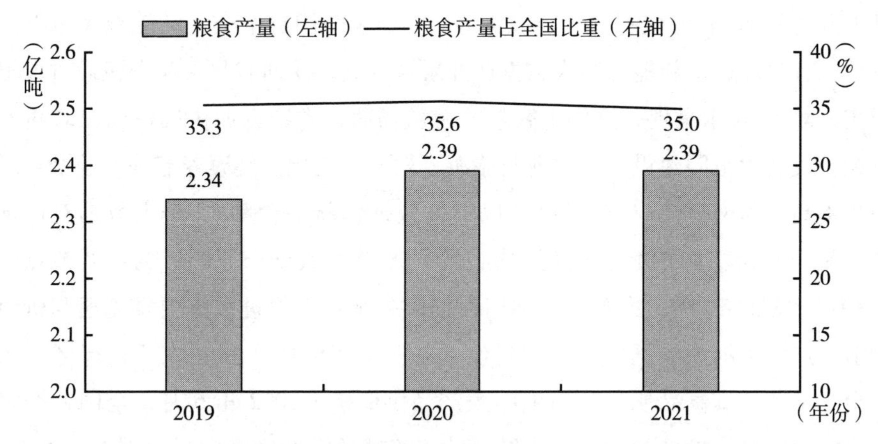

图 1　2019~2021 年黄河流域粮食产量及占全国比重

资料来源：国家数据网站，https：//data. stats. gov. cn/。

集群不断壮大，国家新一代人工智能创新发展试验区建设稳步推进；山西实施“111”“1331”“136”创新工程，14 个战略性新兴产业集群加快形成；河南全面实施制造业“三大改造”战略，装备制造、食品制造产业加快跃向万亿级；山东软件产业跻身国内第一梯队，山东半岛工业互联网示范区成为全国三大工业互联网示范区之一。有研究显示，黄河流域产业高级化指数呈稳步上升趋势①，产业集群多点开花，竞争优势逐渐显现。

（三）深度运用数字赋能产业，一二三产融合效率持续提升

习近平总书记指出，“推动数字经济和实体经济融合发展”②。三年来，黄河流域各省区坚持以大数据资源为核心要素提升流域创新发展能力，不断激发数字经济动能，在智能农业、农产品生产与加工、电子商务、工业数字化、文旅融合等方面取得明显进步，数字赋能产业发展取得了新成效。2021 年，黄河流域数字经济规模增长迅速，四川、陕西、河南、山东四省数字经济规模超

① 马晓翱、郭力：《黄河流域产业升级对生态环境影响研究》，《合作经济与科技》2022 年第 9 期。

② 习近平：《不断做强做优做大我国数字经济》，《求是》2022 年第 2 期，第 4 页。

过1万亿元[①]。青海依托清洁能源优势，打造了全国首个全清洁能源大数据产业园，有效促进了新能源和大数据产业融合发展；陕西省将文旅资源通过虚拟现实、5G等技术呈现，开创了智慧旅游新局面；内蒙古加快推进国家农村产业融合发展示范园建设，农牧业与旅游、教育、文化、健康养老等产业融合度稳步提高；河南搭建60个省级及以上大数据创新平台和12个大数据双创基地，初步形成以龙子湖智慧岛为核心区、18个大数据产业园区为主要节点的"1+18"发展格局[②]；山东充分利用数据服务平台，促进数据要素流通与价值创造，加快黄河大数据中心规划建设，以"济南样板"和"农业先行区"为平台，不断拓展高品质、可追溯的农产品供应链。2022年5月，全国首个黄河流域数字经济发展专项研究成果《黄河流域数字新经济发展白皮书》发布，数据显示，黄河流域数字新经济发展呈现稳步增长态势，数字经济在黄河流域一二三产融合发展中的赋能效用日益凸显。

（四）积极优化能源开发布局，国家能源安全地位愈加重要

习近平总书记强调，"要集中资源攻克关键核心技术，加快清洁高效开发利用，提升能源供给质量、利用效率和减碳水平"[③]。三年来，黄河流域各省区统筹能源保供与绿色低碳转型，积极深化能源领域改革，能源开发布局进一步优化，能源领域低碳转型步伐进一步加快。一是新能源开发利用走在全国前列。截至2022年3月底，沿黄九省区风电、光伏累计并网分别达1.58亿千瓦、1.38亿千瓦，分别占全国风电、光伏累计并网3.18亿千瓦、3.37亿千瓦的49.7%、40.9%，合计占黄河流域电力总装机的33.9%，比全国风电、光伏装机占比高6.6个百分点。其中，青海新能源装机占全省电力装机比重达61.5%，为全国最高。二是煤炭产业提质增效有序实施。黄河流域九大全国煤炭基地通过合理控制煤炭开发强度、严格规范各类勘探开发活动、加快生产煤矿智能化改造、推进煤炭消费替代和转型升级，煤炭产业生态化稳步推进。三

① 中国信通院：《中国数字经济发展报告（2022年）》，2022年7月8日，https：//www.163.com/dy/article/HBTBCRNC051187VR.html。

② 河南省人民政府：《关于印发〈河南省"十四五"数字经济和信息化发展规划〉的通知》，2021年12月31日，https：//www.henan.gov.cn/2022/02-16/2399852.html。

③ 习近平2021年10月21日在胜利油田勘探开发研究院考察调研时的讲话。

是油气产业竞争力持续增强。2021 年，中国石油在长庆油田鄂尔多斯盆地探明地质储量超 10 亿吨的页岩油整装大油田，中国石化在胜利油田济阳坳陷页岩油勘探中首批上报预测储量 4.58 亿吨，非常规油气勘探取得新突破。通过加快推进炼油结构调整和提质增效、持续推进化工产业升级、大力发展战略新兴业务，黄河流域油气产业资产创效能力不断提升，多能互补发展明显加快。总体来看，依照不同的能源禀赋、区位优势和载能特点，黄河流域已经基本形成综合“上游——一体化新能源基地、中游——综合能源基地、下游——能源转型和安全保障设施基地”于一体的全国重要能源基地，保障国家能源安全的重要地位不断提升。

（五）加快推动重大问题研究，科技创新支撑能力不断增强

《黄河流域规划纲要》提出，“提升科技创新支撑能力”。三年来，黄河各省区深入实施创新发展战略，加快搭建高能级科创平台，聚力攻克关键核心技术，不断深化科技体制改革，持续扩大科技交流合作，努力构筑黄河流域科创大走廊，逐步推动形成了具有黄河流域特色的新型创新体系。冰凌监测系统、河流预报技术等多项创新性技术取得了重要突破，提升了流域水土流失治理、泥沙淤积清除、水资源开发的效率，为黄河流域分凌减灾及生态补水提供了强力科技支撑。创新打造深层超深层、古老海相碳酸盐岩和陆相页岩油地质理论与勘探开发技术，建成投产完全自主知识产权的百万吨级乙烷制乙烯国家级示范工程，开发应用高端合成橡胶、高端合成纤维、合成树脂等成套技术，支撑油气增储上产和炼化转型升级。2021 年，水利部会同国家电投集团与国家自然科学基金委员会共同设立黄河水科学研究联合基金，重点支持水资源节约集约利用、水沙调控、水旱灾害防御、水生态保护等领域的研究项目，为保障黄河流域水安全提供科技支撑。黄河实验室正式在河南成立，构筑起体现国家意志、对外开放且具有国际影响力的综合型流域协同创新科研高地。2021 年 12 月，首届黄河流域协同科技创新大会在山东济南举办，会议发布了《十省区科技厅关于加强科技创新协作促进黄河流域生态保护和高质量发展的联合倡议书》及黄河流域“揭榜挂帅”首批十项重大产业技术需求，提出要进一步突出黄河流域科技创新联盟的作用，以科技创新为支撑，促进沿黄地区高质量发展。总体来看，黄河流域创新效率呈上升趋势，科技支撑生态环保和高质量发展的能力不断增强。

五　充分发挥区域比较优势，构建区域城乡发展新格局

《黄河流域规划纲要》明确提出："充分发挥区域比较优势，推动特大城市瘦身健体，有序建设大中城市，推进县城城镇化补短板强弱项，深入实施乡村振兴战略，构建区域、城市、城乡之间各具特色、各就其位、协同联动、有机互促的发展格局。"三年来，沿黄各省区认真谋划落实《黄河流域规划纲要》部署要求，加大统筹协作力度，加强经济协作和资源互补，努力破除资源要素和生产要素流动障碍，以抱团发展形式和新的竞合关系助推各大城市群和中心城市初步成长为高质量发展的增长极，新型城镇化建设快速推进，乡村振兴战略全面实施，县域发展支撑能力不断强化，构建区域城乡发展新格局取得阶段性成效。

（一）紧抓战略机遇，区域协调发展布局更加明确

实施区域协调发展战略是对我国区域发展的新部署新要求。习近平总书记在党的十九大报告中指出，"实施区域协调发展战略"，"建立更加有效的区域协调发展新机制"。三年来，黄河流域九省区立足高质量发展，紧抓战略机遇，充分发挥各自区位和资源比较优势，对区域协调发展做出了清晰明确的布局规划。一是各省区区域协调发展布局不断明确。青海积极构建"两核一轴一高地""一群两区多点"发展新格局，四川深入实施"一干多支、五区协同"战略部署，甘肃明确要打造兰州经济圈、河西走廊经济带和陇东南经济区，内蒙古加快推进呼包鄂乌一体化建设，陕西持续推动西安—咸阳一体化向纵深发展，山西明确了"三区三地"的发展定位和构建"一群两区三圈"的城乡区域发展新布局，河南不断支持做强郑州国家中心城市和郑州都市圈并建强洛阳中原城市群副中心城市和洛阳都市圈，山东明确提出实施"强省会"战略，并做出优化提升"一群两心三圈"的布局安排。二是先行区建设步伐加快。宁夏作为唯一一个全境位于黄河流域的省份，明确全面推进建设黄河流域生态保护和高质量发展先行区的目标定位，并于 2022 年 3 月 1 日起施行《宁夏回族自治区建设黄河流域生态保护和高质量发展先行区促进条例》，为

宁夏加快建设先行区提供了坚强有力的法治保障。三是区域功能定位不断明晰。以青海为代表的黄河上游地区，始终打牢源头责任，筑牢生态安全屏障，持续释放生态红利。以陕西、山西等省为代表的黄河中游地区，不断增强水土保持功能，在坚持生态保护修复和环境综合治理的同时，不断加大科技创新投入，推动资源型产业转型。以山东为代表的黄河下游地区，不断筑牢防洪减灾主战场功能，依托黄河流域最便捷出海口区位优势，支持青岛建设国际大都市和全球海洋中心城市，以海洋强省落实海洋强国战略，成效明显，充分凸显了龙头作用。

（二）加快资源要素集聚，沿黄城市群建设持续推进

打造城市群能够更好地利用城市特色与优势资源，促进城市间协同发展。习近平总书记强调："城市群和都市圈要集约高效发展，不能盲目扩张。"① 三年来，黄河流域主要城市之间不断强化合作共建机制，以构建"五极"动力系统为遵循推动城市群建设，有效发挥了主体功能并取得积极成效。一是黄河上游城市群的战略要地功能持续巩固。兰西城市群充分发挥支撑国土安全和生态安全、维护西北地区繁荣稳定的重要作用，甘青两省积极行动，多次对接，签订了甘青共建兰州—西宁城市群"1+3+10"合作框架协议，并联合印发了《兰州—西宁城市群发展"十四五"实施方案》，明确提出要推动形成"一带双圈多节点"的空间格局，以兰州、西宁为核心的放射状综合通道初步形成，座中四联的枢纽地位日益突出。二是黄河中游城市群的重要增长极作用日益凸显。黄河"几"字弯都市圈②作为我国重要战略腹地，充分发挥东连东南沿海、南接其他四大沿黄城市群、西连亚欧大陆桥、北接蒙古国的独特区位优势，支撑黄河流域经济转型升级，打造重要增长极。关中平原城市群初步建立利益协调机制和基本公共服务一体化发展机制，经济实力显著增强。中原城市

---

① 《习近平主持召开深入推动黄河流域生态保护和高质量发展座谈会并发表重要讲话》，中国政府网，http：//www. gov. cn/xinwen/2021 - 10/22/content_ 5644331. htm，最后检索日期：2022 年 7 月 4 日。

② 主要包括宁夏、陕西、内蒙古、山西四省区的中卫、吴忠、银川、石嘴山、延安、榆林、阿拉善左旗、乌海、巴彦淖尔、包头、鄂尔多斯、呼和浩特、乌兰察布、大同、朔州、忻州、太原、晋中、吕梁等 19 个城市。

群不断发挥交通优势，积极破除资源要素跨地区跨领域流动障碍，已逐步发展成为内陆地区双向开放的新高地。三是黄河下游城市群不断发挥龙头引领作用。山东半岛城市群作为沿黄城市群龙头和我国东部沿海重要的城市群，通过支持青岛建设国际航运贸易金融创新中心，推动西海岸新区全面提质，深化突破菏泽、鲁西崛起，支持沂蒙革命老区振兴发展，统筹谋划胶东、济南、鲁南三大经济圈等举措，不但加强了城市群区域内协同发展，而且有效带动和推动了黄河流域高效合作和高质量发展。

（三）提升综合承载能力，中心城市引领力持续增强

中心城市在政治、经济、文化等诸多方面具备引领、集散和辐射等功能。习近平总书记强调："区域中心城市等经济发展条件好的地区要集约发展，提高经济和人口承载能力。"[①] 三年来，随着更多的科技创新资源、高端制造业、高端服务业和重大新兴产业向中心城市集聚，沿黄最重要的中心节点城市承载力和引领力持续增强。一是国家级中心城市创新引领力持续增强。西安市启动建设国家新一代人工智能创新发展试验区和国家硬科技创新示范区，入选2020年全球人工智能最具创新力城市，在2021年国家创新型城市创新能力评价中位居全国第七、西部第一，稀有金属材料创新中心被评为国家级创新中心。[②] 郑州市成功创建国家产融合作试点城市，挂牌启动并加快建设中原科技城，嵩山、黄河等省级实验室挂牌运行，国家新一代人工智能创新发展试验区成功获批，全国首个千亿级科技服务企业启迪科服总部在郑州落户投建。二是重要中心城市承载力不断提升。济南聚力争创国家中心城市，奋力提升省会龙头城市影响力，中国（山东）自由贸易试验区济南片区高起点投建并运营良好，建成并启用国家超算中心科技园。2021年，高新技术产业产值同比增长7.6%，占规模以上工业产值比重为54.7%，先进制造业占制造业比重达60%，现代服务业增加值同比增长8.5%，占服务业增加值比重为59.5%。[③] 2021年末，西安、郑州、济南三市常住总人口14990万人，占沿黄九省区省会城市总

① 《习近平在黄河流域生态保护和高质量发展座谈会上的讲话》，中国政府网，http://www.gov.cn/xinwen/2019-10/15/content_5440023.htm，最后检索日期：2022年7月4日。

② 资料来源：西安市2022年政府工作报告。

③ 资料来源：济南市2022年政府工作报告。

人口的79%，重要中心城市的吸引力和承载力明显提升。三是现代海洋城市引领力不断提升。2021年中央有关文件将青岛海洋发展摆在了全国沿海城市的第一梯队，青岛市明确提出要在2035年初步建成全球海洋中心城市，持续助力海洋强国战略。目前，青岛海洋GDP在全国同类沿海城市中位居第一，对周边城市发挥了较强的辐射带动作用。

表2　2019~2021年沿黄九省区及省会（首府）城市GDP占流域GDP比重

单位：%

省份	各省区GDP占流域GDP比重			城市名称	各省会(首府)城市GDP占流域GDP比重		
	2019年	2020年	2021年		2019年	2020年	2021年
青海	1.20	1.18	1.17	西宁	0.55	0.54	0.54
四川	18.84	19.14	18.77	成都	6.88	6.98	6.94
甘肃	3.52	3.55	3.57	兰州	1.15	1.14	1.13
宁夏	1.52	1.55	1.58	银川	0.77	0.77	0.79
内蒙古	6.96	6.84	7.15	呼和浩特	1.13	1.10	1.09
陕西	10.43	10.31	10.39	西安	3.77	3.95	3.73
山西	6.88	6.95	7.87	太原	1.63	1.64	1.79
河南	21.93	21.67	20.53	郑州	4.68	4.73	4.42
山东	28.72	28.81	28.97	济南	3.82	3.99	3.99

资料来源：根据各省区统计年鉴、年度统计公报及相关网站整理计算所得。

（四）强化城镇扩容提质，新型城镇化建设快速推进

新型城镇化是全面建成小康社会的重要载体，在撬动内需方面发挥了巨大功能。习近平总书记强调："推进城镇化是解决农业、农村、农民问题的重要途径，是推动区域协调发展的有力支撑。"① 三年来，沿黄九省区着力促进城镇扩容提质，因地制宜加快县城城镇化补短板强弱项，不断完善县城市政基础设施和综合服务能力，持续促进县域经济发展。一是城镇化率显著提高。三年来，青海、四川、甘肃、宁夏、内蒙古和陕西六省区城镇化率提升较快，均超

① 《城镇化是现代化的必由之路》，光明网，https://m.gmw.cn/baijia/2022-05/09/35720681.html，最后检索日期：2022年7月4日。

过4个百分点。当前，除了甘肃和河南，其他七省区城镇化率均超过60%，其中，内蒙古自治区城镇化率达68.2%，位居九省区第一（见表3）。二是特色化新型城镇建设取得阶段性成果。青海有序推进高原美丽城镇“5+1试点”，全省美丽城镇建设覆盖度达76.9%。四川实施争创百强县百强区百强镇行动，西昌和简阳两个市及10个区分别入选全国百强县、全国百强区，确定了700个中心镇，并首批命名17个省级特色小镇。甘肃省按城市服务、工业主导、文旅赋能、农业优先、生态功能等类型引导86个县市区走差异化、特色化发展新路子，有效促进了县域经济发展。

表3　2019~2021年黄河流域九省区城镇化率

单位：%，个百分点

省份	年份			三年来城镇化率提升程度
	2019	2020	2021	
青海省	55.52	60.08	61.02	5.50
四川省	53.70	56.73	64.70	11.00
甘肃省	48.49	52.23	53.33	4.84
宁夏回族自治区	59.86	64.96	66.04	6.18
内蒙古自治区	63.40	67.50	68.20	4.80
陕西省	59.43	62.66	63.63	4.20
山西省	59.55	62.53	63.42	3.87
河南省	54.01	55.43	56.45	2.44
山东省	61.51	63.05	63.94	2.43

资料来源：根据各省区年度统计公报及相关资料整理所得。

（五）挖掘乡土特色优势，乡村振兴内生动力有效激活

大力发展具有乡土特色的地理标志性产品，是乡村振兴最有力的抓手。习近平总书记强调：“乡村振兴，关键是产业要振兴。”① 随着乡村振兴战略不断推进，黄河流域乡土特色优势产业逐渐形成规模，地标经济和平台优势持续撬

① 《习近平三次海南乡村行的三个瞬间》，新华网，http://www.news.cn/politics/xxjxs/2022-04/14/c_1128560647.htm，最后检索日期：2022年7月4日。

动乡村高质量发展。一是地标名片助力乡村振兴。黄河流域九省区 329 个县（旗、市）的农村依托比较优势发展农业特色产业，充分挖掘兼具经济价值和文化价值的特色产品，大力发展地标经济，努力擦亮富农招牌。截至 2022 年 5 月，沿黄九省区打造地标农产品共计 3725 个，占我国地标农产品总数的 30%，各省区拥有地标农产品的数量分别为：青海 126 个、四川 826 个、甘肃 281 个、宁夏 86 个、内蒙古 321 个、陕西 299 个、山西 265 个、河南 330 个、山东 1191 个。[①] 每一个地标产品背后，都能延伸出一条产业链，吸引大量生产要素向相关产业链聚集，有效推动当地经济发展。二是平台优势助力乡村振兴。2021 年 9 月 16 日，沿黄九省区地理标志协会联盟正式成立，通过建立统一的平台中心来引领九省区抱团发展，共同助推黄河流域特色优势产业地标产品流通。2022 年 3 月，黄河流域乡村振兴规划设计研究院在兰州成立，并发起组建了“乡创智库”，通过充分发挥平台优势和人才资源优势，为流域内乡村振兴战略的深入实施提供高端智库服务，进一步探索富有地域特色的高质量发展新路子。

六　加强基础设施互联互通，促进人流、物流、信息流自由便捷流动

在构建新发展格局中，黄河流域持续加强基础设施建设并强化协调互通，促进了各要素流动加快、效率提升。沿黄各省区积极把握新一次技术革命契机，贯彻落实国家各项政策方针，紧抓各项政策机遇，在加强传统基础设施建设的基础上，加快推进新型基础设施建设，“东数西算”“东数西储”等工程稳步实施，交通枢纽改造升级扎实推进，联合科技创新平台加快设立。经过三年发展，黄河流域数据资源作为生产要素的价值不断体现，道路交通促进经济社会发展的作用进一步提升，现代化能源运输体系逐步构建，流域内外产业、贸易、科技等资源融合发展取得一定成效。

---

① 资料来源：全国地标农产品查询平台，http：//dibiao.01nongcan.com/index.php，最后检索日期：2022 年 6 月 2 日。

（一）加快信息基础设施建设，数据资源流通应用水平增强

习近平总书记指出，黄河流域要“推进新型基础设施建设，扩大有效投资”①。三年来，黄河各省区纷纷出台新基建发展规划，加快布局信息基础设施，依托5G、人工智能、工业互联网、物联网等技术，推动数据成为核心生产要素，夯实流域高质量发展基础。甘肃重点建设泛在、安全、高效的智能化数字经济网络基础设施，统筹布局丝绸之路信息港数据中心分级、分区域建设，培育丝绸之路信息港云计算大数据集群品牌；宁夏加快实施5G、千兆光网、物联网等新型基础设施及“互联网+”项目建设，不断提升宁夏数字产业化、产业数字化水平；山西累计开通5G基站超过1.6万个，全国首座5G煤矿在山西省新元煤矿正式落成，环首都太行山能源信息产业基地成为唯一获得第16届全球运营商奖最佳项目的亚洲数据中心。通过强化沿黄各省区协调、跨领域联动，数据融通将为经济发展贡献叠加倍增效应。“东数西算”工程正式启动后，在国家规划的8个算力枢纽节点和10个数据中心集群中，黄河流域分别占了4个，通过优化网络、能源等配套保障，黄河流域将更好地引导数据中心集约化、规模化、绿色化发展，带动数据中心产业发展。总体来看，伴随着新一代通信技术的大规模应用，黄河流域以信息基础设施建设为载体，将有效促进流域内外数据流通、价值传递。

（二）优化提升既有交通网络，省际城乡区域连通效率提升

《黄河流域规划纲要》提出，“填补缺失线路、畅通瓶颈路段，实现城乡区域高效连通”“加密城市群城际交通网络”。三年来，黄河各省区统筹协调，积极推进交通网络建设，为省份间、城乡间进一步协同发展提供了必要的交通基础设施保障。一是省际交通更加通畅。新建西宁至成都铁路项目“甘青隧道”重点控制性工程取得突破；呼和浩特直达郑州、济南、西安动车组相继开通；宁夏中卫卫民黄河大桥等项目顺利建成通车；济郑高铁加快建设；威海—东营—太原航线首航成功，东营机场已实现通达郑州、济南、西安、太原4座黄河流域城市；济南增加沿黄流域节点城市航线，实现至西安、银川、兰州日均航班分别达

---

① 习近平2021年10月22日在深入推动黄河流域生态保护和高质量发展座谈会上的讲话。

11班、5班、4班；黄河水系内河航道通航里程达3533公里。二是城乡交通更加便捷。青海西互一级公路扩能改造、西宁南绕城东延等公路建成通车；甘肃新增4个通高速县市；陕西新改建“四好农村路”和3个一号旅游公路5700公里；河南黄河流域公路总里程17.61万公里；山东高铁里程突破2300公里，日兰高速巨野西至菏泽段改扩建等项目建成通车。总体来看，通过实施一系列跨区域交通项目，黄河流域乡村交通建设日趋完善、现代化城乡交通网络正在加快构建。

（三）全面升级综合枢纽功能，立体交通运输体系不断完善

《黄河流域规划纲要》指出，“加快西安国际航空枢纽和郑州国际航空货运枢纽建设，提升济南、呼和浩特、太原、银川、兰州、西宁等区域枢纽机场功能，完善上游高海拔地区支线机场布局”。三年来，黄河流域积极构建现代化交通网络，推动交通运输结构优化，提升多式联运发展水平，以综合交通枢纽为主体的综合交通运输网络逐步形成。郑州、西安等城市已成为国家综合交通运输的重要枢纽，形成了国际与国内、全货机与腹舱、航空与公路运输衔接互转、无缝对接的货物集疏运体系。2022年2月，济郑高铁濮阳至郑州段开始联调联试，河南“米”字形高铁即将成形；中欧班列（郑州）已累计开行5500多班；2021年，郑州机场完成货邮吞吐量70.5万吨，稳居国内第6位、入列全球40强。2022年，西安东站建设全面启动；中欧班列（西安）集结中心被纳入国家示范工程，“长安号”实现与国内29个省份主要货源地互联互通；咸阳国际机场通航国内外城市200余个、航线近400条。黄河流域上游高海拔地区支线机场逐步完成布局，青海已拥有西宁、格尔木、玉树、德令哈、果洛、花土沟、祁连7座机场，形成“一主六辅”格局。兰州、银川、呼和浩特、太原、济南等黄河流域节点城市也加速提升区域枢纽机场功能，旅客与货运吞吐量持续增长。总体来看，黄河流域持续升级综合交通枢纽功能，加快推动交通网络建设“铁陆空地水”全面发力，立体交通运输体系不断完善，为落实黄河重大国家战略提供了坚实支撑。

（四）打通清洁能源外送通道，能源流域互联互通保障提高

习近平总书记强调，黄河流域“要推进能源革命，稳定能源保供”①。三

① 习近平2021年10月22日在深入推动黄河流域生态保护和高质量发展座谈会上的讲话。

年来，黄河流域各省区积极拓展能源输送通道，在各类能源的长短途载运方面发挥了重要作用。一是煤炭资源运输体系建设完善。黄河流域已建成“北煤南运”“西煤东调”的煤运体系，“晋陕蒙”调出量约占全国跨大区间调出总量的80%。二是油气资源运输体系稳定高效。建成了完善的油气骨干管网设施体系，有力支撑了“西油东送、北油南运、西气东输、北气南下”国家油气输送战略。三是清洁能源输送体系发挥重要作用。黄河流域充分发挥风、光、水资源丰富的优势，不仅持续向流域外输送电力，还不断提升输送电力的绿电占比。目前，全国已经建成的“十四交十二直”26项特高压工程，起点在黄河流域内的占15项；在建的3项特高压工程中，起点全部在黄河流域内；已经完成预可行性研究报告的3项特高压工程中，1项起点在黄河流域内。截至2021年底，黄河流域各省区已建成特高压交直流线路的输送能力约占全国“西电东送”总量的34%。四是氢能源发展“以点带面”正在开启。2022年，济南氢能产业基地正式开工建设，将加速推动氢能“制储运加用”各个环节技术突破，打造国家级氢能创新平台，建设燃料电池装备制造基地，推进氢能在交通、供能等领域全面应用。总体来看，黄河流域发挥能源富集和区位优势，打造的能源互联互通输送体系为我国优化能源供给结构起到了关键作用。

（五）强化跨区域大通道建设，流域内外要素流动更加便捷

习近平总书记强调，黄河流域“要提高与沿海、沿长江地区互联互通水平”①。三年来，在国家的重点规划下，黄河流域持续深化改革开放，在产业、贸易、科技等领域实现了跨区域合作的新发展。一是沿海龙头充分发挥开放门户作用。山东加快推动“以海引陆、以陆促海、海陆联动”，一体化构建黄河流域陆海统筹、东西互济的开放体系。通过加快自贸区建设，支持济南、青岛、烟台等市加强与沿黄省区合作；济南打造全国首例政企联合“双招双引”平台“京沪会客厅”，主动承接北京非首都功能疏解，吸引集聚京津冀、长三角高端资源；2022年，德州市与央企以及京津冀企业线上签约21个合作项目，总投资165.3亿元。二是内陆省份积极拓展发展通道。河南依托地理优势，积极对接粤港澳、京津冀、长江经济带协同发展。推动商丘强化东向开

① 习近平2021年10月22日在深入推动黄河流域生态保护和高质量发展座谈会上的讲话。

放，推进周口新兴临港经济城市、漯河国际食品名城建设，对接长三角一体化发展；支持安阳、鹤壁、濮阳深度融入京津冀协同发展战略，大力承接先进制造、现代物流等产业转移。三是西部省份抱团发展步伐逐渐加快。重庆“西扩”，成都“东进”，汽车、电子信息产业全域配套率提升至80%以上；成渝双城经济圈成立科技创投协同发展联盟，有效促进了长江经济带与黄河流域创投资源的融合，对青海、甘肃、陕西等周边省区的辐射带动作用不断增强。总体来看，黄河流域积极拓展合作渠道，不断构建与京津冀、长江经济带、粤港澳、长三角等区域的良性对话机制，协同发展效果逐步显现。

七　提高公共服务供给能力和水平，补齐民生短板和弱项

持续保障和改善民生是践行以人民为中心的发展思想的根本要求，是化解新时代社会主要矛盾的关键所在，是开启全面建设社会主义现代化国家新征程的着力点之一，是党和政府团结带领人民群众不断创造美好生活的重要体现。黄河流域生态保护和高质量发展不仅应体现在经济增长方面，更应体现在提升民生质量、保障公共服务等方面。2019年习近平总书记提出：“贫困地区要提高基础设施和公共服务水平，全力保障和改善民生。”① 自黄河流域生态保护和高质量发展重大国家战略实施以来，沿黄各省区贯彻落实人民至上的发展理念，不断加大财政支出对民生领域的投入，持续提高就业保障水平，高度重视教育公平这一基本民生工程，加快建设公共医疗卫生服务体系，逐步构建完善的社会保障体系，着力构建现代化公共文化服务体系，不断提高社会治理能力和治理体系现代化水平，人民群众共建共享高质量发展成果。

（一）构建就业保障体系，城乡居民收入持续增加

就业是民生之本，是人民群众最关心的生计大事。沿黄省区把保障就业摆在更加突出的位置，深入贯彻习近平总书记“就业是最大的民生工程、民心

① 习近平：《在黄河流域生态保护和高质量发展座谈会上的讲话》，《求是》2019年第20期。

工程、根基工程”① 等重要论述和全国就业工作会议精神，千方百计创造就业条件、扩大就业机会，不断完善就业保障体系，坚持经济发展需求导向，面对新冠肺炎疫情压力，全力开展稳定就业、促进就业、保障就业的工作。一是积极创新出台含金量高的促就业政策文件。2022 年初，山东出台《关于进一步促进高质量就业加快推动共同富裕的意见》等政策措施，有效助力企业减负稳岗，就业保障工作良好开展，新增就业人数显著增加，城镇调查失业率保持在低水平区间。各省区就业形势不断顺应经济高质量发展的需要，保障了经济与高质量就业协同发展。二是为劳动者出台更加公平合理的制度保障。2022 年 5 月，青海发布统一农民工和城镇职工同等参加失业保险缴费的通知，与城镇职工享受同等待遇。各省区失业保障金标准不断上调，各类欠薪问题得到根治，2020 年青海上调失业保障金 180 元/人。三是推进“双创”工作向纵深发展。2022 年第一季度青海举办专场招聘会 112 场次，组织职业技能培训 1.5 万人次。沿黄省区深入实施提升就业服务质量工程，大规模开展创业促进就业，就业见习、就业服务进社区等计划，劳动者、用人单位及全社会对各级公共就业服务的满意度保持在较高水平。四是城乡居民收入持续增加。2021 年山西、陕西城镇居民可支配收入较上年分别增长 8.9%、8.8%，内蒙古、陕西农村居民可支配收入均增长 10.7%，在黄河流域九省区中增速最快。

（二）推进教育资源均等化，义务教育质量有效提高

教育是民生之基，沿黄省区特别是地处高原的省份由于经济社会发展水平相对较低，大部分地区是教育公平、教育质量民生短板的典型区域。三年来，沿黄省区深入学习贯彻习近平总书记“建设教育强国是中华民族伟大复兴的基础工程”② 等重要论述和全国教育大会精神，高度重视推进教育资源均等化，致力于提高义务教育质量，保障教育事业稳定发展，有力推动教育发展总体水平迈上新台阶。一是推进学前教育普及普惠。各省区加快公办幼儿园建设的同时大力扶持民办幼儿园，调整城镇、农村的幼儿园结构，对小区配套幼儿园开展了专项治理工作，普惠性学前教育资源不断扩大。2021 年，山西认定

---

① 《抓好就业这项最大民生工程》，《人民日报》2019 年 3 月 4 日。

② 《习近平在中国共产党第十九次全国代表大会上的报告》，《人民日报》2017 年 10 月 28 日。

普惠性幼儿园433所，普惠水平大幅提升。二是补齐农村义务教育短板。各省区结合乡村振兴战略，科学规划，补齐办学条件和办学环境短板，合理布局义务教育资源，落实义务教育“双减”政策，义务教育公平取得新成效。2021年，陕西实现全省公办、民办义务教育学校报名、招生、录取同步走，将民办义务教育学校招生纳入审批地统一管理，形成了公办、民办互不享有特权的义务教育格局，向贫困地区提供支持，聚焦国家扶贫开发重点地区，扎实推进控辍保学工作，确保了每一名适龄少年儿童有学上。三是高等教育水平不断提升。通过深入实施职业教育创新发展战略，沿黄省区高校发展特色更加明确，专业设置与产业发展的契合度更高，特色骨干大学和特色骨干学科建设稳步推进。2021年，四川世界一流大学和世界一流学科建设取得新进展，稳居全国第一梯队。

（三）完善公共医疗卫生服务体系，人民群众健康得到切实保障

公共医疗卫生服务体系关乎人民群众的生命安全和身体健康，与广大人民群众的切身利益密切相关。良好的公共医疗卫生服务体系是经济社会可持续发展的重要保证，也是发挥医疗服务正外部性的基础。三年来，沿黄省区贯彻落实习近平总书记“要把保障人民健康放在优先发展的战略位置，织牢公共卫生防护网，推动公立医院高质量发展”① 等重要论述和全国卫生与健康大会精神，不断完善公共医疗卫生服务体系，有效提高了医疗服务的公平性。一是医疗体制改革向纵深推进。职工医保门诊共济等保障制度逐步建立，集中采购药品、医用耗材价格有效降低，县域紧密型医共体建设成效显著。2021年，青海、宁夏县域医共体建设实现全覆盖，医疗救助实现省级统筹，二级以上定点医疗机构门诊费用跨省直接结算。陕西在全国率先实现城乡基层中医馆全覆盖，药品安全治理能力和保障水平进一步提升。二是基本公共卫生均等化服务水平持续提高。严格绩效管理，家庭医生签约服务，基本公共卫生服务内容延伸，基层基础设施条件逐步改善，基本公共卫生补助经费标准逐年提高。2021年山东省公共卫生临床中心一期投入使用，国家健康医疗大数据中心启动运

① 《为中华民族伟大复兴打下坚实健康基础——习近平总书记关于健康中国重要论述综述》，新华网，2021年8月7日。

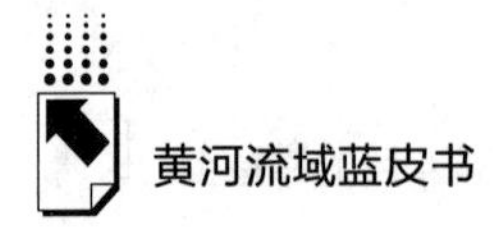

行。三是公共医疗卫生资源不断扩大。2021 年，四川开展中医药强省建设行动，中医医疗机构数、中医年诊疗量均居全国第一，河南新增 3 个国家区域医疗中心建设试点，43 所县级医疗机构达到三级医院水平，同时，引培并举的人才培养体系使中西部医学人才的规模和层次都有了质的飞跃。

（四）建成覆盖城乡的社会保障体系，民生保障能力全面增强

全面提高社会保障能力是实现中国特色社会主义共同富裕的应有之义，黄河流域的高质量发展需要沿黄省区社会保障体系的高质量发展提供有力支撑。三年来，沿黄省区深入学习习近平总书记“完善覆盖全民的社会保障体系，促进社会保障事业高质量可持续发展”① 等重要论述，逐步构建起了统筹城乡、公平统一、科学合理的社会保障体系。一是全民参保计划不断推进。2021 年青海多渠道保障缴费服务，全省基本医保参保完成目标任务的 100.65%，参保率稳定在 95%以上，西宁等地超额完成参保扩面任务。二是城乡居民养老金、医保、低保标准持续调高。截至 2022 年初，宁夏回族自治区连续 17 年提高企业退休人员基本养老金、优抚对象抚恤补助标准。2021 年，甘肃城乡居民基本养老保险基础养老金最低标准提高到每人每月 113 元，城乡低保标准分别达到年人均 7476 元和 4788 元。三是医养康养相结合的养老服务体系加快构建。2021 年，四川新增社区养老服务综合体 84 个，甘肃建成街道综合养老服务中心 100 个。养老服务重大工程不断改进，基本养老保险待遇水平稳步提高。四是健全分层分类的社会救助体系加快完善。2021 年，甘肃省印发《甘肃省城镇困难群众脱困解困行动方案（2021 年—2023 年）》，对无供养老人、孤儿、残疾人等困难群体帮扶力度不断加大，筑牢了困难群众基本生活安全网，保障了城镇困难群众基本生活。

（五）夯实公共文化服务体系建设，人民群众的精神需求得到满足

健全公共文化服务体系是实现社会主义文化繁荣、满足人民群众文化需要的主要途径，是促进经济社会稳定发展的重要环节。构建覆盖城乡、功能齐备

---

① 《习近平主持中央政治局第二十八次集体学习并讲话》，中华人民共和国中央人民政府官网，2021 年 2 月 27 日。

的公共文化服务体系是重大的民生工程，是高质量发展的重要组成部分。三年来，沿黄各省区深入学习习近平总书记关于传承弘扬中华优秀传统文化重要讲话精神，贯彻落实中央构建现代公共文化服务体系的决策部署，用好公共文化服务阵地，拓宽公共文化服务功能，公共文化服务建设取得显著成绩。一是弘扬社会主义核心价值观。各省区将培育和践行社会主义核心价值观贯穿于文化建设的全过程，融入人民生活。二是不断提高公共文化服务水平。2019 年来，青海成功举办了全省农牧民歌手大赛、全省民间文艺院团展演等文化活动，加大了对基层文化文艺人才的培养和支持力度，为基层文化服务团体的发展提供了肥沃的成长土壤，基层公共文化服务模式有效创新，基层文化人才有效聚集。三是公共文化产品和服务供给多元化。面对人民群众日益丰富的文化需求，各省区以老百姓需求为指引，鼓励和支持社会服务主体参与公共文化服务体系建设，2021 年河南成功举办仰韶文化发现暨中国现代考古学诞生 100 周年纪念大会，黄河国家博物馆等项目开工建设。四是公共文化服务管理体制机制不断创新。2019 年以来，山东省全面实施公共文化服务体系目标化管理，建立长效工作机制和考核制度，有效提升公共文化服务监管水平，提高了群众文化生活获得感。

（六）提升社会治理能力现代化，公共安全事件应对能力大幅提升

提升社会治理能力现代化水平是实现政治稳定、经济发展、社会和谐、民族团结的重要保障，是转变政府职能、解决人民所期所盼、维护公平正义的主要抓手，是黄河流域高质量发展的应有之义。三年来，黄河流域九省区贯彻落实习近平总书记“完善和发展中国特色社会主义制度，推进国家治理体系和治理能力现代化”① 等重要论述精神，加快完善行政体系，深化“放管服”改革，政府行政效能有效提升，老百姓的认可度更高。一是建立健全全流域公共卫生事件应急应对机制。2020 年以来，沿黄省区统筹疫情防控与经济社会高质量发展，应对公共卫生安全事件的能力持续提升，反应速度更快，当好人民平安守护者的意识更强，基层治理水平明显提高，防范化解重大风险体制机制不断健全，社会大局和谐稳定。常态化疫情防控能力建设成果不断稳固，疫苗

① 习近平：《坚定制度自信不是要固步自封》，新华网，2014 年 2 月 17 日。

接种覆盖面不断扩大，截至2022年初，河南、山东等省份累计接种新冠病毒疫苗1.9亿剂次、2.12亿剂次。二是数字政府建设稳步推进。2019年以来，山东推进政务服务标准化、数字化提升行动，深入实施“双全双百”提升工程，上线了“爱山东”App，实现了“一部手机走齐鲁”。三是法治政府建设成效显著。2021年，青海深入开展“防风险、除隐患、降发案、保平安”专项行动，扎实推进扫黑除恶、打击暴力犯罪，严肃查处侵害群众财产安全的民生案件，安全生产风险隐患大排查大整治扎实推进，食品药品安全监管有力，人民群众的安全感得到提升。

八　深入挖掘黄河文化的时代价值，保护传承弘扬黄河文化

黄河文化是中华文明中最具代表性和影响力的主体文化，也是全球四大文明发祥地中唯一传承至今的大河流域文化。习近平总书记在郑州召开的黄河流域生态保护和高质量发展座谈会上，将“保护、传承、弘扬黄河文化”作为黄河流域生态保护和高质量发展的第五项目标任务，为黄河文化发展提供了重大机遇。三年来，沿黄各省区积极响应习近平总书记重要指示，深入挖掘本省区域内黄河文化的文化内涵与时代价值，大力推进对其保护传承弘扬，在专项规划编制、文化遗产调查、文化旅游带建设、文化产业创新发展、文化交流与协同发展等方面做了大量卓有成效的工作。

（一）深入挖掘黄河文化时代价值，黄河文化规划体系日益完善

自黄河流域生态保护和高质量发展战略实施以来，中央相关部门和沿黄各省区通过编制黄河文化保护传承弘扬专项规划和其他相关规划，厘清和明确黄河文化的发展思路、目标和路径，正在逐步形成较为完善的黄河文化发展规划体系。一是文化和旅游部主导，沿黄省区积极配合，在黄河流域组织实施黄河文化“1+3+9”规划体系。即文化和旅游部编制《黄河文化保护传承弘扬规划》以及文物、非遗、旅游领域3部专项规划，沿黄省区同步编制地方实施规划。二是稳步有序地制定和印发实施黄河文化专项规划。全域层面的《黄河文化保护传承弘扬规划》《黄河文物保护利用规划》于2022年由

中央相关部门联合印发。省域层面的《甘肃省黄河文化保护传承弘扬规划》《陕西省黄河文化保护传承弘扬规划》《保护传承弘扬河南黄河文化工作方案》也于2020年、2021年正式印发实施，青海、四川、内蒙古、山东等省区专项规划即将印发。三是逐步加大具有地方特色的非遗规划工作力度。《黄河流域宁夏非物质文化遗产保护传承弘扬规划》《山西省黄河流域非物质文化遗产保护传承弘扬专项规划（2021—2035年）》《山东省黄河流域非物质文化遗产保护传承弘扬规划》均于2021年、2022年正式发布实施，甘肃、内蒙古、陕西等省区非遗规划也正在推进之中。

（二）加强黄河文化遗产调查研究，黄河文化系统保护迈上新台阶

黄河流域传统文化根基深厚，文化遗产资源富集，是中华文化保护传承弘扬的重要承载区和传承区。沿黄各省区为厘清黄河文化遗产家底，针对文化遗产资源整理不足和保护形势严峻的现状，积极开展黄河文化遗产系统调查与科学研究，并用数字化手段推进黄河文化遗产的系统保护与活化传承，黄河文化的系统性保护不断迈上新台阶。一是深入实施黄河文化遗产保护工程。沿黄各省区加强了黄河流域考古调查与研究工作，持续推进黄河文化生态保护区建设，初步形成了黄河文化遗产的系统性保护格局。如青海省成立河湟文化和产业研究中心，积极推进和申报国家级河湟文化生态保护区，河湟文化博物馆已于2022年4月开馆；陕西省于2020年成立黄河文化遗产研究中心，逐步实现了黄河文物资源保护管理的动态化和科学化；河南省实施黄河文化遗产系统保护工程，完成了黄河沿线7051处不可移动文物普查，开展黄河国家文化公园488处重大资源分类与评价①，并于2020年正式设立国家级的河洛文化生态保护实验区等。二是加大了黄河流域非遗文化的调查力度。2021年12月，青海省顺利完成非遗调查工作。据调查，青海省现有四级非遗名录2361项，非遗代表性传承人3160名，非遗保护单位244家；② 2021年8月，甘肃省基本完成甘肃省黄河流域9个市（州）64个县（区、省直）的4214项非遗项目全面

① 刘平安、李韵：《保护传承弘扬黄河文化：激发民族根脉的时代价值》，光明网，https://m.gmw.cn/baijia/2022-05/18/35742924.html。

② 青海省文化和旅游厅：《青海省顺利完成青海省黄河流域非物质文化遗产资源调查工作》，中国非物质文化遗产网，https://www.ihchina.cn/project_details/24434/。

采集工作①；2022 年 1 月，河南省完成 947 项省级以上非遗项目（国家级 100 项）普查②。三是加大文化遗产的数字化保护、展示和宣传力度。如青海省通过“云上非遗影像展”线上展播非遗影片；甘肃省则于 2020 年与腾讯云合作建设非物质文化遗产大数据平台，并开创“陇上非遗”“丝路非遗”等微信公众号、电视栏目宣传展示甘肃非遗文化；内蒙古的非遗传承人进驻抖音平台，通过新媒体展示技艺，还利用 VR 技术开发非遗数字化产品；山西省于 2021 年成立“山西省文化遗产保护院士科技创新中心”，建成省级石窟寺文物保护科研基地，启动数字云冈文物档案库建设；河南省建立黄河文化遗产资源大数据库等。

（三）加大文旅深度融合力度，黄河文化旅游带建设初具规模

黄河流域是我国旅游资源富集地，其千姿百态的自然风光与绚丽多彩的文化资源交相辉映，形成了一条条流光溢彩的文化旅游带。2021 年 6 月，文化和旅游部为贯彻落实“十四五”规划中关于“打造具有国际影响力的黄河文化旅游带”的部署安排，发布推出了以“中华文明探源之旅”“寻根问祖之旅”为代表的 10 条黄河主题国家级旅游线路、以“重温河西走廊 探索丝路美景”“传承红色基因 发扬红色文化”为代表的 40 条黄河文化旅游带精品线路，并编撰了《黄河文化旅游带精品线路路书》，为高质量推动黄河旅游带建设提供了宏观指导。沿黄省区也依据独特的黄河文化和自然资源优势，积极探索文旅深度融合发展路径，初步建成了各具特色的黄河文化旅游带。如青海省以三江源生态保护为依托，打造黄河生态文化旅游带；甘肃省以兰州为中心，全方位打造“一带两翼一线”黄河风情旅游带；宁夏以银川为中心，推进沿黄城市群建设，打造黄河金岸文化旅游带；内蒙古以黄河三盛公水利枢纽工程为中心，打造黄河几字弯文化风情旅游带；陕西省充分利用传统文化根基深厚的优势，串联 50 余处名胜古迹，形成了黄河生态文化旅游长廊；山西省依据近几年全力打造的“黄河之魂在山西”文化品牌，提出建设“黄

① 耿睿：《甘肃黄河流域非遗调研工作稳步推进》，人民网，http：//gs. people. com. cn/n2/2021/0817/c392783-34871284. html。

② 姜继鼐：《河南文旅文创融合发展，推动黄河文化在新时代发扬光大》，映象新闻，http：//news. hnr. cn/snxw/article/1/1484350898179170305。

河之魂旅游带”[①]；河南初步形成“一体两翼四组团”的黄河文明旅游带大格局，重点打造郑汴洛黄河黄金文化旅游带；山东省统筹黄河文化、运河文化、儒家文化、齐文化一体发展，高质量推进黄河文化旅游带建设。[②]

（四）推进黄河文化产业创新发展，黄河文化产业焕发生机与活力

黄河文化的保护传承弘扬需要有产业来支撑，文化科技创新应用与文化创意是黄河文化产业高质量发展的内生动力。三年来，沿黄各省区针对黄河文化产业化和创新推动不足的突出问题，积极探索黄河文化与科技的深度融合，激发了黄河文化产业的生机与活力。一是加大文化创意产业建设，推动文创产品的科技化。如甘肃省以黄河文化为根脉，加快推进以兰州文化创意产业园为代表的文化创意产业园区规划建设，初步形成以影视动漫、工业设计、文化演艺为主导的三大产业；河南省通过“数字科技+创意+IP”助力黄河文化，借助科技与创意力量，开发非遗数字馆微信小程序、原创流行宋词非遗数字音乐、QQ 非遗和手办盲盒、时尚品牌非遗文创产品等数字化产品。[③] 二是充分利用互联网、物联网、人工智能、AR/VR 等新技术新手段，将其运用到文化旅游、文博、文创等产业领域。如陕西省于 2020 年正式启动以“黄河文化记忆”为主题的文献数字资源图书馆建设项目，利用互联网和多媒体展陈技术进行展示与服务；山东省大力发展智慧旅游，打造一批黄河文化主题的科技旅游产品，建成智慧黄河旅游体验与营销系统等。三是用现代科技和创新思维优化黄河文化产业发展格局，培养新型文化业态。如山西省加快产业融合，大力培育扶持“文化+”模式，其“文化+创意”“文化+旅游”“文化+民俗”等多业态多领域的文化产业蓬勃发展，初具规模；河南省突出创新理念，努力打造黄河文化保护传承弘扬创新区等。

---

① 张燕：《打造具有国际影响力的黄河文化旅游带报告》，载张廉等主编《黄河流域生态保护和高质量发展报告（2020）》，社会科学文献出版社，2020，第 379~382 页。

② 王珂、易嘉欣、雷莺乔：《文化与风光融合 保护与开发互促——黄河流域文旅资源丰富》，人民网，http www. gov. cn/xinwen/2021-10/27/content_ 5645104. htm。

③ 刘杨：《“数字科技+创意+IP”点亮河南黄河流域非遗光彩》，大河网，https://xw. qq. com/cmsid/20210405A07EZI00。

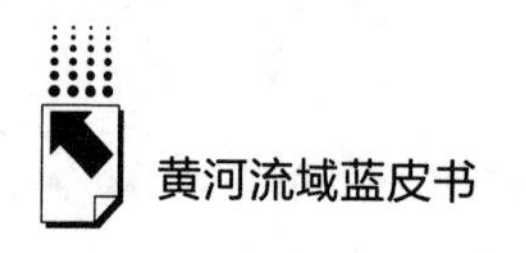

（五）加强沿黄省区文化交流协作，黄河文化影响力有较大提升

黄河文化是中华民族的共同精神财富，沿黄省区必须突破区域局限，树立全局思维和“一盘棋”思想。三年来，沿黄各省区针对交流协同亟待加强的现状，逐步凝聚“同河意识”，加强本省区域、省际乃至国际的交流协作，唱响了新时代“黄河大合唱”。一是加强了省区内合作协同机制。2020 年 7 月，山东省济南、淄博、东营等九市共同签署《山东黄河流域城市文化旅游联盟合作协议》；2020 年 9 月，内蒙古以呼包鄂为核心的沿黄七盟市举办“内蒙古黄河流域古代文明展”，展出黄河流域内蒙古段留下的历史遗迹和遗物等。二是加强了省际在文博、文旅和教育等方面的协作联动。2019 年 12 月，沿黄九省区文博单位组建“黄河流域博物馆联盟”，通过联合举办展览展示、学术论坛、学习培训等形式讲述新时代黄河故事，有效扩大了黄河文化影响力；从 2020 年开始，沿黄各省区聚焦文旅创新发展，连续举办两届黄河文化旅游发展大会，推进了黄河流域区域文化旅游交流合作；2021 年 5 月，沿黄各省区教育厅共同发起“黄河流域研学联盟”，针对青少年群体开展黄河文化研究、宣传、保护等实践活动，建立黄河流域研学区域性协调机制等。三是加大与共建“一带一路”国家的合作交流力度。甘肃社会科学院从 2016 年开始与丝绸之路沿线国家官方智库合作，共同编撰“中国与丝绸之路沿线国家友好关系史丛书”；西北师范大学成立“中亚研究院”，与中亚高校联合举办了四届“中国与中亚人文交流与合作国际论坛”；2019 年 12 月，青海大学招收的尼泊尔藏医药短期留学生班顺利开班，拉开了“一带一路”国际传统医学交流的序幕；2022 年 5 月，沿黄九省区国际青少年交流联盟正式成立，开展国际青少年“黄河文化”研学、宣介系列活动，等等。这些活动不仅推动了黄河流域与国外的人文交流，还有效扩大了黄河文化的国际影响力。

九　推动市场作用和政府作用有机统一，加快构建黄河流域开放新格局

区域经济一体化不断向纵深发展对黄河流域治理能力和治理体系现代化提

出了新的要求。习近平总书记在黄河流域生态保护和高质量发展座谈会上强调："黄河生态系统是一个有机整体，要更加注重保护和治理的系统性、整体性、协同性。"① 沿黄各省区坚持贯彻习近平总书记的重要指示，积极开展合作，黄河流域治理能力不断提升，改革开放新格局逐渐形成。

（一）着力优化营商环境，要素市场一体化建设有序推进

2022年4月，中共中央、国务院发布《关于加快建设全国统一大市场的意见》，明确提出要加快建立全国统一大市场制度规则，打破地方保护和市场分割，打通制约经济循环的关键堵点，促进商品要素资源在更大范围内畅通流动，加快建设高效规范、公平竞争、充分开放的全国统一大市场。黄河流域的营商环境优化步伐以及要素市场一体化建设进度直接关系国家建设全国统一大市场的进展，持续推进要素市场一体化建设对于缩小沿黄地区发展差异、促进沿黄地区要素交流有至关重要的作用。一是沿黄各省区联动建设成效显著。2021年8月，济南、太原、西安、呼和浩特、郑州、兰州、银川等7个沿黄省会城市行政审批服务局联合推出商事登记"跨省通办"，对企业开办等10项商事登记高频业务事项互通互办。12月，沿黄各省区35个县区行政审批服务管理机构通过线上视频方式举行黄河流域政务服务"跨域通办"联盟联动机制启动大会，共同签订了《黄河流域生态保护和高质量发展战略政务服务"跨域通办"联盟合作协议》，结成全国首个黄河流域生态保护和高质量发展战略政务服务"跨域通办"联盟，进一步提升黄河流域政务服务"跨域通办"水平。2021年5月，济南公共资源交易中心发起建设"黄河流域高质量发展公共资源交易跨区域合作联盟"，着力优化交易服务，推动黄河流域公共资源交易高质量协同发展。二是各省区营商环境不断优化。甘肃省先后出台《关于贯彻落实〈优化营商环境条例〉的若干措施》《全面优化营商环境的若干措施》等制度性文件，不断健全完善营商环境政策体系和具体细则，80%以上的事项实现全程网办；宁夏出台《持续优化营商环境更好服务黄河流域生态保护和高质量发展先行区建设若干措施》，直接将优化营商环境与黄河流域高质

① 习近平：《在黄河流域生态保护和高质量发展座谈会上的讲话》，新华网，http://www.xinhuanet.com/2019-10/15/c_1125107042.htm。

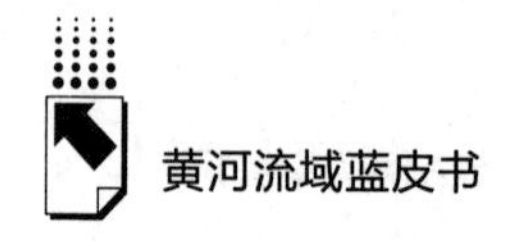

量发展相联系；2021 年 7 月《四川省优化营商环境条例》正式施行，持续激发市场主体活力和维护市场主体合法权益，为黄河流域持续深化要素市场一体化建设打下坚实基础。

（二）推动外贸高质量发展，开放合作水平不断提升

习近平总书记提出："推动黄河流域高质量发展。要积极参与共建'一带一路'，提高对外开放水平，以开放促改革、促发展。"[①] 黄河流域在引领内陆地区进行更高层次对外开放方面具备较强的交通优势，是我国经济发展及区域崛起的重要途径，沿黄九省区积极增强开放联动效应，新增长极优势不断凸显。一是各省区外贸发展取得新突破。2021 年沿黄九省区货物进出口总值 55985.66 亿元，占全国货物进出口总值的 14.3%，实际利用外资额 653.44 亿美元，占全国实际利用外资总额的 37.67%[②]。从各省区情况来看，2021 年全国进出口总值最高的 10 个省区中，沿黄九省区中山东、四川、河南 3 省位列其中，从进出口总值增长率来看，沿黄九省区平均增速 33.6%，除四川与内蒙古增速略低于全国水平之外，其他省区均高于全国增速（21.4%），宁夏与青海虽然总量较低，但增速达到 73.4%与 36.4%，显著高于全国水平。从进出口总值的对比来看，沿黄九省区外贸发展差异性较大，山东、四川、河南三省进出口总值占沿黄九省区进出口总值的 84%，实际利用外资额占沿黄九省区的 82.8%[③]，可见未来黄河流域对外开放仍有较大潜力。二是各省区开放合作取得新进展。2021 年，在青海省"十四五"规划纲要的基础上，青海省进一步深入对接国家"一带一路"规划，编制《青海省"十四五""一带一路"建设规划》，为"十四五"期间青海省参与"一带一路"建设的政策沟通、设施联通、贸易畅通、资金融通、民心相通制定了重点任务与发展目标，将"四地"建设的目标要求与青海省"一带一路"建设深度融合，为青海利用好双循环新发展格局重要战略机遇期、实现全方位高水平开放发展指明了方向。宁夏以中阿博览会为契机，抓住"一带一路"建设机

---

① 习近平：《在黄河流域生态保护和高质量发展座谈会上的讲话》，新华网，http://www.xinhuanet.com/2019-10/15/c_1125107042.htm。

② 资料来源：根据各省区 2021 年统计公报计算所得。

③ 资料来源：根据各省区 2021 年统计公报计算所得。

遇，内陆开放型经济发展稳步推进，取得了显著成效，目前已累计签订经贸合作项目936个，签约项目涉及现代农业、高新技术、能源化工、生物制药、装备制造、基础设施、产业园区建设、“互联网+医疗健康”、旅游合作等多个领域。2022年山东省在政府工作报告中明确指出，要坚定不移深化改革、扩大开放，建设自贸区联动创新区，筹建黄河流域自贸区联盟。山东自贸区积极探索发展路径，以济南片区创建的中国首个“链上自贸”数字化平台为代表，将通关运营与“云平台”相结合，打破“不临空、不临港”的发展瓶颈。

（三）加深东西双向互济，区域合作发展实现突破

黄河流域高质量发展中，应当积极发挥黄河流域缩小东西部发展差距、刺激扩大内需、畅通国内国际双循环的重要作用。“双循环”新发展格局提出以来，黄河流域在生态环境承载范围内利用国内外两个市场、两种资源迎来重要发展机遇，区域合作的不断深化带动区域发展质量持续提升。一是基础设施联通水平不断提升。甘肃省发改委印发了《关于甘肃省黄河流域基础设施高质量发展专项实施方案的通知》，聚焦黄河流域基础设施重点领域短板补齐和全面提质增效等重点内容，提出九大方面23条举措，加强规划引领和统筹协调，推动黄河流域基础设施高质量发展，力争到2030年，黄河流域基础设施建设发展取得较大突破，重点领域短板基本补齐，达到流域平均水平，为推进黄河流域生态保护和高质量发展提供坚强支撑。二是产业合作力度不断加强。山东省举办了黄河流域生态保护和高质量发展国际论坛，沿黄达海高铁大通道、黄河流域数字产业示范区等50余个跨省重点合作项目推介成效显著，推出黄河流域合作互联网共享服务平台——区域链App，实现共计3000余个项目的线上交流，项目推介带动作用十分显著。此外，与沿黄八省区确定产业发展、生态环保、科教文卫、基础设施、对外开放等7个领域100余个跨省合作事项，进一步明确合作主体、推进机制，产业合作实现新突破①。

① 《山东：全力打造黄河下游生态廊道、科创大走廊和现代产业合作带》，http：//t. ynet. cn/baijia/30258365. html。

（四）探索生态产品价值实现机制，生态保护助力高质量发展取得新进展

建立健全生态产品价值实现机制是贯彻落实习近平生态文明思想的重要举措，是践行“绿水青山就是金山银山”理念的关键路径，探索生态产品价值实现机制对推动黄河流域经济社会发展实现绿色转型具有重要意义。一是生态价值实现机制重要性不断提升。位于青海省境内的三江源国家公园是我国首个国家公园体制试点，其主要任务之一就是探索生态价值实现机制，寻求禁止和限制开发地区的绿色发展之路。党和国家高度重视三江源的生态保护工作，先后实施了两期三江源生态保护和建设工程，2021 年在“十四五”规划纲要中明确提出，要在三江源国家公园开展生态产品价值实现机制试点。生态产品价值实现成为保障三江源生态系统安全和提升经济社会发展的重要举措。二是生态价值实现带动黄河流域生态保护工作作用更加凸显。2021 年，宁夏全面践行“绿水青山就是金山银山”的发展理念，以推进山水林田湖草沙生态治理体系和治理能力现代化为统领，以黄河流域生态保护和高质量发展为主线，积极探索“生态+”路径，形成了彭阳县小流域综合治理、贺兰山自然保护区生态环境整治等路径模式，为宁夏生态产品价值实现积累了宝贵经验。三是先行省区为生态价值实现模式提供有益探索。2021 年 8 月，山东省自然资源厅印发《关于建立自然资源领域生态产品价值实现机制的实施意见》，提出通过建立技术体系、探索多元化生态产品价值实现路径等，努力打造生态产品价值实现“齐鲁样板”，提出要通过探索实践，使山东省生态产品供给能力明显提升，初步建立自然资源领域生态产品价值实现的技术支撑机制，完善配套政策措施，推出一批可复制、可推广的自然资源领域生态产品价值实现案例。

十　推进黄河流域生态保护和高质量发展的主要启示与战略走向

三年来，经过沿黄各省区的共同努力，流域生态环境质量和经济转型发展取得显著成效，这些成效的取得主要得益于强化系统思维，从整个水生态系统

着眼，全面推动生态保护和高质量发展提质升级，并且充分发挥文化的支撑作用。在未来几年的发展过程中，黄河流域各省区坚持以水为基础，紧紧围绕解决突出生态环境问题、有效保障生态环境安全、不断提升现代环境治理能力和推动绿色产业升级，在治理方式、发展方式、民生保障和黄河文化等方面呈现新的战略走向。

（一）推进黄河流域生态保护和高质量发展的主要启示

黄河生态安全是黄河流域经济社会可持续发展的重大前提，通过对三年来黄河流域生态保护和高质量发展进程的审视与思考，主要有以下几点启示。

1. 推进黄河流域生态保护和高质量发展需要从整体水生态系统着眼

自然与生物共同组成了生态环境，而二者之间应该达到和谐共生、相互促进的动态平衡状态。在二者的平衡状态中，自然环境是基础，更是生态系统治理的主要方面。黄河不仅是水资源的载体，也能够促进黄河流域不同的动植物构建繁荣的生态环境，为黄河流域不同的生物圈提供良好的生态功能。因此，对黄河流域进行全面的治理，本质上来说，需要针对生态系统进行全面的调整，不仅需要针对当前当地突出的环境问题进行全面的解决，同时也需要保证在现有的前提下构建良好的生态空间布局，促进不同环境因素之间形成稳定的协调与合作关系，保证不同区域在治理存在差异性的同时，也能够稳定地形成合作与协调性，帮助不同区域形成水资源的保护体系，从而促进黄河流域的全面治理，形成规范性与系统性的黄河流域下、中、上游整体的规划治理结构，从而创建起较为稳定的生态保护屏障。

2. 推进黄河流域生态保护和高质量发展需要系统思维

黄河流域是由自然地理和经济社会发展组成的复合型区域，为了实现该区域的生态保护与经济发展之间的平衡，需要从系统性和整体性入手，抓住问题的核心，透过现象看本质。黄河流域生态保护和高质量发展的根本在于流域的协同治理和共同发展，实现流域内自然、民生、经济、文化发展的合理统筹，相互配合，特别是要对流域上、中、下游的不同情况综合性提出解决措施，注重自然与人之间的联系，提高自然的承受能力与自我修复能力，从而实现黄河流域的陆地与水资源和谐发展。因此，“共同抓好大保护，协同推进大治理”不仅要求在进行黄河流域治理的过程中转变自身的思想，同时也需要不同区域治理形成稳定的协作体系和机制，将黄河流域的治理作为一个整体任务进行全面的合作体系构建，将眼光放在多个区域的共同治理上，用整体化全面化的思维开展治理工作。

3. 推进黄河流域生态保护和高质量发展需要构建不同发展模式

在历史长期的发展过程中，黄河流域承载了民族发展的重要压力和重要动力责任，从我国的农耕文明时期开始，黄河流域一直为我国的发展提供源源不断的动力，截至目前，黄河流域仍旧是国内重要的粮食生产和储存基地之一，也能够为国内的能源、化工等各个行业的发展提供良好的基础。但是，黄河流域的大多数区域属于发展较为落后的地区，这种现实格局，需要在黄河流域不同区域内探寻不同的发展模式，确保新的发展理念能够得到顺利落实。这就要求，一方面，能够保证黄河流域的不同产业实现快速的转型升级发展，有效提升黄河流域不同区域的经济实力；另一方面，能够有效地促进人与自然实现和谐共处，为经济高质量发展提供良好的生态基础。因此，在黄河流域生态保护和高质量发展过程中，不同区域从自身实际出发，探索形成符合本地实际的发展模式，把保护生态作为自身的发展前提，巩固自身的发展特色，培育自身的经济增长点，提升自身的发展质量，才能有效地提升自身的发展能力和发展动力。

4. 推进黄河流域生态保护和高质量发展需要文化支撑

黄河流域对于国内历史有着深远的影响，黄河文化作为中华文明中最具代表性的主体文化，是中华民族的精神寄托，是中华文明的重要根基。黄河文化绵延至今，对我国的历史和人文产生了重要影响，成为中华民族文化自信的坚实基础，对人民的基本生活水平和标准有着重要的指导意义。因此，黄河流域生态保护和高质量发展，必须深入挖掘黄河文化的深刻内涵，保护好传承好弘扬好黄河文化，这不仅涉及国内经济发展方面的不同因素，从深层次上来说，也会对中华民族的意识形态和思想文明形态产生重要的影响。

（二）黄河流域生态保护和高质量发展的战略走向

为了促进黄河流域生态安全格局全面形成，重现生机盎然、人水和谐的景象，全面实现幸福黄河目标，在全面迈入黄河流域新的发展阶段以后，党中央对生态环境保护和高质量发展提出了更高水平的要求，这必然推动沿黄各省区在治理方式、发展方式、民生保障和黄河文化建设等方面形成新的战略走向。

1. 将推动生态环境从控制污染转向山水林田湖草沙系统治理

黄河是我国重要的生态区域之一，也是国内生态环境的重要屏障，在近几年的发展过程中，持续推进黄河地区的污染防治不仅有着重要的意义，也取得了稳定的成果。但是由于黄河流域在长期的发展过程中，本身所具备的生态环境过于脆弱，水资源十分匮乏，因此，对黄河流域进行全面的生态治理是一个长期的过程，对黄河流域水资源的污染防治仅仅是开展治理工程的首要条件之一，最终的成果仍需要注重生态系统的功能、生物多样性等各方面的条件。从另一个角度来说，需要对黄河地区的生态环境治理目标进行全面调整，从山水林田湖草沙等方面对生态环境进行全面的保护和治理，有效恢复黄河流域的整体生态环境功能。

2. 将推动治理方式从条块分割转向协同共治

黄河流域生态治理是一个多层次、多角度的长期过程。长期以来，黄河流域的生态环境治理一直是由不同区域的部门负责，在实际治理和管理的过程中，习惯于单一某一个部门负责某一块区域的具体治理工作，这种治理体制虽然对于区域的治理能够发挥显著的效果，但对黄河流域整体生态环境的改善作用并不明显，整体的治理效果无法得到有效提升。因此，要按照习近平总书记的要求，对黄河流域生态治理需要进行全面的协同管理调整，有效加强不同治理部门之间的沟通与合作，从条块分割转向协同共治，促使整体治理效果稳定提升。

3. 将推动发展方式从粗放扩张转向绿色低碳

由于黄河流域一直处于矿物质资源较为丰富的环境结构中，在长期发展过程中，黄河流域的产业结构逐渐转化为资源密集型产业结构，在工业化进程中，市场方面需求充足，黄河地区的工业取得了稳步快速发展，同时也造成了环境的严重污染，加之各地区对污染物排放的控制缺乏统一标准和执行力度存在差异，导致黄河流域的环境污染问题日益严重。因此，在当前高质量发展的时代背景下，必须全面贯彻新发展理念，按照可持续发展和绿色低碳循环发展的要求，正确处理发展与保护的关系，贯彻落实国家双碳目标要求，推动黄河流域各地区加快产业结构转型升级，实现经济发展和生态环境保护的互促双赢。

4. 将推动黄河文化从区域发展转向全域发展

黄河流域传统文化根基深厚，文化遗产富集，是中华文化的重要承载区和传承区。但在长期发展过程中，沿黄各省区在黄河文化发展中存在各自为营、只关注自己“责任田”的现象，区域发展不平衡、不充分现象也较为突出。因此，必须凝聚“同河意识”，谋求全域发展，尽快建构覆盖全流域、体系严密、颇具前瞻性和可操作性的黄河文化规划体系，加快进行黄河文化遗产资源的全域普查，加大对黄河文化遗产的系统性保护和数字化传承力度，继续推动黄河流域文旅深度融合，开发和培育更多跨省的黄河文化旅游线路，加大黄河流域基层公共文化设施建设力度，优化黄河文化产业发展格局，培育龙头文化企业，加大省域内和省际在文化旅游、文化产业、文物考古、文物展览、文艺展演等方面的合作交流，实现黄河文化的整体发展、全域发展和创新发展。

5. 将推动民生保障从不平衡发展转向全流域均等化

黄河流域是我国重要的生态屏障与经济地带，物质资源较为充足，部分省区经济基础也相对雄厚，但是由于地理位置、历史等原因，上游省区特别是地处高原的地区仍是发展不充分不平衡、民生短板较为突出的区域。因此，面对全国经济高质量发展的大背景及人民群众日益增长的对美好生活的需要，各省区应紧抓黄河流域生态保护和高质量发展战略重大机遇，坚持以人为本基本原则，着力提高基本公共服务供给能力和服务能力，创新基本公共服务方式，缩小城乡基本公共服务数量上和质量上的差距，建立健全公众公共服务评价体系，从而提升公众对基本公共服务的满意度，持续推动全流域基本公共服务均等化，让更多发展改革成果惠及人民。

参考文献

董亚宁、范博凯、李少鹏等：《生态文明视角下黄河流域生态保护和高质量发展研究》，《生态经济》2022 年第 2 期。

胡健等：《在高质量发展上不断取得新突破》，《人民日报》2022 年 5 月 26 日，第 1 版。

习近平：《不断做强做优做大我国数字经济》，《求是》2022 年第 2 期。

高国力、贾若祥、王继源等：《黄河流域生态保护和高质量发展的重要进展、综合评价及主要导向》，《兰州大学学报》（社会科学版）2022 年第 2 期。

山仑、王飞：《黄河流域协同治理的若干科学问题》，《人民黄河》2021 年第 10 期。

邓生菊、陈炜：《新中国成立以来黄河流域治理开发及其经验启示》，《甘肃社会科学》2021 年第 4 期。

综 合 篇

Comprehensive Chapters

B.2 黄河流域省份差异化碳达峰路径研究

庄贵阳　魏鸣昕 *

摘　要： 实现碳达峰、碳中和是未来较长一段时间经济发展的主线，其内在逻辑与黄河流域发展战略一致，是强化生态保护和实现高质量发展的重要抓手。碳排放特征与经济体经济社会发展特征密切相关，黄河上游低排放省区、晋陕蒙主要煤炭产区，下游能源消费省份的资源禀赋、主导产业、经济发展阶段差异明显，其碳排放特征、碳排放驱动因素也体现出较大区别，碳达峰的难度和进程各不相同，凸显出打造发展新范式任重道远、能源消费结构亟待优化、生态保护压力较大等问题。为实现分次分批的碳达峰，各省份应深入贯彻国家黄河生态保护和高质量发展战略，在生态文明建设总体布局中推动“双碳”目标实现。

关键词： 碳达峰碳中和　生态保护　协同合作机制　黄河流域

* 庄贵阳，经济学博士，中国社会科学院生态文明研究所副所长，研究员，博士生导师，主要研究方向为低碳经济与气候变化政策；魏鸣昕，中国社会科学院生态文明研究所博士生，主要研究方向为生态文明建设与可持续发展经济学。

碳达峰碳中和目标是中国为应对全球气候变化而做出的庄严承诺，也是“十四五”和2035年远景时期经济社会发展的主要目标之一。目前，顶层设计的“1+N”政策体系加速构建，各地路线图和时间表逐步清晰，各项工作有序推进。黄河流域包括九省区，115个地级市和963个县域，总人口占全国的30%左右，GDP占全国的25%左右，碳排放超过全国的40%。[①] 推动黄河流域省份实现“双碳”目标，是黄河流域生态保护和高质量发展的内在要求，也是“双碳”整体目标实现的必然要求。由于黄河流域省份经济社会发展水平和产业结构各有分异，需以差异化的碳达峰路径为基础，统筹考虑，协调推进。

一 黄河流域省份实现“双碳”目标的战略意义

黄河流域横跨我国地势三大台阶和四大地貌单元，拥有多个重要生态功能区域。但是，由于流域内水资源短缺、生态系统脆弱，加之长期以农业生产、能源开发为主，沿流域部分区域环境质量变差，且多重环境问题交织。党的十八大以来，生态文明建设被纳入“五位一体”总体布局，黄河流域生态保护被提到前所未有的战略高度，高质量发展和绿色转型要求十分急迫，其内在逻辑与实现“双碳”目标的要求一致。

第一，推动区域协调发展。我国政府长期以来高度重视实施区域协调发展，不断推动重点经济带、城市群和都市圈建设。黄河流域各省区发挥比较优势，紧抓战略机遇，不断明确区域协调发展布局，加快建设先行区，强化区域功能定位。“双碳”目标既是给各地经济社会发展提出低碳转型硬约束的新挑战，也是促进解决发展不平衡不充分问题的新机遇。实现“双碳”整体目标，必须明确差异化的减排路径，统筹整体分次分批实现碳达峰的需求；尤其是通过区域协调发展机制打破资源要素壁垒，帮助绿色发展水平较低的地区尽早实现碳达峰。黄河流域地跨东中西、协调南北方，区域内各省区低碳发展水平差异较大，肩负着探索绿色转型新道路和促进区域融合发展的使命。

第二，加快产业转型发展。黄河流域是我国重要的农业主产区和商品粮基

① 资料来源：《中国能源统计年鉴》及各省统计年鉴。

地，也是我国重要的能源化工产业集聚地，其资源开采和加工业比重高，资源型城市数量多，存在一定“高碳锁定”问题；产业链条较短，附加值较低，经济发展的综合效益有待提升；新业态、新模式体量较小，“僵尸企业”的处置依然面临一定困难，财政支持难度大。发达国家的经验表明，实现碳达峰时第三产业占比远高于第二产业，生产性服务业和高加工制造业发达，产业结构高度化特征明显。所以，实现“双碳”目标必须紧抓供给侧结构性改革，深入推动新旧动能转换，促进流域经济高质量发展。

第三，实现生态优先发展。生态安全是国家安全的重要内容之一，是保障经济社会持续健康发展的基本条件。黄河流域分布着多种类型的生态系统，拥有丰富的自然资源，在维护国家生态安全中具有重要的作用。然而，目前流域沿线环境污染、生态破坏等问题依然突出，正如习近平总书记所强调，“保护黄河是事关中华民族伟大复兴和永续发展的千秋大计”，“十四五”期间黄河流域要扎实推进生态修复治理，减污降碳提质同步发力，坚决打赢大气、水、土壤污染防治三大攻坚战，积极推进“无废城市”建设，不断筑牢黄河生态屏障。

二　黄河流域省份碳排放现状分析

从发达国家情况来看，碳达峰与经济社会发展阶段密切相关，一般出现在工业化、城镇化中后期，人均 GDP 在 2 万美元以上①，且碳排放一般呈现强度、人均、总量依次出现的达峰顺序。经济发展阶段、工业化城镇化水平和能源结构是显著影响碳排放的因素。

（一）黄河流域整体碳排放特征

碳排放特征与经济体经济社会发展特征密切相关。首先，黄河流域是我国粮食安全重要保障区，以超过全国 30%的耕地面积贡献了 35%左右的粮食产量；其次，黄河流域是我国重要矿业、能源和重化工业基地，流域

① 张楠、张保留、吕连宏等：《碳达峰国家达峰特征与启示》，《中国环境科学》2022 年第 4 期，第 10 页。

煤炭、天然气储量分别占到全国基础储量的75%、61%，黄河中上游地区拥有多个重要煤电、煤化工基地（如鄂尔多斯、晋北、晋中、晋东、陕北、宁东），也拥有丰富的风能和光伏能源；所以，黄河流域省份产业结构以第二产业为主体（占比在40%以上），其中初级加工业占比较高，能源矿业资源采掘业特色突出①，第一产业占比高于全国平均水平，第三产业低于全国平均水平。与此相适应，黄河流域整体碳排放总量较高，碳排放人均值、强度值均高于全国平均；且上游省份、煤炭产区省份、下游省份各有其特征。

从总量方面看，2000~2017年黄河流域省份碳排放总量占全国的比重由27%上升到45%；煤炭消费总量占全国比重由34%上升到44%（见图1）。推动黄河流域实现碳达峰，改善能源消费结构，对全国意义重大。从碳排放强度与人均值看，2000~2017年黄河流域省份碳排放强度不断下降，人均碳排放平稳上升，两个指标趋势与全国相同，但绝对值远高于全国水平，实现碳达峰碳中和难度较大（见图2）。

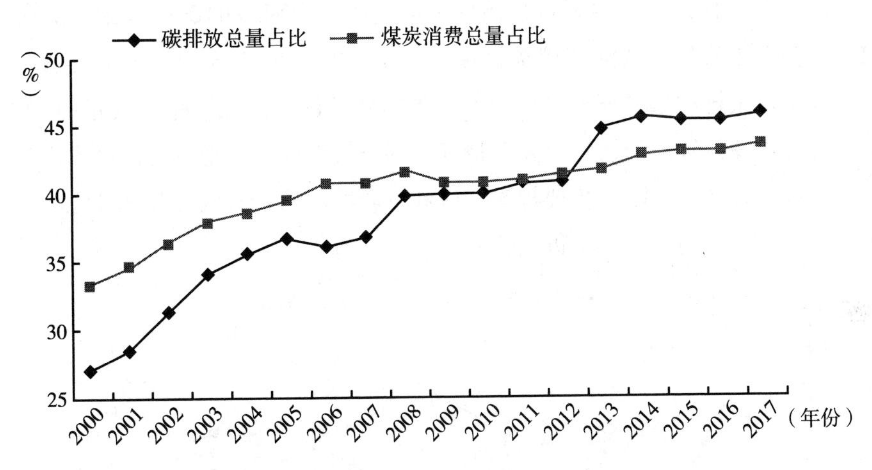

图1　黄河流域省份碳排放总量及煤炭消费总量占比

资料来源：《中国能源统计年鉴》及各省区统计年鉴，下同。

① 张春晖、吴盟盟、张益臻：《碳中和目标下黄河流域产业结构对生态环境的影响及展望》，《环境与可持续发展》2021年第2期，第50~55页。

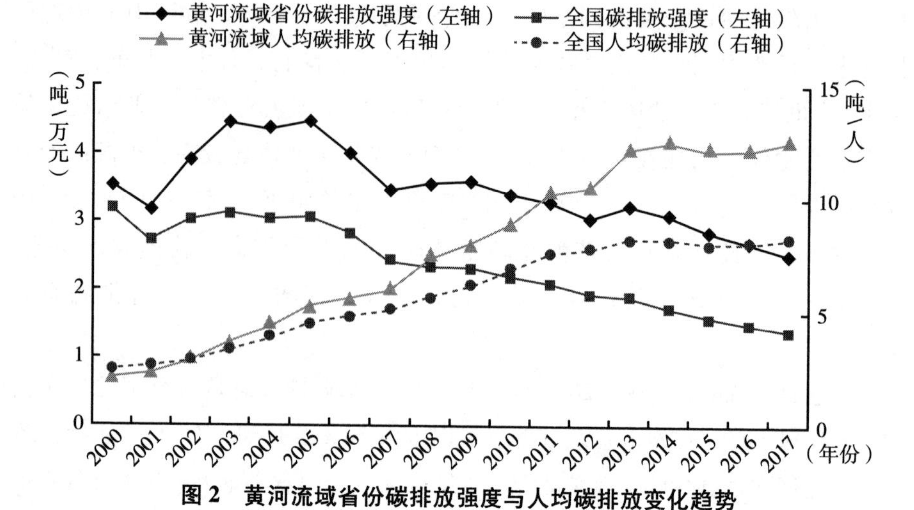

图 2　黄河流域省份碳排放强度与人均碳排放变化趋势

（二）黄河流域各省区碳排放特征分析

2017 年，山东省、内蒙古自治区、河南省、山西省的碳排放量均居全国前十名，碳排放量占黄河流域碳排放总量的 72%；而宁夏回族自治区、甘肃省、青海省碳排放量均居全国后十名，碳排放量仅占流域碳排放总量的 11%。综合考虑地理位置、经济社会发展情况、碳排放特征，可把黄河流域省份分为上游低排放省区、晋陕蒙主要煤炭产区和下游能源消费省区（见图 3）。

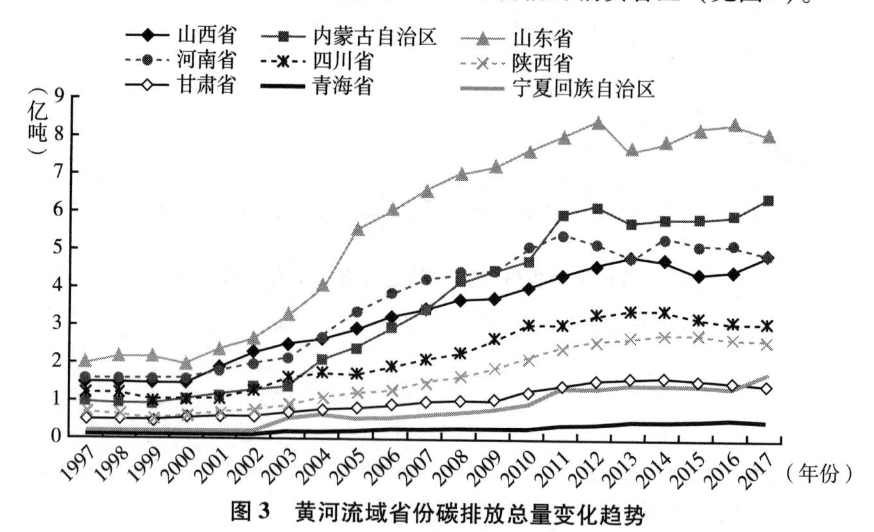

图 3　黄河流域省份碳排放总量变化趋势

1. 上游低排放省区

四川、青海、宁夏、甘肃为黄河流域上游省份，碳排放总量较低。其中，四川省经济发展方式较为优化，近年来经济出现显著强脱钩趋势，碳排放强度居全国较低水平。青海自 2016 年以来第二产业占比由 48%下降至 39%，第三产业占比由 42%上升至 49%，经济发展的碳排放脱钩趋势逐渐显著。宁夏、甘肃第二产业占比稳定较高，仍处于工业化中后期阶段，碳排放与经济增长未显著脱钩（见表 1）。

表 1　2019 年上游低排放省区碳排放特征

省份	碳排放强度(吨/万元)	人均碳排放(吨/人)
四川	0.83	3.12
青海	2.34	7.99
宁夏	9.46	29.79
甘肃	2.27	5.89

注：全国平均碳排放强度 1.46 吨/万元，人均碳排放 7.54 吨/人。相关数据来自公众环境研究院，下同。

2. 晋陕蒙主要煤炭产区

晋陕蒙三省区是我国主要煤炭产区，2020 年三省区原煤产量为 27.9 亿吨，占全国的 71.5%。2021 年，三省区第二产业占比均高于 45%，经济发展脱钩趋势不明显，其中山西、内蒙古煤炭去产能、传统生产方式集约化升级难度较大，碳排放强度、人均碳排放远高于全国平均水平（见表 2）。

表 2　2019 年晋陕蒙主要煤炭产区碳排放特征

省份	碳排放强度(吨/万元)	人均碳排放(吨/人)
山西	4.32	13.58
陕西	1.75	6.85
内蒙古	4.87	31.32

3. 下游能源消费省区

山东、河南是人口大省，也是碳排放与能源消费大省。两省钢铁、煤炭、焦化、水泥等传统工业发达，经济发展仍呈现第二产业主导的特征；人口密集，居民消费性碳排放高企，且能源结构仍以煤炭为主导（煤炭消费占能源消费总量的70%左右，全国平均为57%），两省推动实现碳达峰对黄河流域及全国碳达峰进程意义重大（见表3）。

表3　2019年下游能源消费省份碳排放特征

省份	碳排放强度(吨/万元)	人均碳排放(吨/人)
河南	1.10	4.71
山东	1.63	10.02

（三）黄河流域各省区碳达峰进程评估

1. 评估方法

按照碳达峰的定义，某地区碳排放达到峰值，首先需要至少在5年内达到碳排放总量的最高水平；其次要呈现稳健的下降趋势，防止受短期极端天气等因素的影响。基于此，测度碳达峰进程包括两方面：一是观测研究期间是否出现碳排放峰值；二是出现峰值后碳排放是否稳定下降。Mann-Kendall趋势检验法长期被用来检验排放趋势、降水趋势等的稳健性，所以不少研究构建基于条件判断函数和Mann-Kendall趋势检验分析的方法判断碳达峰进程①②。

MK检验构建统计量 $S = \sum_{i=1}^{n-1}\sum_{j=i+1}^{n} sgn(x_j - x_i)$，其中，$x_j$ 为最大值年份后城市排放时间序列的第 j 个数据值；i 为最大值年份后城市的数据量（年数）。在显著性水平 p=0.05下，当 $n \geq 5$ 时，若相应的 n 与 S 所对应的概率 p 小于显著性水平 α，则拒绝零假设，认为趋势显著，即最大值年份后的城市碳排放有显著下降

① 蒋含颖、段祎然、张哲等：《基于统计学的中国典型大城市 CO_2 排放达峰研究》，《气候变化研究进展》2021年第2期，第131~139页。

② 王鹏、冯相昭、王敏等：《我国省域碳排放特征识别及类型划分》，《环境与可持续发展》2021年第3期，第31~36页。

趋势；若概率 p 大于等于显著性水平 α，即最大值年份后的城市碳排放没有显著变化趋势，则认为处于平台期。具体判定如表 4 所示。

表 4　碳达峰状态判定标准

碳达峰状态	对应评估结果	说明
达峰难度大	碳排放呈总体上升趋势	碳排放未达到峰值
未达峰	无显著峰值点，或峰值点距今不足 5 年	碳排放未达到峰值，或达峰时间过短
平台期	有显著峰值点，且峰值点距今已 5 年，但在显著性水平 $p=0.05$ 下，MK 检验结果不显著	碳排放达到峰值，但碳排放未出现稳定下降趋势
已达峰	有显著峰值点，且峰值点距今已 5 年，同时在显著性水平 $p=0.05$ 下，MK 检验结果显著	碳排放达到峰值，且碳排放稳定下降

2. 评估结果

识别各省碳排放峰值，并借助 R 语言工具进行 MK 检验，得到碳达峰进程评估结果如表 5 所示。

表 5　黄河流域各省区碳达峰评估结果

省份	峰值年份	MK 检验统计值（峰值年份:2021）	说明	碳达峰状态	脱钩指数
四川	2013	-1.63*	出现峰值点但下降趋势不够显著	平台期	强脱钩
河南	2011	-1.72*	出现峰值点但下降趋势不够显著	平台期	强脱钩
青海	2016	-1.52	出现峰值点但下降趋势不够显著	平台期	弱脱钩 强脱钩
山东	2019	—	峰值点距今不满 5 年	未达峰	弱脱钩 扩张连接
甘肃	2018	—	峰值点距今不满 5 年	未达峰	弱脱钩 强脱钩
宁夏	2019	—	峰值点距今不满 5 年	未达峰	扩张负脱钩 扩张连接

续表

省份	峰值年份	MK 检验统计值（峰值年份:2021）	说明	碳达峰状态	脱钩指数
陕西	—	—	未出现显著峰值点,碳排放仍有上升势头	达峰难度大	弱脱钩
山西	—	—	未出现显著峰值点,碳排放仍有上升势头	达峰难度大	弱脱钩
内蒙古	—	—	未出现显著峰值点,碳排放仍有上升势头	达峰难度大	扩张负脱钩

注：*、**、***分别表示在10%、5%、1%的显著性水平下显著。

脱钩指标为：经济增长率/碳排放增长率，按照大小及正负共有弱脱钩、扩张连接、扩张负脱钩、强负脱钩、弱负脱钩、衰退连接、衰退脱钩和强脱钩8种状态，本文考虑近5年来的脱钩情况。

黄河流域省份碳达峰进程可分为三个批次。第一批次为四川、河南、青海，碳排放已出现峰值点并总体下降，经济发展已基本实现碳排放脱钩，目前正处于平台期，“十四五”期间重在保持低碳发展的延续性；第二批次为山东、甘肃和宁夏，近年来碳排放小幅波动上升，越过峰值点后的排放趋势仍需时间去观察检验，经济发展的脱钩效应不够稳定；第三批次为晋陕蒙主要煤炭产区，目前碳排放仍有上升势头，碳达峰难度较大，亟须改善能源消费结构，推动发展方式转型。

三　黄河流域省份碳排放驱动因素分析

经典模型中，一般考虑经济规模、产业结构、能源强度、能源结构等因素为碳排放驱动因素。本部分将引入 KAYA 恒等式，并对黄河流域省份2010~2017年的碳排放进行因素分解，探索差异化的碳排放驱动因素与碳达峰路径。

（一）研究方法

KAYA 恒等式最早由日本学者 KAYA 提出，揭示了碳排放与能源碳强度（CO_2/E）、单位 GDP 能源强度（E/GDP）和人均 GDP（GDP/P）的关系，原始形式为：

$$CO_2 = P \times \frac{GDP}{P} \times \frac{E}{GDP} \times \frac{CO_2}{E} \tag{1}$$

在实际应用中，不少学者以 KAYA 恒等式原始形式为框架进行扩展和变形，本部分将原式中单位 GDP 能源强度、能源碳强度变量进行分解，引入城市间产业结构与能源消费结构的差异性，构建如下扩展的 KAYA 公式：

$$CO_2 = P \times \frac{GDP}{P} \times \frac{SI}{GDP} \times \frac{E}{SI} \times \frac{FE}{E} \times \frac{CO_2}{FE} \tag{2}$$

表 6　KAYA 恒等式各指标含义

类型	变量	计算方式	定义
碳排放	CO_2	—	城市碳排放总量
人口变化	P	—	城市常住人口
经济增长效应	GP	GDP/P	城市人均生产总值，衡量经济增长情况
产业结构效应	SG	SI/GDP	SI 为区域第二产业增加值，第二产业是碳排放的最主要来源，该指标衡量产业结构优化情况
能源强度效应	ES	E/SI	E 为能源消费总量，该指标为第二产业的能源强度，衡量能源强度情况
能源结构效应	FE	FE/E	FE 为煤炭消费量，该指标衡量能源结构优化情况
分解余项	CF	CO_2/FE	—

因素分解法是对 KAYA 恒等式的进一步延伸，主要包括拉氏指数分解法、迪氏指数分解法和费雪理想指数法等。其中，LMDI 方法具有完全分解和结果唯一性的优势，目前在低碳研究领域被广泛应用。考虑各变量 2018～2020 年的变化，公式（2）可进一步简写成公式（3），变量含义与表 6 同，公式含义为期间内 CO_2 总变动量可被分解为因各因素而导致的碳排放变动量：

$$\Delta CO_2 = CO_2(t) - CO_2(0) = \Delta P + \Delta GP + \Delta SG + \Delta ES + \Delta FE \quad (3)$$

根据 LMDI 的乘法分解和差分分解，可得以下结果（t 期为 2017 年，0 期为 2010 年）：

$$\Delta P = \frac{CO_2(t) - CO_2(0)}{\ln CO_2(t) - \ln CO_2(0)} \ln \frac{P(t)}{P(0)} \quad (4)$$

$$\Delta GP = \frac{CO_2(t) - CO_2(0)}{\ln CO_2(t) - \ln CO_2(0)} \ln \frac{GP(t)}{GP(0)} \quad (5)$$

$$\Delta SG = \frac{CO_2(t) - CO_2(0)}{\ln CO_2(t) - \ln CO_2(0)} \ln \frac{SG(t)}{SG(0)} \quad (6)$$

$$\Delta ES = \frac{CO_2(t) - CO_2(0)}{\ln CO_2(t) - \ln CO_2(0)} \ln \frac{ES(t)}{ES(0)} \quad (7)$$

$$\Delta FE = \frac{CO_2(t) - CO_2(0)}{\ln CO_2(t) - \ln CO_2(0)} \ln \frac{FE(t)}{FE(0)} \quad (8)$$

$$\Delta CF = \frac{CO_2(t) - CO_2(0)}{\ln CO_2(t) - \ln CO_2(0)} \ln \frac{CF(t)}{CF(0)} \quad (9)$$

各因素对 2010～2017 年省碳排放量的影响贡献率分别为$\frac{\Delta P}{\Delta CO_2}$、$\frac{\Delta GP}{\Delta CO_2}$、$\frac{\Delta SG}{\Delta CO_2}$、$\frac{\Delta ES}{\Delta CO_2}$、$\frac{\Delta FE}{\Delta CO_2}$、$\frac{\Delta CF}{\Delta CO_2}$。

（二）分解结果分析

根据对黄河流域各省份 2010～2017 年碳排放驱动因素的 LMDI 分解，得出结论：（1）经济增长效应是青海、宁夏、甘肃、内蒙古碳排放增长最主要的因素，但在河南、四川、山东则起到碳排放抑制作用，说明各省经济发展方式与高质量发展水平存在差距。（2）产业结构因素对碳排放的驱动效应在各省普遍存在，主要是因为流域内第二产业占比普遍高于全国水平，电力、热力、黑色金属/非金属矿采选业、煤炭开采与洗选部门分布密集，产业高碳化特征明显。（3）能源结构效应存在区域异质性，上游区域清洁能源优势明显，中下游区域火电占比极高，能源消费结构整体仍需改善；此外，能源强度的碳排放驱动效应在河南、山东等用能大省更为显著（见图 4）。

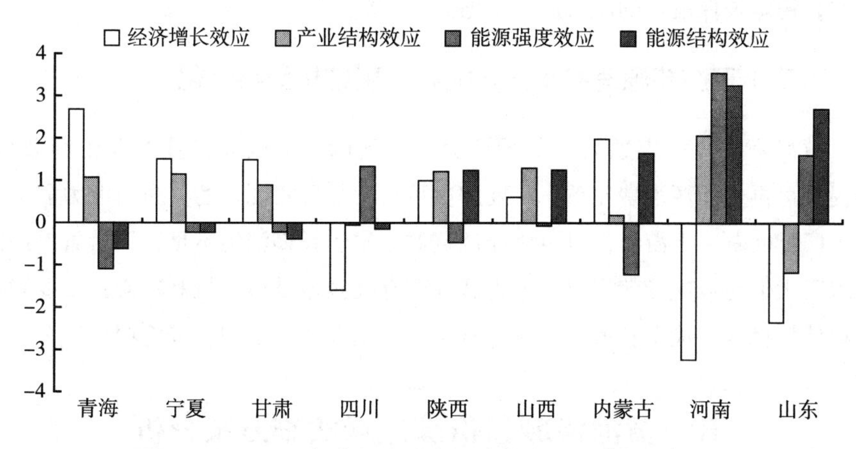

图 4　2010~2017 年黄河流域省份碳排放驱动因素分解结果

四　黄河流域省份碳达峰面临挑战分析

根据碳排放驱动因素分解分析，黄河流域省份深入推进碳达峰目标任务落实落地，还面临着以下挑战。

（一）上游低排放省区：生态保护压力较大

黄河流域存在水功能涵养降低、水土流失等诸多生态系统脆弱性问题，但沿线省区生产生活污染较为严重，环境修复需要付出巨大努力。黄河上游是全流域最主要的淡水涵养地和最重要的生物栖息地，对黄河流域水资源可持续开发利用具有决定性的作用。如何找准生态保护与经济发展均衡点，达到“减污降碳，协同增效”是必须解决的重大课题。

（二）晋陕蒙主要煤炭产区：打造发展新范式任重道远

黄河流域整体呈现高投入、高能耗、高污染、低效益的产业特征，第三产业和战略性新兴产业发展缓慢，仍处在由工业化中后期向后工业化阶段迈进的阶段。陕西、山西、内蒙古的煤炭资源占优势，传统高能耗产业仍占较大比重，经济增长存在一定程度的“高碳锁定”。同时，煤炭煤电转型关乎民生大局，尤其作为不少地区的支柱性产业，化石能源的逐步退出会带来较高的社会成本，稳增长保就业的压力进一步增大。

（三）下游能源消费省区：能源消费结构亟待优化

黄河流域“一煤独大”的现象突出，河南、山东等省份火电比例极高。要提升可再生能源消费比重，一要解决可再生能源资源量的分布与电力需求空间不匹配问题，上游省份可再生能源资源丰富但长期消纳不足，下游省份用能需求巨大但对煤电依赖严重，电力调配仍存在技术及体制机制障碍；二要确保能源使用稳定，能源转型不影响正常生产生活秩序，实现“安全降碳”。

五　黄河流域省份碳达峰实施方案分析

为实现分次分批的碳达峰，各省份应深入贯彻国家黄河流域生态保护和高质量发展战略，在生态文明建设总体布局中推动“双碳”目标实现。

（一）将“双碳”目标纳入生态文明建设整体布局

从理论层面看，可持续发展的环境容量由单位产出的环境强度和经济总产出决定，如单一性强调生产方式的改变，可以促进碳排放强度的下降，但经济总产出可能同步上升，其结果依然可能突破环境容量，甚至超过气候变化的阈值，这是工业文明发展范式下的突出问题。在生态文明发展范式下，企业的外部成本内部化和消费者偏好改变，消费内容和消费结构优化，实现根本性的绿色转型，确保绿色低碳发展。

从实践层面看，可将绿色能源成本和化石能源成本的差值看作绿色溢价，绿色溢价为零甚至为负值时，经济主体才有动力自主选择绿色发展道路。一方面，创新绿色低碳技术降低绿色能源成本，综合运用碳市场、碳税等碳定价手段实现外部成本内部化，提升化石能源使用成本，尽可能缩小两者开发使用成本的差值。另一方面，深度脱碳的成本曲线较为陡峭，还需提升社会治理效能，破解体制机制约束，压实企业主体的绿色转型责任，引导社会公众广泛参与到绿色治理中，推动共同意识的多元化行动。

（二）明确各省份差异化达峰路径

上游低排放省区方面，要把握好清洁能源基地和生态产业基地的定位，推动有条件省份率先达峰。一是充分把握“双碳”机遇，开展绿色能源革命，发展水力、光伏、风电、光热、地热等新能源，使之成为流域内重要的清洁能源基地。二是坚持生态优先，严守生态红线、维护生态安全、发展生态产品，协同推动产业生态化和生态产业化。三是发挥引领示范作用，考虑在碳达峰领先省份或领先城市设立先行示范区，鼓励大胆探索、先行先试，积累宝贵政策实践经验。

晋陕蒙主要煤炭产区方面，重点在于加快新旧动能转换，推动新能源产业发展，促进产业发展模式的根本性转变。一是推动传统产业低碳化改造。要着重发挥生产要素集聚对地区经济发展的正外部性，促进人才、信息、技术等生产要素形成创新发展合力，推动科技研发和科技成果转化，切实为产业转型升级提供创新力支撑。二是推动生产性服务业发展，促进第二产业和第三产业融合发展。三是坚持减污降碳，协同增效，加强生态建设和生态修复治理，实施流域大保护，因地制宜，统筹各类生态问题治理。

下游能源消费省区方面，要继续推进节能减排，构建低碳高效的能源支撑体系。一是多途径降低能耗，增强能源多元外引能力，充分发挥市场化交易机制的作用，严格落实能耗消费双控。二是促进消费端绿色转型，推进低碳建筑和低碳交通，规划、建设有利于形成低碳消费的基础设施。引导消费者和社会公众广泛参与到绿色转型中来，促进消费偏好的优化，实现消费结构的合理化、共享化和可循环化。

（三）强化流域协同合作机制

一是强化产业协同合作机制。黄河流域在产业发展中需要优先考虑生态脆弱性和水土保护，从而实现生态保护和高质量发展的有机统一，黄河流域省区应按照节水原则和绿色发展要求，建立产业项目合作开发和协同发展机制，避免恶性竞争，深化分工合作，弥补缺陷不足，增强绿色产业发展的整体性和协调性。

二是强化能源协同合作机制。黄河流域省区应强化清洁电力长距离调入机

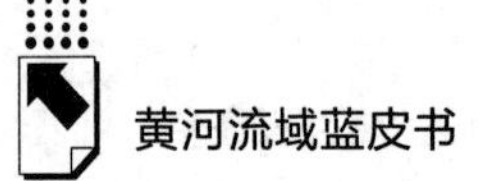

制，推动解决清洁能源供需逆向分布的问题。黄河上游地区要加快建设清洁能源供应基地，充分发挥“无限风光”的资源优势；中下游地区应当提升终端用能的电气化比重，严控火电增量，逐步压降存量，实现有序退出和安全降碳。在技术研发上，必须实现电网建设和调峰储能等重点环节的突破；在体制机制上要支持电力企业参与碳市场，推动跨区跨省的电力直接交易。

三是强化生态治理协同合作机制。大江大河的生态治理需要上下游联动、左右岸协调，黄河流域各省份要树立共同富裕发展理念，流域下游和东南沿海地区向黄河上游水源地、黄河中游水土保护带实行生态补偿机制，通过国家层面的转移支付和公共政策协同合作实现共同富裕，将黄河建设成为生态河、文明河和幸福河。

四是强化国家重大战略区域的协同合作机制。我国长期重视区域经济协同发展，京津冀、长三角、长江经济带、粤港澳大湾区等重点区域已有良好的协同基础和丰富的发展经验；全国统一大市场建设正在推进，市场分割和资源要素壁垒将不断弱化。黄河流域可紧密对接其他区域的重大发展战略，借势借力发展，如融入西部大开发新格局、中部崛起新局面，探索黄河流域与长江流域生态保护合作，推动构建“双循环”新发展格局。

六　结论

实现碳达峰、碳中和是一场广泛而深刻的经济社会系统性变革，黄河流域省区实现碳达峰具有重要的战略意义。从全局角度看，黄河流域总人口占全国的30%左右，GDP占全国的25%左右，碳排放超过全国的40%，相关省份率先达峰将极大推动整体目标的实现；从黄河流域省区自身发展看，实现“双碳”目标与其强化生态保护和实现高质量发展的发展战略内在逻辑一致，是其推动区域协调发展、促进产业转型发展、实现生态优先发展的重要抓手。

碳排放特征与经济体经济社会发展特征密切相关。黄河流域是我国重要的粮食安全保障区和矿业、能源、重化工业基地，第一、第二产业占比和煤炭消费占比均高于全国平均水平；相应的，碳排放总量、人均值、碳强度均高于全国平均水平，实现碳达峰难度较大。黄河流域内部又可分为上游低排放省区（四川、青海、宁夏、甘肃）、晋陕蒙主要煤炭产区（山西、陕西、内蒙古）

和下游能源消费省区（山东、河南）。根据 Mann-Kendall 趋势检验，四川、河南、青海正处于碳达峰平台期，山东、甘肃、宁夏尚未实现碳达峰，晋陕蒙主要煤炭产区实现碳达峰难度较大。

各省区碳排放驱动因素差异较大，经济增长效应是青海、宁夏、甘肃、内蒙古碳排放增长最主要的因素；产业结构效应在各省普遍存在；能源结构效应存在区域异质性，其中上游清洁能源优势显著，中下游能源消费结构亟待改善，各省区面临生态保护压力较大、打造发展新范式任重道远和能源消费结构亟待优化的挑战。对此，首先应将“双碳”目标纳入生态文明建设整体布局，持续降低绿色溢价，提升社会治理效能；其次应明确各省区的差异化达峰路径，确定清洁能源基地、生态产业基地的定位，加快发展动能转换，注重发挥引领示范效应；最后应着力强化流域协同合作机制，通过产业、能源、生态治理和国家重大战略区域的协同合作，实现优势互补，增强发展的全面性和协调性。

参考文献

Dong F., Wang Y., Su B., et al. “The Process of Peak CO_2 Emissions in Developed Economies: A Perspective of Industrialization and Urbanization” [J]. *Resources Conservation & Recycling*, 2019, 141: 61-75.

范恒山：《运用系统思维和立体举措推动实现“双碳”预期目标——在第五届鲁青论坛“黄河流域碳达峰与碳中和路径高峰论坛”上的讲话》，《青海师范大学学报》（社会科学版）2021 年第 4 期。

胡鞍钢：《中国实现 2030 年前碳达峰目标及主要途径》，《北京工业大学学报》（社会科学版）2021 年第 3 期。

蒋含颖、段祎然、张哲等：《基于统计学的中国典型大城市 CO_2 排放达峰研究》，《气候变化研究进展》2021 年第 2 期。

刘家旗、茹少峰：《基于生态足迹理论的黄河流域可持续发展研究》，《改革》2020 年第 9 期。

潘家华：《中国碳中和的时间进程与战略路径》，《财经智库》2021 年第 4 期。

彭绪庶：《黄河流域生态保护和高质量发展：战略认知与战略取向》，《生态经济》2022 年第 1 期。

任保平、豆渊博：《碳中和目标下黄河流域产业结构调整的制约因素及其路径》，

《内蒙古社会科学》2022 年第 1 期。

王鹏、冯相昭、王敏等：《我国省域碳排放特征识别及类型划分》，《环境与可持续发展》2021 年第 3 期。

庄贵阳、窦晓铭、魏鸣昕：《碳达峰碳中和的学理阐释与路径分析》，《兰州大学学报》（社会科学版）2022 年第 1 期。

张楠、张保留、吕连宏等：《碳达峰国家达峰特征与启示》，《中国环境科学》2022 年第 4 期。

张春晖、吴盟盟、张益臻：《碳中和目标下黄河流域产业结构对生态环境的影响及展望》，《环境与可持续发展》2021 年第 2 期。

张立、谢紫璇、曹丽斌等：《中国城市碳达峰评估方法初探》，《环境工程》2020 年第 11 期。

B.3

黄河流域县域生态治理：特征、核心与路径

于法稳　林　珊　王广梁*

摘　要： 黄河流域生态保护和高质量发展上升到国家战略，事关中华民族伟大复兴的千秋大计。黄河流域县域生态治理关系“十四五”时期乃至2035年远景目标的实现，因此，县域生态治理对实现黄河流域生态保护和高质量发展具有重要意义。基于黄河流域生态系统特征分析，本文剖析了黄河流域县域生态治理的核心问题，提出了县域生态治理的四个核心，即生态系统严峻、思维方式有偏、支撑能力不足以及制度体系不全，并从治理内容的完整、治理模式的创新、支撑体系的强化以及机制体系的完善等方面，系统提出了实现黄河流域县域生态治理的路径选择。

关键词： 县域生态治理　生态保护和高质量发展　黄河流域

黄河流域生态保护和高质量发展，是党中央的重大决策部署，是习近平总书记亲自谋划、亲自部署、亲自推动的重大国家战略。2021年，习近平总书记在深入推动黄河流域生态保护和高质量发展座谈会上强调，要科学分析当前黄河流域生态保护和高质量发展形势，把握好推动黄河流域生态保护和高质量

---

* 于法稳，管理学博士，中国社会科学院农村发展研究所生态经济研究室主任、研究员，中国社会科学院大学（研究生院）应用经济学院教授、博士生导师，主要研究方向为生态经济学理论与方法、生态治理、资源管理、农业可持续发展；林珊，中国社会科学院大学（研究生院）应用经济学院博士研究生，主要研究方向为生态经济学；王广梁，西南大学经济管理学院硕士研究生，主要研究方向为农业与农村绿色发展。

发展的重大问题，咬定目标、脚踏实地，埋头苦干、久久为功，确保“十四五”时期黄河流域生态保护和高质量发展取得明显成效，为黄河永远造福中华民族而不懈奋斗。《中华人民共和国国民经济和社会发展第十四个五年规划和2035年远景目标纲要》指出，统筹县域建设，要考虑生态保护和环境整治等。如何将国家关于县域生态治理的顶层设计和政策供给落地生根，推向纵深，重点在地方，关键在县域。因此，黄河流域县域生态治理自然成为实现黄河流域生态保护和高质量发展的有效路径。正是基于黄河流域特殊战略地位以及县域生态治理重要意义的考虑，本报告以黄河流域县域生态治理为研究对象，在对该流域县域生态治理特征进行分析的基础上，剖析县域生态治理中的核心问题，继而提出实现县域生态治理的有效路径。

一　黄河流域县域生态系统的特征分析

全面、系统分析黄河流域生态系统类型的多样性、生态资源种类的差异以及生态系统服务功能的重要性，是实现黄河流域生态保护和高质量发展的前提。黄河发源于青藏高原巴颜喀拉山北麓，西接昆仑，北抵阴山，南倚秦岭，东临渤海，黄河流域（包括黄河内流区）总面积79.5万平方千米，涉及青海、四川、甘肃、宁夏、内蒙古、陕西、山西、河南、山东等九省区，黄河流域行政分区面积见图1。

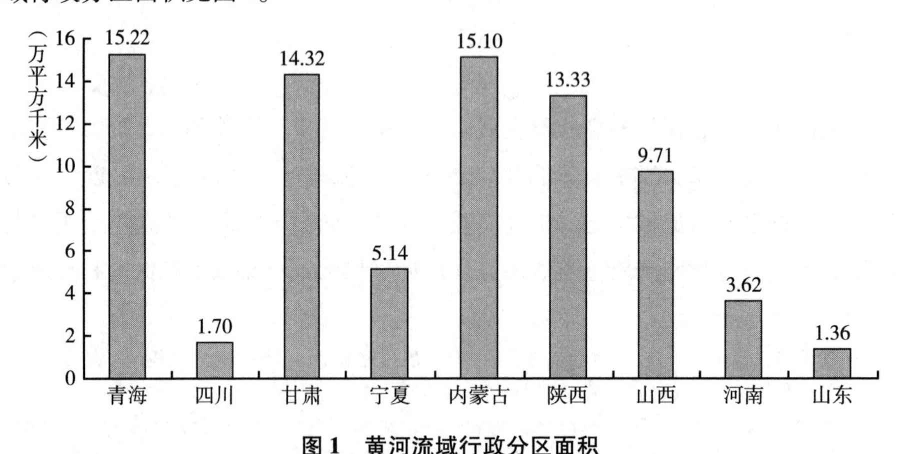

图1　黄河流域行政分区面积

资料来源：水利部黄河水利委员会编《黄河水资源公报2020》。

黄河流域覆盖了我国地势的三个阶梯，塑造了多种多样的生态系统类型，表现出明显的多样性特征。

（一）生态系统类型的多样性

黄河流域分布着多种类型的生态系统，拥有丰富的自然资源，在维护国家生态安全中具有重要的作用。

1. 具有丰富的自然生态系统类型

黄河流域分布着草地、森林、湿地、沙漠、耕地、水域等多种生态系统。相关数据表明，2020 年草地生态系统面积为 3.85×10^5 平方千米，占比为 48.4%；森林生态系统面积为 1.07×10^5 平方千米，占比为 13.5%；农田生态系统面积为 1.99×10^5 平方千米，占比为 25.1%；从湿地生态系统面积来看，共有包括黄河源区湿地在内的 9 个分布区，总面积约为 280 万公顷，占全国陆域湿地生态系统总面积的 8.0%。《黄河流域综合规划（2012—2030 年）》显示，黄河流域土地总面积 7.9×10^7 公顷（含内流区），占全国国土面积的 8.3%；流域内共有耕地 1.6×10^7 公顷，农村人均耕地 0.23 公顷，约为全国农村人均耕地的 1.4 倍。除此之外，黄河流域还分布着荒漠生态系统。自然生态系统多样性对维护区域及国家生态安全具有举足轻重的作用。

2. 具有丰富的生物多样性

生物多样性是衡量流域生态系统健康状况的重要标志。据 2018 年 3 月发布的《重点流域水生生物多样性保护方案》，黄河流域不仅拥有丰富的鱼类（130 种）资源，而且分布着丰富的底栖动物（38 种或属）、水生植物（40 余种）和浮游生物（333 种或属）。需要特别指出的是，黄河流域内还分布着国家重点保护的野生动物，主要有秦岭细鳞鲑、水獭、大鲵等。为了保护重要的水生生物及自然生态系统，黄河流域已建立 58 处自然保护区，其中国家级自然保护区 18 处。青海三江源地区是长江、黄河、澜沧江的发源地，生态系统资源十分丰富，种类繁多。2021 年 10 月 12 日，习近平总书记在《生物多样性公约》第十五次缔约方大会领导人峰会上指出，青海三江源地区，保护面积达 23 万平方千米，涵盖近 30%的陆域国家重点保护野生动植物种类。因此，保护好黄河流域各地区的生态系统、生物物种及其遗传多样性，具有十分重要的意义。

3. 具有丰富的生态保护、建设重点功能区

从发源地到入海口，整个黄河流域横跨了青藏高原、内蒙古高原、黄土高原、华北平原等四大地貌单元和地势三大台阶，生态空间布局呈现“一带五区多点”的特征。具体而言，“一带”是指以黄河干流和主要河湖为骨架，连通青藏高原、黄土高原、北方防沙带和黄河口海岸带的沿黄河生态带；“五区”是指以三江源、秦岭、祁连山、六盘山、若尔盖等重点生态功能区为主的水源涵养区，以内蒙古高原南缘、宁夏中部等为主的荒漠化防治区，以青海东部、陇中陇东、陕北、晋西北、宁夏南部黄土高原为主的水土保持区，以渭河、汾河、涑水河、乌梁素海为主的重点河湖水污染防治区，以黄河三角洲湿地为主的河口生态保护区；“多点”是指藏羚羊、雪豹、野牦牛等重要野生动物栖息地和珍稀植物分布区。

（二）生态资源种类的差异性

1. 降水的差异性

黄河流域内气候差异显著，气候的总体特点是季节差别大、温差悬殊，随地形三级阶梯自西向东由冷变暖，气温的东西向梯度明显大于南北向梯度。2020 年《黄河水资源公报》显示，2020 年黄河流域平均降水量为 506. 9 毫米，折合降水总量 4030. 42 亿立方米；流域分区降水量，以花园口以下的 739. 2 毫米为最大，其次为三门峡至花园口区间的 637. 9 毫米；以兰州至头道拐的 254. 3 毫米为最小，其次为黄河内流区的 290. 0 毫米。黄河流域分区降水量及其与上年和不同系列均值比较见图 2。

2. 丰富的动植物资源

黄河流域多样性的环境孕育了丰富的野生动植物资源。以黄河流域下游的黄河三角洲为例，植物种类达 685 种，保护区自然植被覆盖率达 55. 1%。从动物分布看，地处黄河上、中游地区的四川、甘肃、陕西三省的高原与山地，鸟类种类非常丰富。

3. 丰富的能源矿产资源

黄河流域的矿产资源尤其是能源资源十分丰富，不仅涵盖了煤炭、天然气等传统能源，而且具有丰富的清洁能源资源，如太阳能、水能和风能。《黄河流域综合规划（2012—2030 年）》显示，煤、稀土、石膏、玻璃用石英岩、

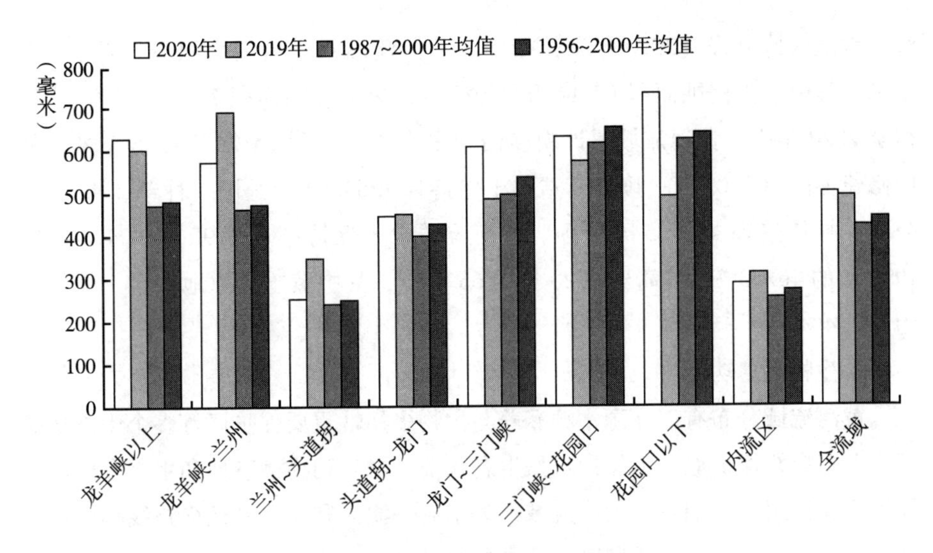

图 2　黄河流域分区年降水量对比

资料来源：水利部黄河水利委员会编《黄河水资源公报 2020》。

铌、铝土矿、钼、耐火黏土等资源具有全国性优势。流域已探明煤产地（或井田）685 处，保有储量 5500×10^{8} 吨，占全国煤炭储量的 50%左右，预测煤炭资源总储量 2.0×10^{12} 吨，在保障我国能源安全方面具有十分重要的战略地位。

（三）生态服务功能的重要性

黄河流域是连接青藏高原、黄土高原、华北平原的生态廊道，是我国重要的生态屏障。黄河流域作为西北和华北典型生态屏障过渡带，发挥着水源涵养、防风固沙、生物栖息等生态功能，是重要的“物种基因库”和“气候调节库”。

1. 水源涵养功能

黄河水源涵养区以约占流域 38%的面积，贡献了大于流域 80%的河川径流量，其生态环境和水资源变化事关国家水资源与水安全。因此，在黄河上游地区的水源涵养区，应依据生态规律，因地制宜采取相应的生态措施，进一步加强生态保护、生态修复和生态建设，实施一批具有重大意义的生态工程，切实提升这些区域的水源涵养能力。

2. 防风固沙功能

黄河流域承担着防风固沙、生态环境保护和绿色发展的重要职能。《黄河流域水土保持公报（2020年）》显示，黄河流域水土流失面积26.27万平方千米，其中水力侵蚀面积19.14万平方千米，风力侵蚀面积7.13万平方千米。截至2020年底，黄河流域累计初步治理水土流失面积25.24万平方千米，其中修建梯田608.02万公顷、营造水土保持林1263.54万公顷、种草234.30万公顷、封禁治理418.35万公顷。黄河流域水土保持率从1990年的41.49%、1999年的46.33%，提高到2020年的66.94%，其中黄土高原地区水土保持率为63.44%。

3. 生物栖息功能

黄河流域分布有三江源水源涵养与生物多样性重要保护区等多个生态功能区。众多自然保护地，为保护自然生态系统、野生动物栖息地和生物多样性发挥了重要作用。特别是，黄河流域作为东亚—澳大利亚候鸟迁徙路线和中亚候鸟迁徙路线上水鸟的关键栖息地，是典型的“候鸟驿站”，在候鸟迁徙中发挥着重要作用。黄河流域多样性的环境孕育出了自然生态资源富集区，湿地水源充足，植被丰富，水文条件独特，浮游生物繁盛，极适宜鸟类聚集，提供了良好的栖息、觅食环境。

二　黄河流域县域生态治理的核心问题

黄河流域县域生态环境系统形势严峻成为制约县域生态治理的极大短板，除此之外，在黄河流域县域生态治理中也存在治理方式分割严重、支撑能力不足、制度体系不完善等问题，是新发展阶段推动黄河流域县域生态治理需要破解的核心。

（一）黄河流域县域生态系统形势严峻

上文已经提到，黄河流域特殊的地理环境之下，生态系统类型多样，但生态环境系统脆弱成为制约黄河流域县域生态治理的短板。同时，水资源短缺与水沙关系失调也是黄河流域县域生态治理面临的最大矛盾和最大威胁。

1. 生态系统脆弱乃是最大问题

黄河流域生态系统敏感脆弱，超过3/4的区域属于中度以上脆弱区。特别是黄河上游地区，自然因素与人为因素叠加到一起，导致天然草地退化，有关资料表明，退化率达到60%~90%；同时，伴随着天然草地的退化，土地沙化面积也在增加。此外，快速工业化城镇化进程，也加剧了自然湿地的萎缩，一些区域的湿地面积减少了近70%，导致湿地水源涵养和调蓄功能的下降。对黄河中游县域生态环境相关问题的研究也表明，黄河中游县域生态环境质量“较差”的面积达到15.6%，环境质量为“差”的县域面积占比为0.2%。值得注意的是，黄河流域生态环境系统退化与环境污染同在，并相互交织。污水排放量由20世纪80年代初的22×10^8立方米增加到目前的44×10^8立方米，比20世纪80年代增加了1倍多。《2021中国生态环境状况公报》显示，监测的265个国考断面中，Ⅰ~Ⅲ类水质断面占81.9%，劣Ⅴ类水质断面占3.8%。主要支流222个国考断面中，劣Ⅴ类水质断面占4.5%；74个省界断面中，劣Ⅴ类水质断面占4.1%。

2. 水资源短缺仍是最大矛盾

黄河流域的水资源量占全国水资源量的2%，但支撑全国12%的人口、15%的耕地。黄河流域人均水资源量470立方米，仅为全国平均水平的23%，用水缺口超过95×10^8立方米，水资源总量严重不足，难以满足社会经济发展与生态维护对水资源的需求。相关研究表明，近60年来，黄河流域径流量呈现明显的下降态势，下降幅度大约为0.721×10^8立方米/年，在减少的水量当中，上、中、下游分别占28.4%、40.5%和31.1%。由此表明，中游径流量减少最显著。在水资源短缺的同时，黄河流域的产业发展、城镇生活用水又普遍存在水资源的低效利用以及浪费现象，从而加剧了流域水资源的短缺。

3. 水沙关系失调成为最大威胁

与其他主要河流相比，黄河流域存在一个非常特殊的问题，即水沙关系失调。黄河流域是我国水土流失面积最大、强度最高的地区，据《2020年中国水土保持公报》，黄河流域水土流失面积为26.27万平方千米，占其土地总面积79.47万平方千米的33.06%。有超过2×10^5平方千米的水土流失面积亟待治理，且这些水土流失区大多为粗沙区，实施水土流失治理的技术要求高、治理成本大。《中国河流泥沙公报2020》显示，黄河流域每立方米水体的含沙量平均为5.11千克，而全国其他河流每立方米水体含沙量的峰值平均为0.307千克，黄河流域年输沙量占全国主要河流年总输沙量的比例高达50%。大量的泥沙沉积加上气候的影响，导致水沙关系失调，黄河下游逐渐形成“地上悬河”，一定程度上存在洪涝灾害的风险，洪水风险依旧是黄河流域的最大威胁，形势不容乐观。

（二）黄河流域县域生态治理思维方式有偏

从黄河流域县域生态治理的实践层面来看，对实施县域生态治理、助力黄河流域生态保护和高质量发展的认知水平还不高，在一些重要方面还存在不足，包括治理方式、治理效能等方面。

1. 县域生态治理的思维认知不够

从生态意义上来讲，县域生态系统具有完整性，然而，黄河流域上中下游县域的生态系统又具有明显的差异性特征。当前，地处黄河上游的一些县域内水源涵养功能下降，中游的一些县域内水土流失严重，下游的一些县域内水资源短缺和水污染严重，针对这些问题，缺乏大格局意识，特别是分区治理、系统修复的思维认知不高，就无法有效立足全局的空间管控思维，统筹协调流域内县域间的关系。县域生态治理的整体意识淡薄，也不能实现县域间的分区精准治理。另外，黄河流域县域政府对生态环境的战略地位认识不够，理念落实不到位，内生动力不足，致使黄河流域县域生态治理工作被边缘化。

2. 县域生态治理的方式分割严重

为了对黄河流域实行统一管理，国家设立治理黄河的专门机构——水利部黄河水利委员会。但是在黄河流域县域生态治理的实践层面，受县域行政划分的影响，县域生态治理自然呈现“横向分散”的特征，治理方式分割分散严重，破坏了流域生态系统的整体性，难以取得预期治理效果并保持其可持续性。

3. 县域生态治理的效能严重不足

在黄河流域县域生态治理实践中，基于自身社会经济发展的需要，各县域都会尽可能地提高黄河水资源的利用量，从而造成流域内不同县域间资源利用的竞争，而黄河水利委员会在实操层面并没有管理自主权和行政管理权，这极大地限制了其实施统一管理的权限，导致黄委会对此也是束手无策。另外，条块分割的治理方式在县域生态治理的各个职能部门间存在重复治理问题，加上又缺乏协调各县域间相关职能部门权责关系的协商平台，这都导致了黄河流域县域生态治理效能的严重不足。

（三）黄河流域县域生态治理支撑能力不足

黄河流域县域生态治理，需要依靠人才保障、技术支撑、资金投入，来保障县域生态治理成效的可持续性，三者缺一不可。基层调研发现，黄河流域县域生态治理中，人才、技术、资金等要素的投入都明显不足，难以支撑生态治理工作的开展。

1. 县域生态治理的专业人才队伍匮乏

黄河流域县域生态治理既是一项专业性很强的政治任务，也是一项政治性很强的专业任务。人才是创新的根基，是创新的核心要素，生态治理的创新驱动实质上是人才驱动。但基层调研发现，当前生态治理专业人才队伍建设中并没有形成一支规模宏大、富有创新精神、敢于承担风险的黄河流域创新型人才队伍，加上县域生态市场的局限，导致大量优秀人才流失。黄河流域县域生态治理人才队伍不强的现状，表明县域的生态人才建设并未用好、吸引好、培养好，存在明显弊端，难以满足新发展阶段县域生态治理的需要。

2. 县域生态治理的技术创新程度不高

黄河流域县域生态治理需要通过科技创新的力量来支撑，但是县域生态治理的创新技术存在一定的差距。黄河流域县域生态治理仍存在对传统治理技术的路径依赖，导致县域生态治理技术的转型升级步伐滞后，生态企业技术创新、生态产品创新和生态产业创新的相对缺乏，导致创新驱动生态治理发展的内生动力不足。同时，由于县域生态治理市场容量有限和市场化水平存在差异，生态专家人力资本、生态科技产品和生态治理专利技术在市场竞争不充分的情形下很难被合理衡量，市场激励机制的缺乏导致大量生态专家、生态科技人员和生态治理专利技术的流失，这在一定程度上也造成了县域生态治理的技术创新动力和创新能力明显不足。

3. 县域生态治理的财政资金投入不足

从黄河流域县域生态治理实践来看，不同县域经济发展水平不一致，一些县域在生态治理中投资严重不足，导致生态环境基础设施建设严重滞后。同时，黄河流域县域生态治理的资金投入不足，一方面限制了生态治理技术的创新应用，对县域生态治理产生制约；另一方面不利于扩大治理规模与发展县域生态治理的相关产业。

（四）黄河流域县域生态治理制度体系不全

相对于新发展阶段的生态治理实践而言，制度体系不够完善，制约黄河流域县域生态治理成效，存在制度保障不够、政策体系不足、长效机制缺失等问题。

1. 县域生态治理的制度保障不够

一般而言，完善的体制机制对县域生态治理发挥着重要作用，同时也是生态治理体系与治理能力现代化的重要内容。从黄河流域县域生态治理的实践来看，制度的不完善会导致生态治理市场的低效，市场配置资源的决定性作用无法充分发挥，从而影响县域生态治理的可持续发展。同时，在县域生态治理过程中还没有建立有效的行政首长联席会议制度、信息共享制度、信息报送制度、年度报告制度、工作督察制度、信息公开制度、考核问责与激励制度等。

2. 县域生态治理的政策体系不完善

当前，生态环境机构垂直管理体制的实施对推动基层生态环境工作发挥了一定的作用。但在县域基层调研时发现，生态治理的政策体系改革并不彻底，由此导致了较多问题的出现。特别是县域生态环境部门，工作处境相对尴尬，难以有效开展县域生态治理工作；加之县级相关生态职能部门间的协调工作机制较为缺乏，与之相匹配的政策体系滞后，难以实施协同治理行为，影响了县域生态环境治理工作的开展，无法使县域生态资源实现应有的价值。

3. 县域生态治理的长效机制缺失

黄河流域县域生态治理的参与机制、监督机制、评价机制、考核机制等长效机制缺失，导致县域生态治理成效保障不力。其中，环保督察机制不够健全会导致县域生态环境保护力度不足；创新机制的不完善，则会导致县域生态治理技术提升的激励不足。另外，在基层调研中还发现一个特别突出的现象，与县域生态治理基础设施相匹配的管护机制的缺失，会导致县域生态治理设施在短暂运营之后出现“停摆”现象，无法保证基础设施功能正常发挥。由于长效机制的缺失，县域无法从整个链条视角对治理行动进行监督，难以实现生态治理的可持续性。

三　黄河流域县域生态治理的路径选择

实现黄河流域县域生态治理有效发展，要针对县域生态治理的突出核心问题，统筹考虑县域生态资源的差异性，探索黄河流域县域生态治理的路径选择。

（一）注重黄河流域县域生态治理内容的完整

黄河流域县域生态系统防护路径涉及多个重点领域，涵盖了生态环境保护、环境污染防治、生态恢复以及生态建设等四大领域的路径设计。

1. 加强县域生态环境系统的保护

实施黄河流域县域生态环境保护，应重点关注生物多样性的保护、天然林的保护以及生产性资源的保护。

（1）注重生物多样性保护。黄河流域生物多样性保护是黄河流域县域生态系统保护的重要内容。特别是，要注重对县域内的生物多样性建立详细的信息库，并充分利用信息化手段、大数据分析，对其进行动态监测。县域内的生物多样性信息库要涵盖生物的种类、面积以及空间分布情况，为实施县域内生物多样性保护提供基础信息。

（2）注重流域天然林保护。黄河流域的天然林保护工程，涉及黄河流域多个省区，这是维系黄河流域生态安全以及水资源可持续利用的重要途径，应进一步采取措施，加大保护力度，提升天然林生态系统的稳定性及生态服务功能。

（3）注重生产性资源保护。水资源、耕地资源、森林资源以及草地资源均属于生产性资源。县域生态治理应采取最严格的资源管理制度，划定生态红线，实现生产性资源的可持续利用。

2. 提升县域环境污染的防治措施

黄河流域九省区县域地区的大气污染、水体污染及土壤污染并存。县域环境污染防治应进行立体化治理，打好污染防治攻坚战，实现天蓝、水清、地绿。

（1）打好县域大气污染防治攻坚战。《2021 年中国生态环境状况公报》

显示了黄河流域部分县域地区的大气污染情况，轻度污染为21.8%，中度污染为5.0%，重度污染为1.6%，严重污染为1.4%。据此，黄河流域县域生态治理面临的大气质量形势依然严峻，应高度关注重点区域、重点行业的污染防治，切实打好大气污染防治攻坚战。

（2）打好县域水体污染防治攻坚战。相对黄河流域的干流，黄河流域主要支流、省界断面水质交叉，更多的支流水质更差，有的支流污染依然严重。因此，县域生态治理应强化流域水环境污染防治，探寻切实有效的水体污染防治路径。

（3）打好县域土壤污染防治攻坚战。黄河流域县域的土壤质量关系米袋子、菜篮子，关系我国粮食主产区的粮食安全。为此，黄河流域县域生态治理应将土壤污染防治作为重中之重，采取生态措施、生物措施、技术措施、经济措施等综合性手段，切实打好土壤污染防治攻坚战。

3. 加大县域生态环境的恢复力度

随着社会经济的高速发展，与全国一样，黄河流域县域的生态环境破坏严重，因此，生态治理必须将重点县域的生态环境恢复作为重要内容。

（1）县域的水土流失治理。针对黄河流域部分县域严重的水土流失问题，应加强对黄土高原沟壑区等重点县域区域水土保持的治理，以减少入河入库泥沙。针对不同县域地区的水土流失情况及诱因，因地制宜选择适合本县域的技术或模式，确保水土流失治理取得成效。

（2）县域湿地的生态恢复。黄河流域县域地区的湿地对维护区域乃至全国生态安全均具有举足轻重的作用。通过建立黄河县域湿地保护网络，加快实施县域地区的湿地生态修复工程，将黄河县域湿地资源作为一个独特板块和一个完整的生态系统来研究和保护，具有特别紧迫的意义。

（3）县域矿区的生态恢复。黄河流域的内蒙古、陕西、山西三省区是我国重要的煤炭集中区，长期开采之后形成了一系列的生态问题。因此，迫切需要对这些重点县域矿区实施生态修复，特别是矿区土壤、水体污染治理，需要高质量推进矿山的生态修复。

4. 助力县域生态环境的建设开发

在县域生态治理中，充分发挥黄河流域不同县域的比较优势，补齐生态建设的短板与弱项，强化生态城镇建设，注重生态乡村开发以及筑牢生态廊道建设。

（1）强化生态城镇建设。根据黄河流域县域城镇的社会经济发展以及生态环境现状，因地制宜地开展县域生态城镇建设。在产业层面上着重发展生态产业，在城镇空间布局上优化城镇空间结构，在能源层面上开发利用清洁能源，在生态建设上提升城镇绿化水平，建设生态城镇家园。

（2）注重生态乡村开发。立足黄河流域县域地区的乡土特色和地域特点，推进乡村生态振兴。在农村生态环境保护方面，应注重耕地、森林、水域、草地等生态系统的整体保护；在农业生产环境改善方面，应着重从农业生产投入品着手，减少农业面源污染；在农村人居环境整治方面，应着重从村容村貌、生活垃圾及污水处理等方面开发生态乡村环境整治。

（3）筑牢生态廊道建设。黄河流域不同县域段位的生态廊道为县域生态环境建设提供了不同选择，为此，应统筹谋划河道水域、岸线以及滩区的生态建设，筑牢集防洪护岸、水源涵养、生物栖息等功能于一体的绿色生态廊道。

（二）加强黄河流域县域生态治理模式的创新

谋划黄河流域县域生态治理蓝图，需在国家战略框架范围内，树立系统生态全局观，打破行政分割壁垒，强化全域治理理念，确保黄河流域县域生态治理的顶层化、一体化、实效化。

1. 树立系统生态全局观，实施县域生态治理顶层化

黄河流域县域政府的决策设计，直接关系县域生态环境治理工作及成效。为此，一要强化县域政府的生态保护责任意识。决策层应树立系统生态全局观，始终与党中央保持高度一致，以满足人民对优美生态环境的需要，着力推动县域生态治理。二要科学规划县域生态治理战略蓝图。应对新发展阶段的外部环境变化，科学制定县域生态治理规划及远景目标，明确重点治理领域、路线图及优先序。三要进行县域生态治理的协同机制及组织设计。根据顶层科学化组织设计，黄河九省区建立一体化跨县域的协同发展机制，以便行动一致、措施一致、保障一致。

2. 打破行政分割壁垒，建立县域生态治理一体化

要实现黄河流域县域生态治理协调发展，就需要摒弃县域地方保护主义，强调协同行动，实现治理一体化。一是在空间上打破县域行政区划的分割，采

取协同统一行为，充分发挥流域内各县域间的比较优势，促进黄河流域县域生态治理的联动发展。二是建立以黄河为纽带的生态网格一体化治理体系，充分利用黄河流域内中心县域的带动作用，发挥中心县域群的辐射优势，构建流域内联动的生态型辐射治理模式。三是采取生态网格一体化模式，需要发挥县域政府、市场、社会组织、民众等不同利益主体的协同作用，采取协调行动推动县域生态治理取得实效。

3. 强化全域治理理念，确保县域生态治理实效化

黄河流域实施县域生态治理应树立全域治理理念，确保取得实效。一是县域生态治理是城乡协调的生态治理。打破城乡二元结构下的认知偏向，将县域城镇和乡村的生态治理同等关注，纳入平等框架统筹考虑。二是县域生态治理是基础设施与长效机制相匹配的生态治理。不仅要注重城乡生态环境基础设施建设，还需关注与其功能发挥相配套的长效机制建设，以实现治理成效并保持其可持续性。三是乡村生态治理是县域生态环境治理的重要内容。应统筹考虑农村生态环境保护、农业生产环境改善以及农村人居环境整治，才能构成完整的乡村生态治理。

（三）强化黄河流域县域生态治理的支撑体系

应从生态人才培育、创新技术供给、加大资金投入入手，破解县域生态治理失效难题，为黄河流域县域生态治理提供人力、技术、财力的支撑。

1. 注重人才培育，为县域生态治理开展助力

当前，黄河流域县域生态治理的人才队伍相对短缺，难以满足生态治理实践的需要，对如何科学界才、精准育才、灵活引才、高效用才、长久留才等问题应统筹考虑，将人才留在流域内县域城镇甚至乡村需要的地方，扎根县域、服务县域，满足黄河流域县域生态治理的人力需求。一是要提高黄河流域内高校生态治理相关学科的吸引力，吸引优质生源；二是要提高生态治理相关领域的收入水平，吸引年轻劳动力的流入；三是优化人才激励政策体系，推进县域生态治理领域“放管服”改革，完善生态治理人才激励政策标准化，促进绿色创新人才为县域生态治理提供全方位的优质服务。

2. 创新技术供给，为县域生态治理提供支撑

黄河流域县域生态治理必须依靠绿色创新技术供给，构建绿色技术创新体系，强化县域生态治理战略的科技力量，解决科技创新动力问题，以激发县域生态潜能带动经济动能，破解县域生态治理难题。一是改造升级县域生态治理的基础设施建设。发展信息化、生态低碳化技术创新，改造升级传统基础设施，打造绿色循环高效的硬件设施体系。二是引导县域企业进行绿色技术创新。提升县域企业绿色技术创新能力，引导企业成为县域生态治理领域技术创新的主体力量，带动供应链流域县域内企业绿色转型。三是普及县域农业绿色生产技术。推广绿色有机肥，实现化肥、农药减量提效，秸秆、畜禽粪便等农业废弃物的资源化利用等，助力县域农业生态治理的高效统一。

3. 加大资金投入，为县域生态治理提供保障

在黄河流域县域生态治理的财力保障方面，发挥政府资金的杠杆撬动作用，持续优化资金政策，加强监管，为黄河流域县域生态治理开拓资金投入渠道和给予财力保障。一是设立国家层面的生态治理基金，发挥中央财政投入的杠杆效应、乘数效应，引导社会资金流向县域生态治理发展领域。二是推进县域层面的生态治理基金，重点投向水资源集约高效利用、水生态修复、水环境保护、生态农业、生态文旅等领域及新兴产业。三是引导投资主体积极参与县域生态治理。探索投资主体参与县域生态产业新模式，不断激发黄河流域县域的内生发展动力。另外，资金使用要坚持实效、规范的原则，确保黄河流域县域生态治理的资金使用安全。

（四）完善黄河流域县域生态治理的机制体系

黄河流域县域生态治理是一个长期的系统工程，为此，需要依靠强大的主体制度意识、完善的制度体系以及持续的长效机制，有效促进县域生态治理常态化、规范化。

1. 强化主体制度意识，提升县域生态主体治理合力

黄河流域县域生态治理的多元化主体“合力”是实现县域生态环境高效治理的可靠路径。一是强化生态主体塑造绿色生态的制度意识，重塑生态共治共享价值观，培育县域生态主体的绿色价值观，绿色化思维方式、行为决策和实践能力等。二是开展生态主体的制度教育培训，对政府、企业、民众进行生态环保制度意识教育，进行制度生态化、生态制度化的思维培训，增强生态环保知识和绿色生产能力，使黄河流域县域生态治理的参与主体成为自觉的生态建设守护人。

2. 完善制度体系建设，加大县域生态治理制度供给

黄河流域县域生态治理是复杂的系统工程，完善的制度体系是激励和约束主体行为的有效手段。一是加强县域生态法治体系建设。根据各县域不同的生态环境现状，因地制宜地实施适合当地县域生态治理的法律体系。二是完善中央环保督察和地方县域监管相结合制度。依据县域生态治理的重点领域，增强基层管理职能、明确职责，完善监测监察垂直管理体系，建立垂管机构与县域政府间的协同合作体系。三是完善责任追究制度。实行严格生态责任追究制度，对造成县域生态环境污染的主体采取惩处措施，实施严厉的赔偿制度。

3. 建立持续长效机制，保障县域生态治理成效显著

建立持续长效的主体参与机制、生态补偿机制，确保黄河流域县域生态治理成效的可持续。一是建立主体参与机制，推进黄河流域县域生态治理主体的多元化。黄河流域县域生态治理主体包括政府、环保企业、社区、城乡居民等，呈现多元化特征，履行主体责任，发挥县域政府主体的元治理作用，引导企业主体生态污染防治的落实，调动县域民众参与生态治理行动的积极性，建立健全有效的生态主体参与机制。二是健全生态补偿机制，推进县域生态治理方式的多样化。生态补偿机制是实现黄河流域县域生态治理的重要保障。实施县域生态补偿机制，推进黄河流域生态环境权益探索多样化、市场化的生态补偿方式，可为黄河流域县域生态治理提供显著的成效回报。

参考文献

迟妍妍、王夏晖、宝明涛等：《重大工程引领的黄河流域生态环境一体化治理战略研究》，《中国工程科学》2022 年第 1 期。

董战峰、璩爱玉、郝春旭：《黄河流域高质量发展：挑战与战略重点》，《中华环境》2020 年第 Z1 期。

姜长云、盛朝迅、张义博：《黄河流域产业转型升级与绿色发展研究》，《学术界》2019 年第 11 期。

路瑞、马乐宽、杨文杰等：《黄河流域水污染防治“十四五”规划总体思考》，《环境保护科学》2020 年第 1 期。

牟雪洁、张箫、王夏晖等：《黄河流域生态系统变化评估与保护修复策略研究》，《中国工程科学》2022 年第 1 期，第 113~121 页。

王夏晖：《协同推进黄河生态保护治理与全流域高质量发展》，《中国生态文明》2019 年第 6 期。

徐勇、王传胜：《黄河流域生态保护和高质量发展：框架、路径与对策》，《中国科学院院刊》2020 年第 7 期。

叶培龙、张强、王莺等：《1980—2018 年黄河上游气候变化及其对生态植被和径流量的影响》，《大气科学学报》2020 年第 6 期。

于法稳、方兰：《黄河流域生态保护和高质量发展的若干问题》，《中国软科学》2020 年第 6 期。

于法稳、林珊：《碳达峰、碳中和目标下农业绿色发展的理论阐释及实现路径》，《广东社会科学》2022 年第 2 期。

于法稳：《当前县域生态环境治理困境及对策建议》，《国家治理》2022 年第 4 期。

任保平：《黄河流域生态保护和高质量发展的创新驱动战略及其实现路径》，《宁夏社会科学》2022 年第 3 期。

肖安宝、肖哲：《生态保护前提下黄河流域高质量发展的难点及对策》，《中州学刊》2022 年第 3 期。

B.4
黄河流域生态产品价值实现的路径研究

郭 婧*

摘　要： 构建黄河流域生态产品价值实现机制，是践行“绿水青山就是金山银山”理念的关键，对促进黄河流域环境保护与经济发展的协调具有重要意义。本报告以生态产品保护、价值转化、保障机制等3个方面为视角，对黄河流域九省区生态产品价值的成效进行评价，同时从助推产业化发展、加强基础设施建设、建立多元化市场、完善生态综合补偿机制等方面提出构建黄河流域生态产品价值实现的主要路径。为黄河流域有效利用生态产品价值、打造高质量生态产品之路提供参考依据。

关键词： 生态产品　价值实现路径　生态补偿　黄河流域

黄河流域生态保护和高质量发展是国家重大战略之一，生态产品价值实现问题也被提上日程。党的十八大提出“增强生态产品生产能力，大力推进生态文明建设”的重要战略决策；党的十九大也进一步强调“提供更多优质生态产品以满足人民日益增长的优美生态环境的需要”①。此外，关于生态产品的意见和案例也相继提出。例如，2015年《中共中央国务院关于加快推进生态文明建设的意见》中提出“良好生态环境是最公平的公共产品，是最普惠的民生福祉”；2020年，自然资源部先后发布两批共计21个“生态产品价值实现典型案例”；2021年，中共中央办公厅、国务院办公厅印发《关于建立健

---

* 郭婧，博士，青海省社会科学院生态环境研究所助理研究员，主要研究方向为生态经济、环境生态学、恢复生态学。

① 徐瑞蓉：《生命共同体理念下流域生态产品市场化路径探索》，《学术交流》2020年第12期，第102~110页。

全生态产品价值实现机制的意见》；此类实施意见为生态产品价值实现提供了战略性指引，而生态产品的价值实现问题归根结底回归于生态环境保护与高质量发展的问题上。生态产品价值实现是在生态文明建设总体框架下，深入践行“两山”理念，兼顾保护与发展，采取的系统化保护、组织化生产、市场化经营、资产化管理等系列手段。当前，生态产品不仅是自然要素，也是促进绿色经济高质量发展的重要生产要素，同时也是解决生态资源价值转换、维持和增加生态学资本价值、实现生态经济可持续发展的基础，是社会经济发展的内部要素，可选取环境资源，探索流域生态产品的市场导向之路。构建流域生态产品的市场化体系，研究价值转化、利润实现和生态产品安全保障机制，将有助于研究区域经济发展和生态产品价值理论，促进经济、社会和环境的可持续性发展。截至 2021 年底，黄河流域生态产品价值实现机制已完成顶层设计，基本思路明确，制度逐步完善。

一　生态产品的内涵及主要途径

（一）生态产品的内涵

生态产品是一种自然要素，包括空气、水资源在内的，能够维系生态安全、保障生态调节功能、创造良好人居环境的自然要素。生态产品的内涵已被国内外研究人员反复修订，其中较为全面的一项是国务院于 2010 年发布的《全国主体功能区规划》（以下简称《规划》）。《规划》明确将生态产品定义为“维护生态安全、保障生态调节功能、提供良好生活环境的自然要素，包括新鲜空气、洁净水、宜人气候等”。此外，《规划》还提出未来中国不仅要成为生产强国，还要成为生态产品丰富的生态大国[①]。目前，关于生态产品的定义包括狭义和广义两部分内容：狭义的生态产品指生态系统服务，包括空气、水、自然产品的供给、调节、支持及文化服务等和与人类劳动无直接关系的自然产品，是生态系统给人类提供的福祉；广义的生态产品包括自然生产的

① 范振林、李维明：《生态产品价值实现机制研究——以贵州省为例》，《河北地质大学学报》2020 年第 3 期，第 82~90 页。

生态系统服务和人类生产的农林产品供给，通过各种途径减少对生态资源的消耗生产出来的一系列有形和无形的物品。综上所述，认为生态产品的定义为：由自然资源所提供的产品和服务，自然生态系统和人类共同生产，以可持续、可再生的方式为人类及自然界提供的产品或服务。国内将生态产品转化并应用到实际中较少，对其核算及价值实现尚处于初步阶段。生态产品价值实现是极具中国特色的词语，多次在中共中央和国务院相关文件中被提及。

（二）生态产品生产的主要途径

随着“生态产品”概念的提出，我国正在积极开展生态产品价值实现试点工作，不同生态产品的特点不同，价值实现方式也不同。[①] 实现生态产品价值的途径主要包括市场交易、财税政策、产权交易、绿色金融等。一些学者认为，实现生态产品价值本质上等同于采取政府主导与市场驱动相结合、规划指引、供需双向调控等措施，在市场上交换生态系统服务。此外，实现生态产品价值的路径包括：政府监管、产权制度、环境技术和环境市场。地方管理者是提升供应和生态产品价值的主体，这取决于生态产品是否可以直接在市场上交易，而对其监管必须由政府统筹管理。为实现多样化的生态产品价值，须遵循“界定产权、科学计价、更好地实现与增加生态价值”的路线，同时快速促进生态产品价值实现。

二　黄河流域生态产品价值成效评价

（一）生态产品保护成效评价

基于生态产品表现形式的分类能更好地体现转化的不同方式：一是物质型生态产品，是指促进环境保护的物质型产品，如环保认证的农、林、畜、副产品；二是服务型生态产品，是指人们依靠自然生态系统在特定区域范围内开发的产品；三是权益收益型生态产品，涉及通过市场交易机制（如碳交易）将

① 冯俊、崔益斌：《长江经济带探索生态产品价值实现的思考》，《环境保护》2022 年第 Z2 期，第 56 页。

环境和资源的外部性内部化；四是生态补偿产品。在上述分类的基础上，构建了生态产品保护成效价值转化评价指标体系，从制度、技术、资金、政策奖惩、宣传等保障机制出发，构建指标评价体系（见表1）。

表1 生态产品保护成效价值转化评价指标体系

序号	指标	指标说明
X_1	优良天数占比(%)	达到80%以上为二级标准,达到90%以上为一级标准
X_2	PM2.5平均浓度(ug/m^3)	达到50以下为二级标准,达到35以下为一级标准
X_3	水质优良比例(%)	达到80%以上为二级标准,达到90%以上为一级标准
X_4	森林覆盖率(%)	森林覆盖率(山区、丘陵、平原)
X_5	污水处理率(%)	城镇和农村污水处理情况
X_6	生活垃圾处理率(%)	城镇和农村生活垃圾处理情况
Y_1	生态农产品建设情况	农林牧渔总产值
Y_2	生态能源产品建设情况	清洁能源发电量占总发电量比重
Y_3	生态权益产品建设情况	排污权、碳排放权等生态权益交易机制开展情况
Y_4	生态旅游产品建设情况	生态旅游收入占总服务收入比重
Y_5	生态补偿产品建设情况	自然资源生态补偿机制开展情况
Z_1	制度保障	生态产品价值实现,有关的试点示范
Z_2	技术保障	针对自然资源统一确权登记制度、生态产品价值核算机制,加强智力支撑与区域间研讨交流
Z_3	资金保障	与生态保护及生态产业相关的财政支出
Z_4	政策奖惩	针对生态品牌建设的奖补政策
Z_5	宣传教育	主动举办生态产品相关宣传活动

资料来源：根据相关资料整理。

（二）生态产品价值实现成效指数

表2为黄河流域九省区生态产品环保效果分项指标。从表中可以看出，生态产品保护成效分项指标较高，平均值为80.20，属于良好水平，显著改善了环境空气和水的质量，良好及以上水质占比逐年提高，森林覆盖率显著增加，废水处理速度和废弃物处理速度加快，这些为实现生态产品价值创造了良好的自然背景。此外，大部分地区已经建立了健全的城市垃圾和污水处理系统。分区域看，青海省、四川省、陕西省、山东省生态产品保护成效良好，指标值均在80以上。黄河流域周边城市经济社会发达，人口密集，环保水平高，人们在物质层面和环

保意识提高的基础上，也更加注重生态建设，生态环境明显改善。但在重工业发达地区，环保效果相对较弱，可能会影响产品保护的环境指标。此外，PM2.5 平均浓度高、森林覆盖率低也是生态产品价值实现的不利因素。

表 2　黄河流域生态产品价值实现分指数得分及等级

地区	生态产品保护成效		生态产品价值转化成效		生态产品价值实现保障机制	
	分指数	等级	分指数	等级	分指数	等级
青海	80.34	良好	64.32	及格	70.23	一般
四川	82.96	良好	60.95	及格	67.21	及格
宁夏	79.23	一般	58.39	较差	65.01	及格
内蒙古	78.8	一般	61.06	及格	71.97	一般
陕西	85.94	良好	67.42	及格	78.08	一般
山西	79.12	一般	70.12	一般	63.07	及格
河南	73.74	一般	72.84	一般	78.81	一般
山东	81.46	良好	61.64	及格	70.52	一般
平均	80.20	良好	64.59	及格	70.61	一般

资料来源：根据国家统计局和各省区网站整理并计算得出。

（三）生态产品价值转化成效评价

从表 2 得出，生态产品价值转化成效分项指标的平均值仅为 64.59，低于总指标和其他分项指标，说明黄河流域生态产品的环境和经济价值尚处于初级开发阶段，甚至相互冲突状态，尚未有效建立生态产品价值转化机制。一方面，传统的生态农业和生态旅游形成了成熟的市场机制，但价值转换效率仍然较低。另一方面，国内外出现了许多实现生态产品价值的创新模式，就黄河流域各省区而言，地方生态补偿机制较为完善，但环境交易权益和环境金融产品开发主要停留在政策性文件层面，实际落实较少，从而降低了生态产品价值的转化效率。分区域来看，仅黄河流域的河南省和山西省对产品环境价值的影响为中等，其余为及格甚至较差。

从表 2 可以看出，生态产品价值实现保障机制分项指标平均值为 70.61，表明各地区针对生态产品价值的保障机制仍有待进一步完善。各地区都在积极开展“绿水青山就是金山银山”等生态产品价值实现试点示范活动，生态环境部创新基地、“山水林生态保护修复试点项目”等取得丰硕成果。各省区正在逐步加大对自然生态研究和监测的技术支持力度。随着一系列奖惩政策和宣传推广机制的出台，生态产品价值实现的管理与机制保障不断加强。目前还存在以下主要问题：生态产品价值实现的社会参与机制不健全，参与渠道未建立；大部分地区没有打造专门的广告平台和渠道来实现环保产品的价值，对新媒体渠道和舆论关注不够。这些问题导致保障机制实现生态产品价值的分项指标偏低，这是未来完善各自保障机制的重点方向。

三 构建黄河流域生态产品价值实现的主要路径

“十四五”时期环境的不断改善，加速了人们对黄河流域生态产品价值的认识转变。需求结构的变化为有效提升生态产品价值提供了新的机遇。党的十九大指出，要提供更多优质生态产品，满足人们对美丽环境日益增长的需求。这将有力推动生态产品比较优势的充分利用，推动生态产品供给侧结构性改革，全面深化改革，激发新的活力，有效提升生态产品的价值。“十四五”期间，在生态产品实现价值的过程中，市场经济等各领域改革不断推进和全面深化，不断释放改革红利，增加发展活力。有效促进科技创新为实现生态产品价值增添了新的动力。随着世界新一轮科技革命和产业转型的快速推进，信息技术的快速发展将对生产、流通、信息产业产生重大影响，流域生态产品的消费和其他环节将极大地提高人们对生态产品价值的认识。生态产品价值实现作为一项系统性开创工作，政策制度保障亟待增强，生态资源产权等一系列体制机制亟须建立，生态产品价值实现尚未与绿色财政奖补政策、党政领导干部生态环境损害离任审计等重要政策制度有机结合；技术保障体系有待健全，流域生态产品价值核算方法尚需完善，部分关键参数缺乏研究和监测，专业人才队伍亟须扩充；市场化机制仍较缺失，高占比的调节服务类价值实现较难且路径单一，主要依赖政府主导的纵向生态补偿，缺乏完备的市场机制，影响了调节服务类生态产品信用化和生态资产资本化。

（一）助推流域生态产品产业化发展，实现生态产品价值

依赖生物资源的生态产品可以通过降低其内在价值属性来刺激该地区的经

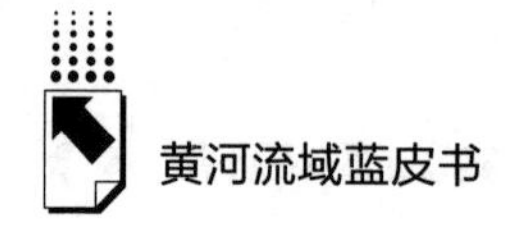

济发展，但生态产品的产业化存在许多困难。目前，黄河流域生态产品产业化水平相对较低，黄河流域自然景观旅游产业不足以挖掘生态经济，缺乏特色和带动作用。根据国内外相关成熟经验，实现生态产品价值的最有效途径是突出生态产品的特点，并将生态产品的特点产业化。黄河流域独特的自然景观和文化历史，使该地区的生态产品价值得以实现，特别是通过发展文化和旅游业。以黄河流域乡村旅游为例，对黄河流域沿线一些具有独特文化传统和旅游特色的古村落进行产业化开发和运营，也会驱动周围地区经济发展。特别是对一些以保护为目的的古村落遗址的开发，可以更好地传播黄河流域的人文历史文化，提高其在民族文化旅游业中的地位①。

（二）加强基础设施建设，实现生态产品价值

由于地理位置偏远、交通不便、相关服务设施不完善，黄河流域有很大一部分生态产品无法很好地实现其经济和社会价值。实现生态产品价值，基础设施建设是首要保障，这主要包括：一是加强基础设施建设对推广高性价比生态产品起到积极作用。在产业发展过程中，黄河流域占有一定优势的生态产品面临的最大问题是配套基础设施不足，尤其是道路交通不畅。近年来，随着政府的规划和投入，交通问题解决越好的地区，其实现的生态产品价值就越多。二是基础能力的提升是黄河流域生态价值提取和潜在生态产品转换的驱动力。黄河流域潜在生态产品分布不均衡，价值难以兑现，这对一些地区的基础设施，特别是道路交通提出了更高的要求。在一些潜力生态产品分布的地区，如果地方政府能够更好地进行基础能力建设，这些潜力生态产品很快就会成为优势产品，经过包装和推广，它们的生态价值可以得到很好的提升②。

（三）遵循价值规律，实现生态产品价值

生态产品资源优势转化为经济优势，市场必然参与，市场参与必须以价值规律为主导。在实现其经济价值的过程中也会激发其商品特性，特别是在工业

① 蒋凡：《青海三江源水生态产品供给与价值实现研究》，《湿地科学与管理》2022 年第 2 期，第 31~34 页。

② 卢瑶：《马克思主义公共产品理论视域下的生态环境损害赔偿研究》，华中科技大学博士学位论文，2018。

化的发展中，绿色产品的价值将直接体现在经济效益上。在实现黄河流域环境产品价值的过程中，实现经济价值是黄河流域经济发展的必然要求。黄河流域生态产品必须遵循价值规律，积极参与市场竞争，创造优质的区域生态产品。黄河流域生态产品一旦进入市场，无论是显性的生态产品还是潜在的生态产品，它必须利用自身的特点和独特性，在市场上获取竞争优势。同时，市场价值的波动也对环保产品的质量和服务提出了更高的要求。正如习总书记所强调的，“在保护中发展，在发展中保护”。我们绝不能以经济利益为名，破坏生态产品的基础，特别是盲目开发。虽然我们意识到环境产品的经济效益，但充分考虑黄河流域的环境效益和社会效益是一种必然趋势，以可持续地实现绿色产品的价值。

（四）建立多元化市场，实现生态产品价值

生态产品是自然生态系统和人类生产的产品或服务，具有公共物品和私人物品的属性。由于额外的个人劳动等原因，人类生产的生态产品是私有的。生态产品的价值可以根据个人主观意愿和市场供求比例进行调整。自然生态系统生产的产品往往具有很强的公共物品属性，难以直接进行市场交易。因此，生态产品价值的实现离不开政府的主导，而政府的主导是人们认识生态产品价值的前提。产品的交换和价值的实现离不开市场，在多元化的市场中，必须明确生态产品的地位，交易价格必须由产品的供求等因素决定，才能实现生态产品的价值。① 多元化市场的创造是生态产品价值实现的基础，但生态产品易受市场需求和市场消费方式的影响。建立长效的生态市场经济，需要市场与政府相结合，依靠政府机构制定的政策和制度，保障多元化市场的正常运行。

（五）完善生态综合补偿机制，实现生态产品价值

全面生态补偿主要关注自然生态系统生产的具有公共属性的环境友好型产品，这是政府主导，市场、企业和个人参与的协同效应。全面生态补偿是实现生态产品价值的主要途径，但补偿标准难以确定，政策时效性不强，因此，很

---

① 蒋凡：《青海三江源水生态产品供给与价值实现研究》，《湿地科学与管理》2022 年第 2 期，第 32 页。

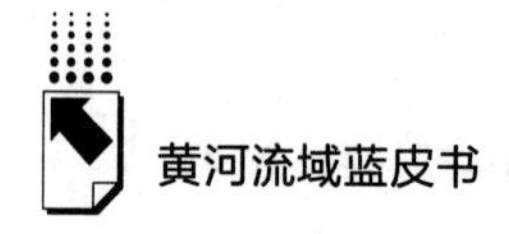

难确保生态产品价值的持续有效实现。如何实现自然生态系统生产的生态产品的转化？在生态价值方面，需要在综合生态补偿试点工作的基础上，建立和完善相关制度，从而持续有效地实现生态产品的价值。实现生态产品价值是一项系统的、长期的、复杂的工程，涉及经济社会发展和生态文明建设的各个方面。考虑到从"绿水青山"到"金山银山"的转变，我国迫切需要提高对生态产品价值的认识，并将其纳入政策和法规。

四　展望

在生态效益实现的前提下，还可以对资源进行"绿色利用"，在产生经济效益的同时，实现生态"零损伤"。要充分发挥国家公园在资源整合方面的优势，使文化服务与供给服务相结合，促进一二三产融合发展。对国家公园的资源进行绿色利用的方法包括在其周边区域发展旅游、科普教育、文化创意、生态农业、生物科技等。特别需要强调的是保护，让一切动植物都处于原生状态，体现自然和谐之美。黄河流域在未来的发展中要立足生态保护优先，以绿色发展为引领，有效利用生态产品价值，打造高质量生态产品之路。

参考文献

徐瑞蓉：《生命共同体理念下流域生态产品市场化路径探索》，《学术交流》2020年第12期。

焦晓东：《加快推进生态产品价值实现 助力2030年前实现碳达峰》，《中国经济时报》2021年11月1日。

范振林、李维明：《生态产品价值实现机制研究——以贵州省为例》，《河北地质大学学报》2020年第3期。

曾贤刚、虞慧怡、谢芳：《生态产品的概念、分类及其市场化供给机制》，《中国人口·资源与环境》2014年第7期。

龚迎春、罗静：《主体功能区引领下的农业生态区农业发展模式比较研究》，《河南师范大学学报》（哲学社会科学版）2013年第6期。

卢瑶：《马克思主义公共产品理论视域下的生态环境损害赔偿研究》，华中科技大学博士学位论文，2018。

郭爱兰、冯树芹、郭山宁等：《黄河流域兰州白银段生态产品的价值挖掘和实现问题研究》，《社科纵横》2020 年第 7 期。

陆小成：《新发展阶段北京生态产品价值实现路径研究》，《生态经济》2022 年第 1 期。

鲁小波、陈晓颖：《基于主体功能区划的辽西走廊自然保护区生态旅游发展研究》，《云南地理环境研究》2015 年第 3 期。

肖南云：《黑龙江省森林生态产品开发问题研究》，东北农业大学博士学位论文，2018。

刘贝贝、左其亭、刁艺璇：《绿色科技创新在黄河流域生态保护和高质量发展中的价值体现及实现路径》，《资源科学》2021 年第 2 期。

蒋凡：《青海三江源水生态产品供给与价值实现研究》，《湿地科学与管理》2022 年第 2 期。

省 区 篇

Provincial Chapters

B.5
2021~2022年青海黄河流域生态保护和高质量发展研究报告

索端智*

摘　要： 青海作为黄河流域的源头区和干流区，在黄河流域具有不可替代的战略地位。2021年，青海在“五个示范省”“四地”建设的引领下，生态保护和高质量发展取得了长足的进步，生态保护成效显著，经济社会发展有序，民生福祉持续增强。但在生态环境突出问题治理、基础设施改善和民生保障、黄河文化创新发展等方面仍面临一些困境和挑战。下一步，可通过建立健全主体功能区制度，线上线下、区内区外联合发力带动产业发展，探索多样化生态产品实现价值，持续推动人与自然和谐共生等方式加快青海生态保护和高质量发展。

关键词： 生态建设　经济社会　青海黄河流域

* 索端智，博士，青海省社会科学院党组书记、院长、教授，主要研究方向为民族社会学。

2021年是实施“十四五”规划、开启全面建设社会主义现代化国家新征程的第一年，也是中国共产党成立100周年，青海省委省政府以习近平新时代中国特色社会主义思想为指导，全面贯彻党的十九大和十九届历次全会精神，深入落实“四个扎扎实实”重大要求。尤其在生态环境保护方面，全省上下牢牢抓住生态这一“国之大者、省之要情”不放松，严格贯彻习近平总书记两次视察青海时做出的重要指示精神，推进“一优两高”和“四地”建设，围绕生态保护和高质量发展布局全省的社会经济发展，克服各种不利因素的影响，取得了显著的生态、经济和社会效益。

一　2021年黄河源头区域生态环境与经济社会发展情况

黄河是中华民族的母亲河。千百年来，大河东流，奔腾不息，哺育了中华民族，孕育形成中华文明。黄河流域的生态保护和经济社会的发展，关乎中华民族永续发展，更关乎中华民族伟大复兴。习近平总书记曾明确指出：“黄河宁，天下平。”党的十八大以来，习近平总书记在对黄河流域各省区的考察中，结合实际就各省区在新形势下流域生态和经济社会发展所面临的问题以及未来的发展战略、路径发表了系列重要讲话，做出了极具针对性的重要批示、指示。他强调青海必须担负起保护三江源、保护“中华水塔”的重大责任，确保“一江清水向东流”。

（一）生态环境保护状况

习近平总书记视察青海时指明了青海“三个最大”的重大战略定位，即“青海最大的价值在生态、最大的潜力在生态、最大的责任也在生态”。总书记讲话确定了青海在国家发展全局中的战略地位和发展定位，为青海经济社会发展和生态文明建设指明了方向。要不折不扣地贯彻落实总书记提出的“三个最大”，就必须对青海境内的黄河流域特有的生态状况有清楚的认识。

青海黄河流域平均海拔在3000米以上，日照时间长、辐射强，冬季漫长，气温日较差大，年较差小，降水量少。地域差异大，东部雨水较多，西部干燥多风，缺氧、寒冷。在此种气候条件下，青海黄河流域孕育出典型的高寒荒漠生态系统。植被稀疏，结构单一，发育十分缓慢并且极为脆弱，一经破坏就难

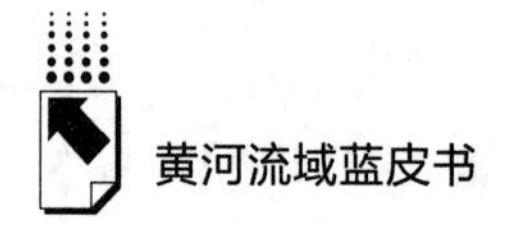

以恢复。此外，对气候变化极为敏感，尤其是在全球气候变暖的大背景下，青海黄河流域的生态面临着较大的挑战，要保持整个生态系统的稳定和发展较之内地及沿海地区要求更高、难度更大。

青海境内的黄河流域是整个黄河重要的水源涵养和汇水区。尤其是河源地区，湖泊众多，湿地广布，区内地下水储量较为丰富，冰川融水是径流的主要补给之一。同时，湿地资源十分丰富，河湖纵横，沼泽众多，可以说是“中国最大的水乡”。

黄河源头最主要的生态系统是高寒草甸和高寒草原生态系统，面积大，分布广，在维护黄河源头水源涵养和生物多样性主导服务功能中具有基础性地位。高寒湿地生态系统是主要的保护对象之一，具有重要的水源涵养功能。

黄河多年平均径流量 208 亿立方米。维持着水生植物的生存，是多种野生动物的重要栖息地，黄河源头地区地处高寒草甸向高寒荒漠区的过渡地区，共有维管束植物 800 多种，野生植物形态以矮小的草木和垫状灌丛为主，高大乔木仅有圆柏和青海云杉等。区内有野生陆生脊椎动物 270 种，其中兽类 62 种，雪豹、金钱豹、藏羚等 8 种为国家一级保护动物，鸟类 100 余种，其中国家二级保护动物 26 种，还有多种鱼类资源。

（二）经济社会发展状况

包括黄河源头在内的广大三江源地区囿于生存环境基础性约束，经济社会发展水平在全国的经济社会发展格局中一直处于整体滞后的状态，这是全省在经济社会发展过程中必须认清的实际省情。具体表现为：一是自然条件引致的历史积累与发展基础约束，包括畜牧业生产的基础性条件、畜牧产品增值的基础性条件、牧民群众生活的基础性设施、农牧民认知能力提高的基础条件等方面；与地理环境相关的资源开发成本约束；资源要素匹配状态导致的产业发展约束等。二是区域收入结构单一水平偏低。截至 2020 年，黄河源头区域人均可支配收入 16500 元左右，收入水平整体偏低，产业结构单一，主要靠传统畜牧业。近年来，随着生态畜牧业的推进和以牧业为主的合作社的推广，畜牧业生产组织方式有所改变，但收入结构仍然单一，主要来源为草场补助等国家补助和畜牧业收入，部分区域有一定的冬虫夏草等药用资源收入，总体上经济社会发展滞后，是经济发展格局中最为滞后的区域之一，经济社会发展的不平衡、不充分与人民日益增长的美好生活需要之间的矛盾表现尤为突出，提升全省人民生活水平的任务仍很艰巨。

习近平总书记在第七次西藏工作座谈会上指出："保护好青藏高原生态就是对中华民族生存与发展的最大贡献，要牢固树立绿水青山就是金山银山的理念，坚持对历史负责、对人民负责、对世界负责的态度，把生态文明建设摆在更加突出的位置，守护好高原的生灵草木、万水千山，把青藏高原打造成为全国乃至国际生态文明高地。"尤其是总书记两度视察青海，省委省政府牢记总书记对青海工作的重要指示和重大要求，把青藏高原生态保护作为"国之大者"，牢固树立"生态优先、绿色发展"理念，下大力气建设生态文明高地和国家公园示范省，着力打造产业"四地"，千方百计在"生态立省、生态强省"上做足、做好文章，推动经济社会高质量发展。按照既定目标做到了生态良好、生活富裕，人与自然、经济与社会和谐可持续发展。

1. 从宏观层面来看

作为实施"十四五"规划的关键一年，2021 年青海省一如既往推动全省现代化建设，千方百计保增长、稳民生。克服新冠肺炎疫情、各类生产资料及能源价格上涨等各类不利因素的影响，仍实现了年内全省地区生产总值增长 5.7%、居民人均可支配收入增长 7.8%、失业率控制在预期目标以内等一系列目标，实现了"十四五"良好开局。在脱贫攻坚圆满收官、与全国一道全面建成小康社会的基础上，全年实现 20.8 万脱贫群众和边缘易致贫群众稳定就业，超国家下达任务 2.9 万人，增长 116%，增幅位列全国第一，脱贫攻坚成果得到有力、持续巩固。

2. 就具体层面而言

一是"四地"建设稳步推进。以高纯氧化镁晶体材料为代表的系列盐湖产业技术研发取得新突破。清洁能源发展实现新提升，清洁能源装机占比全国领先，继续保持全清洁能源供电世界纪录。生态旅游人次及总收入再上新台阶。绿色有机农牧业取得新成效，农牧业生产过程实现绿色化，产品可追溯机制进一步完善。二是经济发展持续向好。2021 年，青海省全年生产总值 3346.63 亿元，较 2020 年增长 5.7%，实现自 2020 年以来的两连增。第三产业增加值比重继续保持增长，达 49.7%。三是城乡融合进一步深化。持续做好脱贫攻坚与乡村振兴有效衔接工作。根据"七普"数据，全省城镇化率已超过

60%。在乡村，巩固脱贫攻坚成果的同时全面实施乡村振兴战略，完善各类配套措施，厕所革命、垃圾处理、天然气入村等一系列项目深入推进。在城镇，继续推进棚户区改造、美丽城镇、雨污分流等项目。城乡人居环境得到全面改善，宜居水平得到显著提升，城镇、乡村实现各美其美、美美与共。四是供需结构全面优化。持续深化供给侧结构改革，优化产业布局，传统产业得到加强的同时，多门类的新兴高技术产业得以落地。多措并举刺激消费，拉动内需，2021 年，全省实现社会消费品零售总额 947.8 亿元，同比增长 8%。五是民生水平显著提升。在财政不宽裕的情况下，坚持把大部分财政支出用于民生事业，持续加强基础性、普惠性、兜底性民生建设。一如既往地将就业作为最大的民生，稳定收入来源的同时将其作为巩固脱贫攻坚的有效举措，全年就业率超出预期目标。全年投入教育项目建设资金 39.7 亿元，包括学位数量、硕博学位授予点在内的从基础教育到高等教育等一系列指标得到持续提升。医疗卫生事业获得长足进步，新冠肺炎疫情防范工作常态化，医改试点工作得到进一步深化，“看病难、看病贵”的问题得到极大改善，各类地方病防治能力得到全面提升。铸牢中华民族共同体意识深入人心，全省 13 个地区和单位获评全国第八批民族团结进步示范区、示范单位。扫黑除恶行动常态化，雪亮工程项目全面推进。全省各族人民群众的获得感、安全感、幸福感有了新的提升。

二　青海黄河流域生态保护和高质量发展的举措与成效

（一）2021年青海黄河流域生态保护和高质量发展的举措

2021 年以来，青海省将全面贯彻习近平总书记在黄河流域生态保护和高质量发展座谈会上的重要讲话精神和关于“把青藏高原打造成全国乃至国际生态文明高地”的重大要求精神作为重中之重，全面实施黄河流域生态保护和高质量发展战略，制定《关于加快把青藏高原打造成为全国乃至国际生态文明高地的行动方案》，提出建设国家公园示范省目标，在三江源国家公园建设中，专门设立国家公园黄河源园区，对黄河源头区域生态环境进行重点保护与建设，以国家公园为主体的自然保护地体系建设取得重大进展，三江源国家公园正式获批，祁连山国家公园完成体制试点，正式创建青海湖国家公园。坚持生态优先、绿色发展战略，着力维护天然生态系统的完整性，扎实推进生态系统保护修复，坚持山水林田湖草沙冰一体化保护和系统治理，推进生态屏障区保护修复，实施生态多样性保护重大工程，贯彻落实国家生态综合补偿制度的同时，结合省情实际深入推进生态保护补偿制度改革，生态产品价值实现等机制建立健全。同时紧扣高质量发展主题，以“高地”和“四地”建设为支撑，构建绿色低碳循环发展的经济体系，黄河源头生态保护和高质量发展取得一系列重要成果，具体开展了以下重点工作。

1. 加强黄河源头生态保护与社会发展科学规划

青海省委省政府统筹黄河流域生态保护和可持续发展战略，以打造全国乃至国际生态文明高地战略和国家公园示范省建设为目标，将生态安全放在优先的重要战略地位，建立以国家发展规划为统领，以空间规划为基础，以专项规划、区域规划为支撑的黄河源头生态保护与经济社会高质量发展规划体系，充分发挥规划对推进黄河源头生态环境保护和绿色发展的引领、指导与约束作用。认真落实《三江源国家公园总体规划》，编制完成三江源国家公园生态保护、生态体验、环境教育和产业发展、特许经营、社区发展等专项规划，在规划指引下，组织实施生态保护、基础设施建设等重大工程。统筹实施黄河源头区域生态保护和修复工程，制定出台《青海省“十四五”生态环境保护规划》和《青海省黄河流域生态保护和高质量发展》等一系列规划。

2. 实施生态保护与生态修复工程

青海黄河流域的责任是实行最严格的生态保护，山水林田湖草冰沙系统治理，最大限度地涵养水源，确保“一江清水向东流”。黄河源头区域为青藏高原腹心地带，海拔高，气候环境恶劣，尤其核心保护区的大部分地区处在海拔4500米以上的区域，氧气稀薄，是生命生长的极限地带，生态环境十分脆弱，对气候变化的响应十分敏感，“黑土滩”等退化草地和荒漠化情况较为严重，保护和修复的任务较为繁重。青海省在贯彻落实黄河流域生态保护和高质量发展战略中，按照国家“生态优先、整体保护”的要求，实施黄河源头重大生态保护修复和建设工程，统筹山水林田湖草沙冰综合治理、系统治理、源头治理，加强雪山冰川、源头流域、湖泊湿地、草原草甸、沙地荒漠等生态治理修复，按照生态系统功能、保护目标和利用价值划分核心保护区、生态保护修复区、传统利用区等不同功能区，实行差别化保护。核心保护区以强化保护和自然修复为主，保护好冰川雪山、河流湖泊、草地森林，提高水源涵养和生物多样性功能。生态保护修复区以中低盖度草原的保护和修复为主，实施必要的人工干预保护和恢复措施，加强治理退化草地和沙化土地、防止水土流失、保护林地，实行严格禁牧、休牧、轮牧，逐步实施草畜平衡。全面开展国土绿化巩固提升三年行动，稳固提升水源涵养能力，全面加强对高寒生态系统及珍稀野生动物栖息地的保护，加强山水林田湖草的系统保护和修复，达到自然资源有效保护和合理利用、世代传承的目的。经过持续修复，包括黄河源头在内的三江源区域、黑土滩治理区域植被覆盖度由原来的不到20%增加到80%以上，草原综合植被覆盖度达到61.9%，湿地植被覆盖度稳定在66%左右，水源涵养量年均增幅6%以上，野生动物数量稳步增加，藏羚羊数量已经达到7万只，生态系统形成良性循环。

3. 建立健全生态补偿机制

习近平总书记在第七次西藏工作座谈会上指出："要完善补偿方式，促进生态保护同民生改善相结合，更好调动各方面积极性，形成共建良好生态、共享美好生活的良性循环长效机制。"青海省在打造青藏高原生态文明高地建设中，牢记习近平总书记提出的"三个最大"的省情定位，明确开展自然资源统一调查监测和确权登记，健全自然资源有偿使用制度。建立健全重点生态功能区转移支付、森林生态效益补偿、湿地生态效益补偿、野生动物占用牧民承包草场补偿、野生动物造成牧民生产生活资料和生命财产安全伤害补偿等制度，推动形成稳定的生态投入机制。制定出台《三江源国家公园草原生态保护补助奖励政策实施办法》，实施三江源生态保护和建设二期工程、退牧还草工程，落实天然林保护工程，以及森林生态效益补偿、湿地生态补偿、草原生态保护补助奖励基金等，有效保障了三江源国家公园基础设施建设等。认真落实草原奖补政策，在三江源地区落实草原禁牧8915万亩、草畜平衡3889万亩，草原生态奖补42.23亿元。

4. 推动黄河源头区域经济社会高质量发展

包括黄河源头在内的三江源地区是国家重要的生态功能区，受到环境约束发展非常受限，在发展上不平衡、不充分的问题非常突出，青海省将黄河源头地区经济社会发展纳入发展战略，制定全面的三江源区域经济社会高质量发展规划，统筹解决社会发展问题，提高发展的平衡性、协调性、包容性。特别要按照绿色发展的要求，制定源头区域绿色发展规划，统筹规划、建设与管理，协同推进乡村振兴战略和新型城镇化战略的实施，在三江源国家公园范围内安排实施高原美丽乡村 51 个、美丽城镇 5 个，4454 户 15568 人实施易地扶贫搬迁。统筹城乡基础设施建设和产业发展，建立健全全民覆盖、普惠共享、城乡一体的基本公共服务体系，加强对城乡居民绿色消费的宣传教育，并采取有效措施，支持、引导居民绿色消费等。

5. 在黄河源头核心保护区进行“一户一岗”公益性岗位安置

国家公园黄河源园区是水源涵养核心保护区，位于黄河干流唐乃亥水文站以上区域，流域面积 10.09 平方公里，水资源总量 141.5 亿立方米，占黄河流域青海段水资源总量的 67.8%。按照国家公园的制度设计，核心保护区原则上禁止人类活动，经批准可以开展管护巡护、科学研究、资源调查、灾害防控等活动，大量区域是生态自然和人工修复，有野生动物迁徙、洄游、繁育等，也不能进行大型基础设施和公共服务设施建设。在三江源国家公园建设中，青海省积极探索生态保护与经济社会高质量发展的路子，推动牧民群众以生态保护公益岗位形式参与生态保护，同时增加收入，让这些牧民在生态保护中发挥主体性作用，建立与国家公园之间的共建共享机制，坚持生态保护与牧民民生改善相协调，开辟生态管护公益岗位，由他们养护和保护三江源的自然资源，同时解决以人为中心的社会发展问题。2021 年，三江源国家公园三个园区共有 17211 人参与生态管护公益岗位，实现从草原利用者到生态保护者的身份转变。积极发展生态畜牧业合作社。坚持草原承包经营基本经济制度不变，引导扶持牧民群众积极发展生态畜牧业合作社。稳步推进特许经营试点，开展黄河源头玛多云享特许经营试点，开展生态体验、环境教育，带动当地牧民就业增收、参与发展。

（二）2021年青海黄河流域生态保护和高质量发展的成效

通过深入贯彻习近平生态文明思想，一体打造七个新高地，各项任务正在扎实推进。随着一系列生态环境治保工程项目的实施、一个个务实创新之举效果的显现，生态宜居新青海的优美画卷次第展开。生态环境持续得到改善，生态产业持续发展，全省各族群众在参与生态环境治保的同时，更为充分地享受

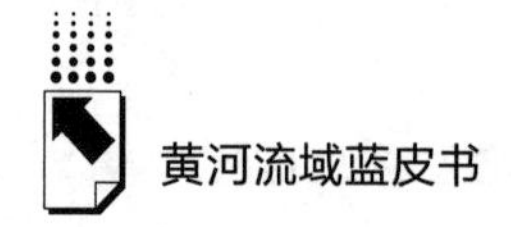

到生态环境治保带来的红利，“绿水青山就是金山银山”理念更加深入人心。

一是三江源国家公园正式设立。2021年10月12日，国家主席习近平在《生物多样性公约》第十五次缔约方大会领导人峰会上发表主旨讲话时宣布：“中国正式设立三江源、大熊猫、东北虎豹、海南热带雨林、武夷山等第一批国家公园。”三江源国家公园是全国首批、排在首位、面积最大的国家公园，其成功设立是青海省全力实施环境保护发展过程中具有里程碑意义的大事件。截至2021年10月，三江源国家公园体制试点31项任务已全面完成，“碎片化”监管问题得到有效解决。园区内设立生态管护公益岗位，17211名生态管护员持证上岗，实现了“一户一岗”全覆盖，成功取得了生态效益、社会效益同时兼顾、共同发展的新成果。探索出“政治引领、统一管理、源头治理、系统保护、共建共享”的成功路径，形成了“借鉴国际经验、符合中国国情、具有三江源特色”的可复制可推广经验。

二是生态保护发展的青海故事得到充分展示。“6·5环境日”国家主场活动、首届国际生态博览会等国内、国际重大生态活动圆满完成，国家公园专题纪录片反响热烈，青海以国家公园为主体开展的一系列生态保护发展工作的影响力和美誉度得到强化、提升。黄南州获评国家生态文明建设示范区，贵德县、河南蒙古族自治县入选国家“绿水青山就是金山银山”实践创新基地，建设美丽中国，青海发出了好声音。

三是绿水青山建设达到新高度。水污染防治走在了全国前列，省域范围内各类水体质量综合评定为“优”，确保了“一江清水向东流”。全年空气质量优良天数达330天，各类空气污染物水平均达到一类标准。以青南地区“黑土滩”治理为代表的国土治理达到新高度，新增国土绿化面积500余万亩。各类动植物传统栖息地得到恢复，生物多样性保护成效显现。普氏原羚、藏羚等种群数量显著增加，雪豹、荒漠猫等珍稀野生动物频繁现身。

四是“双碳”工作成效显著。截至2021年底，全省钢铁、煤炭、碳化硅等高耗能企业累计退出产能360.91万吨；全省城镇绿色建筑占新建建筑比重上升至73%，改善群众居住条件的同时，可使全省每年减少二氧化碳排放15.6万吨；绿色交通建设几近完成，全省公交车、出租车中清洁能源和新能源车占比分别达到93.7%、82.56%。

在省委省政府的坚强领导下，通过全省各族儿女的不懈奋斗，青海围绕生态保护和高质量发展开展的各项工作得到充分展现，成效得到不断巩固和提升，这些都是“绿水青山就是金山银山”论述在青海的生动实践。

三　青海黄河流域生态保护和高质量发展存在的问题及挑战

近年来，青海省深入实践习近平生态文明思想，扎实推进“四个扎扎实实”重大要求，牢牢把握“三个最大”省情定位，奋力打造生态文明高地，不断筑牢青藏高原生态安全屏障，在三江源生态保护和修复、三江源国家公园建设、生态保护与经济社会高质量发展等方面取得了显著成效，但也仍然存在一些问题和挑战，需要科学分析和积极应对。

1. 生态退化趋势仍未得到根本遏制

随着持续实施一系列生态保护和修复重大工程，青海黄河流域生态环境质量得到明显改善，黄河源头草原退化、土地沙化的趋势得到有效遏制。但受到高海拔、寒冷和干旱气候以及长期过度放牧的影响，黄河源区生态退化的趋势仍未得到根本性扭转，冻土、湿地、冰川等生态单元分布格局尚不稳定，水源涵养能力仍然偏低，草原鼠害整体发病率依然偏高，非法采挖等人为活动导致的植被破坏和环境污染问题时有发生，生态环境保护和治理面临的挑战依然较为严峻。

2. 人兽冲突及其引发的矛盾较为突出

近年来，三江源地区草原生态系统修复成效日益显著，野生动物种群数量得到有效恢复，随之而来野生动物侵占牧民草场资源情况日趋严重，棕熊、狼等野生动物伤害人和牲畜事件频发，对牧民群众的人身和财产安全造成了损失，也在一定程度上影响了牧民群众参与保护野生动物的积极性。目前，有效防范人与野生动物冲突的基础设施建设不够完善，相关政策措施和补偿机制有待进一步健全，野生动物对牧民群众人身和牲畜损害的保险赔偿试点刚刚起步，政策宣传、理赔流程优化等方面还有大量工作要做。

3. 黄河源区基础设施和公共服务薄弱

由于地处青藏高原腹地，气候条件、自然资源和生态地位独特，黄河源区经济社会发展的基础薄弱、历史欠账较多，城乡基础设施建设总体水平和公共服务均等化水平较低，路网密度和道路等级不高，仅有少部分道路实现了路面硬化，大部分通村道路建设标准较低。用电缺口较大，属于青海省通信基础设施最薄弱的地区，大部分区域存在通信难的问题。同时，黄河源区医疗和公共卫生服务、文化体育活动设施和养老设施建设等方面，与青海省平均水平相比仍有较大差距。

4. 黄河文化创新发展不足

黄河流域文化遗产资源丰富、传统文化根基深厚，但是目前对从战略高度保护传承弘扬黄河文化的认识不足，全面深入挖掘黄河文化中的人文精神和价值理念的工作尚处于探索阶段，对黄河源头文化资源进行全面搜集、科学整理、系统研究以及数据化处理方面仍然存在较大的空间。推动黄河文化产业化发展的步伐较为缓慢，黄河文化的时代表达与高水准展示的平台有限，运用现代科技对黄河文化进行传承保护发展的路径还不通畅，文旅产业融合发展的思路和布局有待进一步拓展。

四　加强青海黄河流域生态保护和高质量发展的建议

黄河是连接青藏高原、黄土高原、华北平原和渤海的天然生态廊道，是事关中华民族生存发展的重要生态安全屏障。青海作为“三江之源”“中华水塔”，既是黄河源头区也是干流区，在黄河流域的生态地位和战略地位不可替代。加快推动青海黄河流域生态保护和高质量发展，是全省“十四五”经济社会发展的重要举措，也是现代化新青海建设的必然要求。因此，要进一步弘扬黄河文化、加强源头保护和流域治理、不断夯实发展基础、持续保障和改善民生，推进青海黄河流域生态保护和高质量发展取得新成效。

1. 传承保护弘扬黄河源头区域生态文化

习近平总书记提出：“黄河文化是中华文明的重要组成部分，是中华民族的根和魂。要推进黄河文化遗产的系统保护，守好老祖宗留给我们的宝贵遗产。要深入挖掘黄河文化蕴含的时代价值，讲好‘黄河故事’，延续历史文脉，坚定文化自信，为实现中华民族伟大复兴的中国梦凝聚精神力量。”① 青藏高原是中华民族特色文化的保护地，深入贯彻落实习总书记的讲话精神，一

① 2019 年 9 月 18 日，习近平在黄河流域生态保护和高质量发展座谈会上的讲话。

是要深入挖掘河源文化的内涵、特色和价值。习总书记说："青海最大的价值在生态，最大的责任在生态，最大的潜力在生态"，这是习总书记对青海省情的精准定位。青藏高原是山宗水源之地，"河出昆仑""导河积石""导江岷山"等，千百年来一江清水不断从青藏高原源出，浩荡东流，滋润华夏，这与生活在高原的人们适应环境过程中良好的生态理念不无关系，而生态伦理背后是一整套的文化理念，因此要保护青藏高原生态，建设生态文明高地，首先要保护青藏高原以生态文化为内核的特色文化。二是以黄河文化为依托培育中华文化认同和中华民族共同体意识。黄河、长江、昆仑都是中华民族精神的象征，昆仑的主体在青海，青海是昆仑文化的发祥地和源头，黄河和长江源头是龙脉之祖，可以在三江源地区举办类似中原地区祭祀黄帝、祭祀炎帝等中华人文始祖大典的形式举办祭昆仑大典、祭黄河大典、祭长江大典，增进中华文化认同、增强流域共同体认同，按照习近平总书记提出的建设中华民族共有精神家园和共有文化符号的要求，也为了进一步增强高原各民族对中华民族和中华文化的认同、加强中华民族公民教育的需要，建议将黄河源头、长江源头和昆仑山列为"中华民族共同体意识教育的基地"、"国家公民生态文明教育基地"和"地球第三极生态体验基地"。

2. 将黄河源头建设成为"青藏高原生态文明高地建设先行区"

2021 年 6 月，习近平总书记在青海考察时提出要把青藏高原打造成为全国乃至世界生态文明高地，指出保护好青海生态环境，是"国之大者"。青海省在进行以黄河、长江、澜沧江源头地区生态保护为主要内容的国家公园示范省建设的同时，应将黄河源头打造成为"青藏高原生态文明高地建设先行区"，在生态保护与修复、生态补偿机制、国土绿化、农村牧区垃圾和污水处理、厕所革命等方面取得新进展，进一步提升三江源地区生态文明建设水平。一是加快推进黄河源区生态保护和修复治理。强化禁牧封育和草畜平衡管理，科学分类推进草地补播改良，加大鼠害、毒杂草防治和"黑土滩"综合治理。加大对扎陵湖、鄂陵湖、约古宗列曲等河湖保护力度，对流经城镇河段进行严格管控，全面禁止河湖周边采矿、采砂、渔猎等活动。系统梳理湿地分布状况，根据退化程度采取不同的封禁和保护措施，恢复退化湿地生态功能，遏制沼泽湿地萎缩趋势。二是全力提升黄河源区环境治理效能。推进黄河流域生态保护和高质量发展示范工程，持续抓好黄河源区水土流失综合整治。健全

“河湖长制”长效机制，深入开展河湖“清四乱”专项行动、黄河流域垃圾清理整治行动，进一步改善水生态环境质量。加快推进生活垃圾处理、土壤污染综合防治等工程以及城镇固体废物存量清零行动，深入打好污染防治攻坚战。三是构建生物多样性保护体系。以三江源国家公园建设为依托，加强野生动植物资源调查，在自然保护地设置野生动物迁徙通道，发挥好野生动植物救护繁育中心和基因库的作用，严厉打击破坏野生动植物资源违法犯罪行为，加强对雪豹、藏羚羊等珍稀濒危物种的抢救性保护。

3. 授以黄河源头区域较大的特许经营权

三江源国家公园的特许经营，包括生态体验和环境教育服务业、有机畜产品加工业，民族服饰、餐饮、住宿、旅游商品及文化产业等。特许经营遵循“保护第一、合理开发、永续利用”的原则，探索建立“政府主导、管经分离、多方参与”的经营机制，调动企业、社区尤其是广大牧民群众参与的积极性，提升他们在国家公园内的存在感、获得感和幸福感。一是加大对黄河源区特色产业的准入支持。坚持严格保护、适度利用，因地制宜发展生态旅游、户外运动产业、特色文化产业等，探索开展三江源国家公园生态览胜、黄河探源等环境教育和生态体验特许经营活动，在保护优先的基础上，发挥好国家公园的科普、教育、生态体验功能，在尊重自然、顺应自然、保护自然的前提下，满足人们亲近自然、体验自然、享受自然的愿望。二是进一步完善国家公园特许经营制度。特许经营的最终目的是实现生态增值、群众增收，应遵循保护第一的原则，执行严格准入制度、预约制度开展特许经营，限量、限时、限地域进行沉浸式、定制式的生态游憩体验，让当地群众深度参与特许经营，维护好生态环境与体验的平衡，逐步明确企业、社区、当地政府在特许经营中的责任义务，最终形成一整套人与自然和谐共生的有效路径。三是探索符合黄河源区保护和发展实际的特许经营模式。鼓励支持当地牧民以项目合作、投资入股和劳务输出等形式参与特许经营，通过自然观察、生态体验、极限徒步等活动，积极探索国家公园生态体验与自然教育新模式，比如与高校、科研院所合作建立自然观察基地，吸收更多的牧民从事环境教育服务和宣传引导等工作，使其从中获得稳定的经济收益。

4. 构建野生动物保护和人兽冲突化解长效机制

2018 年《青海脊椎动物种类与分布》最新记录全省有野生动物 605 种，

其中中国特有动物物种117种，青海特有动物物种18种，国家一级重点保护动物26种，国家二级保护动物69种，青海省重点保护动物47种，居国家重点保护、中国脊椎动物红色名录、中国濒危物种红色名录、濒危野生动植物物种国际贸易公约的极危、濒危、易危等级者较多，受世界和国内关注度高，具有全球和全国保护意义与价值。在生态环境保护的过程中，三江源地区面临日益严重的人与野生动物争夺栖息地的冲突，大量野生动物进入牧民承包草场，导致牧民生产资料受损，同时野生动物数量急剧增加，野生动物频繁进入人类生产生活空间，导致人兽冲突越来越多发，因此，构建野生动物保护与人兽冲突化解长效机制刻不容缓。一是加强野生动物造成人身财产伤害赔偿的制度保障。在黄河保护法立法中对黄河源头乃至周边广大重点生态保护区的野生动物种群数量、牧民草场损失以及人身、财产损失做出补偿政策制度规定，以保障牧民合法权益。做好《青海省重点保护陆生野生动物造成人身财产损害补偿办法》与《青海省陆生野生动物造成人身财产损失保险赔偿试点方案》之间的衔接，进一步提升野生动物导致人身和财产损失补偿工作实效。二是加强野生动物栖息地管理，降低野生动物致害风险，各部门通过共同开展目标性野生动物管理方式调研，科学研判野生动物对栖息环境的选择取向，在相关区域设立野生动物迁徙通道，在野生动物经常活动的人口集中生产生活区设置警示牌，建设围墙、围栏、电网等防护设施，提高巡护人员装备水平，利用声音、灯光、烟火等方式警示、驱赶野生动物，降低野生动物致害风险。

5. 加大对黄河源区生态保护人才的专门政策支持

国家公园建设在我国是一项全新的工作，前期的研究积累和理论、知识储备不足，普遍面临着严重的人才、能力、科技支撑方面的制约。由于专业人才缺乏，对各项改革政策和建设任务存在理解不透、执行上有偏差等问题，三江源国家公园建设体制机制创新面临众多困难，对青海省国家公园示范省建设存在较大制约，因此，加大对黄河源区生态保护人才政策支持的力度，因地制宜在人才、资金、管理等方面予以倾斜，为黄河源头生态脆弱区实施生态环境修复和其他保护措施提供智力支持尤为重要。应着眼于服务三江源生态保护和国家公园建设，增强制度创新，提高人才使用效能，重点加强人才科技服务基层的制度建设，努力推进生态修复和治理关键技术的攻关、集成、示范，加快相关领域实用技术的转化、推广和应用。以实施工程项目提升人才培育水平，依

托人才“小高地”建设、“专业技术人才知识更新”等工程，在生态保护、教育卫生等领域加快培养一批本土高层次领军人才和高级专业技术人才。以思路创新拓宽人才引进渠道，充分利用东西部协作、对口援青等渠道，争取国家政策支持和相关部委、对口省市帮扶，形成人才智力援青的长效机制。以基层导向积极引导人才流动，建立面向基层一线和艰苦边远地区倾斜的人才保障体系，提升基层和边远地区生态环保人才队伍建设水平。以优质服务营造聚才环境，认真落实各项人才政策，不断提高各类人才待遇，做到用事业、感情和待遇留人，努力营造全社会关心、支持和促进生态保护人才发展的浓厚氛围。以战略眼光重视发挥专家智库作用，组织专家针对青海生态环境工作重点难点问题进行调研、座谈，形成高质量研究报告，为国家公园建设和生态环境保护工作贡献智慧。

6. 在科学论证的基础上进行适度集中人口的生态移民

生态移民是基于保护三江源生态战略安全和社会可持续发展而进行的人口空间转移行动。面临的问题有两个，一是通过调整人口的空间分布，使大量游牧人口从环境退化草场上退出，减轻草原环境的承载压力，达到恢复和保护草原生态目的，实现生态环境的可持续性；二是通过人口的空间转移，改善生态退化区域人口的生存与发展环境，实现社会发展的可持续性。三江源地区移民安置和发展可以采取两种模式：一是在支持提高三江源区域的城镇化水平和现有城镇功能水平、依托具有一定规模县城及建制镇的基础上，吸纳部分牧民进城，形成强大的规模集聚效应，使移入城镇的人口能够享受较高水平的公共服务，统筹城乡共同发展，以提高广大游牧民的发展能力；二是在实施乡村振兴战略过程中，给予三江源区特殊的支持，选择交通便利、气候条件较好的地方，规划建设具有方便提高公共服务能力的乡村社区，将分散在草原深处的大量人口转移出来，进行集中安置。采取国家投资、统一规划和建设的办法，破解生态环境对广大牧民生产生活的约束，通过人口集聚实现公共资源的配置，提高公共服务的水平，从而达到提高人的发展能力的目的。

7. 持续提升黄河源区公共服务供给能力和民生保障水平

黄河源区实现生态保护和高质量发展，必须强化生态保护与改善民生有机统一，切实处理好区域经济社会全面发展与资源环境承载能力的关系，推动国家公园建设与牧民群众转岗就业、生活改善和增收致富相结合，多渠道有效扩大就业创业，不断加强普惠性、基础性、兜底性民生事业建设，提高公共服务供给能力和均等化水平，增强人民群众的获得感、幸福感和安全感。大力支持黄河源区县城发展，推进县城公共服务提档升级。千方百计稳定和扩大就业，加强对重点地区、重点行业、重点人群的就业服务和支持，采取有效措施吸引省内外高校毕业生投身黄河生态保护事业，支持退役军人、返乡务工人员在生态环保、乡村旅游、文化创意等领域就业创业。制定更加精准务实的政策措施，大力提升黄河源区义务教育薄弱学校师资水平和改善办学条件，逐步消除中小学“大班额”，切实落实义务教育教师平均工资收入不低于当地公务员平均水平的要求，持续通过异地办学等方式让牧区学子享受更多优质教育资源。加大政府投入力度，加强基层公共卫生服务体系建设，提高突发公共卫生事件医疗救治水平，带动乡镇卫生院能力提升，强化妇女儿童重点疾病预防保健和高原病、地方病防治。进一步扩大社会保障覆盖面，持续提升社会保障能力，统筹城乡社会救助体系，做好对困境儿童、孤寡老人、残障人员、困难家庭等的关爱和服务。

参考文献

郑子彦、吕美霞、马柱国：《黄河源区气候水文和植被覆盖变化及面临问题的对策建议》，《中国科学院院刊》2020 年第 1 期。

任保平：《推动黄河流域生态保护和高质量发展研究》，《宁夏社会科学》2022 年第 3 期。

B.6
2021~2022年四川黄河流域生态保护和高质量发展研究报告

王 倩　李朝洋*

摘　要： 四川黄河流域是黄河流域重要生态屏障和“中华水塔”的重要组成部分，对于流域整体经济社会的稳定发展具有保驾护航的作用。本报告总结了2021~2022年四川省推动四川黄河流域建设的重要部署以及在若尔盖湿地保护、生态修复、生态补偿机制探索和经济高质量发展方面取得的显著成效，从能力与任务的关系、生态治理主体、生态产品价值实现等角度分析了当前四川黄河流域建设所面临的问题和挑战，并以此为基础从拓展生态产品价值转化方式、增强民众参与积极性、完善农业产业链和构建协同治理机制等四个方面为四川黄河流域建设提出了对策建议，以助推四川黄河流域生态保护和高质量发展。

关键词： 生态产品价值实现　生态治理　协同治理　四川黄河流域

四川境内黄河干流174千米，沿途流经阿坝州若尔盖县、红原县、阿坝县、松潘县及甘孜州石渠县五县，流域面积1.84万平方千米，分别占全省面积和黄河流域总面积的3.8%和2.4%。四川黄河流域多年平均流量460立方米/秒，多年平均水资源量43.92亿立方米，占出川断面水资源量（141亿立

* 王倩，博士，四川省社会科学院副研究员，主要研究方向为区域经济与生态文明；李朝洋，四川省社会科学院区域经济学硕士研究生。

方米）的31.1%，其中枯水期占比为34.8%、汛期占比为30.9%①。开展四川黄河流域生态文明建设和经济社会高质量发展实践，探索将生态保护融入经济社会发展的路径方式，打造"绿水青山就是金山银山"理念的践行地，既是增强四川黄河流域可持续发展能力的重要举措，也是维持该地区人民乃至整个流域人民幸福生活的有力保障。推动四川黄河流域生态保护和高质量发展，应从源头加强对黄河流域的生态保护和治理，为黄河流域经济社会的稳定发展保驾护航。

一 四川省高位部署黄河流域生态保护和高质量发展

四川省高度重视黄河流域建设，从生态立法、制度保障、生态监督等方面有效推进四川黄河流域贯彻落实生态优先、绿色发展的理念，为推动四川黄河流域生态保护和高质量发展提供了必要的支持。

（一）切实贯彻落实黄河流域建设中央部署

自黄河流域生态保护和高质量发展上升为国家战略以来，四川省委省政府高度重视四川黄河流域建设，积极开展四川黄河流域调研活动，组织编制相关法律法规和实施方案。四川省时任省委书记彭清华、省委副书记及省长黄强、时任副省长陈炜等分别前往阿坝州等地开展调研督导活动，对四川黄河流域建设工作进行了指导。为进一步健全四川黄河流域建设的法律支撑，编制好《四川省黄河流域生态环境保护条例》，2021年9月四川省人大常委会党组成员、副主任杨洪波赴红原县开展了立法调研活动。2021年10月18日召开的四川省省政府第85次常务会议听取了四川省黄河流域生态保护和高质量发展工作情况汇报，并从生态治理、文化保护、产业发展等方面对四川黄河流域建设工作的进一步开展进行了指导。2021年10月28日在省委常委会会议上，时任省委书记彭清华指出要加快构筑黄河上游生态屏障，有序建设川西北生态示范区。2021年12月，四川省水利厅与阿坝州就黄河干流四川段河岸治理工作进

① 《建设黄河流域生态保护和水源涵养中心区，四川能做啥?》，川观新闻，http://sthjt.sc.gov.cn/sthjt/c103878/2021/10/11/8a994ad217d74a889bd36c b2b26a5ee3.shtml，最后检索日期：2022年7月18日。

行了座谈交流，研究讨论了《黄河干流四川段河岸治理工作方案（讨论稿）》《黄河干流若尔盖段应急处置工程建设指导实施方案（讨论稿）》。2022 年 1 月，四川省人民政府印发的《四川省“十四五”生态环境保护规划》将四川黄河流域列为生态保护监管重点对象。2022 年 7 月，四川省推动黄河流域生态保护和高质量发展领导小组全体会议召开，审议《四川省黄河流域“十四五”生态环境保护规划》《四川省黄河流域水安全保障规划》《四川省黄河文化保护传承弘扬专项规划》等重要文件。

同期，为保证四川黄河流域建设工作顺利有效地开展，四川黄河流域境内各级政府坚持生态优先、绿色发展的理念，贯彻因地制宜的发展思路，编制印发了大量的具体实施方案和发展规划（见表 1）。

表 1　2021~2022 年四川黄河流域编制或出台的相关政策文件

州县	相关政策文件
阿坝州	《阿坝州推动黄河流域生态保护治理和高质量发展实施方案(2021—2030 年)》 《阿坝州黄河干流生态防护带建设实施方案》
红原县	《红原县入河排污口整治报告》 《红原县治理草原超载过牧工作方案》 《红原县 2021 年省级湿地生态补偿实施方案》 《红原县第三轮草原生态保护补助奖励政策(2021—2025 年)实施方案》
若尔盖县	《若尔盖县全面落实河湖长制工作方案》 《若尔盖县 2021 年省级林业草原改革发展专项资金沙化土地治理项目实施方案(代作业设计)》 《若尔盖县生态环境网格化监管工作实施细则》 《2021 年若尔盖县耕地地力保护补贴实施方案》 《2021 年若尔盖县耕地轮作休耕项目实施方案》
阿坝县	《阿坝县黄河入川口文化生态景区规划》
石渠县	《石渠县黄河流域生态保护和高质量发展规划》

资料来源：根据四川省生态环境厅、各县政府政务公开信息及《四川日报》相关报道等整理。

（二）统筹推进“三园”建设

保护和利用生态资源、历史文化资源和红色资源是四川黄河流域建设的重要任务。四川省积极部署若尔盖国家公园创建工作，推动建设黄河国家文化公园（四川段）和长征国家文化公园（四川段），有助于促进流域资源整合，推进四川黄河流域生态保护和文化传承。

若尔盖湿地是全国三大湿地之一，蕴含了大量的水资源，为黄河上游提供了约30%的水量，是黄河上游重要的水源涵养地。四川将加快创建若尔盖国家公园作为四川黄河流域生态保护工作的重中之重。2019年9月，四川省提出推动创建若尔盖国家公园，2020年初四川省政府工作报告中提出“启动创建若尔盖国家湿地公园”，开启若尔盖国家公园创建工作。2021年3月，甘川两省就共建若尔盖国家公园达成合作共识，并深入讨论了若尔盖国家公园的区域范围及相关工作的开展。若尔盖国家公园建设由四川省独建到川甘两省携手共建，为有效保护若尔盖湿地生态系统的完整性提供了制度支持，避免行政单元的碎片化管理导致若尔盖湿地生态系统的人为割裂，同时也为川甘两省协同开展黄河上游区域生态保护与修复工作奠定了基础。川甘两省共建若尔盖国家公园标志着若尔盖国家公园创建工作步入新的阶段。2021年10月，阿坝州正式成立阿坝州若尔盖国家公园创建工作领导小组，以加快创建若尔盖国家公园。2021年10月，若尔盖县黄河流域湿地保护与修复工程、若尔盖湿地水源涵养能力提升工程（红原县部分）、若尔盖县建制镇污水处理一体化设施建设等3个项目进入2021年第一批中央预算内投资计划，获得1.43亿元的中央预算内投资。2022年5月，国家公园管理局同意川甘两省共建若尔盖国家公园的工作开展及创建方案，这标志着若尔盖国家公园被正式纳入国家公园整体布局，若尔盖国家公园从省级创建上升为国家级创建。2022年6月《中华人民共和国湿地保护法》正式实施，进一步完善了对若尔盖国家公园创建工作的法律支持。三年来，若尔盖国家公园实现了由一省独建到两省共建、从省级到国家级的转变，若尔盖国家公园创建的制度保证和技术、项目资金支持进一步完善。

推动建设黄河国家文化公园（四川段）和长征国家文化公园（四川段）有助于保护和传承黄河流域历史文化遗产和红色精神，促进四川省黄河流域文旅产业高质量发展。2021年7月，黄河国家文化公园（四川段）建设保护规划调研组前往红原县就黄河国家文化公园（四川段）建设情况进行调研，系统地梳理了黄河国家文化公园中的资源情况。2021年11月，时任省委书记彭清华在推动黄河流域生态保护和高质量发展座谈会上指出要重视黄河国家文化公园（四川段）建设对四川黄河流域旅游业发展的重要作用。2021年12月召开的文化和旅游厅2021年第35

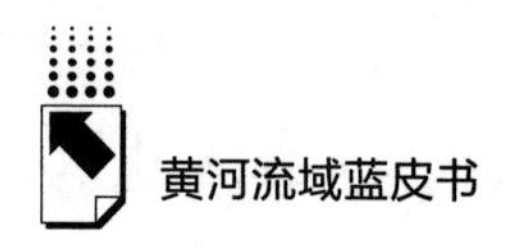

次厅党组（扩大）会议、第24次厅务（扩大）会议讨论了黄河国家文化公园的工作部署问题，并审议通过了《四川省黄河国家文化公园建设保护规划》。2021年12月，长征国家文化公园甘孜段建设全面启动。为规范四川黄河流域历史文化资源和红色资源的开发利用，四川省有关部门制定《四川省黄河文化保护传承弘扬工作方案》《四川省非遗工坊管理办法》《四川省红色资源保护传承条例》《长征国家文化公园四川段文旅融合发展专项规划》等文件，并着手编制《四川省黄河文化保护传承弘扬专项规划》《黄河国家文化公园（四川段）建设保护规划》等。同时，《阿坝州红色资源保护传承条例》的编制工作进入立法调研阶段。

（三）奋发推进高质量发展

2022年6月习近平总书记来川视察，进一步为黄河流域生态保护和高质量发展指路领航、把脉定向，四川黄河流域更加坚定不移地走生态优先、绿色发展之路，以建设国家重要水源补给地涵养地、国家生态旅游示范区、全国重要能源基地等重点任务为抓手，奋力推进高质量发展。抢抓若尔盖国家公园创建和重大铁路建设机遇，积极完善综合交通运输体系、科学有序开发可再生能源、推动优势特色产业高质量发展，促进黄河流域经济规模快速增长、综合实力整体不断跃升，国家重大战略在四川黄河流域成效明显。四川沿黄县域积极创建国家生态文明建设示范区与“绿水青山就是金山银山”实践创新基地，统筹保护与发展，不断丰富完善民族地区生态产品体系，壮大特色农牧业、文旅产业发展，巩固脱贫地区发展基础，助推乡村振兴。

二　四川黄河流域生态保护和高质量发展取得积极进展

在四川各级政府和人民群众的通力合作下，四川黄河流域建设在若尔盖国家公园建设、生态修复和保护、生态补偿机制等方面成果颇多。

（一）若尔盖草原、湿地修复和保护成果突出，生态质量显著提升

草原沙化、湿地萎缩、水土流失等生态问题一直威胁着若尔盖草原、湿地的生态安全和生态系统的稳定性。近年来，若尔盖县紧抓“两化三害”①、草

① “两化”指草原退化和沙化，“三害”指鼠害、虫害、毒草害。

畜平衡等治理任务，有序推进“七大治理工程”[①]；为协调生态保护与牧民生计之间的矛盾，若尔盖县积极探索并推广“放牧+补饲+圈养”三结合顺势养殖集成技术。在各方单位人员的通力合作下，若尔盖县草原沙化退化趋势得到有效遏制，水源涵养能力得到提升。

自2021年以来，若尔盖县实现禁牧轮牧、草畜平衡998万亩，减畜9.08万个羊单位，治理水土流失、“两化三害”96.8万亩，植树种草23万亩，沙化年递增率从5.32%降至-1.36%[②]，草原沙化趋势得到遏制。针对湿地生态修复和保护，若尔盖县坚持自然生态系统逐步修复，以减少人类活动干预的思路推动花湖湿地生态修复和保护，截至2021年9月，花湖湿地景区水域面积扩大至650公顷，半沼泽和干沼泽恢复面积达892公顷，区域内国家一级保护动物黑颈鹤增加到1000只左右[③]，水源涵养和补给能力明显提升，湿地生态系统稳定性得到增强。

（二）生态环境修复持续加强，水污染防治成效显著

针对区域内“两化三害”、流域岸线侵蚀、水体污染等问题，四川黄河流域五县采取了包括实施水土流失治理工程、建立常态化巡河制度、加强流域水体污染治理和监管等生态治理措施，实现了流域生态环境进一步改善，为筑牢黄河上游生态屏障做出了重要贡献。

积极推动生态修复和保护，再现山青草绿。阿坝县实现了“两化三害”治理77.58万亩，恢复湿地植被117.78万亩，完成禁牧、草牧平衡共1072.8万亩，并将牲畜超载率降至8.33%，经过系统的生态治理，阿坝县草原综合植被覆盖率升至83.67%，森林覆盖率升至15.9%[④]。松潘县于2021年全力开展

---

① “七大治理工程”指统筹山水林田湖草沙系统治理。

② 若尔盖县政府办：《若尔盖县扎实推进生态保护治理》，https：//www.ruoergai.gov.cn/regxrmzf/c100050/202201/33c1ffbe245648f89f552948e649c2cb.shtml，最后检索日期：2022年7月18日。

③ 《中央生态环保督察组深入阿坝若尔盖大草原 最关心的是这两件事》，川观新闻，http：//sthjt.sc.gov.cn/sthjt/c108617/2021/9/4/9cfc5c9c033b4d53bf3b442ab7ca0a68.shtml，最后检索日期：2022年7月18日。

④ 严伯孝：《阿坝县2021年国民经济和社会发展计划执行情况及2022年计划草案的报告（书面）》，2021年12月18日。

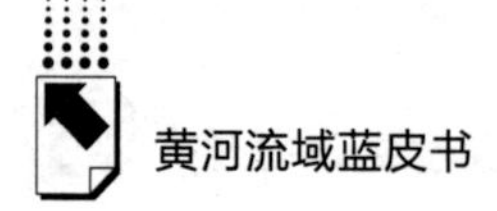

"大规模绿化全县"行动，完成"两化三害"治理23万亩，水土流失治理200多平方千米①，草原综合植被覆盖率升至87.1%，森林覆盖率升至36.2%②。石渠县狠抓生态修复和保护，投入资金3505万元用于"两化三害"等生态治理工程，完成"三化"治理、退牧还草等347.5万亩，改良天然草原20万亩，实施封山育林3.2万亩，同时修复湿地植被6700公顷③。

建设沿岸生态防护带，构筑绿色"长城"。2022年5月，阿坝州正式启动黄河入川干支流生态防护带建设，种植云杉等树木64万余株，植草1.2万千克，建设黄河干流防护带达13.93千米，建设面积达2026.49亩④，初步构建起黄河流域绿色"长城"（阿坝段）。

大力推进水体污染防治，共引清水东流。石渠县加强河流沿线水源地保护，开展常态化河道清理行动，严格管控污水直排、河岸采石等行为，修建生活污水处理厂2座，清理河流沿岸600余千米、垃圾300余吨⑤。松潘县加强河流生态修复和保护，深入开展农村水污染治理工作，同时严控农药化肥使用，推广循环农业，减少化肥施用量0.67%，畜禽粪污资源利用率提升至76%⑥。

近一年来，四川黄河流域地表水水质总体良好，出川断面黄河干流玛曲断

① 松潘县税务局：《松潘县算细护水增值"长远账"全力开展综合治水》，https：//www.songpan.gov.cn/spxrmzf/c100050/202202/7a76ca2709c545feb0a16a 6405e773e1.shtml，最后检索日期：2022年7月18日。

② 松潘县政府办：《松潘县"七大保护"行动高效推进》，https：//www.songpan.gov.cn/spxrmzf/c100050/202112/46f04a59b1e24e14849f9dded5efe7b8.shtml，最后检索日期：2022年7月18日。

③ 石渠县人民政府：《石渠县抓重点、攻难点，生态治理成效明显》，http：//www.shiqu.gov.cn/gzsqx/c104309/202204/8babb97f93174750a125d3f61f1b4e 30.shtml，最后检索日期：2022年7月18日。

④ 阿坝州人民政府：《阿坝州启动建设黄河干支流域生态防护带》，https：//www.sc.gov.cn/10462/10464/10465/10595/2022/5/20/30f334518c984052befbc 59d3070b7c4.shtml，最后检索日期：2022年7月18日。

⑤ 石渠县人民政府：《石渠县牢护碧水实现生态经济效益"双丰收"》，http：//www.shiqu.gov.cn/gzsqx/c104309/202112/b2fb71929ff74fcd81602e0bd21c 99c2.shtml，最后检索日期：2022年7月18日。

⑥ 松潘县税务局：《松潘县算细护水增值"长远账"全力开展综合治水》，https：//www.songpan.gov.cn/spxrmzf/c100050/202202/7a76ca2709c545feb0a16a6405e 773e1.shtml，最后检索日期：2022年7月18日。

面地表水水质长期保持在Ⅱ类，保证了黄河流域的优质水源补给，一定程度上减轻了黄河中下游区域的生态保护和经济高质量发展的压力（见表2）。

表2　2021年7月至2022年2月四川黄河流域地表水监测断面水质情况

河流	断面名称	断面级别	2021年						2022年	
			7月	8月	9月	10月	11月	12月	1月	2月
黄河干流	玛曲	国控	Ⅱ	Ⅱ	Ⅱ	Ⅱ	Ⅱ	Ⅱ	Ⅱ	Ⅱ
贾曲河	贾柯牧场	省控	Ⅱ	Ⅱ	Ⅱ	Ⅱ	Ⅱ	Ⅱ	Ⅱ	Ⅱ
白河	切拉塘	省控	Ⅱ	Ⅱ	Ⅱ	Ⅱ	Ⅱ	Ⅱ	Ⅱ	Ⅱ
白河	唐克	国控	Ⅲ	Ⅲ	Ⅲ	Ⅲ	Ⅱ	Ⅱ	Ⅱ	Ⅱ
黑河	若尔盖	国控	Ⅲ	Ⅱ	Ⅲ	Ⅴ	Ⅱ	Ⅱ	Ⅲ	Ⅲ
黑河	大水	省控	Ⅳ	Ⅲ	Ⅲ	Ⅲ	Ⅲ	Ⅱ	Ⅲ	Ⅱ

资料来源：四川省生态环境监测总站。

（三）生态补偿机制不断完善，跨区域协同治理格局初步形成

生态补偿是推动生态修复和保护的重要举措，也是实现生态产品价值转化的有效手段之一，适当的生态补偿机制不仅能有效地调动各级政府和人民群众参与生态修复和保护的积极性，还能增强区域间开展生态治理工作的协同能力。2021年，四川省与甘肃省正式签订了《黄河流域（四川—甘肃段）横向生态补偿协议》，由两省共同出资设立黄河流域川甘横向生态补偿资金，用于流域内污染治理、生态保护等方面。川甘横向生态补偿协议是黄河流域首批跨省横向生态补偿机制，是继川甘两省共建若尔盖国家公园后携手推动黄河上游生态修复和保护的又一举措。时任省委书记彭清华在2022年初召开的全省生态环保视频会议上指出要推动建立黄河流域跨省横向生态补偿机制，这为深化四川省与黄河流域其他省份开展生态保护和高质量发展的跨区域合作、增强四川省黄河流域生态治理和保护能力指明了方向。2021年6~7月，若尔盖县先后与迭部县、碌曲县等相邻县签订《跨界河流联防联控联治协议》，强化了四川省跨界河流联防联控合作，提升了跨省界流域生态治理水平。四川省在推动黄河流域生态保护和高质量发展的实践中积极探索多样化的生态补偿方式，不断完善生态补偿机制，并初步形成了跨省合作的黄河

流域协同治理格局，有助于提升四川省推进黄河流域生态保护和高质量发展的综合能力。

（四）生态农业发展初具成效，经济发展动能明显增强

坚持生态优先、绿色发展是四川黄河流域建设的根本理念，四川黄河流域境内各县依托于丰富的生态、文化资源和特色农牧资源，创新农业发展新业态，发展生态农业、特色农业，推动产业转型，提升高质量发展能力。

特色农业优势继续深挖，农业新业态不断创新。阿坝县凭借其特色农牧资源推进特色农牧业的发展，完成省级三星青稞现代农业园区的创建，实现牦牛养殖基地新增 41 个，青稞、中药材等基地规模扩大至 12.3 万亩①，同时蔬菜现代科技农业示范园正处于建设过程中。若尔盖县支持和鼓励发展休闲农牧业，引导农牧民创新农业新业态，以“一村一品”的思路推动农业发展与游牧文化、红色文化、自然风光等相融合，开发观光农业、休闲农业和休闲度假旅游产品，带动农户 570 户、农民从业人数 391 人②。

产业转型有序进行，经济动力明显增强。石渠县以优质的自然风光资源为基础开发旅游项目，推动生态保护与经济发展相融合，以水为景，建成邓玛湿地公园、太阳湖等景区，实现旅游总收入 3.77 亿元，并带动当地 820 名群众的就业创业③。红原县加快产业转型，提升高质量发展能力，正推动红原县牦牛现代农业园区体验式智慧牧场试点、瓦切镇唐日合作社提升改造等 10 个产业发展类项目的实施④。阿坝县积极推动农畜加工业平稳发展，加快清洁能源开发利用，构建现代服务业体系，目前阿坝县已有 10 家企业入驻生态加工产业

① 严伯孝：《阿坝县 2021 年国民经济和社会发展计划执行情况及 2022 年计划草案的报告（书面）》，2021 年 12 月 18 日。

② 若尔盖县政府办：《若尔盖县加快休闲农牧业与乡村旅游发展》，https://www.ruoergai.gov.cn/regxrmzf/c100050/202201/e8761f36372f4d2087d0ec810b0629aa.shtml，最后检索日期：2022 年 7 月 18 日。

③ 石渠县人民政府：《石渠县牢护碧水实现生态经济效益“双丰收”》，http://www.shiqu.gov.cn/gzsqx/c104309/202112/b2fb71929ff74fcd81602e0bd21c 99c2.shtml，最后检索日期：2022 年 7 月 18 日。

④ 红原县政府办：《共投资 124.6 亿元！红原县 2022 年 60 个项目集中开工》，https://www.hongyuan.gov.cn/hyxrmzf/c100050/202205/f541167ea3fb40 bcbb9ed169aed1ba31.shtml，最后检索日期：2022 年 7 月 18 日。

园，完成小微企业产业孵化园建设并入驻企业5家，编制上报“十四五”查理光伏基地“1+N”实施方案并启动首期20万千瓦光伏电站前期，建成电商冷链物流中心，并加快建设国家级电子商务示范园①。

三 四川黄河流域生态保护和高质量发展所面临的问题

当前，在四川黄河流域建设过程中面临着能力与任务不对等、缺乏多元主体参与、农牧民返贫等问题和隐忧，制约了四川黄河流域生态保护和高质量发展工作的有序开展。

（一）生态保护任务重，生态治理基础薄弱

四川黄河流域属于限制开发区的重点生态功能区，生态保护红线面积约占境内流域面积的50%②。由于自然环境恶劣和长期人为破坏的双重影响，四川黄河流域生态环境脆弱，境内林草植被受到严重破坏，土地沙化退化、湿地萎缩及水土流失情况不容乐观，“三害”问题严重威胁到草场修复的效率和农牧民的经济效益，同时，水体污染仍是四川黄河流域建设无法回避的问题。由于以上问题错综复杂、相互交织，这对四川黄河流域建设提出了极高的要求，使得四川黄河流域生态修复和保护任务异常艰巨。

四川黄河流域生态修复和保护的底子薄、起点低，需要更多的物力、财力以及人力予以支持。而四川黄河流域境内各县经济发展水平低，单靠自身经济实力难以支撑起庞大的生态修复和保护的相关支出。2021年阿坝县GDP为20.4亿元，实现地方一般公共预算财政收入7000万元，完成地方一般公共预算财政支出20.8亿元，而实施黄河上游水源涵养综合治理等22个生态治理项目的投入资金就达3.56亿元③。

---

① 严伯孝：《阿坝县2021年国民经济和社会发展计划执行情况及2022年计划草案的报告（书面）》，2021年12月18日。

② 王寅、高磊、胡士辉、暴路敏：《实施黄河流域四川片生态补偿的对策建议》，《水利发展研究》2022年第1期，第60~62页。

③ 严伯孝：《阿坝县2021年国民经济和社会发展计划执行情况及2022年计划草案的报告（书面）》，2021年12月18日。

（二）生态产品价值转化方式不足，生态保护内生循环机制尚未形成

四川黄河流域拥有丰富的生态资源、宜人的自然风光，草场、森林及湿地广布，但流域境内各县生态产品价值的转化方式以基于政府转移支付的生态补偿、发展休闲农业及旅游开发等方式为主，生态产品价值转化方式尚处于初级阶段，可利用的生态产品价值转化手段较为缺乏，生态资源利用效率较低，而对于诸如碳汇交易、排污权交易等生态产品价值转化方式的运用还未进行实践探索，未能充分发挥四川黄河流域生态优势对于经济社会发展的作用。同时由于当地生态数字化建设尚在起步阶段，生态产品价值评估体系未能建立，难以支撑多样的生态产品价值转化方式的使用，使得生态产品价值实现受阻，生态修复和保护成果转化为经济价值的效率较低，反哺当地经济发展和惠及当地人民群众的效果有限，这强化了当地生态修复和保护对于中央财政支持的依赖，削弱了当地政府和人民群众参与四川黄河流域建设的积极性。当前四川黄河流域建设主要依赖于外部支持，生态保护内生循环机制尚未形成。

（三）生态治理主体单一，社会民众参与动力不足

从客观上讲，生态修复和保护是一个系统性工程，需要多方主体的参与，以保障生态修复和保护有序开展，有效巩固生态修复和保护成果，在时间和空间上保证生态修复和保护的持续性。当前，在四川黄河流域生态修复和保护的实践中政府占据主导地位，但缺乏社会民众参与，民众在四川黄河流域建设中的参与积极性相对较弱，未能发挥其人民主体作用，这制约了四川黄河流域建设工作的推进。社会民众在四川黄河流域建设中缺位的原因主要有以下两点：一是当地群众受教育程度相对较低，在生态修复和保护方面的认知较为薄弱，对于生态保护与经济发展关系的认知仍停留在传统对立的基础之上；同时其推进生态修复和保护的主体意识尚未形成，缺乏主动参与生态修复和保护的理念。二是四川黄河流域经济发展水平较低，民众收入水平相对较低（2021 年阿坝县农村居民人均可支配收入为 16819 元，同比增长 9.7%①；而四川省农

① 严伯孝：《阿坝县 2021 年国民经济和社会发展计划执行情况及 2022 年计划草案的报告（书面）》，2021 年 12 月 18 日。

村居民人均可支配收入为17575元，同比增长10.3%①），相对于生态修复和保护，当地民众更加关注生产生活，这降低了其参与生态修复和保护的积极性。当地民众的认知和行为均限制其参与四川黄河流域生态修复和保护的主动性与积极性，导致其参与生态修复和保护的能力不足。

（四）经济发展动力不足，返贫风险仍然存在

四川黄河流域曾是青藏高原深度贫困区，环境承载力弱，经济基础薄弱，特色农业发展缓慢，相关产业链较短，而旅游业在经济发展中处于主导地位，2021年阿坝县GDP为20.4亿元，其中旅游收入为6.97亿元②，在全县GDP中占34.17%。以旅游业为主导的经济结构较为单一，且容易受如新冠肺炎疫情等突发性事件的持续影响，进而引起较大的经济波动，对当地民众的生产生活产生较大的冲击；同时在四川黄河流域的战略定位下，坚持以生态优先、绿色发展的理念使得旅游业发展存在上限，经济发展的长期动力较弱。另外，放牧活动产生的收入是当地民众主要的收入来源之一，但生态保护限制了当地民众的放牧数量，而产业链的缺位又使得当地农产品的附加值相对较低；虽然当地民众会因为禁牧等行为而获取国家给予的生态保护补助奖励，但补助奖励相对较低（2021~2025年石渠县草原禁牧补助7.71元/亩、草牧平衡奖励2.5元/亩③），因此，当地民众的收益低于其承担的成本。在开展生态修复和保护工作的同时，拓宽当地民众稳定获取收入的渠道，降低其返贫风险，亦是四川黄河流域建设亟待解决的问题。

四　推动四川黄河流域生态保护高质量发展的建议

四川黄河流域建设的关键在于处理好生态保护与经济发展的关系。应推动生态保护与经济发展相互融合的路径探索，增强生态保护内生动力，构建跨区

① 四川省统计局：《2021年四川省国民经济和社会发展统计公报》，2022年3月14日。

② 严伯孝：《阿坝县2021年国民经济和社会发展计划执行情况及2022年计划草案的报告（书面）》，2021年12月18日。

③ 石渠县农牧农村和科技局：《石渠县第三轮草原生态保护补助奖励政策实施方案（2021—2025年）》，2021年11月8日。

域协同治理格局，以进一步推动四川黄河流域生态保护和高质量发展，筑牢黄河上游生态屏障，保证人民群众安居乐业。

（一）推动生态监测和评估系统建设，拓展生态产品价值转化方式

一是推动遥感监测技术、地理信息监测系统等在四川黄河流域生态修复和保护过程中的运用，加快构建生态监测和评估系统，制定统一的生态监测和评估标准，实现四川黄河流域生态治理全流域覆盖、全天候监管，并为实现生态产品价值转化方式多样化奠定基础。二是构建生态产品价值评估体系，对四川黄河流域生态产品价值进行系统性核算，摸清生态产品潜在价值，综合考虑生态治理成本、经济发展机会成本等因素，进一步完善生态补偿标准。三是积极探索碳汇交易、水权和排污权交易、绿色金融等多元化生态产品价值转化方式，积极申报生态产品价值实现试点，开展“三品一标”培育活动，拓展生态产品价值转化方式。

（二）从认知和行动两个层面着手，增强民众参与生态保护的积极性

民众主动参与生态修复和保护是四川黄河流域生态保护和高质量发展工作可持续开展的重要保证，提高当地民众参与生态修复和保护的积极性要坚持“知行合一”，从当地民众的认知和行为两个方面共同着手。在认知上，当地政府要加强对生态修复和保护的宣传力度，转变当地民众对生态保护与经济发展相互对立的传统观念，在民众心中树牢“绿水青山就是金山银山”理念，激发当地民众参与生态修复和保护的主体意识，使其在思想上时刻做好准备。在行为上，一是建立长期有效的生态保护补助奖励机制，适当提高补助标准，保证当地民众的补助性预期收入，以调动其参与生态保护的积极性；二是探索并推广如“放牧+补饲+圈养”三结合顺势养殖集成技术等生态友好型畜牧业养殖技术，进一步推动牲畜暖棚、人工饲草料基地建设，引导当地民众的放牧方式向半舍饲、舍饲转变，形成以草定畜、平衡发展的观念。

（三）完善农牧业产业链结构，增强绿色发展内生动力

一是推动农业产业链适当进行纵向延伸和横向拓展，加快冷链物流园区、

特色农牧产品加工园区建设，鼓励开展针对特色农牧产品的创新和开发，形成多样的特色农牧产品体系，着力打造特色农牧产品优势品牌，以提升特色农牧产品的附加值；同时加快构建电商服务平台，搭建特色农牧产品销售渠道。二是依托优质的生态资源、特色民族文化和红色文化资源，大力发展生态文化旅游业，紧抓川青甘生态文化旅游融合发展实验区建设的机遇，进一步完善相关配套设施，创新旅游业发展模式，推进农旅、文旅融合，鼓励探索和发展自然教育、红色教育、休闲康养等旅游新业态。三是推动产业转型，淘汰落后产能，加强工业污水的监管和整治，鼓励企业引进和使用节能减排的先进技术，积极构建绿色工业发展体系。四是依托水、光、风资源优势，大力推进清洁能源业发展，有序推动清洁能源开发，积极构建绿色、安全、高效的清洁能源发展体系。

（四）加快构建跨区域协同治理机制，共担生态保护责任

一是加强四川黄河流域生态治理的统筹协调，制定并实施统一的生态治理方案，推动四川黄河流域各县形成良性合作态势，整合各县优势资源，提高资源利用效率，保证四川黄河流域生态保护措施的完整性。二是推动构建黄河流域生态保护和高质量发展跨省合作交流平台，加强各省信息对接，实现各省发展战略联动、政策协同，推动形成跨省合作的黄河流域协同治理格局。三是加强省际合作，引导构建黄河流域跨省生态补偿机制，积极探索跨省“飞地”园区共建路径，弥补四川黄河流域在推进生态保护的实践过程中所承担的经济损失，实现黄河流域生态保护责任共担。

参考文献

车小磊、崔西岭：《切实担起上游责任 确保黄河清水东流——访四川省水利厅党组书记、厅长胡云》，《中国水利》2020 年第 23 期。

郭险峰、封宇琴：《四川黄河流域生态环境治理的逻辑、难点与对策》，《西昌学院学报》（社会科学版）2021 年第 1 期。

郝宪印、邵帅：《黄河流域生态保护和高质量发展的驱动逻辑与实现路径》，《山东社会科学》2022 年第 1 期。

金凤君：《黄河流域生态保护与高质量发展的协调推进策略》，《改革》2019 年第 11 期。

王寅、高磊、胡士辉、暴路敏：《实施黄河流域四川片生态补偿的对策建议》，《水利发展研究》2022 年第 1 期。

周强伟、李萌：《长效机制 推进四川黄河流域生态保护与高质量发展》，《当代县域经济》2021 年第 10 期。

B.7

2021~2022年甘肃黄河流域生态保护和高质量发展研究报告

段翠清*

摘　要： 做好黄河流域（甘肃段）生态保护和高质量发展协同推进，不仅可以有效提升美丽甘肃的建设速度，还对保障黄河全流域的生态安全有着至关重要的作用。本文通过对黄河流域（甘肃段）2021~2022年生态保护和高质量发展现状进行分析和研判，认为黄河流域（甘肃段）高质量发展面临生态治理难度较大、水资源匮乏且利用程度偏低、区域整体发展水平比较落后、民众对生态保护和高质量发展的认知程度还不够深入等制约因素。实现黄河流域（甘肃段）生态保护和高质量发展的主要策略在于：加强水资源的合理利用和高效配置；完善流域之间生态补偿机制，加强流域沿线协调联动机制；加大民众对黄河流域生态保护和高质量发展的认知深度和行动自觉性；深化黄河流域体制机制改革，构建现代化治理体系；优化产业结构转型与升级，探索流域高质量协同发展之路。

关键词： 生态保护　高质量发展　甘肃黄河流域

甘肃省位于黄河流域上游，黄河流经兰州、白银、庆阳、定西、天水、武威、平凉、甘南、临夏9个市（州）区域，流域总面积为14.59万平方千米，

* 段翠清，甘肃省社会科学院区域经济研究所副所长、副研究员，主要研究方向为恢复生态学、环境科学。

年径流量 172.89 亿立方米，流域总长度 7752.46 千米，占甘肃土地总面积的 34.3%。黄河流域（甘肃段）不仅是我国重要的生态安全屏障区和黄河上游水资源涵养区，同时也为甘肃省经济社会发展提供了丰富的自然资源和重要的经济基础。因此，做好黄河流域（甘肃段）生态保护和高质量发展协同推进，不仅事关美丽甘肃建设的持续推进，还事关黄河全流域生态保护和高质量发展战略的有效实施。

一 甘肃黄河流域生态保护和高质量发展成效

（一）多措并举，推进黄河流域（甘肃段）生态保护治理

甘肃省位于黄河流域上游段，是黄河流域重要的水源涵养区和水土保持治理区，对黄河流域生态保护具有举足轻重的生态保护作用。2021~2022 年度，甘肃省积极推进黄河流域（甘肃段）生态环境保护和治理，率先在全国启动甘肃省黄河流域生态环境与污染现状调查，完成黄河流域 4 个水系 36 条重要干支流 7 大类 15 小类入河排污口排查工作，初步建成黄河流域生态环境基础数据库，配合国家圆满完成黄河流域入河排污口排查整治试点工作①。截至 2022 年 5 月底，甘肃省共排查黄河岸线利用项目 1132 个，其中拆除取缔类 17 个，整改规范类 342 个，其他类 773 个，项目涉及桥梁、道路、码头、生态环境整治工程等 359 个基础设施。自 2022 年 4 月 28 日起，甘肃省全面启动了新一轮黄河上游段生态环境综合整治工程，对黄河上游的玛曲、夏河、碌曲等多个干流及支流区域进行边坡修整、河道清理等 7 个方面治理，预计 2022 年底将完成黄河上游湿地、森林生态、湖泊区域综合整治面积 5 万公顷以上。截至 2021 年底，甘肃省市、县城市污水处理率分别达到 97.18% 和 94.41%，分别较 2016 年增长 3.36 个和 9.05 个百分点，有 142 个重点镇初步具备了污水收集处理能力，流域沿线城市平凉市入选全国第三批黑臭水体治理示范城市。黄河流域（甘肃段）一系列生态环境整治工作的开展，使得陇原大地处处展现“河畅、水清、岸绿、景美、人和”的美丽画卷。

---

① 文洁:《全省生态环境质量达“十三五”以来最好水平》,《甘肃日报》2021 年 6 月 4 日。

（二）不断健全体制机制，为黄河流域（甘肃段）发展提供制度保障

近年来，甘肃省高度重视黄河流域（甘肃段）的生态保护和治理，自2019年黄河流域生态保护和高质量发展战略上升为国家战略后，甘肃省积极响应国家号召，先后出台一系列政策规划，为黄河流域（甘肃段）生态保护和高质量发展提供制度保障。2020年12月，编制《甘肃省黄河流域生态保护和高质量发展规划》，并在2021~2022年度，先后印发《甘肃省“十四五”水利发展规划》《甘肃省黄河流域水资源节约集约利用实施方案》《甘肃黄河流域生态保护和高质量发展2022年工作要点》《甘肃省水利厅关于开展河湖岸线利用项目专项整治的通知》《甘肃省河道管理条例》《甘肃省全面推行河长制工作方案》《甘肃省实施湖长制工作方案》等规章制度。这些政策文件的出台，为甘肃省今后一段时期的黄河流域生态保护和高质量发展既指明了方向，又明确了制度措施。

（三）积极优化产业结构布局，推进黄河流域经济高质量发展

黄河流域丰富的自然资源和矿产资源为甘肃经济发展提供了坚实的资源基础，也为甘肃省产业结构布局和发展奠定了物质基础。2021年，黄河流域（甘肃段）区域地区生产总值为7696.68亿元，较2020年增长了13.19%。其中，兰州市全年生产总值最高，为3231.29亿元，占黄河流域（甘肃段）区域地区生产总值的41.98%，庆阳市和平凉市地区生产总值增长速度最快，分别高出流域整体水平4.11个和3.15个百分点，甘南州和临夏州全年地区生产总值最低，仅为230.04亿元和373.80亿元，仅占流域总产值的2.99%和4.86%。总体来看，2021年黄河流域（甘肃段）区域各市（州）GDP产值排序为：兰州市、庆阳市、天水市、武威市、白银市、平凉市、定西市、临夏州、甘南州。增速排序为：庆阳市、平凉市、白银市、武威市、定西市、临夏州、天水市、兰州市、甘南州（见图1）。

从人均生产总值分布情况看，2021年，黄河流域（甘肃段）区域人均GDP产值为35538.00元，较2020年增长了13.32%。从人均产值看，兰州市作为省会城市，人均GDP产值仍高居区域第一位，高出流域平均水平38269

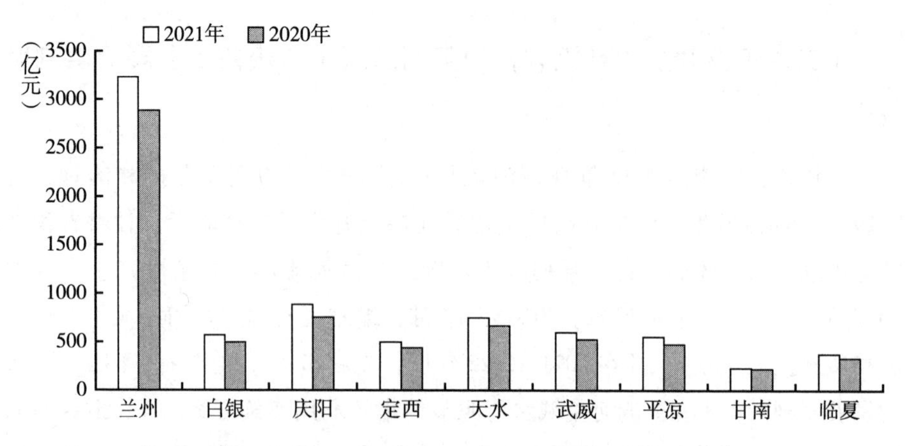

图1 黄河流域（甘肃段）2020 年、2021 年 GDP 分布情况

资料来源：甘肃省统计局。

元，除此之外，白银市、庆阳市和武威市人均 GDP 产值均高于黄河流域（甘肃段）整体平均水平 2381 元、5272 元和 5433 元；从增长速度看，庆阳市和平凉市人均 GDP 产值增长速度最快，分别达到 17.97%和 17.83%，而甘南州人均 GDP 产值增长速度最慢，只有 5.09%。总体来看，2021 年黄河流域（甘肃段）区域各市（州）人均 GDP 产值排序为：兰州市、武威市、庆阳市、白银市、甘南州、平凉市、天水市、定西市、临夏州。增速排序为：庆阳市、平凉市、白银市、武威市、定西市、天水市、临夏州、兰州市、甘南州（见图 2）。

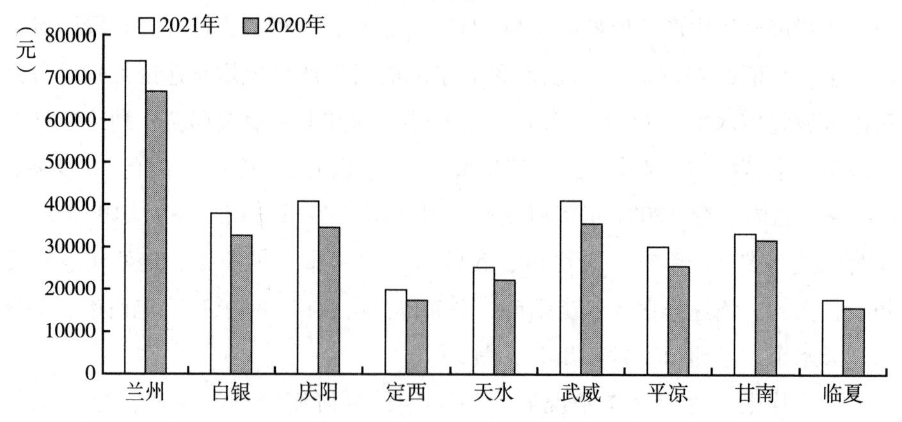

图2 黄河流域（甘肃段）2020 年、2021 年度人均 GDP 产值分布情况

资料来源：甘肃省统计局。

2021 年，黄河流域（甘肃段）区域三次产业结构占比为 17. 98：26. 85：55. 17，表明第三产业是黄河流域（甘肃段）区域的支柱产业，而农牧业占比远高出全国 7. 3%的占比水平。如图 3 所示，除兰州市外，其余 8 个市（州）第一产业占比均在 12%以上，其中白银市、定西市、天水市、武威市、平凉市和甘南州第一产业占比分别高出黄河流域（甘肃段）平均水平 0. 27 个、1. 62 个、0. 82 个、13. 22 个、5. 52 个和 0. 43 个百分点，尤其是武威市和平凉市，第一产业占比居流域区域的第一位和第二位，分别达到 31. 2%和 23. 5%。从第二产业分布情况看，庆阳市和白银市第二产业比重最高，分别达到 50. 4%和 38. 12%，而甘南州、定西市、武威市和临夏州第二产业占比相对较低，分别为 12. 44%、16. 5%、17. 3%和 19. 5%。从第三产业的分布情况看，兰州市、定西市、甘南州和临夏州占比都达到了 60%以上，其中甘南州占比最高，达到 69. 15%，而庆阳市和白银市第三产业占比相对较低，分别为 37%和 43. 63%（见图 3）。

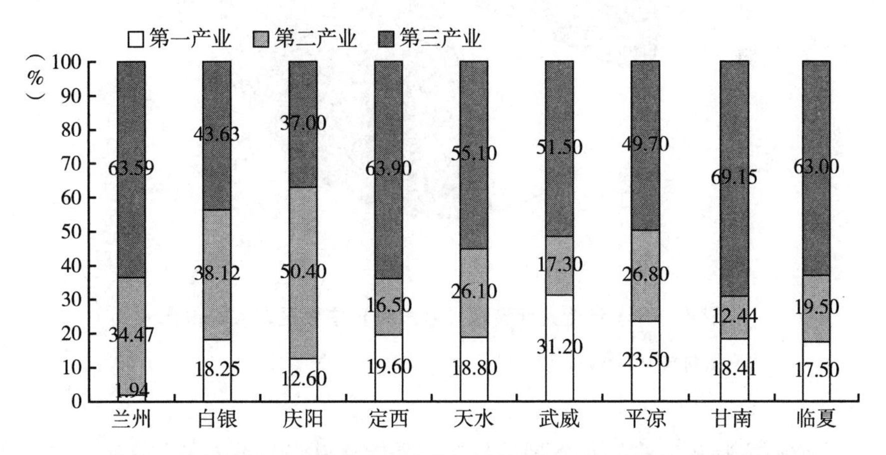

图 3　黄河流域（甘肃段）主要区域 2021 年度产业结构占比情况

资料来源：甘肃省统计局。

（四）保障民生福祉，积极促进社会发展

人口因素是区域生态环境保护和发展的重要驱动因子，2021 年，黄河流域（甘肃段）区域常住人口总数为 1967. 07 万人，较 2020 年减少了 0. 17 万

人，减少0.01%。其中，兰州市、武威市、甘南州和临夏州四个市（州）人口呈现增长趋势，分别较2020年增加了1.25万人、0.59万人、6.16万人和0.42万人。白银市、庆阳市、定西市、天水市和平凉市五市的人口呈现减少趋势，分别较2020年减少了0.58万人、1.97万人、1.33万人、2.35万人和2.02万人。从城市人口占比情况看，省会兰州市人口数量占据黄河流域（甘肃段）总人口的1/5以上，达到22%，而庆阳市、定西市、天水市和临夏州人口占比均在10%以上，甘南州人口占比最小，仅为4%（见图4）。

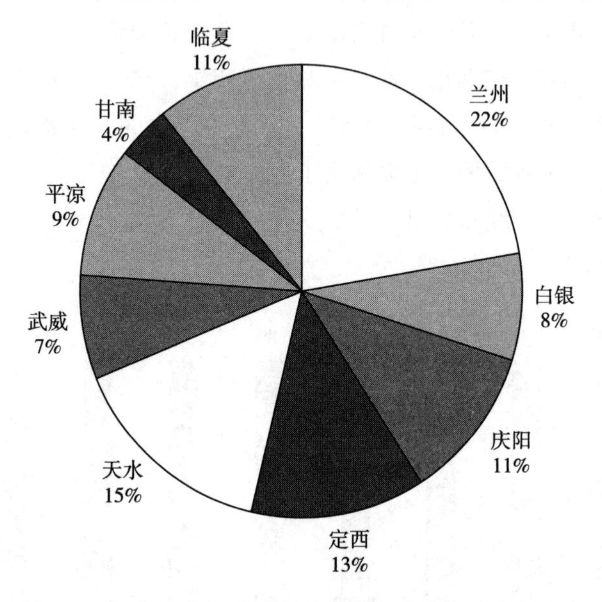

图4　2021年度黄河流域（甘肃段）主要区域人口占比

资料来源：甘肃省统计局。

金碚研究指出，高质量发展的目标就是能够更好满足人民群众对美好生活的向往①，因此居民收入与消费变化情况也是区域高质量发展的重要指标。2021年，黄河流域（甘肃段）城镇居民人均收入为33155.56元，农村居民人均收入为11582.89元，城镇与农村居民人均收入水平差距为21572.67元。其中，兰州市、白银市和庆阳市城镇居民人均收入水平较高，分别高出流域平均

① 金碚：《关于“高质量发展”的经济学研究》，《中国工业经济》2018年第4期，第5~18页。

水平 10088.44 元、2430.44 元和 2880.44 元，兰州市和武威市农村居民人均收入水平较高，分别较流域平均水平高出 4835 元和 3503 元，而定西市、甘南州和临夏州的城镇和农村居民人均收入水平整体较低。与 2020 年相比，黄河流域（甘肃段）2021 年城镇居民人均收入平均增长率为 7.21%，农村居民人均收入平均增长率为 10.78%，两者相差 3.57 个百分点，其中兰州市城镇居民人均收入增长率最高为 7.70%，甘南州城镇居民人均收入增长率最低为 6.70%，甘南州农村居民人均收入增长率最高为 11.20%，武威市农村居民人均收入增长率最低为 10.30%（见图 5）。

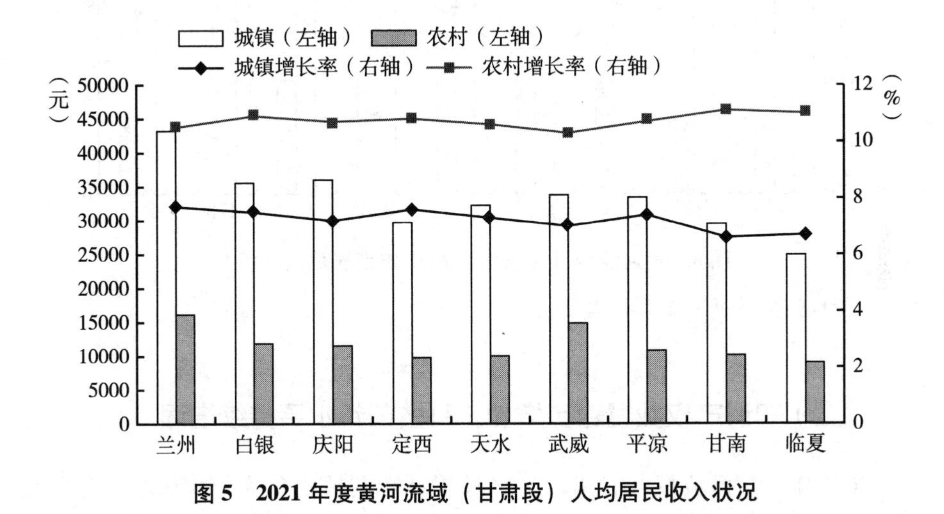

图 5　2021 年度黄河流域（甘肃段）人均居民收入状况

资料来源：甘肃省统计局。

从消费水平看，2021 年，黄河流域（甘肃段）城镇居民人均消费支出为 21981.69 元，较 2020 年增长了 8.12%，农村居民人均消费支出为 10100.58 元，较 2020 年增长了 9.01%，城镇与农村居民人均消费平均差距为 11881.11 元。分区域看，兰州市城镇居民人均消费水平高出平均水平 6394.31 元，农村居民消费水平高出平均水平 2499.42 元，远高于黄河流域（甘肃段）其他市（州）。9 个市（州）中，天水市城镇居民人均消费水平最低，低于平均水平 4622.69 元，临夏州农村居民人均消费水平最低，低于平均水平 2098.18 元。与 2020 年相比，甘南州和兰州市城镇居民人均消费水平增长较快，增长率分别为 10.80%和 9.60%，武威市和临夏州农村居民人均消费水平增长加快，增长率分别为 12.70%和 10.40%；定西市城镇居民人均消费水平增长较慢，为 5.20%，甘南州和庆阳市农村居民人均消费水平增长较慢，分别为 6.70%和 7.10%（见图 6）。

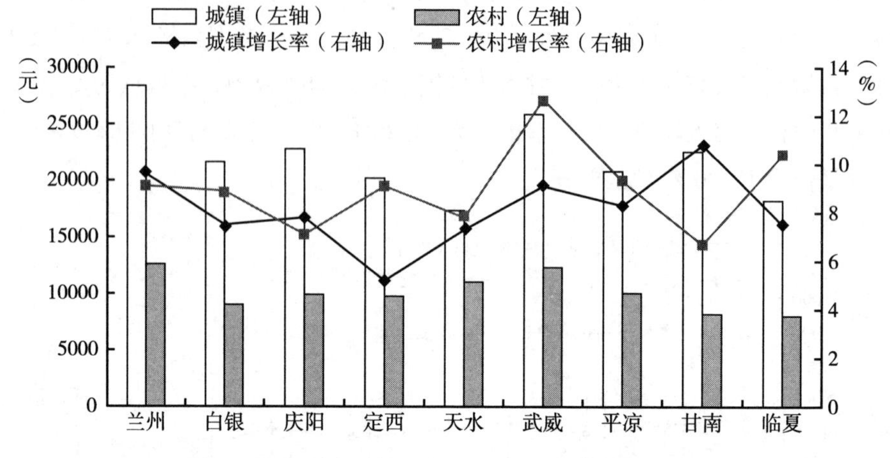

图 6　黄河流域（甘肃段）2021 年度居民消费状况

资料来源：甘肃省统计局。

（五）知识产权数量稳步增加，科技创新水平持续增强

2021 年，黄河流域（甘肃段）区域累计专利授权量为 19950 件，占全省总量的 76.57%，同比增长了 37.86%，高于全省平均增长水平，但低于同一时期全国平均增长水平（55.06%）。其中发明专利授权量为 2039 件，占全省总量的 90.50%，实用新型专利量为 16402 件，占全省总量的 74.64%，外观设计专利量为 1423 件，占全省总量的 77.84%。黄河流域（甘肃段）区域有效发明专利拥有总量为 8704 件，占甘肃省总量的 85.64%，同比增长 12.63%，涨幅低于同期 22.31%的甘肃省整体增长水平。其中每万人口发明专利拥有量为 2.79 件，低于甘肃省平均水平 1.27 件，同比增长率为 12.63%，低于全省同期平均水平 9.68 个百分点，PCT 国际专利申请总量为 29 件，占甘肃省总量的 91%。

2021 年，黄河流域（甘肃段）区域商标申请量为 33906 件，占甘肃省申请总量的 77.96%，较 2020 年下降了 4.51%。2021 年，甘肃省商标申请量整体呈现负增长趋势，但是黄河流域（甘肃段）区域整体下降更为明显，较甘肃省整体下降水平高出了2.34个百分点，较全国平均水平高出5.35个百分点。2021年黄河流域（甘肃段）商标注册总量为27256件，占甘肃省总量的78%，较2020年增长了24.51%，低于甘肃省整体增长率3.89个百分点；截至2021年底，商标有效注册量为124506件，占甘肃省总量的79.07%，较2020年增长了27.81%，高出甘肃省整体增长率0.64个百分点。截至2021年底，黄河流域（甘肃段）区域驰名商标累计拥有量为63件，占甘肃省总量的84%，地理标志商标累计拥有量为130件，占甘肃省总量的86.09%，地理标志保护产品累计拥有量为43件，占甘肃省总量的64.18%。

分区域看，黄河流域（甘肃段）9个市（州）知识产权呈现极大的两级化差别，除驰名商标累计量、地理标志商标累计量和地理标志保护产品累计量外，省会兰州市在各项指标数量上都是独占鳌头，其中各项专利数量占比为49.89%~86.21%，各项商标注册数量占比均在40%以上。而平凉市拥有最多的地理标志商标，定西市拥有最多的地理标志保护产品（见表1）。

表1 2021年黄河流域（甘肃段）区域知识产权拥有量情况

单位：件

知识产权	兰州	白银	庆阳	定西	天水	武威	平凉	甘南	临夏
专利授权量	11426	1283	1079	1333	1123	1752	1384	123	447
发明专利授权量	1756	92	44	20	57	38	27	3	2
实用新型专利	8960	1136	884	1231	962	1562	1283	9	375
外观设计专利	710	55	157	77	104	152	74	24	70
有效发明专利拥有量	7082	490	125	211	322	278	110	26	60
每万人口发明专利拥有量	16.25	3.24	0.57	0.84	1.08	1.9	0.6	0.38	0.28
PCT国际专利申请量	25	1	1	1	1	0	0	0	0
商标申请量	14291	2360	2920	2825	2847	2170	2254	928	3311
商标注册量	11162	2073	2355	2303	2744	1787	1707	826	2299
商标有效注册量	53780	9755	10727	10117	11296	8450	8356	3949	8076
驰名商标累计量	17	6	6	6	17	4	4	1	2
地理标志商标累计量	4	24	7	13	16	14	34	11	7
地理标志保护产品累计量	2	6	7	11	5	5	2	4	1

资料来源：甘肃省市场监督管理局。

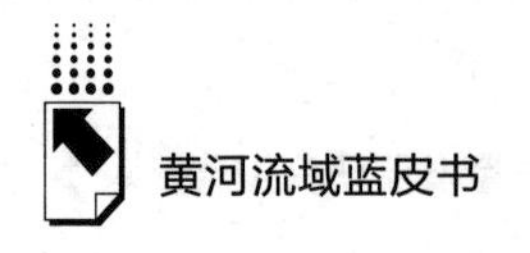

（六）不断加强环保投入，环境治理成效显著

2021 年，黄河流域（甘肃段）区域二氧化硫平均浓度为 12.30ug/m^3，同比下降了 18.54%，二氧化氮平均浓度为 26ug/m^3，同比下降了 5.80%，可吸入颗粒物（PM10）平均浓度为 54.70ug/m^3，同比下降了 4.04%，一氧化碳日均值（95th）为 1.23ug/m^3，同比下降了 15.75%，臭氧日均值（90th）为 127.10ug/m^3，同比下降了 1.40%，细颗粒物（PM2.5）平均浓度为 26.30ug/m^3，同比下降了 3.31%，空气质量达到及好于二级的天数为 340 天，同比上升了 0.89%，空气质量达到二级及以上天数占全年比重为 93.15%，同比上升了 1.07 个百分点。

2021 年，黄河流域（甘肃段）区域一般工业固体废物产生量为 2217.14 万吨，同比减少了 2.95%，一般工业固体废物综合利用量为 1674.09 万吨，同比增长了 28.28%，一般工业固体废物贮存量为 386.34 万吨，同比减少了 40.76%，一般工业固体废物处置量为 191.81 万吨，同比减少了 54.72%，一般工业固体废物倾倒丢弃量为 0.08 万吨，危险废物产生量为 98.38 万吨，同比增长了 7.51%，危险废物利用处置量为 76.87 万吨，危险废物本年末贮存量为 176.04 万吨。

2021 年，黄河流域（甘肃段）区域废水污染物排放总量为 10.67 万吨，其中，化学需氧量排放量为 9.23 万吨，同比减少了 17.29%，其中工业源化学需氧量排放量为 0.32 万吨，同比减少了 56.17%，生活源化学需氧量排放量为 8.91 万吨，同比增长了 8100%；氨氮排放量为 0.28 万吨，同比减少了 97.25%，其中工业源氨氮排放量为 0.01 万吨，同比减少了 99.45%，生活源氨氮排放量为 0.27 万吨，同比增加了 56.80%；总氮排放量为 1.07 万吨，总磷排放量为 516.65 吨，石油类排放量为 21.91 吨，挥发酚排放量为 71.66 千克。

2021 年，黄河流域（甘肃段）区域废气主要污染物排放总量为 30.43 万吨，同比减少了 15.32%。二氧化硫排放量为 5.25 万吨，同比减少了 66.79%，其中工业二氧化硫排放量为 3.69 万吨，同比减少了 48.23%，生活及其他二氧化硫排放量为 1.56 万吨，同比减少了 82.06%；氮氧化物排放量为 5.97 万吨，同比减少了 27.77%，其中工业氮氧化物排放量为 5.12 万吨，同比减少了

28.51%，生活及其他氮氧化物排放量为0.85万吨，同比减少了22.99%；颗粒物排放量为10.39万吨，同比减少了12.47%，其中工业颗粒物排放量为4.15万吨，同比减少了47.63%，生活及其他颗粒物排放量为6.24万吨，同比减少了57.89%①。

（七）民众对黄河流域（甘肃段）生态保护和高质量发展的认知和参与程度不断提升

居住在黄河流域的民众，对本区域生态环境高质量发展的整体认知直接决定了甘肃黄河流域生态环境保护高质量发展的建设成效和建设速度。因此，本课题组于2022年1~6月期间，通过网络调研和实地走访相结合的方式，对黄河流域（甘肃段）民众的整体认知情况进行了调研。此次调研共计发放问卷570份，回收有效问卷553份，被访对象涵盖了汉、回、藏等民族群众，职业范围包括了各级各类阶层。调研结果显示，84.08%的民众知道国家正在实施黄河流域生态保护和高质量发展战略，85.53%的民众比较认可政府对此方面的宣传力度，67.45%的被访民众表示保护及治理黄河流域环境问题需要各界力量协同作用，35.81%的被访民众认为当前甘肃黄河流域面临的主要环境问题是水资源污染问题，78.84%的被访民众认为黄河水域污染问题近年来有所改善，75.22%的被访民众知道黄河流域一级水源地的覆盖情况，83.54%的被访民众认为黄河流域环境污染问题与自己的生活有很大的关系，八成以上的民众表示人为因素是造成黄河流域环境问题的主要原因，九成以上的民众认为应从加强工业“三废”治理、对生活垃圾进行及时分类处理、对农药残毒进行及时防治、加强黄河河道水域管理、加大环保知识普及力度等多方面着手改善黄河生态环境问题。

二　甘肃黄河流域生态保护和高质量发展面临的制约因素

甘肃省处于西北内陆地区，气候干燥，植被稀疏、自然灾害频繁、生态环

① 以上数据均来自甘肃省统计局和甘肃省生态环境厅。

境脆弱，科技水平落后，经济社会发展增速迟缓。黄河流域在高质量发展战略实施过程中，一方面承担着提升黄河流域水源涵养功能、加强水土流失治理以及提高水资源利用效率等生态环境修复和保护的重大任务；另一方面，黄河流域及其支流不仅为甘肃省经济社会发展提供了富集的资源，而且承载着甘肃省高质量发展的经济基础，这对于甘肃黄河流域高质量发展战略的实施提出了极大的挑战。

（一）生态环境恶劣，生态治理难度较大

黄河流域（甘肃段）横跨青藏高原、内蒙古高原、黄土高原三大高原区域，流经高原、森林、草原、湖泊、湿地、沙漠、黄土沟壑等多种生态系统，位于甘肃省多个不同的生态功能区域①。但是甘肃地处西北内陆深处，气候干燥，平均海拔分布1500~4500米不等，年均降水量400毫米左右，常年蒸发量大于降水量。严峻恶劣的自然环境和生态系统的多样化导致黄河流域（甘肃段）的生态治理难度极大。一方面，为黄流流域提供重要水源补给的“甘南黄河上游水源涵养区”，位于甘肃省西南区域，紧邻青藏高原，是甘肃省藏族民众的主要聚集区，此区域每年为黄河流域提供的补水量约占黄河流域上游总补给水量的60%以上。但是甘南水源涵养区域因地处高海拔区域，常年气温偏低，自然环境恶劣，生态群落单一，生态系统十分脆弱。近年来，当地畜牧业的快速发展和矿产资源的过度开采，对甘南州草原生态系统造成了极大的破坏。甘南黄河上游水源涵养区在受到自然环境和人为因素的双重干扰下，此区域的草场退化现象十分严重，水源涵养功能严重降低，黄河补水量呈现下降趋势。在如此脆弱的生态系统之下，对甘南州黄河水源涵养功能区进行修复，不仅需要较长的修复时间和较大的资金支持，而且生态系统修复的程度也难以估算。另一方面，作为黄河在甘肃黄土高原的主要流经区域，陇中陇东黄土高原水土保持区是黄河流域（甘肃段）黄河泥沙的重要治理区域。此区域位于甘肃省中西部，气候干燥、降雨量匮乏，地表蒸发量较大、水资源匮乏，植被稀疏，分布有大面积的沙漠和土质较为疏松的黄土高原区域，极容易造成大量泥沙进入黄河。据统计，黄河流域（甘肃段）区域每年排入黄河的泥沙占黄河

① 《甘肃省黄河流域生态保护和高质量发展规划》，甘肃省人民政府网，2022年3月15日。

流域泥沙总量的26%，流域水土流失面积占土地总面积的73%[①]。极其恶劣的自然环境和频繁发生的自然灾害，给甘肃陇中陇东区域的水土流失治理造成极大的阻力和挑战。

（二）水资源匮乏，利用程度偏低

一方面，甘肃的气候特征、地形地貌造就了甘肃严峻的自然环境，使得甘肃省面临水资源严重短缺的现象。据统计，甘肃省水资源总量为410.9亿立方米，人均水资源拥有量为1642.2立方米，远低于全国人均水资源占有量2200立方米的水平，而亩均水资源量则只有全国平均水平的1/5，这对甘肃的经济社会发展和生态保护造成了极大的阻力。另一方面，甘肃省水资源分布表现出地域位置的不均匀和城镇发展布局的不匹配。研究表明，甘肃省水资源总量分布由高到低依次为：甘南州、陇南市、张掖市、酒泉市、天水市、定西市、武威市、平凉市、临夏州、庆阳市、白银市、兰州市、金昌市、嘉峪关市[②]。而甘肃省城镇化率排序则为：嘉峪关市、兰州市、金昌市、酒泉市、白银市、张掖市、平凉市、武威市、天水市、庆阳市、临夏州、甘南州、定西市、陇南市[③]。这与水资源分布基本形成相反的城镇布局形式。另外，甘肃省整体的农业和工业发展水平较低，水资源利用水平和循环利用科技水平较低，对有限的水资源造成了极大的浪费。

（三）黄河流域（甘肃段）各区域间经济社会发展水平极度失衡

黄河干流及其支流流经甘肃省9个市（州），占甘肃省总面积的1/3以上。各区域在产业结构布局、经济发展速度、社会进步程度等方面都基本呈现省会兰州市与其他市（州）两极分化的发展局面。一方面，甘南州、临夏州等地是甘肃省少数民族的聚集区域，这些区域虽然拥有得天独厚的自然资源和丰富的矿产资源，但是由于区域大部分面积都被划分在国家生

---

① 《甘肃省黄河流域生态保护和高质量发展规划》，甘肃省人民政府网，2022年3月15日。

② 梁小青、纪昌明、张验科等：《甘肃省水资源时空匹配现状分析》，《甘肃高师学报》2019年第2期，第55~59页。

③ 武国茂：《甘肃省城镇化发展驱动力分析》，《商业文化》2022年第3期，第38~39页。

态功能区内，再加上受到区域民俗文化的制约，该区域面临着生态保护和经济社会发展相互制约的矛盾局面。另一方面，兰州市作为省会城市，虽然在经济社会发展水平方面都远超于黄河流域（甘肃段）其他市（州），但是其在产业结构布局、经济总量、城镇化水平、科技水平等方面还远没有发挥省会城市的带动作用，而且作为兰州市辅助带动作用的白银市，在第二和第三产业的发展速度和规模水平都还远远达不到高质量发展水平的要求和中心辅助带动水平。另外，位于甘肃省陇中陇东区域的定西、庆阳等市域，由于受到严酷自然环境的制约，其在农牧业、工业以及城镇化发展过程中时刻受到自然灾害频发、水资源短缺等自然因素的制约，同时，由于恶劣气候的影响，这些区域每年还要拿出一定的专项资金用于生态环境的治理和改善，从而使得这些地区在实践高质量发展进程中的阻力和困难会更大。

（四）黄河流域（甘肃段）区域整体发展水平比较落后

黄河全长5464千米，流经青海省、四川省、甘肃省、宁夏回族自治区、内蒙古自治区、陕西省、山西省、河南省和山东省共9个省级行政区①，流域总面积为79.5万平方千米。与其他流域省份相比较，甘肃省在经济社会发展各方面都落后于黄河流域其他省份，在经济发展方面，2021年甘肃省GDP为10243.31亿元，居倒数第三位，低于九省区平均水平21629.1亿元，只有山东省的1/8；从平均水平看，2021年甘肃省人均GDP产值为41046元，位居九省区倒数第一，低于九省区平均水平24627.22元，约为山东省人均GDP产值的1/2；从居民生活水平看，2021年甘肃省居民人均可支配收入为22066元，居九省区最后一位，低于黄河流域九省区平均水平6555.44元，低于山东省居民人均可支配收入水平13639元（见图7）；从产业结构看，2021年甘肃省产业结构占比为13.32∶33.84∶52.84，与其他省份相比，以农业为主的第一产业占比远高于黄河流域其他省区，以工业和建筑业为主的第二产业占比又低于黄河流域其他省区，而以服务业为主的第三产业在黄河流域各省区中又处于一个较高的水平，其产业结构

① 居博：《黄河流域经济高质量发展评价研究》，曲阜师范大学硕士学位论文，2021。

处于一个不合理的区间水平（见图8）。总体来看，甘肃省经济社会发展状况在黄河流域九省区中处于落后的水平，与流域平均水平存在较大的差距，与沿线发达省区的差距更大，这对黄河流域（甘肃段）经济社会高质量发展具有极大的挑战和困难。

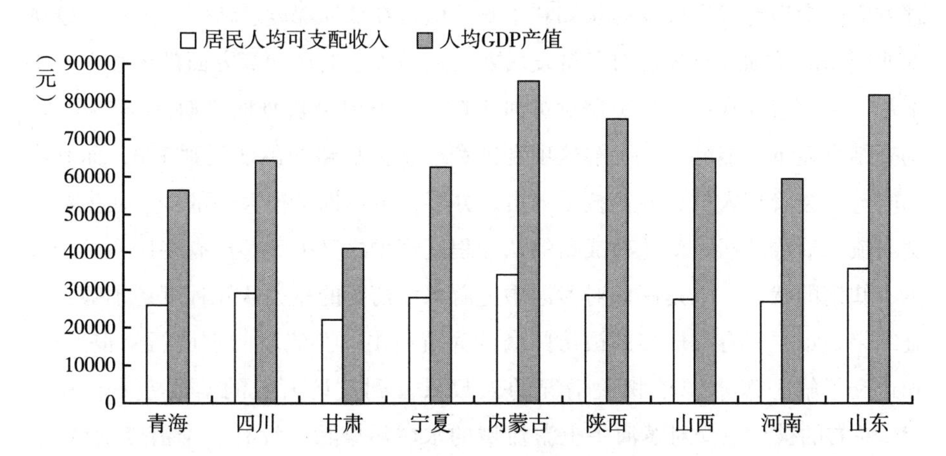

图7　2021年黄河流域沿线省份居民人均可支配收入和人均GDP产值情况

资料来源：2021年各省区国民经济和社会发展统计公报。

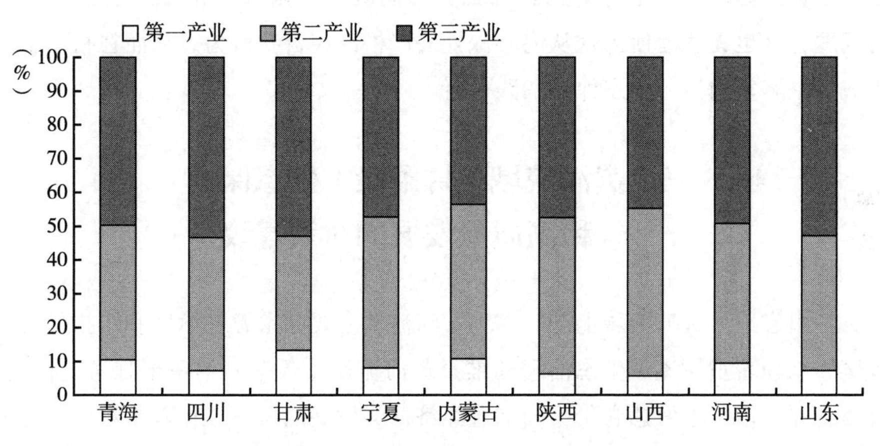

图8　2021年黄河流域沿线省份产业结构分布情况

资料来源：2021年各省区国民经济和社会发展统计公报。

（五）黄河流域（甘肃段）民众对生态保护和高质量发展的认知程度还不够深入

本次调查研究显示，多数民众对黄河流域（甘肃段）生态环境保护和治理方面的知识有或多或少的认知和了解，但是在认知深度、认知广度，对领域专业问题的认知、对环境与经济发展两者之间关系的认知等方面都还存在一些不足，主要表现在：一是民众对黄河流域高质量发展规划的理解还不够深入。调查结果显示，能够真正了解这项利国利己重大战略的民众不到1/3，而其中国家与社会管理人员、专业技术人员、办事人员占据了很大一部分，而生活在黄河流域沿线的居民对此项战略的认知程度都少之又少，甚至有些民众处于基本不知道的状态。二是民众对黄河中上游水域情况的相关认知程度还不够。调查结果显示，只有三成多的被访民众认为黄河中上游流域的水域污染很严重，知道和了解一级水源地相关情况的人数只占到被访人数的两成左右，还有10%左右的被访民众对黄河中上游流域的水域污染状况没有一个清晰的认识。三是民众对黄河流域的整体污染情况虽有一定的认知，但认知程度不够深入。主要表现在多数被访民众无法回答黄河流域（甘肃段）水域污染的详细情况，也没有在内心深处真正理解和意识到黄河流域（甘肃段）水域生态系统存在的问题，这也无法促使民众从内心深处去严格约束自我行为，从而在行动上真正成为一名黄河流域生态保护的践行者。

三　黄河流域（甘肃段）生态保护和高质量发展的对策建议

甘肃省地处黄河流域上游，作为黄河流域主要的水源补给区和水土保持治理区，承担着黄河流域生态治理和维系黄河流域长治久安的重要任务。同时，甘肃省作为西北不发达省份，面临着经济社会发展的压力，在双重艰巨任务的考验下，甘肃省必须积极调整发展战略，在以黄河流域生态保护为首要任务的前提下，积极进行产业结构的优化提升和福利效益的合理分配，不断推动黄河流域（甘肃段）高质量发展的进程。

（一）加强水资源的合理利用和高效配置

黄河流域高质量发展，离不开对水资源的保护和利用。甘肃省作为黄河流域上游重要的生态功能区域，做好水资源的保护和高效利用是保证黄河流域长治久安的重要前提。一是加强甘南水源涵养区的生态修复。通过退耕还草、退牧还草、有序调节过度放牧等方式减缓黄河上游生态环境退化进度，同时，通过建立国家（省级）生态公园、提升草原鼠害防治技术、建立黄河湿地保护公园、制止矿产资源违法开采等方式方法加快对退化生态区域的修复。二是提升甘肃陇中陇东地区的水土保持治理。呼吁国家层面尽早实施南水北调西线工程，彻底改变甘肃干旱少雨的生态气候特征，为黄土高原植被生长提供有效的水资源量，将河西地区大面积的荒滩变成肥沃的良田，进而通过生态移民的方式解决陇中陇东地区人多地少的矛盾，这样通过合理的资源调配从根本上解决黄河流域水土流失治理的难题。三是提升水资源的生态循环利用。通过加强科学攻关和科研成果的快速转化，应用物理、化学、生物等多种单一或联合修复技术提升工业废水、生活废水的净化和修复效率，进一步加强水资源的循环利用；通过鼓励企业安装节水设备，强化节水设施的有效使用，降低工业用水量；通过在农村片区有序推进“投、建、管、服”的现代农业产业模式，减少农业用水总量，提升农业用水效率。

（二）完善流域之间生态补偿机制，加强流域沿线协调联动机制

甘肃省位于黄河流域上游，是我国重要的生态安全屏障区和黄河流域水源涵养功能区。受到地理、环境、历史等方面因素的影响，甘肃省目前经济社会发展水平处于黄河流域九省区的最末端，既没有如流域沿线青海省、宁夏回族自治区、内蒙古自治区这些少数民族地区优渥的水利水电条件和民族政策的优待支持，也没有山东省、河南省、四川省这样较好的经济基础条件，黄河流域要实现高质量发展，甘肃省则更需要加快经济社会的发展速度，但是目前甘肃处在特殊地理位置，其首要任务是做好黄河流域的生态安全保护，这无疑又限制了甘肃黄河流域段畜牧产业、农业灌溉产业以及工业产业的发展，从而影响了黄河流域整体经济社会发展水平。因此，要实现黄河全流域的高质量发展，就需要站在流域全局的角度，尽快在黄河全流域中建立并有效实施生态补偿机

制，合理布局产业，提升黄河流域整体高质量发展水平。一是尽快量化黄河流域上游地区生态环境承载能力和生态环境退化情况，按照生态系统承载能力情况对本区域产业和城市发展规模进行合理布局，保证黄河上游水源涵养功能的永续性。二是根据黄河流域下游工农业产业布局和发展规模，核算补偿标准，各区域相互衔接配合，做好上游、中游和下游的生态补偿核算标准。三是在生态核算标准和流域数据库建立的基础上，统筹全流域经济社会发展状况，建设全流域生态补偿体制标准，并实行立法管理，有效保证黄河上游居民利益和中下游生产，从而建立全流域的联动发展机制。

（三）提升民众对黄河流域生态保护高质量发展的认知深度和行动自觉性

提升甘肃民众对黄河上游地区生态环境保护和高质量发展的认知水平，可以有效促进黄河流域生态保护成效和提升流域高质量发展速度。一是要加大政府宣传力度和提升方式的多样性，要针对民众文化程度、工作环境的不同，设计和开展不同形式的宣传方式，提升民众的认知深度。民众只有深刻认知黄河流域生态保护和高质量发展的意义，才能自觉和有效地在生活和工作中约束自身行为，进而推动黄河流域高质量发展的建设步伐。二是加强水污染治理和管理，提升居民对水域相关问题的认知水平。提升居民对黄河水域的认知水平和治理好黄河流域水资源的清洁利用是西北地区发展的命脉，只有做到认知水平与治理水平的双提升，才能做到黄河流域水资源的长治久安。三是要在全社会不断强化绿色生活理念，积极引导广大民众将绿色生活向常态化、内在化、大众化和专业化方向发展，改变之前铺张浪费的低效生活方式，将绿色生活方式的理念从萌芽状态向纵深方向转变。四是提升民众环保行动的主动参与度，通过举办主题特色鲜明、形式多样化的环保公益活动，引导民众提升主动践行环保行为的自觉度，同时，要根据地域特色和民众接受程度的不同，在城市和农村同步开展符合当地居民文化素养的环保主题活动。

（四）深化黄河流域体制机制改革，构建现代化治理体系

对黄河流域体制机制进行改革、建立现代化治理体系是黄河流域生态环境保护治理与流域高质量发展的重要保障。改革是发展的动力，要善于用改

革的办法去解决发展中的问题，要深化体制机制改革，培育黄河流域生态保护和高质量发展的新动能[①]。法律是生态环境保护治理的重要工具，完善的立法监督体系是黄河流域生态环境保护的重要保障，经济社会迅速发展、人民生活水平不断提升，将给黄河流域生态环境不断带来新的挑战，就需要更加全面、严格的生态立法制度和完善的上、中、下游区域之间生态补偿制度，来有效保障祁连山生态系统的完整性和可持续性。

（五）优化产业结构转型与升级，探索流域高质量协同发展之路

黄河流域（甘肃段）涵盖9个市（州），各地区在资源分布、人才基础、创新能力、人民生活等方面发展水平参差不齐。因此，甘肃省黄河流域高质量发展应统筹协调各地区在资源分配、产业水平等方面的差距，发挥比较优势，因地制宜，形成生态治理、产业升级、区域统筹的协同治理、保护、发展之路。黄河流域自然资源丰富，为当地经济社会发展提供了水利、矿产，以及生态景观等优质的生态资源，为当地居民生活水平的提升提供了坚强的物质保障。下一步，黄河流域（甘肃段）在生态保护和高质量发展中，应构建生态保护与流域高质量发展的指标体系，将区域产业结构转型升级作为主要发力点，增强科学技术水平在产业结构转型中的应用，用发展、长远的眼光统筹、科学、合理地布局黄河流域（甘肃段）的产业结构，促进农牧业、工业、服务业的全方位升级。

参考文献

何爱平、安梦天：《黄河流域高质量发展中的重大环境灾害及减灾路径》，《经济问题》2020年第7期。

任保平、邹起浩：《黄河流域环境承载力的评价及进一步提升的政策取向》，《西北大学学报》（自然科学版）2021年第5期。

任保平、付雅梅、杨羽宸：《黄河流域九省区经济高质量发展的评价及路径选择》，《统计与信息论坛》2022年第1期。

---

① 钞小静：《推进黄河流域高质量发展的机制创新研究》，《人文杂志》2020年第1期。

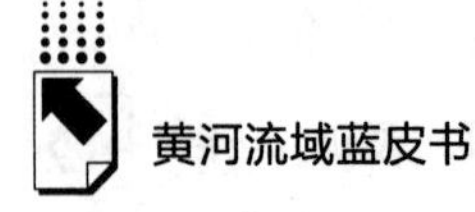

郝宪印、邵帅：《黄河流域生态保护和高质量发展的驱动逻辑与实现路径》，《山东社会科学》2022 年第 1 期。

刘琳轲、梁流涛、高攀等：《黄河流域生态保护与高质量发展的耦合关系及交互响应》，《自然资源学报》2021 年第 1 期。

孙继琼：《黄河流域生态保护与高质量发展的耦合协调：评价与趋势》，《财经科学》2021 年第 3 期。

刘贝贝、左其亭、刁艺璇：《绿色科技创新在黄河流域生态保护和高质量发展中的价值体现及实现路径》，《资源科学》2021 年第 2 期。

董亚宁、范博凯、李少鹏等：《生态文明视角下黄河流域生态保护和高质量发展研究》，《生态经济》2022 年第 2 期。

B.8

2021~2022年宁夏黄河流域生态保护和高质量发展研究报告

王愿如*

摘　要： 宁夏以建设黄河流域生态保护和高质量发展先行区为指导，积极构建现代化产业体系，统筹推进生态环境治理与保护，生态环境持续改善，经济发展不断实现量的增长和质的提升。针对宁夏在推进生态保护和高质量发展面临的产业转型升级难、生态环境保护与治理任务依然艰巨以及对外开放水平不高等问题，提出宁夏要加快建立绿色低碳循环发展经济体系，加大生态环境保护与治理力度，并且要提高服务和融入以国内循环为主体、国内国际双循环新发展格局的能力，协调推进生态保护和经济高质量发展稳步前行。

关键词： 黄河流域　生态保护　高质量发展　宁夏

一　宁夏建设黄河流域生态保护和高质量发展先行区的主要举措

（一）聚焦重点产业发展，夯实高质量发展基础

重点产业基础不断夯实，产业规模稳步提升。枸杞、葡萄酒、奶产业、肉牛和滩羊、绿色食品等产业规模化程度大幅提升，标准化水平持续提高。2021

* 王愿如，宁夏社会科学院综合经济研究所（“一带一路”研究所）助理研究员，主要研究方向为产业经济、区域经济、财政金融等。

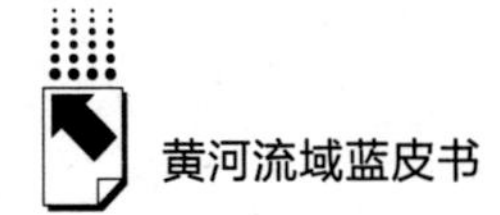

年，枸杞、葡萄种植面积稳增，标准化基地规模持续扩大，枸杞种植基地标准化率达71%以上。奶牛存栏总量达70万头以上，生鲜乳产量达280万吨，奶牛规模化养殖率达99%，高于全国平均水平近30个百分点。肉牛饲养量突破200万头，滩羊饲养量达1300万只以上，羊肉产量11.5万吨，肉牛规模化养殖比例达到46%以上，滩羊核心区规模化养殖比例达到59%①。

产业链条不断延伸，综合产值实现大幅提升。不断提高精深加工水平，精深加工产品不断走向高端化。2021年，枸杞产业加工转化率达到28%，综合产值达250亿元。葡萄酒产量达到1.3亿瓶，销售量持续增长，出口额增长256%，综合产值达到300亿元。乳制品加工总产值为238.5亿元，奶产业全产业链产值达610亿元。肉牛和滩羊产业屠宰加工率稳步提升，肉牛产业链产值达379亿元。电子信息产业基本建成了“一核一基地多区”的产业集聚区，引进一批龙头骨干企业，形成龙头企业引领、上下游企业互动的产业格局，综合产值超过456亿元。宁夏新材料规上企业工业产值超过1200亿元，占全区规上工业总产值的20%②。建成光伏产业、锂离子电池产业等一批特色优势产业链，形成光伏材料、锂离子电池材料、高性能金属材料、特色精细化工材料等一批产业集聚区。

积极打造知名品牌，不断扩大产业影响力。“宁夏枸杞”“中宁枸杞”“盐池滩羊”等区域公用品牌知名度和竞争力不断增强，“中宁枸杞”品牌价值达172.88亿元，“盐池滩羊”品牌价值达到88.17亿元，“宁夏枸杞”跻身中国区域农业产业品牌影响力前十位，积极申报“宁夏六盘山牛肉”地理标志农产品品牌评审。枸杞、葡萄酒、肉牛和滩羊、绿色食品等知名产品品牌数量不断提升，培育力度持续加大。依托中阿博览会、枸杞产业博览会、中国（宁夏）国际葡萄酒文化旅游博览会等平台，吸引国外和国内企业与宁夏本地企业加强合作，提高产业影响力。

建设国家级平台，引领高质量发展。宁夏获批筹建国内首家国家级枸杞产品质量检验检测中心，成立国内首家枸杞研究院。获批建设首个国家葡萄及葡

---

① 《国社“宁”聚力丨宁夏九个重点产业调研报告》，http：//www.nx.xinhuanet.com/gsnjl/20220412/no1.htm。

② 《国社“宁”聚力丨宁夏九个重点产业调研报告》，http：//www.nx.xinhuanet.com/gsnjl/20220412/no1.htm。

萄酒产业开放发展综合试验区，助推产业发展先行先试。获批建设国家新型互联网交换中心，成为全国4个试点之一，获批建设全国一体化算力网络国家枢纽节点，成为全国8个枢纽节点之一，是全国唯一“交换中心+枢纽节点”双中心省区。宁夏还是我国首个新能源综合示范区，新能源占电力装机比重居全国前列。国家级产业发展和创新平台的建设与发展，为宁夏重点产业发展创造了更多优势条件，为产业集聚发展奠定了坚实基础。

精准有效投资规模不断提升，招商引资实现更大突破。2021年，宁夏实施九个重点产业招商引资项目966个，实际到位资金1015亿元，招商项目和招商资金占宁夏总量的比重分别达到61%和58%。枸杞产业招商引资和投资主要在精深加工、健康食品、药食两用等项目，引进相关项目14个，招商引资增长率达到56%。葡萄酒产业紧盯康养、文旅、生态等产业融合发展项目，引进“酒庄葡萄酒+文化产业”融合发展等项目15个，招商引资增长率达到36%。奶产业围绕扩大产业链规模，引进38个项目。肉牛和滩羊产业以健全产业链为核心，在饲草料种植、饲草料加工、滩羊养殖、滩羊产品深加工、滩羊销售和滩羊特色餐饮等方面引进30个项目，招商引资增长率达到100%。新材料产业积极对接国家领军企业，打造产业集群，引进新型材料产业项目324个，招商引资增长率达到70%。清洁能源积极引进供应链、价值链上下游配套企业，引进清洁能源产业项目168个，招商引资增长率达到28%。文化旅游围绕打造特色旅游品牌，引进文化旅游业项目77个，招商引资增长率达到71%①。

（二）统筹治理与保护，推进生态文明建设

以“一河三山”为重点，开展生态环境修护与治理。2021年，《中华人民共和国黄河保护法（草案）》出台，宁夏率先在全国出台《宁夏回族自治区建设黄河流域生态保护和高质量发展先行区促进条例（草案）》，积极推进黄河（宁夏段）生态保护工作。2021年，黄河干流宁夏段入境至出境断面水质均为Ⅱ类优水质，地表水国控考核断面达到或好于Ⅲ类水质比例为80.0%，黄河“四乱”问题实现动态清零，通过实施黄河金岸防护林建设工程、平原绿

① 《蹄疾步稳 奋力作为 2021年宁夏招商引资实现新突破》，宁夏商务厅官网，2021年3月1日。

网提升工程和生态廊道建设工程等，黄河两岸国土绿化面积得以扩大。推进黄河两岸耕地保护，确保黄河流域耕地不减、质量不降。积极建设河段堤防安全标准区，有序开展两岸堤防、河道控导、滩区治理和防洪工程，努力打造百年堤防，河道河槽河床、排洪输沙功能基本稳定，为保护黄河长久安澜奠定了基础。全面推动贺兰山、六盘山和罗山自然保护区生态保护和环境综合治理，有序实施禁牧封育、天然林保护、沟道植被恢复、荒漠草原改良等项目。以野生动植物保护、生态保护修复、森林草原防火、资源管护、科研监测为重点，有效发挥生态安全屏障功能，生物多样性保护成效不断提高。贺兰山生态环境综合整治入选全国生态修复十大典型案例，六盘山森林成为黄土高原上的“高原水塔”，从六盘山发源的清水河、泾河、茹河、渝河、葫芦河等河流年径流量5.29亿立方米。罗山国家级自然保护区林草综合植被覆盖度已达70%，森林覆盖率达到18.13%，珍稀野生动物的种群数量和分布范围持续增加，野生动植物种质资源不断丰富。

系统推进山水林田湖草沙综合治理，森林、草原、湿地、流域、农田、城市、沙漠生态系统建设不断取得新进展。积极构建多树种、多林种、多层次的区域性林网体系，提升水源涵养能力，2021年完成营造林面积10.5万公顷，其中人工营造林面积近5万公顷，森林抚育面积2万公顷以上，森林覆盖率达16.91%。持续提升草原水源涵养功能，开展退化草原植被恢复，优质牧草占比扩大5%以上，农牧民满意度高于90%。大力实施水土保持工程，治理水土流失面积880平方公里、荒漠化土地90万亩，同时支持林草产业发展。在引黄灌溉区大力建设高标准农田和防护林，有效推进盐碱耕地治理。

积极建设天蓝地绿水美的美丽新宁夏。以高标准、高要求打好蓝天保卫战，坚持“四尘”同治，强化区域大气污染协同治理，推进钢铁、水泥企业超低排放改造，燃煤锅炉、工业炉窑深度治理，建立和完善重污染天气应急预案。2021年，宁夏地级以上城市环境空气质量优良天数比例为83.8%，优良天数达到306天，PM2.5年平均浓度为27μg/m^3，同比下降了18.2%，以PM2.5为首要污染物指标的污染天数占重度及以上污染天数的比重为0。完成大气污染治理项目188个，完成发电、钢铁等七大行业112家重点企业2020年度温室气体排放报告核查。全方位打好污染防治攻坚战，创造城乡优良宜居环境。水环境质量持续改善，土壤环境质量总体安全清洁，医废危废风险科学防控，农业农村污染防治有效推进。2021年，宁夏20个地表水国控考核断面水质优良比例为80%，33个城镇污水处理厂全部达到一级A排放标准，23个工业园区污水全部实现集中处理，89家二级及以上医疗卫生机构基本实现医疗污水处理处置与在线监管100%全覆盖，规范化建设70个农村“千吨万人”水源地。受污染耕地安全利用率达到100%，建设用地安全利用得到有效保障。累计收集处置医疗废物1.68万吨，其中疫情医疗废物0.144万吨。实施104个农村生活污水治理项目，完成7条农村黑臭水体整治任务，农村生活污水治理率达到28.96%。加强规模以下养殖畜禽科学化污染防治，推进种养结合和畜禽残污资源化利用。

不断推进生态环境治理现代化发展方向。宁夏环境治理现代化不断创新创优，从大气、水、土壤、噪声、生态、农村、辐射等环境质量监测等各方面完善生态监测网络。截至2020年底，全区共有各类生态环境监测点位1698个。其中，环境空气质量监测点位54个，水环境质量监测点位（断面）114个，土壤环境质量监测点位294个，噪声监测点位1032个，辐射环境质量监测点位204个。实现排污权交易地区全覆盖、固定污染源排污许可全覆盖。建成排污权交易平台，2021年实现排污权交易11笔，交易金额为38.3万元。建成大气环境精细化管理、高风险移动放射源、固危废动态监管等信息平台，依靠智能化、现代化手段推进环境治理科学化。

（三）坚持生态保护与经济社会协调发展

以碳达峰、碳中和重大战略为指引，推进经济高质量和生态环境保护协调发展。持续推动传统产业优化升级和低效产能退出，淘汰半封闭式镍铁等行业落后产能，关闭污染严重稳定达标排放无望企业，化解退出铁合金、水泥、电石、碳素、活性炭等高耗能行业低效产能。加快供热管网建设，充分释放热电联产、工业余热等供热能力。建立“两高”项目台账，实行清单化管理，分类推进项目整改，2021年“两高项目”环评审批数量较2020年下降43%。2021年宁夏万元地区生产总值用水量为161.4立方米，下降9.1%，万元工业增加值用水量为30.1立方米，下降6.2%，水资源消耗呈下降趋势，资源利用向高效化方向发展。

从要素驱动向创新驱动转变，持续推进科技创新。不断研发新技术，不断扩大新业态，不断探索新模式。创新能力不断提升，产业深度融合发展。创新平台、创新型企业发展迅速，国家及自治区重点实验室、工程技术研究中心、企业技术研究中心等建设规模不断扩大，创新能力不断增强。“互联网+”“物联网+”等新业态不断发展，九个重点产业数字化发展水平不断提升，产业融合发展新模式、新业态不断呈现，文化旅游与枸杞、葡萄酒产业深度融合，清洁能源与滩羊养殖等“光伏+”的探索，让产业发展实现了叠加效应，实现了产业发展的共赢。

稳步提升城乡居民生活水平，努力实现共同富裕目标。城乡居民幸福感、获得感不断提升。2021 年，积极推进城乡一体化建设，城镇化率达 66%，连续两年高于全国平均水平。城镇居民人均可支配收入达到 3.8 万元，增长 7.2%，农村居民人均可支配收入达到 1.51 万元，增长 10.4%。推动脱贫攻坚成果巩固与乡村振兴有效衔接，抓好产业、就业、社会融入三件事，移民收入增幅快于农民收入，75%以上财政支出用于民生事业。把黄河文化遗产作为重要资源，以建设黄河文化传承彰显区为抓手，在讲好“黄河故事”、传承“黄河文化”、在发展黄河文化旅游产业方面发力，不断加强公共文化产品和服务供给，人民群众精神文化生活需要不断得到满足，构建了社会稳定和谐局面。

二　宁夏推进生态保护和高质量发展面临的问题

（一）产业转型升级仍面临困难

宁夏坚持供给侧结构性改革主线，积极推动构建绿色、高效的现代化产业体系，仍然面临产业基础比较薄弱、现代化产业发展的优势资源要素不多，产业高质量发展与生态环境保护之间的矛盾依然存在。农业发展的现代化基础还不够稳固，优势特色农业的自然资源禀赋优势有下降趋势。部分产业与周边省区产业趋同，市场竞争激烈。农业产业链条较短，产品附加值低，产业综合效益有待提升。农业产业链中前端种养殖占比较大，以初级农产品生产为主，精深加工能力不强，高附加值农产品少。宁夏工业长期是倚重倚能的发展模式，新兴产业占比不高，发展实力不强，现代装备制造、信息产业等的发展动力不强，新业态、新模式体量小，带动能力不强。传统产业占比高，规模也较大，转型较慢、转型困难，“僵尸企业”的处置仍然面临多重困难，转型需要的科技投入、资金投入需求高，企业承载能力不足，财政支持的难度也较大。经济增长动能的后劲不足，现代化产业布局不完善，新能源、电子信息的产业链条未完全建立，最终产品和高附加值的生产主要集中在产业链下游的发达省区，宁夏在产业链条上的综合效益不高，并且生产与生态环境保护方面的矛盾要比下游产业链省区更为突出。生产性服务业的发展规模小，服务产业转型升级的功能不健全，现代金融、现代物流等建设水平还比较低，不能满足产业转型升级的需求。

（二）生态环境保护与治理任务艰巨

产业发展与生态环境保护的矛盾依然突出，平衡筑牢保护耕地底线与产业发展的难度大，产业发展与资源承载能力不协调。优势特色农业规模化发展需要的土地、用水等的供需矛盾较大，枸杞、葡萄酒、生物循环蔬菜基地建设，奶牛、肉牛和滩羊等养殖规模化发展，需要新增大量土地面积，但目前新增土地面积较为困难。宁夏水资源匮乏，产业发展的用水量持续上涨，节水灌溉、循环利用的发展水平还不够高，支撑产业发展的水资源供给难度大。用水结构不合理，农业用水量占比超过 80%，农业灌溉用水占比达到 90%，两项指标都远高于全国平均水平，用水方式还比较粗放，自然资源的高效利用还处在低水平。“两高”项目、“挖湖造景”、违规取水、工业用水回用率低等问题依然面临整改难的局面，湿地保护、沙漠生态保护不足，污水排放不达标等威胁流域生态环境的风险隐患仍然存在。农村固体废弃物循环利用，生活垃圾环保处理等水平还比较低，农村人居环境和生产环境还需进一步改善。生态补偿机制的落地和实施，仍然面临很多制度和体制的障碍，特别是跨省区的生态补偿机制的建立存在沟通不畅、利益连接机制不完善等问题。

（三）对外开放发展有待提升

宁夏畅通内外循环的要素还不够完善，对外开放程度不高。2021 年，宁夏货物进出口总额为 214.04 亿元，外贸依存度为 4.73%，低于全国外贸依存度水平近 30 个百分点。宁夏对外贸易中出口的产品种类少、以初级产品为主，贸易方式也相对单一，对外贸易企业数量少、规模小、体量小，对外贸易主体的实力不强。宁夏对外开放平台发挥的作用有限，综合保税区、跨境电商试验区、保税物流中心等对外开放平台在对外贸易中发挥作用没有实现最优化，部分政策优势、资源优势没有被挖掘和利用。对外开放的通道建设不完善，高铁布局不够，航空航线和航权的布局与开放不足，融入西部陆海新通道建设的力度不够，铁路、公路、航空等多式联运通道建设还存在短板。对外贸易的数字化、现代化发展水平较低，数字化通道建设仍存在较大空间。跨境电商发展基础还比较薄弱，与发达省区的差距较大。现代金融、物流和营销等与国内和国际市场的对接不强，金融服务能力不足，现代物流体系建设还存在“短板”，营销的专业化、现代化水平不能很好地适应市场消费升级需求。对外贸易的监管方式相对单一，通关便利性、高效性仍有待提升，“单一窗口”的普及范围有待进一步延伸。在海关特殊监管区进行先行先试的力度不够，创新意识不强，复制推广现行经验的进度较慢。

三　宁夏推进生态保护和高质量发展的对策建议

（一）加快建立绿色低碳循环发展经济体系

坚持绿色发展理念，统筹推进经济高质量发展和生态高质量保护，建立绿色低碳循环发展的经济体系。持续推动产业绿色化发展，加快工业绿色转型、农业绿色发展、服务业绿色升级。全面推行绿色生产，大力发展清洁能源、新材料、电子信息等产业，持续推进传统工业优化升级，实施绿色改造项目，加强节能环保技术的应用和推广。积极推进固废综合利用示范基地和企业建设，培育一批绿色园区、企业，打造绿色产业集群，科学构建工业园区循环式生产和发展，搭建资源共享、循环互济和废物综合利用的高效循环生产体系。积极发展生态循环农业，构建生态种养植体系，增加绿色优质农产品供给。提升高标准农田建设能力，将高效节水灌溉，畜禽粪污、秸秆、农用残膜综合利用，生物防治等环节循环衔接起来，将提升耕地质量与生产绿色生态农产品有机结合起来。积极打造绿色、有机和名优特色农产品品牌，构建品牌与绿色循环农业良性互动发展机制，以品牌助推绿色发展，以绿色发展夯实品牌基础。积极发展绿色金融、绿色物流等现代服务业，推动服务业绿色化发展。发展绿色信贷和绿色直接融资，鼓励和支持金融机构发行绿色债券，增加绿色信贷投放，鼓励保险机构完善绿色保险服务功能，提升保险对绿色产业、行业的支持。建设绿色物流体系，加快清洁能源在物流行业的推广和应用，培育和发展智慧物流、冷链物流、共享物流等新模式，加快提升物流园区绿色化发展水平。推动基础设施建设绿色升级，建设绿色人居环境，引领绿色低碳生活方式。构建绿色供水、供电、供暖、排污等基础设施体系，优化供水智能化发展，增强清洁能源在供水、供电、供暖等方面的应用，全面推行绿色供暖，逐步淘汰不符合环保要求的燃煤锅炉，做好西气东送等项目的天然气管道建设，加强天然气储存设施建设，提高太阳能、地热能在基础设施建设中的应用。持续推进污水处理提质增效，建立专业化、一体化污水处理和循环利用模式，推进固体垃圾、医疗废物和高危废物的无害化处理，进一步提升固体废弃物综合处理能力。提倡绿色低碳生活方式，通过多渠道宣传、创新化引领，带领全体居民实行绿色、低碳、安全的生活方式。

（二）加大生态环境保护与治理力度

坚持以“一河三山”为主体，协调和统筹推进山水林田湖草沙综合保护、修复和治理。加强生态保护与修复网络建设。积极打造沿黄绿色生态走廊，做好黄河宁夏段治理工作，推进河道水域、岸线和滩区生态建设，继续加强堤防安全标准区建设，提升防洪护岸、水源涵养和生物栖息功能。构建贺兰山、六盘山、罗山生态安全屏障，全力提升筑牢中国西北生态安全屏障功能，在推动生态平衡与保护国家生态安全方面发挥积极作用。加强矿山生态恢复治理，合理优化矿产资源开发布局，推动资源高效利用、生态环境优良、矿地和谐发展的“绿色矿山”建设。因地制宜推进工矿废弃地综合治理，消除地质灾害隐患，修复地形地貌，恢复地表植被，防治水土流失，对整治腾出的土地探索纳入补充耕地、纳入城乡建设用地等创新措施，提升资源利用率，推进生态修复与高质量平衡发展。分类推进生物多样性保护体系建设，保护贺兰山珍稀树种和濒危动物，探索建立贺兰山大型生物多样性科研试验基地。保护六盘山珍稀野生动植物及牧草种植资源，同时加强对包括白笈滩、哈巴湖等在内的生态系统内生存动植物的保护。统筹推进森林、草原、湿地、沙漠等生态系统构建。深入实施天然林保护、“三北”防护林工程，巩固退耕还林、还草成果，严格执行禁垦、禁牧、禁采等，科学推进适地种树、退化草原人工种草等，提升绿化水平。严格保护国家级、自治区级湿地自然保护区，治理湿地水质污染，联通水系和水网，提升湿地功能。因地制宜推进湿地修复、退养还滩、盐碱地复湿等工程，坚决杜绝城市建设、项目开发等占用湿地资源，加快整治“挖湖造景”等破坏湿地生态问题。科学推进防沙、固沙和治沙，合理发挥沙漠的生态功能与经济功能。实施锁边防风固沙，强化沙地边缘地区生态屏障建设，积极发展和创新防沙治沙先进技术，开展荒漠化治理的区域和国际化合作，适当发展沙产业，推进沙漠文旅、沙漠种植等，推进沙漠治理与经济功能发挥。完善生态保护修复的体制机制，统筹推进修复土地等的优化整合利用，完善自然保护地政策和规范，科学编制整体规划，解决保护和管理分割等问题。健全多元化投入生态保护修复机制，支持全社会资本投入生态保护与治理，探索通过资源综合利用、建设用地空间置换、财政补助、减税降费等在内的灵活、多样的措施，提升社会资本参与生态保护与修复的社会效益与经济效益。继续完善生态保护补偿制度，继续开展受益地区与生态保护地区、流域上游与流域下游在资金补偿、对口协作等方面的尝试。

（三）提升服务和融入“双循环”新发展格局能力

打造高质量开放平台，加强国内外市场融入机制建立。持续优化中阿博览会平台优势，深化与共建“一带一路”国家和地区经贸合作。发挥好银川综合保税区、跨境电子商务试验区、陆路口岸等对外开放平台作用，促进对外贸易高质量发展。支持适销对路的出口产品转内销，优化产品供给水平。建设高效开放新通道，依托西部陆海新通道，建立健全多式联运体制。充分发挥宁夏—中亚—西亚经济走廊重要节点作用，为发展转口贸易新增长极打下良好基础。

加快构建外向型产业体系，助力开放型经济发展。积极培育外向型产业，支持外向型企业发展。以枸杞、葡萄酒等产业为核心，提高宁夏优势特色产业影响力和传播力，形成对外开放产业新优势。加快布局大健康产业，推动“互联网+医疗健康”领域与共建“一带一路”国家和地区深入交流合作。借助西部云基地的优势，打造云产业基地，开展农业数字化示范应用，发展特色智慧农业，加强与共建“一带一路”国家农业技术交流合作。提升外贸服务能力，营造良好对外开放营商环境。继续深化“放、管、服”，创新监管方式，提高审批、检验和通关等便利化水平。探索外向型企业数字化贸易发展，以数字改革和数字赋能为抓手，发展数字化贸易。提供高效便利的外贸金融服务，积极推进适应外贸发展的信贷融资、融资租赁和担保业务发展，助力企业结算与融资服务便利化。多方共同探索服务一体化新模式，建立联席会议长效机制，高效解决外贸发展过程中的问题。支持企业对内对外联动发展，将传统的适应“两头在外”的“单开门”转变为面向国内国际两个市场灵活双向的“双开门”。建立外贸人才培养机制，继续深化与高校合作，培养复合型人才，建立对外贸易人才梯队。

参考文献

李锦：《宁夏：用优美生态环境造福人民》，《宁夏日报》2020年3月7日，第7版。

王红艳：《黄河流域生态保护与高质量发展的宁夏路径》，载宁夏社会科学院编《宁夏生态文明建设报告2022》，宁夏人民出版社，2022。

王慧春：《加快推进宁夏国家农业绿色发展先行区建设研究》，载宁夏社会科学院编《宁夏生态文明建设报告2022》，宁夏人民出版社，2022。

B.9

2021～2022年内蒙古黄河流域生态保护和高质量发展研究报告*

刘小燕　文　明**

摘　要：　2021年，内蒙古黄河流域生态保护和高质量发展坚持问题导向，不断完善流域生态保护与发展的顶层设计，聚焦生态保护治理重点领域和经济社会发展薄弱环节，取得了新进展和有效成果。“十四五”时期，内蒙古黄河流域迎来了多重政策叠加推动转方式、促发展的重要机遇期，但同时面临着生态系统基础弱稳定性差、经济社会结构性矛盾突出等问题，其仍是流域能否实现全面绿色转型的关键制约性因素，因而统筹谋划、协同发展是内蒙古黄河流域生态保护和高质量发展应始终坚持的发展思维和发展路径。当前需逐步提升区域自我治理能力、发展能力，同时积极探索跨区域协同合作、推动区域间协调发展。

关键词：　统筹谋划　协同发展　内蒙古黄河流域

黄河上游、中游的部分河段流经内蒙古自治区，该河段位于阴山南麓与鄂尔多斯高原之间，流域内有草原、森林、湿地、河流、湖泊、沙漠、戈壁等多种地形地貌。内蒙古黄河流域全域为水资源短缺修复区，浑善达克沙地、阴山

* 本文系内蒙古自治区社会科学院2022年度重点项目阶段性成果。

** 刘小燕，内蒙古自治区社会科学院牧区发展研究所研究员，主要研究方向为区域经济与产业经济；文明，内蒙古自治区社会科学院牧区发展研究所副所长、研究员，主要研究方向为民族经济、草牧场制度与草原生态保护。

北麓等地区为防风固沙生态功能区，巴丹吉林沙漠、腾格里沙漠、乌兰布和沙漠为自然生态保护功能区，呼包鄂为环境质量与水资源维护区①。内蒙古黄河流域是自治区能源、冶金、化工产业的主要集中区，集中了全区 71%的煤炭产能、69%的电力装机②；同时也是自治区农牧业发展黄金带，耕地面积占全区耕地面积 30%以上、草原面积占全区草原总面积 50%以上，是自治区农畜产品生产的核心区域之一③。沿黄流域各盟市中，巴彦淖尔市甘其毛都、阿拉善盟策克、包头市满都拉等自治区对外重点专业口岸，呼和浩特航空口岸、包头航空口岸和鄂尔多斯航空口岸等，是自治区对外交往、合作的重要桥梁。内蒙古黄河流域因其重要的生态功能定位、自然资源禀赋和区位优势，成为自治区建设“两个屏障”“两个基地”和“一个桥头堡”的重要支撑。

一　2021~2022年内蒙古黄河流域推进生态保护和高质量发展的举措和成效

“十四五”是推动黄河流域生态保护和高质量发展的关键时期，习近平总书记在 2021 年 10 月深入推动黄河流域生态保护和高质量发展座谈会上强调，“把握好推动黄河流域生态保护和高质量发展的重大问题，咬定目标、脚踏实地，埋头苦干、久久为功，确保‘十四五’时期黄河流域生态保护和高质量发展取得明显成效，为黄河永远造福中华民族而不懈奋斗”④。2021 年是“十四五”规划开局之年、全面建设社会主义现代化国家新征程开启之年，内蒙古自治区坚持问题导向，聚焦重点领域和薄弱环节，不断加大力度推动黄河流域生态保护和高质量发展取得新进展。

---

① 《全国国土规划纲要（2016—2030 年）》，中华人民共和国自然资源部网站（2017 年 2 月 5 日），http：//landchina. mnr. gov. cn/tdgh1/201702/t20170205_6818302. htm，最后检索日期：2022 年 7 月 14 日。

② 《内蒙古自治区黄河流域生态保护和高质量发展规划》，《内蒙古日报》2022 年 2 月 24 日，第 6 版。

③ 文明、刘小燕：《2020~2021 年内蒙古黄河流域生态保护和高质量发展研究报告》，载郝宪印、袁红英主编《黄河流域生态保护和高质量发展报告（2021）》，社会科学文献出版社，2021，第 129 页。

④ 《咬定目标脚踏实地 埋头苦干久久为功 为黄河永远造福中华民族而不懈奋斗》，《人民日报》2021 年 10 月 23 日，第 1 版。

（一）内蒙古黄河流域生态保护治理的举措和成效

1. 着力完善顶层设计，全面部署生态保护与治理工作

2021 年 7 月以来，内蒙古自治区编制出台《内蒙古自治区黄河流域生态保护和高质量发展规划》，印发了《自治区黄河流域生态保护和高质量发展规划重点任务分工方案》《自治区黄河领导小组工作规则》《自治区关于贯彻落实习近平总书记在深入推动黄河流域生态保护和高质量发展座谈会上重要讲话精神的实施意见》等。《内蒙古自治区黄河流域生态保护和高质量发展规划》① 以习近平总书记指出的加强生态环境保护、保障黄河长治久安、推进水资源节约集约利用、推动黄河流域高质量发展、保护传承弘扬黄河文化等五大任务为主体，提出推进生态系统保护修复、强化环境污染系统治理、加强流域水资源高效节约集约利用、科学推进黄河安澜体系建设、促进特色优势产业转型升级、促进城乡融合发展、强化基础设施互联互通、保护传承弘扬黄河文化、不断增进民生福祉、加快改革开放步伐等领域的具体工作任务②。

2. 以山水林田湖草沙系统治理为主线，开展生态保护和治理

内蒙古黄河流域处于干旱、半干旱和极端干旱地带，水资源短缺、水污染严重、水生态环境恶化等问题突出。近年来，内蒙古自治区依据国家法律、法规，结合自治区实际，积极推进水资源管理法制体系建设，先后制定出台了一系列管理法规、规章和规范性文件，使水资源管理有法可依、有章可循。内蒙古黄河流域从用水量控制、用水效率控制、水功能区限制纳污、管理责任等方面加强水资源和水生态管理，从推进农业高效节水、工业水节约和循环利用、地下水生态保护和治理、重点流域和环境综合治理、实施重大水利工程等方面推动水生态系统保护和修复。2021 年，内蒙古黄河流域 7 个盟市开展黄河流域入河排污口排查整治专项行动，共排查出黄河流域 172 个入河排污口，取缔

---

① 《内蒙古自治区黄河流域生态保护和高质量发展规划》，《内蒙古日报》2022 年 2 月 24 日，第 6 版、第 7 版、第 8 版。

② 《内蒙古积极融入和推动黄河流域生态保护和高质量发展国家战略——自治区推动黄河流域生态保护和高质量发展领导小组办公室负责人就〈内蒙古自治区黄河流域生态保护和高质量发展规划〉答记者问》，《内蒙古日报》2022 年 2 月 24 日，第 2 版。

封堵38个、停排17个[①]；内蒙古黄河流域35个地表水断面中，Ⅰ~Ⅲ类水质断面比例为74.3%，劣Ⅴ类占11.4%，黄河干流9个断面水质全部为Ⅱ类及以上[②]；向乌梁素海补水5.98亿立方米，向岱海、泊江海、红碱淖等重点湖泊补水716万立方米，利用黄河凌、洪水向其他河湖、乌兰布和、库布齐沙漠等生态脆弱区补水3.13亿立方米[③]；自治区对黄河流域5个地下水超载旗县（区）实行取水许可限审限批。

内蒙古黄河流域7个盟市荒漠化土地面积5.49亿亩，占全区荒漠化土地面积的60.1%，是全国荒漠化和沙化土地最为集中、危害最为严重的区域之一[④]。近年来，内蒙古落实沙化土地封禁保护制度，依托"三北"防护林、京津风沙源、天然林保护、退耕还林还草、退牧还草等国家重点生态工程[⑤]在流域内进行流域植被恢复，同时支持引导全社会力量参与防沙治沙，持续治理库布齐沙漠、乌兰布和沙漠、毛乌素沙地[⑥]，减少泥沙入黄。2021年编制印发《黄河流域内蒙古段生态廊道建设规划》，完成林草生态建设975.4万亩[⑦]，建设沿黄生态廊道，增强黄河岸线及其支流流域水土保持能力。截至2022年6月，内蒙古黄河流域42个旗县共完成林业生态建设830.1万亩、草原生态建设1251.3万亩[⑧]；内蒙古黄河流域7个盟市森林覆盖率达到16.28%、草原植

---

① 《2021年自治区生态环境状况公报新闻发布会发布词》，内蒙古自治区生态环境厅网站（2022年6月1日），https://sthjt.nmg.gov.cn/hdjl/xwfbh/202206/t20220601_2065527.html，最后检索日期：2022年6月18日。

② 帅政：《我区黄河流域生态环境质量持续改善》，《内蒙古日报》2022年6月6日，第1版。

③ 《看内蒙古"水上功夫"》，正北方网（2022年3月22日），http://www.northnews.cn/p/2080598.html，最后检索日期：2022年6月18日。

④ 布小林：《坚持生态优先绿色发展推动内蒙古黄河流域生态保护和高质量发展》，《学习时报》2020年12月28日，第1版。

⑤ 内蒙古自治区林业和草原局：《内蒙古黄河流域林草生态建设取得阶段性成果》，《内蒙古林业》2022年第4期，第7页。

⑥ 布小林：《坚持生态优先绿色发展推动内蒙古黄河流域生态保护和高质量发展》，《学习时报》2020年12月28日，第1版。

⑦ 《内蒙古自治区林业和草原局2021年工作总结》，内蒙古自治区人民政府网站（2022年4月29日），https://www.nmg.gov.cn/zwgk/zdxxgk/ghjh/jzqk/202204/t20220429_2048523.html，最后检索日期：2022年6月18日。

⑧ 内蒙古自治区林业和草原局：《内蒙古黄河流域林草生态建设取得阶段性成果》，《内蒙古林业》2022年第4期，第7页。

被覆盖度达到 44.76%①；毛乌素沙地治理率达 70%，生态状况呈现持续向好逆转态势，乌兰布和沙漠东缘长 191 千米、宽 500~1000 米的绿色防风固沙林带基本形成②。鄂尔多斯探索出的库布齐沙漠治理模式，使 1.86 万平方公里的沙漠有 1/3 披上绿装③。

加强内蒙古黄河流域监测体系建设，完善黄河流域生态环境质量监测网络，在黄河流域灌溉规模 10 万亩及以上的农田灌区设置地表水环境质量监测点位、农田灌区监测点位和退水监测点位，并开展水质监测，同时加强黄河入河排污口监测，完善入河排污口管理平台，为加强黄河流域生态环境保护和治理提供更可靠依据④。建成呼包鄂乌生态环境监测数据管理平台⑤，提高环境监测能力，优化调整自治区“十四五”生态环境监测点位，完成呼和浩特市黄河水质超级站、呼包鄂乌生态环境监测数据管理平台建设⑥。

3. 强化源头治理，开展流域整治专项行动

开展乌海及周边地区等重点区域生态环境综合治理。习近平总书记在参加党的十三届全国人大三次会议内蒙古代表团审议时做出“着力抓好乌海及周边地区生态环境综合治理”的重要指示。2021 年 7 月内蒙古自治区生态环境厅联合印发《乌海及周边地区生态环境综合治理“十四五”规划》，同年 8 月内蒙古自然资源厅印发《乌海及周边地区矿产资源开发总体

① 内蒙古自治区林业和草原局：《内蒙古黄河流域林草生态建设取得阶段性成果》，《内蒙古林业》2022 年第 4 期，第 7 页。

② 内蒙古自治区林业和草原局：《内蒙古黄河流域林草生态建设取得阶段性成果》，《内蒙古林业》2022 年第 4 期，第 9 页。

③ 《内蒙古荒漠化沙化土地面积持续“双减少”》，《内蒙古日报》2022 年 6 月 17 日，第 4 版、第 5 版。

④ 帅政：《我区黄河流域生态环境质量持续改善》，《内蒙古日报》2022 年 6 月 6 日，第 1 版。

⑤ 《2021 年自治区生态环境状况公报新闻发布会发布词》，内蒙古自治区生态环境厅网站（2022 年 6 月 1 日），https：//sthjt.nmg.gov.cn/hdjl/xwfbh/202206/t20220601_ 2065527.html，最后检索日期：2022 年 6 月 18 日。

⑥ 《自治区 2021 年生态环境保护主要工作完成情况及 2022 年重点工作新闻发布词》，内蒙古自治区生态环境厅网站（2022 年 4 月 28 日），https：//sthjt.nmg.gov.cn/hdjl/xwfbh/202204/t20220428_ 2047486.html，最后检索日期：2022 年 6 月 18 日。

规划（2021—2025 年）》[①]。分别规划“十四五”时期乌海及周边地区（包括乌海市、鄂尔多斯市鄂托克旗棋盘井工业园区、鄂尔多斯市蒙西高新技术工业园区、阿拉善盟高新技术产业开发区，总面积 3898km^2）污染防治攻坚战取得显著成效，各项环境治理指标优于“十三五”末，所有矿山建成绿色矿山等；基本完成乌海及周边地区的矿产资源整合，完成矿山退出指标，优化开采次序、开采方式，有效解决矿区项目密集、生产布局混乱的问题。

开展黄河流域入河排污口排查整治。2021 年，生态环境部启动黄河流域入河排污口排查整治专项行动，内蒙古自治区按照生态环境部安排，完成了黄河干流及部分重要支流资料收集整理工作、无人机航拍与卫星航测任务及图像解译工作，完成黄河干流及 3 条支流的现场排查工作任务，完成都斯兔河、五当沟等 13 条重要支流的人工排查工作任务[②]。2022 年 5 月以来，生态环境部抽调全国执法精英进行专业指导，厅本级执法总队、市县两级执法部门积极协同联动，在沟通协调、执法检查、全程记录、固化证据、执法监测、疫情防控等方面开展了四级联动，密切配合，着力推进打击各类违法违规行为。

开展黄河内蒙古段堤防达标和河道专项整治。2021 年，内蒙古自治区通过编绘黄河滩区林地草原等资源现状图，初步确定林草影响行洪安全的清理范围和对象，同时确定全区黄河生态廊道规划中不安排影响行洪的各类项目；黄河滩区 32 个嘎查村均制定了“一村一策”防汛预案，2021 年 7 月起分区清理河道，逐步消除安全隐患；沿黄 18 个旗县均发布滩区禁种令，积极推进种植结构调整，高秆作物禁种区 23.97 万亩耕地有 12.48 万亩未耕种、7.60 万亩改种矮秆农作物、2.55 万亩为“农转饲”玉米；积极推进自治区黄河岸线利用整治项目 181 个，已完成整治 180 个；完成《黄河内蒙古段滩区居民迁建规划》及迁建方案，滩区零散户 77 户 208 人已迁

① 《乌海及周边地区矿产资源开发总体规划（2021—2025 年）》（内自然资函〔2021〕464 号），内蒙古自然资源厅网站（2021 年 9 月 8 日），http://zrzy.nmg.gov.cn/zfxxgkzl/fdzdgknr/ghjh/gh/202204/t20220426_2046281.html，最后检索日期：2022 年 6 月 18 日。

② 《2021 年自治区生态环境状况公报新闻发布会发布词》，内蒙古自治区生态环境厅网站（2022 年 6 月 1 日），https://sthjt.nmg.gov.cn/hdjl/xwfbh/202206/t20220601_2065527.html，最后检索日期：2022 年 6 月 18 日。

出69户181人[①②]。2022年6月起，自治区人民政府陆续发布通告禁止内蒙古黄河流域包头段、巴彦淖尔段等区域新增建设项目和迁入人口。

（二）内蒙古黄河流域生态保护与农牧业高质量发展

内蒙古黄河流域农牧业产区位于河套平原和土默川平原，覆盖了磴口县等29个旗县（市、区），人口646.93万人，占全区总人口的25.47%；耕地面积3798万亩，占全区耕地面积的27.31%；年降水量250~300毫米，水资源总量57.6亿立方米，是自治区主要灌区和优质玉米、中筋小麦、向日葵、奶牛、肉羊等种养基地[③]。内蒙古黄河流域农牧业产区在稳定粮食产量和产能基础上，持续推进绿色兴农兴牧，因地制宜调整种植养殖结构与制度，加强基本设施建设和高标准农田建设。

1. 持续实施农牧业生产“四控两化”行动，防控农牧业面源污染

内蒙古黄河流域重点开展“四控两化”行动，即控水降耗、控药减害、控肥增效、控膜提效和秸秆循环化利用、畜禽粪污无害化处理。控水降耗方面，通过工程节水、农艺节水、结构节水、机制节水等途径控制灌溉水使用量、提升灌溉水使用效率。如在鄂尔多斯市、巴彦淖尔市、呼和浩特市等地的黄灌区重新规划耕地布局，归并散乱土地，对原有渠道裁弯取直，衬砌斗、农两级渠道，通过缩短输水距离、提高过流速度，减少渠道渗漏；推广抗旱品种、压减高耗水作物等；推广滴灌、喷灌、集雨补灌、抗旱保水等综合配套节水技术。控药减害、控肥增效方面，通过增施有机肥、轮作倒茬（马铃薯、向日葵轮作）等带动流域内化肥农药逐步减量，在黄灌区探索“井黄双灌水肥一体化”和黄河水“二次澄清灌溉水肥一体化”技术。控膜提效方面，集中组织开展农膜回收攻坚行动，研制改造废旧地膜回收机械，研究推广“膜

① 岳鸿钧：《内蒙古农牧业发展形势》，载包思勤主编《内蒙古发展报告2021》，远方出版社，2021，第44页。

② 《内蒙古自治区水利厅2021年工作总结》，内蒙古自治区人民政府网站（2022年3月9日），https：//www.nmg.gov.cn/zwgk/zdxxgk/ghjh/jzqk/202203/t20220309_2014940.html），最后检索日期：2022年6月8日。

③ 《内蒙古自治区“十四五”推进农牧业农村牧区现代化发展规划》（内政发〔2021〕21号），内蒙古自治区农牧厅网站（2022年1月25日），http：//nmt.nmg.gov.cn/gk/zfxxgk/fdzdgknr/ghjh/202204/t20220419_2040938.html，最后检索日期：2022年6月18日。

侧种植+适期揭膜回收”等新技术。同时，加强秸秆收集和综合利用，以饲料化、肥料化、燃料化利用为主要方向，提高流域秸秆综合利用率。2021 年，内蒙古黄河流域农牧业生产区分区域制定农牧业面源污染综合治理措施，落实水肥一体化、增施有机肥、轮作倒茬等化肥减量增效措施 282 万亩，实施绿色防控、统防统治 134.4 万亩，实施控膜措施 50 万亩①。

2. 坚持“藏粮于地、藏粮于技”战略，实施高标准农田建设

内蒙古黄河流域按照流域水资源消耗总量和强度“双控”的目标要求，大力实施以高效节水灌溉为重点的高标准农田建设，积极发展节水灌溉和旱作农业②。河套灌区、阴山南麓部分区域是区域化整体推进高标准农田建设布局中的重点地区，从土地平整、灌溉与排水、农田防护、耕地质量提升等方面改造提升建设高标准农田。高标准农田建设以来，河套灌区部分地区耕地地力提升 1~2 个等级，亩均节水 60 立方米，农田灌溉水有效利用系数由 0.35 提高到 0.43，化肥农药等农业投入品利用率不断提高③。

3. 推进科技与农牧业生产融合，强化实用性技术的研发与推广

内蒙古黄河流域农牧业发展日趋注重提升科技创新能力，聚焦耕地保护和质量提升、绿色投入品、机械装备、智慧农牧业等领域支持开展关键核心技术攻坚，并且更加注重实用性技术的研发与推广。如 2022 年 4 月启动的“黄河南岸灌区高标准农田灌排协同调控和耕地质量提升关键技术研究与示范”项目，是针对黄河南岸灌区农田灌排不配套、水肥利用效率低、耕地质量差、土壤盐碱重等突出问题，通过实施灌区农田灌排协同、地力提升、高效节水、控肥减排和作物增产等关键核心技术，构建灌区低、中、高产田灌排协同调控、耕地地力提升和作物持续丰产稳产的综合技术模式，为建成合格的高产稳产高标准农田提供重要理论与技术支撑；5 月启动的“沿黄河流域农田污染防治与

---

① 《自治区农牧业高质量发展新闻发布会答记者问》，内蒙古自治区农牧厅网站（2021 年 12 月 21 日），http：//nmt. nmg. gov. cn/gk/xwfbh/202112/t20211223_ 1984465. html，最后检索日期：2022 年 6 月 18 日。

② 岳鸿钧：《内蒙古农牧业发展形势》，载包思勤主编《内蒙古发展报告 2021》，远方出版社，2021，第 44 页。

③ 《自治区农牧业高质量发展新闻发布会答记者问》，内蒙古自治区农牧厅网站（2021 年 12 月 21 日），http：//nmt. nmg. gov. cn/gk/xwfbh/202112/t20211223_ 1984465. html，最后检索日期：2022 年 6 月 18 日。

资源高效利用关键技术研究与示范”项目，致力于攻克盐碱地改良利用、化肥减量增效、有机肥精准替代、秸秆还田培肥、地膜减量回收等关键技术，集成建立沿黄流域农田污染防治和资源高效利用技术模式，助推农业绿色科技转型。

4. 推进农村牧区生态系统保护修复与农牧业生产有效结合

内蒙古黄河流域农牧业发展中努力探索解决农牧业资源保护、生态空间修复与农牧业生产矛盾问题的有效措施，如落实草原奖补机制、实施耕地轮作休耕制度、实施休渔禁渔制度等。以内蒙古黄河流域水产业发展为例：内蒙古自治区渔业资源区划分为黄河流域渔业区①等6个区、2个亚区，在各渔业资源区域内划定禁止养殖区、限制养殖区和养殖区，安排产业发展空间；内蒙古黄河流域水产业逐渐向强化水产种质资源保护区建设和管理、建设现代渔业产业体系、实施渔业节能减排措施、推广健康生态养殖模式等绿色健康养殖方向转变②。2022年2月，农业农村部发布《农业农村部关于调整黄河禁渔期制度的通告》③，确定黄河干流内蒙古段及大黑河、乌梁素海、哈素海等的禁渔期为每年4月1日至7月31日，其间开展渔业安全生产及禁渔制度落实情况检查行动。2021年以来，巴彦淖尔市、乌海市、包头市等地相继举行水生生物资源增殖放流活动，对有效恢复黄河流域鱼类种群数量、改善优化水生生物种群结构、保护生物多样性和推进渔业高质量发展等发挥积极有效作用。

（三）内蒙古黄河流域生态保护与工业高质量发展

内蒙古黄河流域是内蒙古能源资源富集区，煤炭产能占全国1/5，石油、

---

① 黄河流域渔业区，全称河套平原黄河流域养、捕渔业区，包括呼和浩特市、包头市、乌海市全部旗县（区）及巴彦淖尔市的乌拉特前旗、五原县、临河区、杭锦后旗、磴口县，鄂尔多斯市的准格尔旗、达拉特旗、杭锦旗、鄂托克旗。

② 《内蒙古自治区养殖水域滩涂规划（2020－2030年）》（内农牧渔字〔2021〕114号），内蒙古自治区农牧厅网站（2021年12月29日），http：//nmt. nmg. gov. cn/gk/zfxxgk/fdzdgknr/ghjh/202112/t20211223_ 1984294. html，最后检索日期：2022年6月18日。

③ 《农业农村部关于调整黄河禁渔期制度的通告》（农业农村部通告〔2022〕1号），中华人民共和国农业农村部网站（2022年2月17日），http：//www. moa. gov. cn/govpublic/YYJ/202202/t20220222_ 6389264. htm，最后检索日期：2022年6月8日。

天然气储量丰富，风能、太阳能、稀土等战略资源居全国前列①，是重要的现代煤化工、冶金、稀土、装备制造业产业基地。内蒙古黄河流域工业高质量发展以清洁化生产、绿色化改造、低碳化发展为转变方向，构建绿色制造体系。

1. 加强流域环境净化与源头管控

2021 年，内蒙古黄河流域在大气污染防治方面深入开展“散乱污”工业企业综合整治，对沿黄地区新排查出的“散乱污”工业企业进行分类整治；内蒙古黄河流域 7 个盟市六项大气主要污染物平均浓度除臭氧浓度略有上升，乌兰察布市可吸入颗粒物（PM10）浓度略有上升外，其他 5 项污染物浓度全部下降②。在土壤污染防治方面，制定了《内蒙古自治区固体废物环境风险隐患排查整治工作方案》，对沿黄河干流、主要支流 3 千米范围内工矿企业、尾矿库、工业固废堆场、矿山排土场和生活污染源等开展环境隐患排查。

2. 探索流域绿色低碳循环发展体系建设

“双碳”目标下，内蒙古黄河流域工业高质量发展的工作重点包括推动工业行业绿色化改造，对标国家或同行业先进标准，对高耗能行业重点用能企业实施节能改造，对高耗水行业全面实施工业节水改造，对高排放行业实施超低排放技术改造；建设资源综合利用基地，促进工业固废综合利用；推动产业链向下游延伸、价值链向中高端攀升，加强再制造产品认证与推广应用，引领工业绿色发展。区域资源开发、产业布局和结构调整、城镇建设、重大项目的选址和审批等以“三线一单”等管控要求为重要依据，严把生态环境准入关。2021 年按照“谁审批、谁监管”和“属地管理”的原则，内蒙古各职能部门和黄河流域 7 个盟市对境内黄河流域的高污染、高耗水、高耗能项目开展清理规范工作，同时严格管控新上项目，加大在建项目监管力度。2021 年 11 月，内蒙古自治区坚决遏制“两高”项目盲目发展厅际联席会议办公室印发了《关于调度黄河流

① 文明、刘小燕：《2020~2021 年内蒙古黄河流域生态保护和高质量发展研究报告》，载郝宪印、袁红英主编《黄河流域生态保护和高质量发展报告（2021）》，社会科学文献出版社，2021，第 131 页。

② 《2021 年自治区生态环境状况公报新闻发布会发布词》，内蒙古自治区生态环境厅网站（2022 年 6 月 1 日），https：//sthjt. nmg. gov. cn/hdjl/xwfbh/202206/t20220601_ 2065527. html，最后检索日期：2022 年 6 月 18 日。

域“两高”项目清单和清理整改情况的通知》，对黄河流域的7个盟市42个旗县区“两高”项目进行全面梳理排查①。

二　内蒙古黄河流域生态保护和高质量发展面临的新形势与压力

随着我国黄河流域生态保护和高质量发展重大战略部署的全面展开，乡村振兴、创新驱动发展、可持续发展等战略的持续深入推进，以及内蒙古多项区域性重要发展规划陆续出台、实施，内蒙古黄河流域迎来了多重政策叠加的发展机遇期，这是转变发展方式、促进沿黄河地区高质量发展的重要时期。这一时期须统筹谋划和推进生态环境保护治理与经济社会发展的关系，把握重要逻辑关系和实践问题，落实好内蒙古黄河流域生态保护和高质量发展战略部署。

（一）内蒙古黄河流域生态保护和高质量发展面临的新形势与机遇

1. 多重政策叠加实施将推动流域产业转型升级和形成发展新动能

为内蒙古黄河流域高质量发展持续加力，将有助于形成多元投入格局，有助于推进产业升级和产业结构调整，有助于培育新主体、新技术、新产品、新产业、新业态、新模式，并不断快速转化为内蒙古黄河流域发展新动能。

沿黄流域农牧业主产区②作为自治区主要灌区和优质玉米、中筋小麦、向日葵、奶牛、肉羊等种养基地，“十四五”时期将主要从调整优化农牧业生产结构、提升重要农畜产品供给保障水平、创新驱动提升农牧业质量效益和竞争力、提升产业链供应链发展水平等方面推进内蒙古黄河流域农牧业农村牧区现

① 《内蒙古聚焦黄河流域全面排查清理“两高”项目》，内蒙古自治区发展和改革委员会网站（2021年11月4日），http：//fgw. nmg. gov. cn/ywgz/jndt/202111/t20211104_ 1923468. html，，最后检索日期：2022年6月18日。

② 沿黄流域农牧业主产区包括阿左旗、达拉特旗、鄂托克旗、鄂托克前旗、杭锦旗、乌审旗、伊金霍洛旗、准格尔旗、磴口县、杭锦后旗、临河区、乌拉特前旗、乌拉特中旗、乌拉特后旗、五原县、达茂旗、固阳县、九原区、土右旗、赛罕区、和林县、清水河县、土左旗、托县、武川县、卓资县、凉城县、察右中旗和四子王旗。

代化建设[①]。“十四五”时期，内蒙古黄河流域7个盟市将从乳品加工产业、肉类加工产业、羊绒加工产业、马铃薯加工产业、粮油等特色加工产业等领域，各有侧重推动农畜产品精深加工，建设绿色农畜产品加工基地；有序开发煤炭、电力、油、气、氢能和稀土等资源，同步推进绿色矿山建设，建设能源和战略资源基地[②]。“十四五”时期，内蒙古黄河流域7个盟市中包头市、乌兰察布市将部署风电装备制造项目；呼和浩特市、包头市、鄂尔多斯市将部署光伏装备制造项目；呼和浩特市、鄂尔多斯市、乌海市将部署氢能装备研发制造项目；呼和浩特市、鄂尔多斯市将部署储能设备制造项目；呼和浩特经济技术开发区、包头装备制造产业园区—包头稀土高新区、乌兰察布察哈尔工业园区、鄂尔多斯蒙苏经济开发区江苏产业园等被列为新能源装备制造重点建设基地[③]。

2. 多重政策叠加实施将推动国土空间开发保护新格局

内蒙古黄河流域7个盟市发展须立足资源环境承载能力，最大限度保护生态环境，最大限度培植绿色发展优势。“十四五”时期，内蒙古新型城镇化建设“坚持以水定城、以水定地、以水定人、以水定产，把水资源作为刚性约束，合理规划人口、城市和产业发展”。内蒙古黄河流域7个盟市中呼和浩特市、包头市、鄂尔多斯市被规划为提质扩张型城市，乌兰察布市、巴彦淖尔市、乌海市被规划为稳定发展型城市，阿拉善盟被规划为收缩型中小城市[④]。呼包鄂乌区域是黄河流域生态保护和高质量发展的重要板块，是呼包鄂榆城市

① 《内蒙古自治区“十四五”推进农牧业农村牧区现代化发展规划》（内政发〔2021〕21号），内蒙古自治区农牧厅网站（2022年1月25日），http：//nmt. nmg. gov. cn/gk/zfxxgk/fdzdgknr/ghjh/202204/t20220419_ 2040938. html，最后检索日期：2022年6月18日。

② 《内蒙古自治区“十四五”工业和信息化发展规划》（内政办发〔2021〕63号），内蒙古自治区人民政府网站（2021年10月27日），http：//gxt. nmg. gov. cn/zwgk/fdzdgknr/zcwj_ public/202111/t20211112_ 1948810. html，最后检索日期：2022年6月18日。

③ 《内蒙古自治区新能源装备制造业高质量发展实施方案（2021—2025年）》（内政办发〔2021〕72号），内蒙古自治区人民政府网站（2021年11月25日），https：//www. nmg. gov. cn/zwgk/zfxxgk/zfxxgkml/ghxx/202111/t20211125_ 1961876. html，最后检索日期：2022年6月18日。

④ 《内蒙古自治区新型城镇化规划（2021—2035年）》（内政办发〔2021〕74号），内蒙古自治区人民政府网站（2021年11月29日），https：//www. nmg. gov. cn/zwgk/zdxxgk/ghjh/fzgh/202111/t20211130_ 1965197. html，最后检索日期：2022年6月18日。

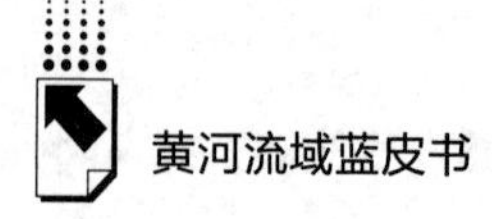

群的重要支撑，是自治区的重点开发区域和经济发展核心区。“十四五”期间，将着力把呼包鄂乌区域建设为自治区高质量发展引领区、智慧城市共建共享先导区、一体化发展先行区、黄河“几”字弯生态安全重要屏障、向北开放桥头堡战略腹地①。

3. 多重政策叠加实施将推动流域生态保护治理系统化、精准化

“十四五”时期，内蒙古黄河流域 7 个盟市除完成污染防治统一任务外，在耕地土壤污染防治方面，包头市、巴彦淖尔市开展受污染耕地土壤污染状况加密调查，准确制定针对性的管控修复措施，包头市、巴彦淖尔市围绕历史遗留固废等污染源以及周边土壤、地表水、地下水等介质分阶段开展涉重金属历史遗留固废治理；在建设用地污染防治方面，鄂尔多斯市开展煤化工、油气钻探行业地下水污染风险管控工程；在农业面源污染方面，以黄河流域为重点在河套灌区开展灌溉用水及农田退水水质监测②。“十四五”时期，内蒙古黄河流域以水生态环境全面、整体性保护为目标，把水资源作为最大的刚性约束，坚持“四水四定”，统筹推进山水林田湖草沙系统治理，因地制宜、分类施策，共同抓好大保护，协同推进大治理。开展主要支流、湖泊水环境治理与水生态系统保护修复，针对都斯兔河、大黑河、四道沙河等 6 条支流及哈素海分别提出保护治理的任务、措施③。

（二）内蒙古黄河流域生态保护和高质量发展面临的压力与问题

1. 流域生态系统基础弱、稳定性差

内蒙古黄河流域地处内陆高原，流域内有草原、森林、湿地、河流、湖

---

① 《呼包鄂乌“十四五”一体化发展规划》（内政发〔2021〕14 号），内蒙古自治区人民政府网站（2021 年 11 月 9 日），https：//www.nmg.gov.cn/zwgk/zfxxgk/zfxxgkml/ghxx/202111/t20211109_1930179.html，最后检索日期：2022 年 6 月 18 日。

② 《内蒙古自治区“十四五”土壤、地下水和农村牧区生态环境保护规划》（内环发〔2022〕44 号），内蒙古自治区生态环境厅网站（2022 年 4 月 24 日），https：//sthjt.nmg.gov.cn/xxgk/zfxxgk/fdzdgknr/ghjh/202204/t20220424_2044846.html，最后检索日期：2022 年 6 月 18 日。

③ 《内蒙古自治区“十四五”重点流域水生态环境保护规划》《内蒙古自治区“十四五”土壤、地下水、农村牧区生态环境保护规划》政策解读新闻发布会发布词，内蒙古自治区生态环境厅网站（2022 年 5 月 11 日），https：//sthjt.nmg.gov.cn/hdjl/xwfbh/202205/t20220511_2053710.htmll，最后检索日期：2022 年 6 月 18 日。

泊、沙漠、戈壁等多种地形地貌①。部分地区荒漠化和沙化土地集中、危害严重。部分地区耕地盐碱化问题突出。部分地区位于生态敏感区，水源涵养功能弱，水土流失现象较为严重，生态系统极易发生退化，恢复难度大且过程缓慢②。阿拉善盟属干旱、极干旱地区，降水量低而蒸发量大，年降水量39.3~224.2毫米，蒸发量（4~10月）1212.5~2315.8毫米；全盟27万平方千米土地，山地面积3.44万平方千米，丘陵面积1.36万平方千米，戈壁面积9.1万平方千米，沙漠面积8.84万平方千米，生态脆弱区占到整个面积的94%；土壤普遍有盐碱化现象。先天生态环境的脆弱，加上区域内生态保护与建设面积的扩大，未来面临着抚育和管护资金投入不足的风险，这将严重制约生态建设成果的巩固。巴彦淖尔市生态脆弱性以中等脆弱性为主，占全市土地总面积的88.91%。该地区水土流失和土地沙化问题突出，中等土地沙化脆弱区占全市总面积的85.13%；该地区土地盐碱化问题突出：河套灌区地表水资源较为丰富，但水资源天然补给少，大量耕地通过漫灌等方式引黄灌溉，不合理的灌溉方式加重了该地区次生盐碱化程度。乌兰察布市水资源极其短缺，地表生态系统受气候变化影响较大，草原“三化”面积占全市草原面积的87.70%，区域生态系统的质量和稳定性很难提升。

2020年12月，内蒙古自治区人民政府发布了实施“三线一单”生态环境分区管控的意见，依据意见2021年9~12月内蒙古黄河流域7个盟市陆续出台了本地区“三线一单”生态环境分区管控方案。与自治区划定的生态保护红线面积占比（占国土面积）相比，7个盟市划定生态红线面积占比均低于自治区平均线。各盟市优先保护单元面积占比中，除包头市外其余6个盟市低于自治区平均线，5个盟市的重点管控单元面积占比高于自治区平均线，各盟市的生态空间安全意识、生态环境管控力度仍需进一步提高（见表1）。

---

① 《内蒙古自治区黄河流域生态保护和高质量发展规划》，《内蒙古日报（汉）》2022年2月24日，第6版。

② 《内蒙古自治区黄河流域生态保护和高质量发展规划》，《内蒙古日报（汉）》2022年2月24日，第6版。

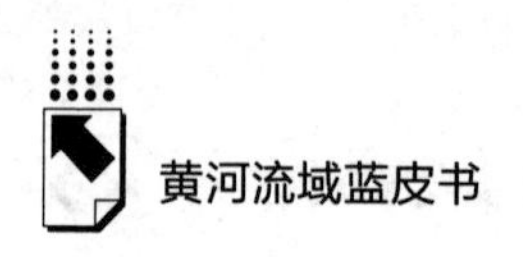

表 1　内蒙古黄河流域 7 个盟市生态空间、管控空间状况

单位：%

盟市	生态保护红线面积占比	一般生态空间	优先保护单元面积占比	重点管控单元面积占比	一般管控单元面积占比
全区	50. 46	72. 00	74. 50	19. 61	5. 89
呼和浩特市	18. 10	42. 40	56. 60	26. 50	16. 90
包头市	26. 75	53. 98	80. 90	4. 80	14. 30
乌兰察布市	27. 97	27. 68	55. 65	17. 85	26. 50
鄂尔多斯市	26. 36	36. 27	62. 63	30. 74	6. 63
巴彦淖尔市	49. 11	19. 49	68. 60	31. 39	0. 01
乌海市	33. 4	66. 60	44. 37	50. 50	5. 13
阿拉善盟	—	—	66. 13	25. 36	8. 51

资料来源：全区及各盟市“三线一单”生态环境分区管控的意见。

2. 流域经济社会发展的结构性矛盾解决难度大

内蒙古黄河流域各盟市经济社会发展较多依赖资源开发，资源要素投入产出效率不高，科技研发和创新能力不强，新旧动能转换压力大。包头市、乌海市是内蒙古黄河流域工业化开发较早区域，区域性和结构性污染突出，交叉污染严重，大气污染物扩散条件差，排放叠加效应明显。乌海市在资源型城市中是资源枯竭型城市，长期形成的产业结构偏重、能源结构偏煤、运输结构偏汽运，矿区围城、园区围城、工业围城的布局短期内难以优化。鄂尔多斯市在资源型城市中是成长型城市，但是绿色发展水平整体不高，产业结构路径依赖程度较高，产业体系与煤炭关联度较高，仍以煤炭、电力、煤化工等资源能源型传统工业产业为主；能源使用效率有待提高，如煤炭消费比重超过全国平均水平的 29. 4%，平均供电煤耗比全国平均水平高 25. 5 克标准煤/千瓦时；“十三五”时期碳排放强度目标任务未按要求完成，且不降反升①。

3. 流域生态保护治理体系需进一步完善

内蒙古黄河流域生态保护治理任务繁重，但治理体系不完善，治理能力仍

① 《鄂尔多斯市“十四五”生态环境保护规划》（鄂府办发〔2022〕7 号），鄂尔多斯市人民政府网站（2022 年 1 月 13 日），http：//www. ordos. gov. cn/gk_ 128120/ghjh/fzgh/202203/t20220302_ 3157656. html，最后检索日期：2022 年 6 月 18 日。

需提升的问题比较突出。首先，相关责任主体落实保护责任不力，历次环保督察中都出现违规取水用水、节水工作推进不力、违规侵占河道、“两高”项目违规上马等问题。其次，联合监督、协调推进的体制机制还不够健全，部门之间联合执法没有形成合力，区域之间没有实现有效协调联动。最后，生态环境监测技术水平和力量不足，存在基层工作人员不足、专业技术人员不足，人才引进难、培养难等问题。

三　内蒙古黄河流域生态保护和高质量发展的对策建议

（一）以“可持续”为方向，以“相辅相成”“协调统一”为发展路径，推动生态保护和经济社会发展协同共进

捋顺治理与开发的重要逻辑关系，把生态保护作为黄河流域高质量发展的先决条件，把高质量发展作为黄河流域生态保护的重要支撑。流域内实施最严格的生态保护制度，并强化监督管理体系建设，倒逼各盟市主动优化开发布局，对资源进行有序开发、高效利用；倒逼各产业主动进行转型升级，延展产业链条和提高科技创新水平；倒逼企业主动进行技术、设备改造，开展清洁生产。培育和拓展流域内新兴产业，推动新兴产业与传统产业协同发展。

协同推进生态保护和经济社会发展。内蒙古黄河流域逐步向以生态优先、绿色发展为导向的发展道路转变，向“保障人居环境、维系生态安全、提供物质原料和精神文化服务等人类福祉或惠益”① 方向上发展，成为重要的生态产品供给方、提供者。提升黄河流域生态产品的有效供给，就要建立起产品价值实现机制，如建立黄河流域多种生态补偿机制，在利益相关者之间进行利益再分配，形成以受益者付费原则为基础的市场化、多元化“购买”格局，畅通“绿水青山”向“金山银山”转变的途径。黄河流域生态保护和高质量发展的顶层设计趋于完善，但法制化建设尚不健全与规范，应加快相关立法步伐，用法治来捋顺“保护与管制、保护与利用、保护与补偿”的关系，用法治来强化执法、监督、责任追究的效力。

---

① 张林波、虞慧怡、郝超志等：《生态产品概念再定义及其内涵辨析》，《环境科学研究》2021年第3期，第655页。

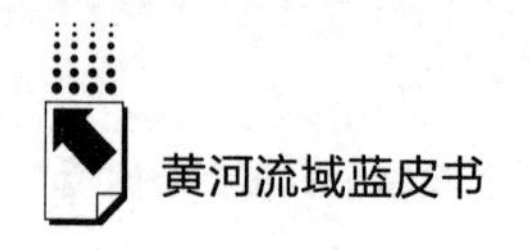

（二）把握共同抓好大保护、协同推进大治理的战略导向，积极探索跨行政区划的协同合作

探索编制跨行政区划的生态环境保护与治理规划，确保毗邻地区的生态功能得到优先保障，资源开发与利用的强度必须严格控制在相关地区生态环境承载力范围之内，严禁因开发利用而导致毗邻地区生态环境破坏、生态功能受损。建立信息交换交流制度，利用现代信息技术搭建畅通、便捷的共享平台，经常交换关于毗邻地区生态状况的数据、资料。探索跨区域开展生态环境联合监测，联合监测范围覆盖跨界区域内全部生物资源、自然地理、环境质量等多方面，通过设置监测点、统一监测技术标准等方法，开展定期监测和巡回监测。组建跨区域协作协调组，建立定期会晤机制，开展学术交流和科学研究，提高联合监测的有效性。建立跨区域生态安全、污染风险等问题预警机制、应急联络机制和应急处理机制，对发现的问题及时响应、解决。建立毗邻区域生态环境保护治理专项基金，用于修复毗邻地区已遭受破坏的生态环境。

探索编制跨行政区划的产业发展规划，打造跨区域产业集群，引导毗邻地区形成相互关联、错位竞争、优势互补的产业发展新格局。探索建设毗邻地区产业合作先行示范区，毗邻地区各方在政策设计、资源布局、人才科技共享等方面开展深度合作交流，创新跨行政区划产业协同发展路径。跨行政区划合作区内资源开发、产业发展须同时以相关行政区国土空间规划为依据，把“三条控制线”作为不可逾越的红线，寻求各方生态安全最大公约数。加强中心城市间协作发展、加强毗邻城市间协作发展，推进城市间基础设施、公共服务的互联互通，开展医疗教育科技文化的交流，畅通区域间资源、人员、技术流动的渠道。加强城市间交通通达，补齐长期以来交通基础设施不足的短板。

（三）结合空间布局定位、发展动力格局定位、区域特色定位等加强区域间协调发展

生产要素集聚对地区经济发展具有显著的正向推动作用。内蒙古黄河流域绿色产业高质量发展，需要大量人才、信息、技术等生产要素形成创新发展的合力，推动科技研发和科技成果转化，切实为产业转型升级提供创新力支撑。内蒙古黄河流域城乡的均衡发展，需扭转各类要素由农村牧区向城市单向流动

的态势，优化公共资源分配，加大农村牧区公共资源投入力度，促使城乡公共资源配置达到相对均衡和公平状态，为城乡融合创造有利环境。在引导生产要素集聚方面，政府需发挥主动能动的作用。政府通过优化公共资源分配能够发挥推动要素流动、集聚的积极作用，同时通过营造市场化、法制化的营商环境也能够吸引生产要素快速、主动流入。

推动内蒙古黄河流域中心城市发展对周边相对落后地区形成溢出效应。在中心城市与周边地区间搭建合作平台，继续推进区域内交通基础设施、信息基础设施的互联互通，区域间的教育、医疗、文化交流合作也应进一步加强，在城乡融合和县域协同发展上双向发力。推动内蒙古黄河流域传统优势产业发展对新兴产业形成溢出效应。部分新兴产业在发展初期可以将协助传统优势产业转型升级作为发展方向，与传统优势产业在资源需求方面形成互补关系而不是竞争关系，双方共同提升地区资源综合利用效率。

参考文献

于法稳、方兰：《黄河流域生态保护和高质量发展的若干问题》，《中国软科学》2020 年第 6 期。

包思勤：《深入推动内蒙古黄河流域生态保护和高质量发展的建议》，载包思勤主编《内蒙古发展报告 2021》，远方出版社，2021。

孙俊山、陈昊、王誉颖等：《黄河上游地区生态保护和高质量发展研究》，中国发展出版社，2021。

B.10
2021~2022年陕西黄河流域生态保护和高质量发展研究报告

黄 懿*

摘 要： 陕西黄河流域自然地理条件复杂，是陕西生态保护和经济社会发展的核心区域。2021年，陕西在水资源管理、生态环境质量改善、经济运行、共享发展、体制机制建设等方面取得了系列成效。但水资源分配、生态环境治理、增长动力、区域平衡、生态意识等方面仍然存在一些问题。进一步推进陕西黄河流域生态保护和高质量发展，需要在提升组织效率、培育发展新动力、创新治理模式、构建发展新机制等方面取得突破。

关键词： 生态保护　高质量发展　陕西黄河流域

2021年，是"十四五"规划开局之年，是迈向2035年远景目标的新起点，也是陕西发展进程中极不平凡的一年。面对严峻复杂的国内外环境、突如其来的严重疫情，陕西深入贯彻习近平总书记来陕考察重要讲话重要指示精神，紧紧围绕谱写陕西高质量发展新篇章目标，积极落实黄河流域生态保护和高质量发展国家战略。

陕西地处黄河中游，境内黄河干流长719千米，流域面积14.3万平

* 黄懿，博士，陕西省社会科学院农村发展研究所助理研究员，主要研究方向为可持续发展、农村发展。

方千米，其中，最大支流渭河流域面积 6.24 万平方千米。陕西有 69.55%[①]的面积在黄河流域内，涉及西安、宝鸡、咸阳、铜川、渭南、延安、榆林、杨凌、韩城全境及商洛的洛南县、商州区、丹凤县，共 82 个县（市、区）。2021 年末常住人口 3359 万，地区国民生产总值 2.67 万亿元，分别占全省的 84.96%和 89.61%[②]。陕西黄河流域自然地理条件复杂，是陕西生态保护和经济社会发展的核心区域。

一　2021~2022年陕西黄河流域生态保护和高质量发展状况

（一）水资源管理取得明显成效

水资源集约节约利用水平逐渐提升。开展了黄河流域重点用水户用水专项整治、国家节水行动、计划用水管理、黄河流域地下水综合治理、江河水量分配和统一调度、加强饮用水水源地保护等水资源管控工作。2021 年，黄河干流用水、渭河流域用水比下达指标分别节余 1.44 亿立方米、7.85 亿立方米[③]。渭河水量统一调度实现了国家调度河流的国控断面最小下泄流量和下泄水量双达标。人均综合用水量、万元 GDP 用水量、万元工业增加值用水量、耕地实际灌溉亩均用水量均低于全国平均水平，其中万元工业增加值用水量在沿黄省区中最低；农田灌溉水有效利用系数达 0.582，比全国高 0.014（见表 1）。开展了县域节水型社会达标建设工作，西安临潼区、长安区，宝鸡陇县、凤县，咸阳兴平市，渭南临渭区，延安延川县、洛川县，榆林横山区、神木市，商洛丹凤县入选水利部第四批节水型社会建设达标县（区）名单。

---

① 注：陕西横跨长江、黄河两大流域，各部门对流域面积划分不一致。本数据根据《陕西省黄河流域生态保护和高质量发展规划》计算得出；根据统计部门、水利部门的数据计算，黄河流域占全省总面积的 64.8%。

② 陕西省统计局、各市县（区）统计局：《2021 年国民经济和社会发展统计公报》，2022。铜川常住人口数据来源于《铜川市第七次全国人口普查公报》，2022；韩城常住人口数据来源于《韩城市第七次全国人口普查公报》，2021。

③ 刘艳芹：《陕西：强机制抓关键集约节约利用水资源》，《中国水利报》2022 年 3 月 22 日。

表 1　2021 年全国、沿黄各省区主要用水指标

地区	人均综合用水量（立方米）	万元 GDP 用水量（立方米）	万元工业增加值用水量（立方米）	耕地实际灌溉亩均用水量（立方米）	农田灌溉水有效利用系数
全国	419	51.8	28.2	355	0.568
青海	414	73.3	26.2	447	0.503
四川	292	45.4	14.1	359	0.490
甘肃	441	107.5	22.8	404	0.574
宁夏	942	150.6	25.3	577	0.561
内蒙古	798	93.4	16.9	241	0.568
山西	208	32.2	12.1	175	0.556
陕西	232	30.8	9.7	256	0.582
河南	225	37.9	14.9	148	0.620
山东	207	25.3	12.0	146	0.647

资料来源：中华人民共和国水利部《2021 年中国水资源公报》，2022。

河湖管护力度不断加强。全面推行河湖长制，河湖长由省、市、县、乡四级向村级延伸，并实现了全覆盖。同时，与四川、甘肃两省构建了跨界河湖联防联控联治机制。河畅水清岸绿景美治理目标初步实现，其中，清姜河获全国第二届“最美家乡河”称号。

水旱灾害防御能力得到提高。坚持早部署早防御，积极完成督导检查、预案预演、水毁设施修复等任务，分级落实江河、水库、城市防洪“三个责任人”制度。2021 年，大部分设区市防洪标准达到 50~100 年一遇，其中，西安城区段达到 300 年一遇；80%的县城防洪标准达到 20~30 年一遇①。

（二）生态环境质量持续改善

1. 生态修复

开展“携手清四乱，保护母亲河”专项行动，持续推进黄河生态廊道建设、黄河故道修复。制定秃尾河、灞河、褒河、石川河生态流量保障实施方

① 魏稳柱：《水润三秦碧波涌 大河安澜惠民生——陕西省治水兴水助力黄河流域生态保护和高质量发展》，陕西省水利厅网站，http://slt.shaanxi.gov.cn/sy/sllt/202110/t20211009_2193256.html，最后检索日期：2022 年 7 月 27 日。

案，开展了渭河、无定河生态流量保障分析。2021 年，首次实施全省黄河流域生态补水调度，下达生态补水计划 3.2 亿立方米，主要控制断面生态流量均达标。陕西、内蒙古红碱淖跨省区长效补水机制持续有效运行，2021 年补水 100 万立方米，5 年 6 次累计达 500 万立方米。

“黄河水少沙多、水沙关系不协调，是黄河复杂难治的症结所在。”① 黄河泥沙主要来自陕北黄土高原，黄河中游尤其是陕西的水土保持工作，是协调黄河水沙关系的重要环节。2021 年，在陕北的风沙区和丘陵沟壑区、渭北黄土塬区等区域，持续实施了水土保持、坡耕地综合治理、荒漠化治理等工程。黄土高原综合治理水土流失 210.5 万亩、治理荒漠化土地 19.9 万亩②。陕西黄河流域森林覆盖率、植被覆盖度分别达 36.8%、60.7%，植被固碳量提高到 477.5 克/平方米。启动了黄河流域淤地坝建设，在延安、榆林开展了高标准、新工艺新型淤地坝试点，截至 2021 年，淤地坝达 3.4 万座、占全国的 58%，极大地改善了黄河水沙关系。③

2. 环境质量

2021 年，陕西空气质量六项指标首次全部达到二级标准④。全省 12 个市（区）平均优良天数 290.5 天，优良率 79.6%，同比提高 0.4 个百分点。其中，黄河流域 10 个市（区）平均优良天数 283.9 天，优良率 77.8%，同比提高 0.8 个百分点。⑤ 2022 年第一季度，除宝鸡、铜川、韩城外，黄河流域其他城市环境空气质量综合指数均有改善，其中，榆林同比改善 9.9%⑥。

水环境质量达到 20 年来最好水平。2021 年，陕西黄河流域水质稳中向好，65 个国控断面中，Ⅰ~Ⅲ类 55 个，占 84.6%，同比上升 3.1 个百分点；Ⅳ~Ⅴ类 7 个，占 10.8%，同比下降 1.5 个百分点；劣Ⅴ类 3 个，占 4.6%，

---

① 习近平：《在黄河流域生态保护和高质量发展座谈会上的讲话》，《求是》2019 年第 20 期。

② 陕西省绿化委员会办公室：《2021 年陕西国土绿化公报》，2022。

③ 中共陕西省委、陕西省人民政府：《陕西省黄河流域生态保护和高质量发展规划》，2022。

④ 仅指国考 10 个设区市，不包括杨凌、韩城。

⑤ 陕西省生态环境厅：《2020 年陕西省生态环境状况公报》《2021 年陕西省生态环境状况公报》，2021、2022。

⑥ 陕西省生态环境厅：《2022 年一季度全省环境质量状况》，http：//sthjt.shaanxi.gov.cn/newstype/hbyw/hjzl/hjzlbg/20220519/79170.html，最后检索日期：2022 年 7 月 27 日。

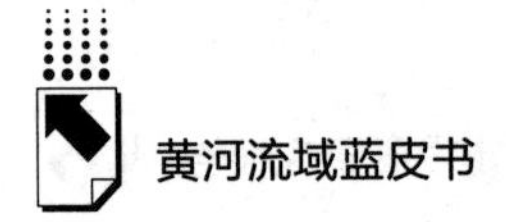

同比下降1.6个百分点[①]。其中，黄河干流陕西段水质优，国控断面水质均达到Ⅲ类以上，出陕断面水质达Ⅱ类。渭河干流水质优、延河水质良好，同比无明显变化；渭河支流水质由轻度污染向良好改善；无定河水质由优下降到良好。2022年第一季度，黄河中游陕西段干流水质优、支流（不含渭河）水质良好。此外，2021年铜川、榆林在全国339个地级城市水质改善排名中分别位列第一、第二。

3. 国土绿化

开展了沿黄防护林提质增效和高质量发展工程，新造林333.8万亩[②]。持续推进林草植被保护和修复工作，开展了封山禁牧专项整治。各级森林城市创建工作成效显著。咸阳通过国家综合评定，铜川、韩城各项创建指标基本达标，渭南通过创建资格准入综合评定。富平、陇县等省级森林城市创建工作全面完成；彬州、白水、米脂获省级生态园林城市（县城）称号，吴堡获省级园林县城称号。凤翔雍城湖湿地公园通过国家验收。

4. 污染治理

在全国率先试点开展黄河流域入河排污口排查，在延河、北洛河、清涧河等流域推行“一断一策”治理。对黄河干流存在问题的105个入河排污口实施整治，整治完成率100%。黄河流域80座城镇污水处理厂达到《陕西省黄河流域污水综合排放标准》要求。无定河流域被列入全国第二批流域水环境综合治理与可持续发展试点名单，流域水环境综合治理、资源型城市高质量发展探索逐步开展。

（三）经济运行稳步回升

2021年，陕西经济呈现持续恢复的良好态势，延安、杨凌、韩城、商洛等地区的GDP增速“扭负为正”。全省GDP达2.98万亿元，同比增长6.5%，比2020年高4.3个百分点。其中，咸阳、铜川、渭南、延安、榆林、商洛6市增速高于全省平均水平；西安受疫情影响，GDP同比增长4.1%，比2020

① 苏怡：《2021年全省河流总体水质优》，《陕西日报》2022年1月24日，第2版。

② 陕西省绿化委员会办公室：《2021年陕西国土绿化公报》，2022。

年低 1.1 个百分点。[①]

战略性新兴产业持续稳步发展，其中，新一代信息技术产业、新能源产业增长较快，成为陕西经济高质量发展的动力。2021 年，战略性新兴产业增长 13.0%，比 GDP 增速高 6.5 个百分点。其中，工业战略性新兴产业增加值占比 58.6%，增长 15.0%，比工业增加值、非能源工业增加值的增速均高 6.7 个百分点。第三产业战略性新兴产业增加值增长 12.2%，比第三产业增加值增速高 4.9 个百分点；其中，信息传输、软件和信息技术服务业增加值增长 14.9%，科学研究和技术服务业增加值增长 11.1%[②]。

能源产业持续恢复、结构向好。2021 年，煤炭综合价格上涨，油品需求旺盛。陕西是能源大省，规模以上工业企业原煤产量稳居全国第三位，天然气、原油分别位列第三、第四。其中，规模以上工业原煤产量创历史新高，同比增长 2.7%，拉动全国原煤产量提高 0.5 个百分点，全国占比 17.2%；规模以上工业原油产量同比增长 0.9%，增速提高 1.1 个百分点；规模以上工业天然气产量同比增长 7.0%。发电结构持续优化，规模以上工业水力、风力、光伏发电量同比增长 20.9%，占比增加 1.2 个百分点。其中，规模以上工业风力发电量 138.62 亿千瓦时，同比增长 58.5%，累积发电量已超过水力发电量，成为陕西第二大发电方式[③]。

（四）共享发展取得新成果

居民收入稳步增长。出台了《关于“十四五”促进全省城乡居民增收推动富民惠民的意见》，实施了促进农民工就地就业创业、大力发展县域经济、发展高质高效特色现代农业、发展农村电子商务、提升劳动者职业技能、保障基层工资待遇、提高国有企业一线职工收入等促进城乡居民增收 10 条措施。2021 年，陕西居民人均可支配收入 28568 元，比 2020 年增加 2342 元，增长 8.9%。城乡居民收入差距进一步缩小，2021 年城乡居民收入比为 2.76，较

① 陕西省统计局、各市县（区）统计局：《2021 年国民经济和社会发展统计公报》，2022。

② 陕西省统计局：《2021 年全省战略性新兴产业发展情况》，http：//tjj.shaanxi.gov.cn/tjsj/tjxx/qs/202202/t20220228_ 2212001.html，最后检索日期：2022 年 7 月 27 日。

③ 陕西省统计局：《2021 年陕西省能源产业运行情况》，http：//tjj.shaanxi.gov.cn/tjsj/tjxx/qs/202202/t20220228_ 2212002.html，最后检索日期：2022 年 7 月 27 日。

2020年缩小0.08。居民人均生活消费支出19347元，比2020年增加1929元，增长11.1%。其中，农村居民人均生活消费支出增长15.7%，比城镇居民高7.3个百分点。①

医疗、养老、就业等工作成效逐显。“三医”联动改革不断深化，在全国率先实现城乡基层中医馆全覆盖，进一步提升了药品安全治理能力和保障水平。职工基本医疗保险、城乡居民基本医疗保险报销比例分别稳定在80%、70%左右。企业退休人员基本养老金实现17连涨，累计建成养老机构及服务设施1.65万个②。2021年，城镇新增就业44.56万人，比2020年增加1.31万人；城镇登记失业率3.46%，比2020年低0.17个百分点，比全国低0.5个百分点③。

传承和弘扬黄河文化进入新局面。截至2022年，陕西共有3项世界灌溉工程遗产，其中郑国渠、龙首渠引洛古灌区位于黄河流域，榆林“红石峡灌区”申遗保护工作持续推进。《延安时期陕甘宁边区水利纪实》顺利出版，陕西水利博物馆入选第一批全国科普教育基地（2021~2025年）。

（五）体制机制进一步健全

规划引领、法律保障、科研支持，陕西黄河流域生态保护和高质量发展的制度体系逐渐健全。编制了《陕西省“十四五”生态环境保护规划》《陕西省黄河流域生态保护和高质量发展规划》《陕西省渭河水生态修复规划》《黄河流域淤地坝建设和坡耕地水土流失综合治理“十四五”实施方案》《陕西省“十四五”水土保持规划》《陕西省黄河流域生态保护和高质量发展水利专项规划》等规划。同时，编制了《西安—咸阳生态环境保护一体化规划》，为西安—咸阳一体化发展提供了生态环境制度保障。《陕西省节约用水办法》颁布实施，《陕西省渭河流域保护治理条例》已经省人大两次审议。开展了陕西黄

---

① 陕西省统计局、国家统计局陕西调查总队：《2021年陕西省国民经济和社会发展统计公报》，2022。

② 赵一德：《陕西省2022年政府工作报告》，2022。

③ 国家统计局：《中华人民共和国2021年国民经济和社会发展统计公报》，2022；陕西省统计局、国家统计局陕西调查总队：《2021年陕西省国民经济和社会发展统计公报》《2020年陕西省国民经济和社会发展统计公报》，2022、2021。

河干流生物多样性调查评估，形成《陕西省黄河流域陆域和干流生物多样性调查评估报告》。此外，在全国率先印发“三线一单”成果管理办法，榆林被纳入国家“三线一单”减污降碳协同管控试点城市。

生态文明示范创建持续推进。宝鸡渭滨区、麟游县入选第五批国家生态文明建设示范区；宝鸡凤县入选第五批“绿水青山就是金山银山”实践创新基地。出台了《陕西省生态文明建设示范区管理规程》《陕西省生态文明建设示范区建设指标》，进一步促进了陕西生态文明建设示范区创建工作的科学化、规范化、制度化。

生态环境保护宣传工作积极推进。构建了“三报两网两微一端一台五号”的融媒体平台。在省内各级生态环境部门、《中国环境报》、陕西广播电视台、《陕西日报》等平台，通过新闻报道、新闻发布会，开展了习近平生态文明思想、生态环境安全、十四运会和残特奥会环境质量保障、碳达峰碳中和、第二轮中央和省生态环境保护督察、黄河排污口整治、硫铁矿水质污染专项整治、污染防治攻坚战、“三线一单”分区管控、监测执法体系建设等宣传活动。

二　2021~2022年陕西黄河流域生态保护和高质量发展存在的问题

（一）水资源分布不均，配置效率有待提高

水资源调配利用系统尚不健全，配置效率偏低。随着城镇化进程的推进，人口集聚、农村生活方式改变，生活用水增长较快。2021 年，陕西人均生活用水量、城乡居民用水量分别为 141L/d、100L/d[①]，在沿黄省区中，仅低于四川。城市用水、农业灌溉以及生态用水压力持续加大。陕北的能化工业发展、现代农业发展、生活用水之间，渭北旱塬的农业用水、生活用水之间，“争水矛盾”突出。西安、咸阳等市地下水超采严重。其中，榆林靖边县等地区地下水超采制约了农业发展，部分地区蔬菜种植等优势农业，因缺水面临停产或重新调整农业产业结构等问题，对农业发展、农户持续增收产生了一定影响。

---

① 中华人民共和国水利部：《2021 年中国水资源公报》，2022。

（二）生态环境脆弱，水土保持防洪减灾有待加强

陕北黄土高原丘陵沟壑区、关中渭北旱塬区为典型的生态环境脆弱地带，水土流失严重，生态保护压力大。与长江流域相比，陕西黄河流域的生态质量相对较差。2021 年，黄河流域内的 8 个城市，只有商洛、宝鸡两个城市生态质量为“优”，榆林生态质量为“一般”，其他城市为“良”。从县域层面来看，2021 年，陕西有 12 个县（区）的生态质量发生降级，其中，11 个县（区）处于黄河流域。长江流域 25 个县（区），生态质量为“优”的达 23 个。黄河流域 82 个县（区），生态质量为“优”的只有 14 个，生态质量为“一般”或“较差”的县（区）达 36 个，其中，“较差”有 7 个。①

受采暖季雾霾、沙尘天气等影响，关中平原、陕北黄土高原的空气质量改善难度大。长期以来，西安、咸阳、渭南等地区的 PM 10、PM 2.5 超标，是陕西黄河流域增加空气质量优良天数亟须解决的难题。2021 年，陕西 PM 10、O_3等指标平均值达到二级标准，且好于汾渭平原②的平均水平；但是，咸阳、渭南、韩城等地区仍然超标（见表 2）。西安、铜川、延安、榆林 4 个城市共监测到沙尘天气 38 次，比 2020 年增加 26 次，其中，榆林、延安十年来首次出现强沙尘暴。

表 2　2021 年全国、汾渭平原、陕西、各市（区）大气污染物浓度情况

单位：微克/立方米

地区	PM 2.5	PM 10	O_3
二级标准	35	70	160
全国	30	54	137
汾渭平原	42	76	165
陕西	36	66	146
西安	41	82	154
宝鸡	40	65	142
咸阳	48	85	161

① 陕西省生态环境厅：《2021 年陕西省生态环境状况公报》，2022。

② 包含陕西省西安、铜川、宝鸡、咸阳和渭南，河南省洛阳和三门峡，山西省晋中、运城、临汾和吕梁。

续表

地区	PM 2.5	PM 10	O_3
铜川	36	66	153
渭南	44	84	163
延安	27	56	139
榆林	26	56	151
杨凌	44	76	151
韩城	38	71	174
商洛	24	43	131

资料来源：中华人民共和国生态环境部《2021 中国生态环境状况公报》，2022；陕西省生态环境厅《2021 年陕西省生态环境状况公报》，2022。

防洪形势依然严峻，洪水威胁依然存在。陕北河流洪水含沙量大、暴涨暴落，关中渭河支流洪水陡涨陡落，常发生堤防溃决，极易导致较大范围灾害。防洪减灾工程体系不完善，控制性枢纽工程、中小河流治理、病险水库加固、城防和蓄滞洪区建设等防洪短板有待补齐。

（三）增长动力不够，经济基础有待夯实

从经济规模来看，2021 年陕西 GDP 在沿黄九省区位列第四，2022 年一季度达 7265.41 亿元。从增速来看，陕西 GDP 增长相对缓慢，2021 年比全国低 1.6 个百分点，在沿黄九省区位列第六，2022 年一季度降到第七位。从产业结构来看，陕西第二产业比重相对较高，第三产业发展相对滞后。2021 年第三产业比重 45.6%，比全国低 7.7 个百分点，在沿黄九省区位列第七（见表 3）。陕西经济倚重能源相关产业的格局有待打破，能源价格波动、生态政策、环境规制对陕西经济影响仍然较大。

表 3　全国、沿黄各省区的 GDP、三次产业占比情况

单位：万亿元，%

地区	2021 年					2022 年一季度	
	产值	增速	第一产业比重	第二产业比重	第三产业比重	产值	增速
全国	114.37	8.1	7.3	39.4	53.3	27.02	4.8
青海	0.33	5.7	10.5	39.8	49.7	0.08	5.1

续表

地区	2021 年					2022 年一季度	
	产值	增速	第一产业比重	第二产业比重	第三产业比重	产值	增速
四川	5.39	8.2	10.5	37.0	52.5	1.27	5.3
甘肃	1.02	6.9	13.3	33.8	52.8	0.25	5.3
宁夏	0.45	6.7	8.1	44.7	47.2	0.11	5.2
内蒙古	2.05	6.3	10.8	45.7	43.5	0.51	5.8
山西	2.26	9.1	5.7	49.6	44.7	0.55	6.5
陕西	2.98	6.5	8.1	46.3	45.6	0.73	5.1
河南	5.89	6.3	9.5	41.3	49.1	1.42	4.7
山东	8.31	8.3	7.3	39.9	52.8	1.99	5.2

资料来源：国家统计局、沿黄各省区统计局《2021 年国民经济和社会发展统计公报》，2022；2022 年一季度国民经济相关分析。

投资、消费对经济拉动作用相对较低。整体来看，陕西投资、消费、进出口的增速在沿黄省区中排名靠后。2021 年，陕西固定资产投资下降 3.0%，比全国、西部平均水平分别低 7.9 个、6.9 个百分点，沿黄省区只有陕西、青海两省下降。社会消费品零售总额增长 6.7%，比全国低 5.8 个百分点，在沿黄九省区中位列第七，2022 年一季度降到第八位。进出口总额增长 25.9%，比全国高 4.5 个百分点，但在沿黄九省区中位列第六（见表 4）。

表 4　2021 年、2022 年一季度全国、沿黄各省区投资、消费、进出口增长情况

单位：%

地区	固定资产投资		社会消费品零售总额		进出口总额	
	2021 年	2022 年一季度	2021 年	2022 年一季度	2021 年	2022 年一季度
全国	4.9	9.3	12.5	3.3	21.4	10.7
青海	-2.9	13.8	8.0	-0.2	36.4	1.9
四川	10.1	10.1	15.9	5.1	17.6	26.2
甘肃	11.1	12.9	11.1	1.3	28.4	21.7
宁夏	2.2	14.9	2.6	3.0	73.4	62.8
内蒙古	9.8	59.6	6.3	1.7	17.2	-0.6
山西	8.7	14.3	14.8	2.1	48.3	-8.2
陕西	-3.0	12.3	6.7	0.2	25.9	19.4

续表

地区	固定资产投资		社会消费品零售总额		进出口总额	
	2021 年	2022 年一季度	2021 年	2022 年一季度	2021 年	2022 年一季度
河南	4.5	15.0	8.3	3.5	22.9	5.1
山东	6.0	10.5	15.3	3.7	32.4	13.7

资料来源：国家统计局、沿黄各省区统计局《2021 年国民经济和社会发展统计公报》，2022；2022 年一季度国民经济相关分析。

（四）区域差异大，共享发展水平有待提升

陕西黄河流域内，白于山区、六盘山区、黄河沿岸土石山区、秦岭山区，是曾经的国家级、省级贫困区，自然条件差，巩固脱贫成果、保障人民生活水平的任务艰巨。全省产业大多聚集于关中平原、榆林北 6 县等经济相对较发达区域。产业的集聚吸引了流域内大量人才、劳动力、资本，同时存在中心引领作用不够、经济辐射带动力不足等问题，限制了流域的互动支撑、融合发展。

流域内居民收入空间差异明显，西安、杨凌的居民收入相对较高。咸阳、渭南是传统的农业区，第一产业产值增加值占比分别为 14.9%、19.2%，比全省平均水平分别高 6.8 个、11.1 个百分点；虽然地处关中，但两市居民收入相对较低。得益于区位优势、西咸一体化发展，咸阳城镇居民收入较高。2021 年，只有西安、杨凌的居民人均可支配收入高于全省平均水平，其中，西安 38701 元，是商洛的 2.09 倍。各市（区）城镇居民可支配收入差距相对较大，最高与最低比值达 1.64；农村居民收入最高与最低比值为 1.45。商洛的居民收入绝对值相对较低，但居民可支配收入、城镇居民可支配收入、农村居民可支配收入的增速分别位列第一、第二、第一，陕西黄河流域各市（区）的居民收入差距有望缩小（见表 5）。

表 5　2021 年陕西、各市（区）居民可支配收入情况

地区	收入(元)			增速(%)		
	全体居民	城镇居民	农村居民	全体居民	城镇居民	农村居民
陕西	28568	40713	14745	8.9	7.5	10.7
西安	38701	46931	17389	8.2	7.4	10.4

续表

地区	收入(元)			增速(%)		
	全体居民	城镇居民	农村居民	全体居民	城镇居民	农村居民
宝鸡	26799	38741	15694	8.7	7.0	10.6
咸阳	26525	40846	14283	9.2	7.6	10.9
铜川	27290	36588	12248	7.9	7.2	10.8
渭南	24280	37772	15184	8.9	7.0	10.5
延安	28194	39306	14258	8.6	7.5	11.0
榆林	28073	38451	15852	9.0	7.8	10.7
杨凌	31704	42349	16117	8.0	6.9	10.2
韩城	—	—	—	8.6	7.4	10.2
商洛	18555	28655	11969	9.6	7.7	11.1

说明："—"指韩城相关数据暂未公布。

资料来源：陕西省统计局、各市（区）统计局《2021年国民经济和社会发展统计公报》，2022。

基础设施建设及管护薄弱。陕北等偏远地区，地广人稀，道路、电、网络等基础设施不足，且存在"建设维护成本高、覆盖人口少、使用率低"等问题。尤其在农村地区，现有的财政投入、农村留守人员，难以维持村级公共基础设施建设完成后的维护及运营。

民生保障任重道远。从第七次全国人口普查数据来看，与周边的山西、内蒙古、甘肃等沿黄省区相比，陕西人口有所增加；西安、榆林的人口数在全省的占比上升，其中西安上升了10.08个百分点。人口集聚，极易产生交通拥堵、环境污染、资源供给紧张等问题，对基础设施、公共服务、环境保护等方面也提出了更大的挑战和要求。同时，人口老龄化问题突出，经济相对较差的地区财政压力较大。宝鸡、咸阳、铜川、渭南、韩城、商洛6个市老年人口比重超过陕西平均水平。其中，4个市60岁及以上人口比重超过20%，3个市65岁及以上人口比重超过15%（见表6）。

表6　全国、陕西、各市（区）老年人口比重

单位：%

地区	60岁及以上	65岁及以上	地区	60岁及以上	65岁及以上
全国	18.70	13.50	渭南	22.90	15.80
陕西	19.20	13.32	延安	15.57	10.30

续表

地区	60 岁及以上	65 岁及以上	地区	60 岁及以上	65 岁及以上
西安	16.02	10.90	榆林	16.39	11.13
宝鸡	22.66	15.80	杨凌	14.34	10.11
咸阳	21.50	15.15	韩城	19.42	13.49
铜川	21.63	14.79	商洛	19.45	13.74

资料来源：国家统计局《第七次全国人口普查公报》，2021；陕西省统计局《陕西省第七次全国人口普查主要数据公报》，2021；韩城市统计局《韩城市第七次全国人口普查公报》，2021。

（五）生态意识不足，管理体系有待进一步“绿化”

流域管理科技支撑能力、水管理能力不足，流域管理的法律法规体系不健全，“生态优先、绿色发展”的意识有待加强。截至 2021 年，陕西上报 38 个“两高”项目，其中 26 个手续不全即开工建设。陕北地区水资源短缺，土地荒漠化和沙漠化现象严重，但部分县区仍违背自然规律实施耕地占补平衡项目。一些部门生态环境保护履职不力，关中大气污染防治区域差异较大，流域规划推进迟缓，违规取用水监管不严，城镇污水处理厂提标改造督促不力。此外，部分污水处理厂无法稳定达标排放，其中，流域内 34 个工业集聚区污水处理厂，2021 年仍有 7 家长时间超标排放。①

三　陕西黄河流域生态保护和高质量发展面临的形势

从国内形势来看，当前全球经济和贸易增长动能减弱，国际环境复杂，国内疫情冲击影响仍在持续，国内经济面临经济需求收缩、供给冲击、预期转弱的多重不利因素，下行压力大。黄河流域高质量发展面临一定的挑战，总体形势依然严峻。但是，经济稳中向好、长期向好的基本面没有改变，转型升级、高质量发展的大势没有改变，坚持生态优先、绿色发展的基本原则没有改变。随着疫情防控取得阶段性成效，稳经济政策措施持续显效，经济运行有望逐步

① 《中央第三生态环境保护督察组向陕西省反馈督察情况》，《陕西日报》2022 年 3 月 22 日，第 1 版。

复苏，“绿水青山就是金山银山”的发展理念有望逐步实现。中共中央、国务院印发的《黄河流域生态保护和高质量发展规划纲要》，从水资源、污染防治、产业、交通、文化、民生等方面，对黄河流域生态保护和高质量发展做出了全面部署。同时，“十四五”是推动黄河流域生态保护和高质量发展的关键时期，党和国家一系列战略的实施，为沿黄各省区之间开展区域分工协作、高效协同发展提供了契机。

从省内形势来看，2021 年底，西安遭遇了严峻复杂的重大疫情，陕西经受了防控考验。通过多措并举保障居民基本生活和企业复工复产，千方百计解决群众实际困难，生产生活秩序得以逐步恢复。2022 年一季度，陕西 GDP 增长 5.1%，比全国高 0.3 个百分点。投资增速明显回升，固定资产投资增速“扭负为正”、同比增长 12.3%，其中，第三产业投资同比增长 14.3%。消费市场逐步恢复，新兴消费较为活跃，社会消费品零售总额同比增长 0.2%。对外贸易增长较快，进出口总额同比增长 19.4%。财政收支增势良好，民生支出保障有力，地方财政收入同比增长 34.2%①。

推动黄河流域生态保护和高质量发展，是协调黄河水沙关系、缓解水资源供需矛盾的迫切需要；是践行“绿水青山就是金山银山”理念、确保生态安全的现实需要；是增强流域协同合作、走共同富裕道路的战略需要；是保护传承弘扬黄河文化、激发流域活力的内在需要。统筹山水林田湖草沙一体化保护和系统治理，打好节水控水、环境问题整治、生态保护修复攻坚战，走好生态优先、绿色发展的现代化道路，才能不断提升陕西黄河流域生态保护和高质量发展水平。

四　持续推进陕西黄河流域生态保护和高质量发展的对策建议

（一）共抓大保护稳发展，在提升组织效率上求突破

构建上下对接、平级联动的多部门协调配合机制，联合出台实施方案，制

① 陕西省统计局：《2022 年一季度全省国民经济运行情况》，http：//tjj. shaanxi. gov. cn/tjsj/tjxx/qs/202204/t20220424_ 2218659. html，最后检索日期：2022 年 7 月 12 日。

定各级政府、各职能部门的任务清单、权责清单。健全县域生态保护和高质量发展评价机制。完善选人、用人机制，适度加大对任期内生态保护、高质量发展“双突出”领导干部的提拔倾斜力度。加强智力支持，发挥陕西科技大省、秦创原创新驱动平台、杨凌农业高新示范区等科技优势，加快推动制造、材料、信息、新能源、干旱半干旱地区生态治理、现代农业等方面的成果转化。

优化沿黄各市县（区）营商环境。深入持续推进能源、制造等领域国企改革。鼓励民营企业、民间资本投资兴业，探索合格市场主体对有条件的区域、领域开展生态建设和环境保护。健全要素、资源市场，促进人才、资本、技术、能源等在流域的顺畅流动。

（二）构建现代产业体系，在培育发展新动力上求突破

从空间布局来看，北部黄土高原沟壑纵横，拥有全国唯一的国家级能源化工基地，生态系统脆弱、水资源分配、水环境污染和矿区生态环境保护等任务艰巨，能源化工转型升级亟待破解，重点发展能源化工、果业畜牧、红色旅游等产业。关中平原地势平坦，是先进制造业、国防科技工业、农业高新技术产业和科教文化基地，大气污染问题突出，以先进制造业、现代服务业为主的产业结构转型迫在眉睫。南部秦岭北麓雄伟陡峭，是南北气候分界线、重要生态安全屏障，重点流域水质保护、生物多样性保护的责任重大，做强做大绿色生态产业势在必行。

从产业结构来看，一方面，农业要引导农产品主产区发展旱作节水设施农业、农产品加工业、农业生产性服务业，全面推进农业全产业链建设。工业要引导优化开发区做强县域制造业，做大劳动密集型和技术密集型产业。同时，引导重点生态功能区推进生态治理、产业发展协同增效，实现生态产业化、产业生态化，重点支持生态、特色产业双赢项目。另一方面，提高新能源产业、新一代信息技术产业、新材料产业、节能环保产业比重。优煤稳油扩气增电，推进能化产业信息化、低碳化发展，加强传统能源的智能绿色安全开采、清洁高效深度利用，抓好国家发展光伏、风电等新能源产业的政策契机。

（三）持续改善生态环境，在创新治理模式上求突破

积极推广高西沟村生态治理模式和高标准淤地坝建设，大力推进渭北

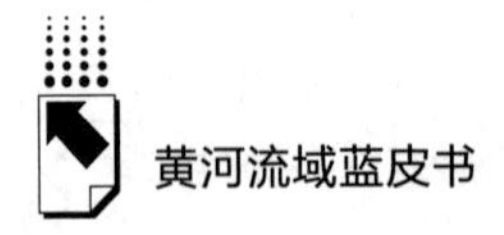

“旱腰带”生态恢复治理，切实做好黄河西岸绿色廊道和沿黄防护林建设，持续开展矿区生态修复。确保《陕西省开展黄河流域固体废物倾倒排查整治工作实施方案》落地。加强生态环境风险防范，持续提升危险废物环境监管能力，完善陕北输油管线等环境风险常态化管理体系。加强渭河、延河、无定河、洛河等重要支流综合治理。深入推进黄河流域“清废行动”，总结黄河干流排污口整治做法，加大黄河干支流治理力度，加快黄河流域城镇污水处理厂提标改造。抓好突出环境问题整改，坚决遏制“两高”项目盲目发展和现有“两高”产能无序扩张。

完善流域生态环境管理体系。深化流域管理机构改革，加强全流域生态环境执法能力、突发事件应急能力建设。以水资源为基础，加快“水资源—经济—环境—社会”监测预警系统建设，监测和分析流域内生态保护和高质量发展运行情况，识别流域发展中的重大隐患，提前开展有效调控。完善水权、排污权、碳排放权交易机制，推动生态效益、经济效益的自由转换。一体谋划、一体部署，统筹推进植树造林种草、治沙、矿区修复、污染减排等工作，在各级政府之间、各区域之间、各经济主体之间，健全市场化、多元化生态补偿机制、减污降碳协同增效机制。加快推进全国碳排放权市场试点争取工作，为陕西黄河流域生态产品的价值实现创建更好的市场环境。

（四）开放合作成果共享，在构建发展新机制上求突破

深化与黄河流域沿岸省份合作，尤其是推进陕西、山西、河南、内蒙古全方位协作。持续推动陕西、宁夏、内蒙古统筹能源化工发展布局，深入推进生态环境共保联治，加强毗邻地区矿区生态环境共治、水污染共治、水资源合理分配。不断推进陕西、山西协作，加强晋陕大峡谷生态环境保护；不断推进陕西、山西、河南协作，加强汾渭平原大气污染联防联控。积极推动陕西、甘肃、宁夏协作，共同做好白于山区、六盘山区脱贫攻坚成果同乡村振兴有效衔接工作。同时，在省内，因西安、宝鸡、商洛部分县（区）地处长江流域、黄河流域交汇处，各级政府、职能部门有必要切实做好协调工作，避免相互推诿。

参考文献

任保平、付雅梅：《黄河流域生态保护和高质量发展统计监测预警体系的构建》，《山东社会科学》2021 年第 9 期。

肖安宝、肖哲：《生态保护前提下黄河流域高质量发展的难点及对策》，《中州学刊》2022 年第 3 期。

张润平、余金龙、张志强等：《陕西省黄河流域生态保护和高质量发展水利规划构想》，《陕西水利》2021 年第 8 期。

刘国中：《牢记嘱托感恩奋进解放思想改革创新再接再厉谱写陕西高质量发展新篇章——在中国共产党陕西省第十四次代表大会上的报告》，《陕西日报》2022 年 6 月 2 日。

B.11

2021～2022年山西黄河流域生态保护和高质量发展研究报告*

韩东娥　韩　芸　郭永伟**

摘　要： 全面推动黄河流域生态保护和高质量发展重要实验区建设是山西生态环境保护和全方位推动高质量发展的重点和主攻方向。近年来，山西以"双碳"目标为牵引，以"两山七河一流域"生态修复治理为重点，不断加强生态文明建设，不断深化能源革命综合改革试点，生态保护和高质量发展取得积极成效。针对山西黄河流域地区生态环境脆弱、水资源保障能力不足、"双碳"工作任重道远、高质量发展支撑薄弱等问题，提出扎实推进"两山七河一流域"生态修复治理、减污降碳提质同步发力，深入开展碳达峰山西行动，弘扬传承黄河文化等对策建议，推进黄河流域全面振兴。

关键词： 生态保护　高质量发展　山西黄河流域

2021年10月，习近平总书记为深入推动黄河流域生态保护和高质量发

* 本报告系2021年度山西省科技战略研究专项课题（项目号202104031402150），2021年度山西省社会科学院（省政府发展研究中心）规划课题（项目号YNYB202105）阶段性研究成果。

** 韩东娥，山西省社会科学院（省政府发展研究中心）副院长，二级研究员，主要研究方向为资源能源和生态环境经济及政策；韩芸，山西省社会科学院（省政府发展研究中心）生态文明研究所副所长、副研究员，主要研究方向为能源经济、生态文明与绿色发展；郭永伟，山西省社会科学院（省政府发展研究中心）研究三部副部长、副研究员，主要研究方向为能源经济。

展，在济南组织召开了专题座谈会并发表重要讲话，为黄河流域生态保护和高质量发展进一步明确了思路和发展路径。山西地处黄河流域中游地区，地理和生态区位都十分重要。习近平总书记五年三次到山西考察调研并发表重要讲话重要指示，要求山西牢固树立“绿水青山就是金山银山”的理念，坚持绿色发展，全方位、全地域、全过程开展生态环境保护，抓好“两山七河一流域①”生态修复治理，扎实实施黄河流域生态保护和高质量发展国家战略，推动山西沿黄地区在保护中开发、在开发中保护。这些重要指示既科学阐释了生态环境保护和经济社会发展的辩证关系，也为山西实现更高质量发展提供了根本遵循。2021 年是“十四五”开局之年，是山西贯彻落实黄河国家重大战略的攻坚之年，是山西全方位推动高质量发展的关键之年。2021 年 10 月，省第十二次党代会提出全方位推动生态文明建设，努力创建黄河流域生态保护和高质量发展重要实验区的重大战略部署②。山西积极贯彻落实国家和全省战略部署，在实践探索中逐渐形成生态建设的山西模式。先后制定了《山西生态省建设规划纲要（2021—2030 年）》《山西省汾河流域生态保护与修复条例》《以汾河为重点的“七河”生态保护与修复总体方案》《山西省“十四五”“两山七河一流域”生态保护和生态文明建设、生态经济发展规划》《山西省黄河流域生态保护和高质量发展规划纲要》等③，形成黄河流域发展的时间表、路线图、施工图。经过不懈努力，山西黄河流域生态保护高质量发展、生态省建设取得了积极成效。

一　山西黄河流域生态保护和高质量发展进展情况

2021 年，山西认真贯彻落实黄河国家重大发展战略，以全方位高质量发

① “两山”指吕梁山和太行山，“两山”面积占到全省总面积的 83%，涉及 11 个设区市、81 个县（市、区）；“七河”指汾河、桑干河、滹沱河、漳河、沁河、涑水河和大清河，“七河”流域面积占到全省总面积的 72%；“一流域”指黄河流域，黄河干流山西段总长 965 公里，流经山西省 4 市 19 县（市），流域面积涵盖山西省 11 市 86 县（市、区），占全省总面积的 73.1%。

② 王亚晶、杨文滢：《推进修复与保护 奏响新时代“黄河大合唱”》，《记者观察》2022 年第 1 期。

③ 王璟：《绘美丽山西画卷 谱绿色三晋篇章——山西生态环境系统助力全方位推动高质量发展综述》，《中国生态文明》2022 年第 2 期。

展为目标，努力加强生态省建设，全面推进黄河流域生态保护和高质量发展重要实验区建设，黄河流域生态保护和高质量发展各项工作稳步有序高效进行。

（一）扎实推进“两山七河一流域”生态修复治理和生态省建设

山西积极统筹“全生态”治理，将“两山七河一流域”生态保护与修复作为践行“两山”理念的实际行动。大规模开展国土绿化彩化财化行动。营造生态林，多树种配置景观林，实施特色经济林基地建设工程、草原生态保护修复工程等，着力构建全方位生态屏障，生态修复治理取得积极进展。2021年，全省营造林达到519万亩，超额完成500万亩目标任务，造林落地上图1000万亩，人工造林上图面积居全国第一位[①]。积极推进永久性生态公益林补偿制度，开展了永久性公益林区划落界，黄河流域4700万亩永久性生态公益林获得了立法保护[②]。严格落实基本草原保护制度，出台了《关于加强草原保护修复的实施意见》，全省草原综合植被覆盖度达到73%，高于全国平均水平16.9个百分点[③]。完成400万亩的经济林提质增效工程，经济林产值达到140亿元，带动全省林草产值达到560亿元，创造了历史新高位。积极深入开展森林城市、美丽乡村建设等行动。持续开展水土保持。针对河流出现不同程度的问题，积极统筹黄河“五水综治”。持续开展坡耕地水土流失综合治理，不断探索水土流失治理方式，水土流失累计治理度达到68%，黄河入河泥沙量大幅度减少[④]，防沙治沙考核等级进入全国第一方阵。开展“七河”“五湖[⑤]”治理。按照“一河一策”原则，推动以汾河为重点的“七河”全流域生态治理，全省黄河流域的水生态整体好转。制定《山西省汾河保护条例》，统筹推进汾河流域农业面源污染、工业污染、城乡生活污染防治和矿区生态环境综合

---

① 张丽媛：《以“绿”为笔，绘就生态文明新画卷》，《山西日报》2022年3月2日，第1版。

② 胡健、刘鑫炎、乔栋等：《在高质量发展上不断取得新突破》，《人民日报》2022年5月26日，第1版。

③ 张丽媛：《绘就美丽生态画卷》，《山西日报》2022年1月27日，第2版。

④ 王亚晶、杨文滢：《推进修复与保护奏响新时代“黄河大合唱”》，《记者观察》2022年1月5日。

⑤ “五湖”是指晋阳湖、漳泽湖、云竹湖、盐湖、伍姓湖，均为山西省境内水面大于5平方千米的湖泊。晋阳湖位于太原市，漳泽湖位于长治市，云竹湖位于晋中市，盐湖和伍姓湖位于运城市。

整治，强化排污口等污染源管理，加强汾河上游产业管控，加大造林绿化力度，着力发展绿色生态产业，确保汾河水质持续稳定好转。地表水质持续改善，2021 年，全省地表水 94 个国考断面中优良水质断面达到 68 个，优良水质比例达到 72.3%，创造了历史最好水平。汾河流域国考断面水质全部提升到Ⅳ类水质以上。沁河、丹河等“七河”出境水质稳定保持为Ⅱ类水质。积极加强“五湖”生态修复治理，2021 年 3 月出台《山西省“五湖”生态保护与修复总体规划（2021—2035 年）》及五大湖专项规划（晋政办发〔2021〕15 号）①，以湖长制为抓手，坚持保护优先和科学有限开发，以空间管控、水系连通、生态治污、园林景观、文化与产业为重点，突出河湖水系在城市建设、经济发展中的功能。加强湿地保护。黄河流域 46%的湿地被纳入分级保护范围。近三年来，累计完成 49 个湿地保护项目，建立了湿地保护资金，累计投入资金 9000 万元。此外，积极加强产学研联合，山西大学和山西大地环境投资控股有限公司联合筹建了黄河实验室，并成立了水土保持和矿区生态修复、煤基废弃资源的清洁低碳利用、黄河文化传承等多个研究团队，为黄河流域生态修复治理提供了智力、技术、路径等多方面的支撑。

（二）污染防治取得积极成效

近年来，山西紧紧围绕污染物总量减排、生态环境质量提高、生态环境风险管控三类目标，大气、水、土壤污染防治三大领域，协同推进减污降碳提质，坚决向污染宣战。坚决打赢蓝天保卫战。2021 年，山西持续优化产业结构、能源结构、交通结构、用地结构等，大力开展决战决胜蓝天保卫战夏季攻坚、秋冬季大气污染综合治理攻坚行动，全省在役火电机组已全部实现超低排放，处于全国领先地位，41 家钢铁联合企业全面完成超低排放改造，16 家焦化企业、17 家水泥企业完成超低排放改造主体工程建设。空气质量综合指数同比改善 11.5%，PM 2.5 年均浓度降低到 39μg/m³，超额完成国家下达任务，创有记录以来最好水平；重污染天数比重降至 0.5%，首次进入千分位，平均每市不到 2 天；二氧化硫浓度降至 15μg/m³，连续四年保持 20%以上的改善幅

① 《山西省人民政府办公厅关于印发山西省“五湖”生态保护与修复总体规划及晋阳湖、漳泽湖、云竹湖、盐湖、伍姓湖等 5 个生态保护与修复专项规划的通知》，山西省人民政府网站，最后检索日期：2022 年 6 月 17 日。

度；优良天数比重达到72.1%，比上年增加1.1个百分点，再创新高①。2021年成为“十三五”时期以来山西空气质量改善幅度最大的一年。全力打好碧水保卫战。扎实推进入河排污口排查整治，设区城市75条黑臭水体全部完成整治，93项水污染防治重点工程建设进展顺利，94个地表水国考断面中优良水质断面达到68个。积极推进环境基础设施建设，7个工业园区和23个建制镇新建污水集中处理设施，636个农村生活污水处理设施正在紧锣密鼓的建设当中②。晋城市成功入选国家首批地下水污染防治试验区。扎实推进净土保卫战。实施土壤环境质量巩固提升行动，逐年印发土壤污染防治年度行动计划，出台《山西省土壤污染治理与修复规划》《山西省土壤污染防治条例》等文件，山西土壤污染防治工作步入法制化、规范化发展轨道。坚决控制农业面源污染，农用地土壤环境风险得到基本管控，建设用地安全利用得到有效保障。加快推进资源循环利用和大宗固废综合利用基地建设，支持6户企业申报国家大宗固废综合利用示范基地，大同经开区入列国家绿色产业示范基地。深入推进工业固体废物排查和安全处置，出台煤矸石、粉煤灰等工业固废的规范处置标准，开展煤矸石、粉煤灰环境污染治理大检查。积极推进“无废城市”建设试点。

（三）碳达峰山西行动有序实施

深入贯彻落实国家碳达峰碳中和各项任务，制定了山西碳达峰1+X政策体系，探索开展碳排放统计核算，夯实“双碳”工作基础。强化能耗双控，出台重点行业能耗双控行动方案，对煤电、焦化、钢铁、有色、建材、化工、煤炭洗选行业企业开展节能改造，力争改造完成后单位产品综合能耗达到先进值或标杆水平。推进能耗在线监测系统建设，全省“两高”项目全部被纳入在线监测系统。开展节能监察和诊断，推广节能新产品新技术，2家企业入围国家重点用能行业能效“领跑者”名单。坚决遏制“两高一低”项目盲目发展，制定出台坚决遏制“两高”项目盲目发展行动方案，进一步强化拟建项

① 程国媛：《推动生态文明建设 续写美丽山西华章》，《山西日报》2022年3月11日，第6版。

② 张剑雯：《让绿色成为三晋大地鲜明“底色”》，《山西经济日报》2022年1月15日，第1版。

目准入管控，依法依规对在建和存量项目开展分类处置。组织开展遏制“两高”项目盲目发展专项督查，推动国家通报问题整改到位。坚决全面清理整顿黄河沿岸污染企业，持续扎实稳步推进环境污染综合治理工作，46个工业企业开展了超低排放改造，99.31万户居民完成清洁取暖改造工程①。

（四）能源革命综合改革试点纵深发展

2021年，成功举办太原能源低碳发展论坛，探索山西绿色发展路径。坚决扛起保障国家能源安全政治责任，有序释放煤矿先进产能，全省原煤产量达到11.9亿吨。保供16个省（区、市）电煤4356万吨，合同完成率106.2%②。大幅增加外送电量，全年净外送电量增长17.2%。大力发展新能源和可再生能源，全年非常规天然气产量达到95亿立方米，运城100万千瓦、晋中100万千瓦风光项目被列入国家第一批大型风电光伏基地建设项目清单。新能源和可再生能源装机容量达到3889万千瓦，占比超过1/3③。加快推动抽水蓄能和新型储能建设，垣曲、浑源抽水蓄能电站项目开工建设，河津、蒲县已被列入国家规划重点实施项目。推进容量为78万千瓦的首批15个“新能源+储能”试点示范项目，全球首套1兆瓦钠离子储能系统在太原正式投运。加快电力现货市场试点建设，构建“中长期+现货+辅助服务”有效衔接的电力市场体系，累计试运行400天以上，居全国首位④。深入实施创新驱动战略，加快发展新兴产业和现代服务业，打造优势产业集群，发挥规模效应，进一步提升竞争力，为转型发展蓄势赋能。

（五）绿色低碳生产生活基本形成

积极推进“公转铁”以及多式联运、甩挂运输等创新高效运输组织模式，山西中鼎物流公司等2家企业被纳入全国多式联运示范工程项目，临汾兴荣汽车运输有限公司成为全国公路货物运输甩挂企业，山西快成物流科技有限公司

① 《2022年山西省政府工作报告》，《山西日报》2022年1月25日，第1版。
② 张毅：《我省高效有序推进煤炭增产保供》，《山西日报》2022年7月15日，第2版。
③ 《2022年山西省政府工作报告》，《山西日报》2022年1月25日，第1版。
④ 蓝佛安：《完整准确全面贯彻新发展理念加快转型发展蹚新路步伐》，《前进》2022年第3期。

等7家入列无车承运试点企业。多式联运试点企业单位运输成本平均降低约10%，能耗下降约15%，经济效益、环境效益显著。积极发展城市绿色货运示范建设，太原、大同入选为全国第一批绿色货运配送示范工程创建城市，城市绿色货运配送服务质量和服务水平得到全面提升，全省运输结构调整工作取得阶段性成效。运输装备清洁化水平显著提升。加快完善充电桩和充换电站的建设，基本形成了新能源汽车应用服务示范体系。实施公交优先发展战略，太原、临汾国家“公交都市”示范创建有序推进。太原市2017~2021年购置更新纯电动公交车2457台，建成区已实现纯电动公交车全覆盖。2021年7月太原市被命名为“国家公交都市建设示范城市”。绿色交通示范工程建设广泛推动，加快黄河、长城、太行三个“一号旅游公路”、“四好农村路”等道路建设，打造了一批绿色低碳公路，阳城至济源高速阳城至蟒河段入选交通运输部第三批绿色公路典型示范工程。坚持“绿色生活之路”。修建城市综合公园、专类公园、社区公园，打造大型绿带通风廊道、滨河（湖）空间、湿地公园，城市绿地系统不断完善。倡导推动绿色消费，推进绿色家庭、绿色机关、绿色社区等系列创建活动。深入开展餐饮行业“光盘”行动。提倡绿色居住，节约用水用电。推广绿色出行，大力发展城市公共交通系统，加快推进新能源汽车的推广及应用。积极开展垃圾分类，制定配套政策，基本建成生活垃圾分类投放、收运和处理体系。印发《山西省〈“美丽中国，我是行动者”提升公民生态文明意识行动计划（2021—2025年）〉实施方案》（晋环发〔2021〕54号），把建设美丽中国化为全社会的自觉行动。

（六）生态文明制度体系有效完善

习近平总书记指出：“只有实行最严格的制度、最严密的法治，才能为生态文明建设提供可靠保障。”① 山西积极构建省、市、县、乡四级生态环境保护委员会，成立4个生态环境保护监察办公室，组建副厅级生态环境监测和应急保障中心，建立14个跨县（市、区）的生态环境监测机构。林长、河湖长组织体系基本健全，截至2021年，全省共有3.37万名林长、1.77万名河湖

① 汪晓东、刘毅、林小溪：《让绿水青山造福人民泽被子孙——习近平总书记关于生态文明建设重要论述综述》，《人民日报》2021年6月3日，第2版。

长①。2022年签发山西省第01号总河长令《关于深入开展妨碍河道行洪突出问题专项整治行动的决定》和总林长令《关于加强森林草原防灭火工作的令》，进一步强化流域和森林草原治理。成立“山西省环境保护标准化技术委员会”，积极开展“标准化+”行动，研究制定了一批高于国家标准的污染物排放地方标准。持续强化国土空间规划和用途管控，全面落实“三区三线”“三线一单”，省市县国土空间规划已经初步编制完成。在全国率先启动永久基本农田整改补划核实标注和储备区划定，完成城镇开发边界划定成果第二轮技术审查。开展了“利剑斩污”“清废行动”等生态治理专项行动。建立了黄河中游首个“生态环境司法保护基地”②。

（七）黄河文旅融合加速发展

近年来，山西以国家黄河战略定位为契机，大力实施文化强省战略，持续推动黄河文化创新性、创造性发展。2021年，出台《山西省人民政府办公厅关于创建国家全域旅游示范区的实施意见》（晋政办发〔2021〕57号），印发《山西省黄河流域非物质文化遗产保护传承弘扬专项规划（2021—2035年）》。山西和陕西两省联合创建5A级壶口瀑布景区，这是全国首次跨省景区创建。大力实施“乡村文化记忆工程”，建立沿黄地区传统工艺工作站，持续推进传统工艺振兴计划。以“黄河1号”旅游公路为轴，不断将沿黄地区的文旅资源进行连接。持续打造黄河、长城、太行三大旅游板块，成功举办山西非物质文化遗产博览会，连续6年举办全省旅游发展大会，联合世界旅游联盟共同举办两届“大河文明旅游论坛”等。山西省忻州保德县九曲黄河阵灯会、河曲河灯节、山西绛州鼓乐、吕梁市临县碛口古镇实景旅游演艺项目《如梦碛口》等成为典型代表。舞蹈史诗《黄河》、交响组曲《黄河壁画》成功演出，黄河流派歌舞艺术影响广泛，“中国根·黄河魂”文旅品牌成功打响。

---

① 张丽媛：《书写山西生态文明建设新篇章》，《山西日报》2022年5月21日，第1版。

② 丁国华：《以司法力量护卫“人民的幸福河”山西设立黄河流域首家省级生态保护巡回法庭》，《人民法院报》2021年9月23日，第1版。

二　山西黄河流域生态保护和高质量发展存在的问题

整体上看，山西黄河流域生态环境改善虽然取得阶段性成效，但尚未达到从量到质的转变，生态保护和高质量发展面临的形势严峻。

（一）生态环境修复治理难度加大

山西黄河流域整体自然条件差、生态脆弱，区域内遍布丘陵沟壑、黄土残塬沟壑强烈侵蚀区，水土流失依然是山西黄河流域地区面临的首要问题。森林质量整体偏低，森林生态效益相对较差，汾河等支流生态基流不足与纳污负荷过重的矛盾依然突出①。经济社会发展方式还不够“生态”，结构性污染特征依然存在。产业结构以煤焦、冶金、电力等高耗能产业为主，能源结构以煤为主，交通运输结构以公路为主，这些结构特点与生态环境保护的矛盾仍然比较突出。随着经济增长和城镇化的快速推进，工业生产和生活消费等产生污染物排放的驱动因素依然处于高位②，能源消费总量和碳排放总量的增长压力仍持续存在。

（二）水资源保障能力亟待提升

水资源短缺与用水方式粗放问题并存。山西水资源匮乏现象由来已久，水利基础设施存在短板，未能及时更新换代，大多是20世纪六七十年代建成，还存在“吃老本”现象。一些农村河道防洪标准低，还不能完全有效应对可能发生的洪涝险情。水资源管理仍是“多龙治水”，管水源的不管供水，管供水的不管排水，管排水的不管治污，管治污的不管中水回用，这种现状不利于水资源的统一规划、配置、建设、调度和管理。地下水超采严重，黄河流域超采面积占全省超采区总面积的93%③。

---

① 《山西省人民政府关于印发山西生态省建设规划纲要（2021－2030年）的通知》（晋政发〔2021〕50号），山西省人民政府网站（2022年1月25日），http：//www.shanxi.gov.cn/sxszfxxgk/sxsrmzfzcbm/sxszfbgt/flfg_7203/szfgfxwj_7205/202204/t20220401_961043.shtml，最后检索日期：2022年6月10日。

② 王旻：《明确五项重点任务筑牢绿色生态屏障》，《山西法制报》2021年12月29日，第1版。

③ 山西省发展和改革委员会：《山西省黄河流域生态保护和高质量发展规划》，山西省人民政府网站（2022年4月7日），http：//www.shanxi.gov.cn/zw/tzgg/202204/t20220407_961719.shtml，最后检索日期：2022年6月10日。

（三）"双碳"工作任重道远

山西富煤、贫油、少气的资源分布特点决定了能源消耗结构以煤为主，煤炭消费企业主要集中在钢铁、煤炭、电力（热力）、焦化、煤化工等行业。全部为经济支柱产业，且煤炭作为燃料和原料短时间内具有不可替代性。化石能源为主的能源结构短时间内无法实现根本转变。新能源消费比重虽然不断提升，但还没有形成规模效应，替代燃煤的能力较弱，新能源替代煤炭作用不明显。全省碳排放底数不清，尚未开展任何与温室气体有关的排放清单编制工作。碳市场发展路径尚不明确。

（四）高质量发展支撑薄弱

创新能力差距明显。全省整体研发投入水平较低，2020 年全社会 R&D 投入强度仅为 1.2%，明显低于全国平均水平①。高端人才缺乏，人才流失严重，高质量转型发展的动力不足。文旅融合发展不足。黄河流域整体基础设施薄弱，文化内涵挖掘不够深入，文物保护和非遗文化传承面临挑战，乡村记忆工程资金缺乏。黄河文化产业发展缓慢，文化市场主体普遍规模不大，缺乏品牌影响力。

三　推动山西黄河流域生态保护和高质量发展的对策建议

2022 年是山西贯彻省第十二次党代会精神、全方位推动高质量发展、深入推动黄河国家重大战略的关键一年。山西将深入学习贯彻习近平总书记考察调研山西重要指示精神，以生态省建设为统领，继续围绕"两山七河一流域"开展生态保护，一体推进治山治水治气治城、深化能源革命综合改革点，推动太忻一体化经济区建设，在黄河流域国家战略中体现山西担当和作为。

---

① 《2020 年山西省科技经费投入统计公报》，山西省统计局网站（2021 年 10 月 20 日），http：//tjj. shanxi. gov. cn/tjsj/tjgb/202110/t20211021_ 2776177. shtml，最后检索日期：2021 年 6 月 17 日。

（一）持续加强“两山七河一流域”生态修复治理

深入推动黄河流域生态保护和高质量发展，推进规划政策落地见效。深化国土绿化彩化财化行动，整合布局国省重点造林工程，构建黄河流域防护林体系。以十大草原为重点实施草原生态修复工程，开展草原生态资源清查，以草定畜、禁牧休牧、植被重建。加快河湖湿地保护与修复，全力推进“七河”“五湖”生态保护与修复，大力实施河流源头保护工程。加快湿地自然保护区、湿地公园建设，实行湿地监测和保护目标机制。加大矿山生态修复治理，实施地质环境治理、地形重塑、土壤重构、植被重建等综合治理。积极探索发展绿色经济、林业经济等。

（二）大力推动生态环境综合整治

坚持治山治水治气治城一体推进和减污降碳提质协同推进，强化环境综合治理，深入打好蓝天、碧水、净土保卫战，建设天蓝水清地净美丽黄河。持续推进饮用水水源地生态环境保护，实施“七河”生态保护与修复，不断增加水生态流量。强化水污染治理，实施入河排污口整治，对保留的排污口建档立牌公示，定期开展水质监测，实施规范管理。采取生态沟渠、净水塘坑、跌水复氧、人工湿地等措施，提升入河排污口水质①。推进工业污水零排放，强化工业聚集区污水集中治理。持续深化城镇水环境治理，加快雨污合流制管网改造，强化移动源及面源污染防治，开展城乡环境综合整治工程。深入实施黄河防灾减灾工程，抵御自然灾害。严格建设用地土壤环境风险管控。加大垃圾资源化利用力度，促进资源节约循环利用，积极创建“无废城市”。强化多污染物协同控制，深化区域联防联控联治，建立跨区域协调机制。在太忻一体化经济区内，围绕打造生态文明建设示范区战略定位，认真落实《太忻一体化经济区生态环境共建共治实施方案》，不断提升区域环境质量。

---

① 山西省发展和改革委员会：《山西省黄河流域生态保护和高质量发展规划》，2022 年 4 月 7 日，http：//www. shanxi. gov. cn/zw/tzgg/202204/t20220407_ 961719. shtml，最后检索日期：2022 年 6 月 10 日。

（三）深入实施碳达峰山西行动

把碳达峰、碳中和纳入全省生态文明建设整体布局，深入落实碳达峰碳中和“1+X”政策体系各项任务。坚决遏制“两高”项目盲目发展，这是当前“双碳”工作的首位原则。科学稳妥推进符合规划布局的拟建“两高”项目，深入挖掘存量节能减排潜力，采取强有力措施，坚决遏制不符合产业政策、未落实能耗指标来源等的“两高”项目盲目发展。严格落实能耗双控，积极建立减污降碳激励约束机制。针对能源重化工基地的特点，科学制定应对气候变化的政策措施以及发展规划。在高污染重点行业率先开展工业碳排放管理，提高企业低碳竞争力，加强企业碳资产管理，推进低碳企业示范，打造能源革命示范引领，提升全行业、全领域碳减排能力，有效控制温室气体排放，推动全省生态环境保护能力由量变到质变的转变。突破“双碳”关键技术，为实现碳中和筑牢基础。

（四）深化能源革命综合改革试点

引深能源革命综合改革试点工作，加快煤炭先进产能释放，抓好煤炭智能绿色开采和清洁高效深度利用，大力推动煤电节能降碳改造、灵活性改造、供热改造。培育壮大绿色新兴产业，加快推进新材料、高端智能装备、新一代信息技术、节能环保等产业链优化升级，强化技术攻关、试点示范和场景应用。加速现代服务业的培育和发展。大力推动绿色能源发展，推动太阳能、风能、生物质能、地热能、氢能等可再生能源多场景利用。积极谋划低碳示范项目。围绕“双碳”目标和经济转型需求，加快培育低碳产业试点，广泛开展绿色创建，提前做好未来产业和前沿技术的谋划布局，抢占产业竞争发展制高点，积极探索全省生态产品价值核算标准，巩固提升碳汇能力，积极融入全国碳排放权市场化交易。

（五）传承弘扬山西黄河文化

习近平总书记指出：“黄河文化是中华文明的重要组成部分，是中华民族的根和魂。要推进黄河文化遗产的系统保护，守好老祖宗留给我们的宝贵遗产。”①

---

① 《习近平总书记在黄河流域生态保护和高质量发展座谈会上的讲话》，《山西水利》2020年第9期。

弘扬黄河文化，加强黄河文化资源挖掘，系统梳理山西黄河历史文化资源，创新文化传承利用。加大黄河文物保护力度。以文塑旅、以旅彰文，将黄河的历史文化资源转化为文旅资源，深化文旅融合发展，持续打造黄河、长城、太行三大文旅品牌。创新黄河文化特色文创产品，充分利用互联网数字平台，深化"旅游+""文创+"，打造山西黄河文旅文创云平台。讲好山西黄河故事，加强沿黄各省区黄河文化交流，建立黄河文化交流联合平台。同时，加大财政、金融等政策支持力度和体制机制创新力度，让黄河文化在山西焕发璀璨光芒。

参考文献

林武：《在高质量发展上不断取得新突破》，《求是》2022 年第 11 期。

文玉钊、李小建、刘帅宾：《黄河流域高质量发展：比较优势发挥与路径重塑》，《区域经济评论》2021 年第 2 期。

郁庆治、黄敏：《习近平区域生态文明建设思想视域下的黄河流域绿色发展》，《南京工业大学学报》（社会科学版）2022 年第 4 期。

郝宪印、袁红英主编《黄河流域蓝皮书：黄河流域生态保护和高质量发展报告（2021）》，社会科学文献出版社，2021。

《习近平总书记在深入推动黄河流域生态保护和高质量发展座谈会上强调咬定目标脚踏实地埋头苦干久久为功 为黄河永远造福中华民族而不懈奋斗》，《山西水利》2021 年第 10 期。

《黄河流域生态保护和高质量发展规划纲要》，《人民日报》2021 年第 1 期。

林武：《牢记领袖嘱托 扛起时代使命 全方位推动高质量发展 奋力谱写全面建设社会主义现代化国家山西篇章——在中国共产党山西省第十二次代表大会上的报告》，《山西时报》2022 年 10 月 25 日。

B.12
2021~2022年河南黄河流域生态保护和高质量发展研究报告

王建国　李建华　赵中华*

摘　要： 黄河保护治理责在当代，利在千秋。过去的一年，河南在黄河生态流域保护和高质量发展上踔厉笃行、奋勇争先，千方百计稳经济促发展，推动黄河智慧协同治理，坚定推进绿色发展，以整合重塑提升创新动能，聚焦聚力城乡融合，持续深化改革开放，奋力保障改善民生。报告分析了过去一年在党中央的坚强领导下，河南推进黄河流域生态保护和高质量发展所取得的显著成绩，并对当前面临的困难和挑战进行了深入分析。最后，报告从保障黄河安澜、加快转型升级和弘扬黄河文化等方面提出了对策建议。

关键词： 生态保护　高质量发展　河南黄河流域

黄河流域生态保护和高质量发展，是习近平总书记亲自谋划、亲自部署、亲自推动的重大国家战略，是党中央着眼长远做出的重大决策部署。为此，河南省委书记楼阳生明确指出，黄河保护治理责在当代，利在千秋，要切实把思想和行动统一到习近平总书记重要讲话上来，要牢记殷殷嘱托，心怀“国之大者”，坚定扛稳政治责任，以“功成不必在我”的境界和“功成

* 王建国，河南省社会科学院城市与生态文明研究所所长、研究员，主要研究方向为宏观经济、区域经济和城镇化；李建华，河南省社会科学院城市与生态文明研究所助理研究员，主要研究方向为城市生态；赵中华，管理学博士，河南省社会科学院城市与生态文明研究所助理研究员，主要研究方向为区域经济。

必定有我”的担当，在推动黄河流域生态保护和高质量发展上踔厉笃行、奋勇争先，把黄河建设成为造福人民的幸福河，以优异成绩迎接党的二十大胜利召开。

一　2021年河南推进黄河流域生态保护和高质量发展的主要举措

一年来，全省上下守望相助，奋力抗击自然灾害和新冠肺炎疫情，排除万难，推动经济社会稳中求进，全省人民展现出坚忍不拔、勇毅前行的精神气概，各项工作取得显著成效。

（一）全力以赴防疫救灾，守住社会安全底线

2021年对河南而言，是多灾多难的一年。这一年，河南经历了三次影响较大的新冠肺炎疫情和一次特大洪水灾害。三次疫情加一次洪水导致仅省会郑州一城封城总时长就多达65天。根据国务院灾害调查组的调查报告，2021年7月13~23日，在河南遭受特大暴雨和洪涝灾害期间，共有150个县（市、区）超过1400万人受灾，全省因灾死亡失踪人数多达398人，直接经济损失超过1200亿元①。放眼全国，这些情况实属罕见。

面对疫情反复，省委疫情防控工作小组先后9次召开专题会议部署工作，按照早发现、早报告、早隔离和早治疗的要求，严格管控传播源头，实施人、环境同防同控。截至2021年底，实现居民累计新冠疫苗接种超过1.9亿次。在疫情防控中，河南省对每个县（市、区）的隔离点提出了具体的指导意见，不断强化对全省范围内隔离点的管控。过去一年，河南继续加大了对机场口岸、医疗院所、农贸交易市场、铁路站、高速公路车站等重要公共场所从业服务和环境保护的检查监督管理。此外，在疫情防控的同时，不断完善提升应急处置体系，通过网络媒体及时播报疫情信息。针对突发的特大暴雨灾情，河南省立即启动了防洪一级响应，紧急转移安置群众224万人次，并及时展开了灾后重建工作，在第一时间内努力修复受害区域的人民生

① 资料来源：《国务院灾害调查组河南郑州“7·20”特大暴雨灾害调查报告》。

产生活社会秩序。回顾2021年，面对复杂的防疫救灾形势，河南省总体上守住了社会安全的底线。

（二）千方百计纾难解困，稳定经济促进发展

2021年，河南省针对经济发展中的堵点和各类经济主体面临的共性问题，制定了一系列纾困措施。过去的一年，河南省进一步巩固“项目建设为王”的明显取向，滚动推进“三个一批”行动，即签订一大批、开建一大批、投资一大批，扎实做好“六稳”“六保”。面对灾后重建，河南制定出了一揽子政策，以推动国家重大基础设施恢复建设，通过加大信贷纾困力度、减轻企业负担，帮助市场主体恢复正常经营。省级政府财政部门也通过对受灾耕地补种改种进行补贴，助力农民恢复农业生产。

在河南省委、省政府的坚强领导下，2021年河南经济表现出了较强的韧性。2021年全省地区生产总值达到58887.41亿元，同比增长6.3%，其中第一、二、三产业同比分别增长6.4%、4.1%、8.1%①。从需求侧来看，河南总体也呈现稳步改善的态势。2021年河南固定资产投资同比增长4.5%，其中工业投资增长较快，同比增长11.7%，超过全国总体水平0.3个百分点。通过实施各类刺激居民消费的措施，2021年全年，河南省社会消费品零售总额增速与全国差距较一季度缩小了1.6个百分点。②

（三）着力打造黄河实验室，推动智慧协同治理

经河南省委、省政府积极谋划和大力推动，多方专家论证，各相关部门奋力准备，2021年10月20日，河南省黄河实验室正式揭牌运行，其是河南省第三家省级实验室。黄河实验室聚焦流域生态系统、水沙调控、水资源利用、水工程以及流域高质量发展五大领域。同时，通过建设数字孪生黄河、黄河模拟器，建立起数字化、智慧化全景虚拟黄河，进而打造黄河流域生态环境协同治理的平台，使黄河生态治理上下游、左右岸协同联动更为便捷、有效。不仅如

---

① 资料来源：《2021年河南省国民经济和社会发展统计公报》。

② 河南省统计局：《2021年河南省经济运行情况》，河南省人民政府网站（2022年1月27日），http://www.henan.gov.cn/2022/01-27/2389351.html，最后检索日期：2022年8月27日。

此，黄河实验室还瞄准黄河流域系统治理国际前沿，以国际化的视野开放合作，围绕黄河保护治理，在全球范围内广泛开展跨界交流、多领域协同、跨文明对话。

为在省内外更好地实现协同治理，河南省积极推进黄河流域横向生态补偿工作。2021 年初，河南印发《河南省建立黄河流域横向生态补偿机制实施方案》，明确要求郑州、开封、洛阳、安阳、鹤壁、新乡、焦作、濮阳、三门峡、济源示范区等沿黄九市一区保护责任共担、流域环境共治、生态效益共享，共同建立市场化、多元化横向生态保护补偿机制。2021 年 5 月，《山东省人民政府河南省人民政府黄河流域（豫鲁段）横向生态保护补偿协议》对外发布，河南省与山东省在黄河流域率先建立了省际横向生态补偿机制。

（四）坚定推进绿色发展，持续改善生态环境

2021 年，河南推出了诸多重要举措。通过淘汰落后产能、实施改造升级，继续深入推进大气污染防治；通过推动实施“一河一策”水体防治规划，扎实推进水体严重环境污染防控；通过继续深入开展土地和重金属行业的清理整改，扎实推动土地环境污染防控。针对黄河流域区域生态保护和治理，发布了黄河流域水污染排放标准，组织开展“绿盾 2021”专项行动，加强对全省自然保护区的生态保护。此外，过去一年，河南还通过全面开展农业面源监督指导、危险废物专项整治行动以及加强源头防控和过程管控来提升生态环境质量。

通过这些举措，河南生态环境持续得到改善。大气环境全年优良天数同比增加 11 天，达到 256 天，超额完成国家目标 30 天，7 项空气污染物浓度指标全面下降。水环境质量持续向好，地表水水质优良，Ⅰ~Ⅲ类水体比重为 79.9%，好于国家下达目标 6.1 个百分点，Ⅴ类水质断面已经全面消除。黄河流域 35 个国家考核断面，Ⅰ~Ⅲ类水质断面 30 个，黄河干流出省境断面稳定在Ⅱ类水质。土壤环境保持总体稳定，农用地土壤环境保持良好。①

（五）大力推动整合重塑，提升创新发展动能

2021 年，为更好地汇聚创新资源、激发创新潜能，河南省进行了大刀阔

① 河南省生态环境厅：《2021 年河南省生态环境状况公报》。

斧的改革。2021 年 7 月 17 日，由解放军信息工程大学、郑州大学和中国电科二十七所等单位共同发起组建的新型科研机构——嵩山实验室揭牌，这是河南第一家省级实验室，由此正式拉开了重振实验室体系的序幕。同年 9 月 23 日、10 月 20 日，神农种业实验室与黄河实验室相继揭牌成立，河南在 100 天内完成了首批实验室重塑性改革。不仅如此，为落实好省委“建设国家创新高地”的重大战略部署，根据河南省委书记楼阳生的指示，河南对河南省科学院进行了重建重振。重组后的河南省科学院核定事业编制 3000 名，下设基础学部、产业学部、未来学部三个学部。

通过一系列举措，河南创新体系进入全新的发展阶段。2021 年各类科技型和高新技术企业数量增长超过 30%，全社会研发投入首次超过 1000 亿元，荣获国家科技进步等相关奖励 17 项，战略性新兴产业对规模以上工业增加值增长贡献率超过 40%。

（六）聚焦聚力城乡融合，推动区域协调发展

为进一步缩减城乡发展差距、更好地推进城乡协调发展，2021 年河南实施了多项举措，加快农业发展，实现农民进一步增收，大力推动农村产业发展。扎实推进现代农业产业园建设，吸收超过 130 万农民入园就业。同时，在这一年里，还扎实推进了县域放权赋能、财政直管和“一县一省级开发区”改革。此外，为更好地发挥郑州国家中心城市对周边城市的引领带动作用，2021 年 12 月 27 日，河南省对外宣布，郑州都市圈由“1+4”拓展为“1+8”，即形成以郑州为核心，以许昌、新乡、开封、焦作、洛阳、平顶山、漯河、济源八个城市为圈际的都市圈体系。

通过一年的努力，2021 年河南省脱贫户年人均纯收入达到 14362 元，增长幅度超过 10%，农村居民人均可支配收入同比增长 6.5%，共创建国家优势特色农业产业集群 4 个，新增家庭农场 1 万家、农民专业合作社 9023 家，乡村振兴迈出了坚实的步伐。同时，这一年里，河南区域中心城市、重要节点城市建设也取得新进展，全省常住人口城镇化率提高了约 1.5 个百分点①。

① 《2022 年河南省政府工作报告》，中国经济网（2022 年 1 月 14 日），http：//district. ce. cn/newarea/roll/202201/14/t20220114_ 37258451. shtml，最后检索日期：2021 年 6 月 19 日。

（七）持续深化改革开放，加速释放经济活力

2021 年，河南加快推进放权赋能，分别向郑州市、洛阳市和郑州航空港区下放省级经济社会管理权限超过 290 项、280 项和 120 项，赋予县（市）255 项省辖市级管理权限。截至 2021 年末，国企改革三年行动计划任务已经完成逾 95%，超过全国平均水平。改革为民，人民的期盼就是改革的最大动力。2021 年，在卫生、教育、社会保障、就业、医疗服务等方面，出台了多达 170 余项的政策，中小企业融资项目承诺制和投资项目核准制改革已全面落实。通过一系列变革与创新，“掌上办”已形成了服务习惯，近 800 项行政服务项目已实行了全国通办。

2021 年河南在对外开放上迈出更大步伐。一方面制度性开放加速推进，其中自贸实验区建设不断深入，2.0 版开启建设步伐，对外政务服务、多式联运等革新走在全国前列。另一方面在畅通开放渠道上，2021 年，河南从空中、陆上、网上、海上四路并进，建设多条“丝绸之路”，加速联通世界。

（八）全力保障改善民生，全面共享发展成果

通过一年的努力，河南的民生得到持续改善。在稳定就业方面，出台了促进 2021 年高校毕业生更加充分更高质量就业若干政策措施，鼓励企业扩大就业规模，支持多渠道灵活就业。为深入贯彻落实中央关于教育评价改革和“双减”工作部署要求，出台针对性政策，要求严格压减小学义务教育阶段学生的考试次数，大力推动“双提”“双改”“双考”“双评”，实现课后延时服务全覆盖。此外，扎实推进“双一流”高效建设。在医疗卫生方面，2021 年，获批了 3 个国家级区域医疗中心建设试点项目，推动全省范围内 43 所县级医院达到国家三级医院水平。此外，积极推动黄河国家博物馆等一批重大项目开工开建。全民健身活动广泛开展，政法队伍教育整顿扎实推进。

二　河南推进黄河流域生态保护和高质量发展面临的难题与挑战

过去的一年，成绩取之不易，特别是在防汛抢险救灾中，在习近平主席和

李克强总理亲自关怀和指导下，上下连心、众志成城，并获得了兄弟省份和社会各界尤其是人民解放军和武警官兵的倾力相助。但同时也要清醒地认识到，工作之中也存在诸多问题。未来，河南持续推进黄河流域生态保护和高质量发展，还面临一些难题和挑战。

（一）黄河水患风险依然存在

从水患的角度来说，河南乃至整个黄淮地区的困境都与黄河有重大关系。黄河水患主要有两方面的问题。一是历史上黄河水灾频发。尽管近些年没有发生大的黄河水灾，但是不得不说，历史上的黄河流域不但时常发生洪涝灾害，每次洪水给流域人民所带来的灾难也令人谈之色变。二是黄河河道的游荡性。历史上，黄河经历了26次较大的改道，尤其是中下游，产生了6次影响巨大的改道，令河南、河北、山东、安徽、江苏五省遭受影响，形成了广阔的黄泛区。对河南而言，黄河不但面临洪水灾害威胁，还有泄洪不畅的问题。在河南地域内，黄河河床海拔普遍高于城市地平面3~5米，导致黄河河道不具备泄洪的物理条件。当面临重大暴雨灾害时，泄洪渠道有限，河南大部分县市只能长距离向淮河流域泄洪。

（二）防灾救灾体系不够完善

防灾救灾体系是保障人民生命财产安全的关键，是人们应对重大灾害的最后屏障。尽管近些年河南花大力气提升防灾救灾能力，但是面对保障人民安全的重大任务，依然任重道远，尤其是郑州“7·20”特大暴雨灾害，使防灾救灾体系的问题更为充分地暴露出来。一是抗灾救灾的领导体系还需完善，一些领导干部缺乏风险意识和底线思维，党委政府统一领导力不足；二是城市建设理念有待提升，一些重要城市在建设过程中存在明显的“重面子、轻里子”问题；三是预警与响应联动机制不健全等问题突出；等等。

（三）创新能力还不够强

习近平总书记指出，创新是经济发展的第一动力。同时，创新也是各区域面临新形势、实现新突破的关键所在。在过去一段时间内，河南省创新能力虽然得到了明显提升，但与我国经济相对发达省份相比，与沿海地区相比，还有较大的差距。一方面，作为创新的主体，河南的高新技术企业数量和质量均与其经济地位不相匹配，尤其缺乏能够对我国产业链、创新链产生重大影响的龙头型、链长型企业。另一方面，河南创新人才尤为缺乏，高精尖人才数量明显低于全国平均水平。截至2021年，全国拥有超过1600名院士，在豫工作的仅有约30位，仅占全国的2%。此外，优质高等教育资源的贫乏，也是导致河南创新人才不足的重要因素。

（四）产业层次仍然偏低

产业结构是一个国家和地区经济发展质量的直接表现，直接影响着地方的经济实力、发展潜力和区域竞争力。尽管在“十三五”期间，河南经济产业结构明显优化，取得了巨大的进步，第三产业成为三次产业中的第一大产业，但放眼全国，河南省产业层次在全国范围内依然偏低。截至2021年末，在工业领域，河南传统产业占规模以上工业的比重仍然偏重，为48.4%，而战略性新兴产业增长占规模以上工业的比重仅为24.0%。在服务业领域，批发零售业、运输仓储和邮政业、房地产业和租赁服务业等传统行业依然占据整个第三产业的大部分，而代表未来发展方向的科技、教育、总部经济、金融、咨询信息、创意设计等现代高端服务业占比相对较小。

（五）城乡发展差距较大

如何实现城乡均衡发展一直是困扰发展中国家的一个重要问题，中国作为发展中国家亦尚未解决这一难题。城乡差距超过一定范围，会对整个社会发展的均衡性带来重大影响，阻碍社会公平，影响经济健康、可持续发展。也正是意识到这些，在过去相当长的一段时间内河南都在积极努力尽可能缩小城乡发展差距，推动城乡协调发展、共同发展。但缩小城乡差距，并非易事。截至2021年末，河南城乡居民可支配收入比为2.12，明显高于沿海地区，与中部地区省份比也不尽如人意。此外，在教育资源投入、文旅和卫生资源配比上，河南城乡差距均有较大的提升空间。

（六）社会事业发展存在短板

河南是经济大省，也是人口大省，由此居民就业是民生领域的一个十分重要的内容，关乎全省大局。然而，面对大量的高校毕业生、退役军人和农民工，河南虽然十分努力地稳定就业、保障就业，但依然存在大量的低收入群体。在教育方面，河南义务教育阶段未实现教育资源均衡发展一直是居民迫切需要解决的难题，河南优质高等院校缺乏已经成为明显阻碍经济社会发展的短板。另外，民生领域的“看病难、看病贵”问题也一直困扰河南，一方面乡村医疗机构不论从能力还是数量上，均无法满足农民居民的看病需求；另一方面优质医疗资源偏少，且过度集中在中心城市，重大疾病患者看病拥挤、看病贵。

三　河南推进黄河流域生态保护和高质量发展的对策建议

（一）增强底线思维，在保障黄河安澜上筑牢新防线

底线思维是管理学上严格评估决策风险，估算可能出现的最坏情况，并制定相应预案，从而处变不惊，守住最后防线。对河南来说，黄河流域生态保护和高质量发展也需要树立“于安思危，于治忧乱”的忧患意识，自觉把底线思维贯穿于黄河流域生态保护和高质量发展的各项具体工作实践和工作风险的管理过程中，以底线思维面对风险挑战，才能筑牢防线、确保黄河安澜和人民群众生命安全。一是要充分做好准备迎接未知风险，做好思想准备，避免轻敌、麻痹、侥幸思想，宁可出现十防九空的情况，也不让失防万一的局面出现。做好物资力量准备，立足防大汛、抢大险、抗大灾，用大概率思维应对特大暴雨等极端天气以及有可能发生的重大自然灾害，开展沙袋、石料等物资储备和更新补充，预置各种抢险救援力量，将物资力量储备保障工作做早做足。二是要彻底排查风险隐患，加强工程运行设施维护管理和关键部位巡查除险，抓好隐患排查整治、水毁防洪工程修复、城市排涝设施整治、群众转移避险等防汛备汛工作，确保黄河安全度汛。三是制定完善应急抢险预案，聚焦紧急避险、应急抢险开展实战化演练，做到人员转移、撤离路线、避险安置等协同高效，全力守护人民群众生命安全。

（二）落实“四水四定”，在节约集约用水上迈出新步伐

“以水定地、以水定产、以水定城、以水定人”是水资源管理的新遵循，

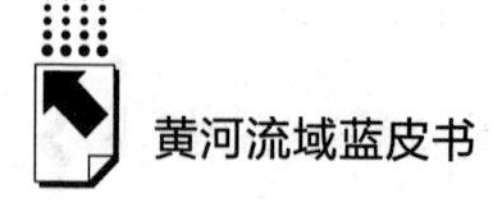

落实“四水四定”是谋划和推动黄河流域生态保护和高质量发展的重要前提。在这个刚性约束理念指导下，必须持续深化水资源供给侧结构改革，以供定需、量水而行，才能加快推动水资源利用方式由粗放向节约集约转变。一是严管用水。实行最严格的水资源管理制度，对非农取用水全部实行用水计划管理，加强取水许可事中事后监管，从源头上严控水资源开发利用总量。二是科学调水。用好地表水，以水源工程和水网工程建设为重点，提高黄河干流和支流储水能力，形成常规水源、应急水源、战略储备水源三级保障；严控超采地下水，加强地下水超采综合治理，修复和提升地下水生态系统；调控“天上水”，集蓄利用雨洪水；多用再生水，加强污水资源化利用，合理布设再生水回用管线设施，满足环卫、绿化景观和生态补水等用水需求。三是全面节水。建设节水型社会。推进农业节水增效，积极推广高效节水灌溉技术，抓好输水、灌水、用水全过程节水。促进工业节水减排，加强工业节水技术改造和循环用水，严格落实节水“三同时”制度。抓好城镇节水降损工作，严格控制城市供水管网的“跑、冒、滴、漏”，严格规范高耗水服务行业的用水管理，积极倡导生活节约用水，全面推广使用节水型器具，切实把节水贯穿于经济社会发展和人民群众生产生活全过程。

（三）统筹保护治理，在改善生态环境上取得新成效

河南省黄河流域生态保护和高质量发展要全面贯彻新时代治黄基本方略，统筹环境保护治理和生态建设，持续提升生态环境质量。一是强化污染防治。实施大气、水、土壤污染防治及农业农村污染治理四大攻坚战，大气污染防治攻坚战着力遏制高耗能高排放项目，消除重污染天气；水污染防治攻坚战着力整治城市黑臭水体，黄河国考断面消除劣Ⅴ类；土壤污染防治攻坚战着力强化土壤污染源头防控，推进土壤污染风险管控和修复，提升土壤环境监管能力；农业农村污染治理攻坚战着力推进农业生活污水治理、农业面源污染治理，推动农业绿色低碳发展。二是推进矿山综合整治和生态修复行动。利用在线监控、卫星遥感等科技手段，严厉打击露天矿山非法开采，开展历史遗留矿山问题整治，对一些老矿区、老矿山开展资源整合，重新确定开发和修复主体，实现集约开发和整体修复。加强黄河滩湿地保护与恢复，完善湿地保护治理体系，提高湿地涵养水源、保持水土和固沙能力，防治水土流失。三是继续实施大规模国土绿化行动。实施“森林河南生态

建设”工程，重点推进森林抚育改造，坚持封山育林、人工直播造林、飞播造林，促进林业产业化发展。建立森林防火预警监测系统，建立林草有害生物绿色防控体系，提升森林质量。

（四）强化创新驱动，在加快转型发展上实现新突破

推动黄河流域生态保护和高质量发展，必须以科技创新为动力，依靠科技创新，把发展的路径转变到绿色低碳发展的道路上。强化创新驱动，一是着力抓好重大创新平台建设，推动重构重塑省实验室体系，加快谋划建设龙门实验室、中原关键金属实验室、现代免疫实验室、食品实验室等新一批省实验室。重建重振省科学院，促进中原科技城、国家技术转移郑州中心“三合一”融合发展，推动超短超强激光平台（中原之光）项目建设，全力打造科技创新策源地。二是着力抓好产业转型升级。加快改造升级传统产业，推动钢铁、有色金属、建材、化工等传统产业向产业链中高端延伸，实现产业高端化、智能化、绿色化发展。重点培育战略性新兴产业，聚焦信息技术、生物医药、新能源、节能环保以及高端装备、功能材料等新兴产业，谋划实施一批重大创新项目，推动产业掐尖领跑，培育带动新兴产业集群。谋篇布局未来产业，对量子信息、类脑智能、未来网络、氢能与储能、碳基电子新材料等产业进行前瞻布局，推动产业破冰引领，培育形成若干未来产业的新增长极。三是培育创新人才团队，搭建人才数据库，组织实施“中原英才计划（育才系列）”等相关计划，实现人才的“全球选、河南用”。

（五）文旅文创融合，在弘扬黄河文化上彰显新作为

实施文旅文创融合战略，通过旅游和创意赋能，将黄河流域的历史文化资源优势转化为文旅文创产品和业态，以文塑旅、以旅彰文，充分凸显黄河文化地域特点和魅力。一是抓好历史文化遗产保护和历史文化资源利用。系统梳理黄河流域历史文化资源，把准黄河文化内涵外延，把那些在中华文明演进历程中具有重大价值和影响的历史文化资源开发出人类起源、文明起源、国家起源等主题文化线路，打造“行走河南・读懂中国”品牌。二是强化创意引领文创产业。利用数字赋能，搭建文旅文创云平台，鼓励文旅机构、文创企业、设计团队、非遗“匠人”等推出具有颠覆性创意的文创产品。三是打造具有国

际影响力的黄河文化旅游带，整合串联郑汴洛优质资源，发展乡村旅游、红色旅游、休闲旅游，建设“快进慢游深体验”的文化旅游目的地。四是创新文旅文创融合发展体制机制，推动文旅文创跨界融合发展的创新方式和模式，做好顶层设计，建立试错机制，以制度保障激发创新意识。

（六）实施新型城镇化，在区域协调发展上打开新局面

推进实施以人为核心的新型城镇化战略，是构建双循环新发展格局的重要支撑，也是河南实现“两个确保”的坚实支撑。实施以人为核心的新型城镇化战略，一是重塑城镇化发展新格局。推动中心城市“起高峰”，加快提升郑州国家中心城市能级，建设现代化郑州都市圈。增强洛阳和南阳副中心城市的辐射带动能力，推动洛阳与周边的三门峡、济源协同发展，建设豫西转型创新发展示范区，支持商丘、周口建设豫东承接产业转移示范区。发展壮大开封、鹤壁等重要节点城市，助力形成城镇化新发展格局。二是推动县域经济高质量发展。引导县域经济因地制宜特色化发展，积极发展县域特色产业集群，提升县城品质和承载能力，推进县城扩容提质，推动符合条件的地方撤县设市，促进人口集聚、产业集中和功能集成，促进县域经济“成高原”。三是着力打造宜居韧性现代化城市。提高城市规划建设水平，优化城市生产、生活、生态空间，传承历史文脉，提高审美水准，实施城市更新，提升城市治理精细化、智能化水平，打造宜居、创新、韧性、智慧、绿色、人文城市。

（七）推进乡村振兴，在建设现代农业强省上做出新成绩

黄河流域生态保护和高质量发展最艰巨最繁重的任务在农业农村，迫切需要补齐农业农村短板弱项，畅通城乡经济循环，推动城乡协调发展。一是守牢粮食安全和不发生规模性返贫两条底线。河南是重要粮食大省，扛稳粮食安全重任既是政治责任，也是首要底线，必须落实好“藏粮于地、藏粮于技”战略，抓住种子和耕地两个关键，夯实粮食生产物质基础。保持脱贫地区帮扶政策举措和工作力度不减弱，持续加大在产业就业、基础设施、公共服务等方面的后续扶持力度，确保不发生规模性返贫和新的致贫。二是有序推进乡村建设。落实村庄规划，完善和提升交通、电力等基础设施服务网络，以生活垃圾与污水治理、厕所革命、村容村貌提升为重点持续整治农村人居环境。加强乡村治理，抓

好乡村基层组织建设、精神文明建设和平安乡村建设，推进乡村移风易俗，建设文明乡村。三是增强农村发展活力。发展乡村富民产业，推动乡村产业特色化、融合化、绿色化发展，走质量兴农、绿色兴农、品牌强农之路。推进农村宅基地制度改革、农村集体产权制度改革，发展壮大新型农村集体经济，健全农业专业化社会化服务体系，推动各类人才返乡创业、下乡服务。

（八）拧紧责任链条，在狠抓工作落实上展现新气象

黄河流域生态保护和高质量发展工作涉及的地域广、人口多，任务异常繁重，推进这项重大系统工程，需要增强紧迫感和使命感，切实增强工作的积极性、主动性。一是建立健全工作机制。省领导小组负责牵头协调工作，协调解决跨区域重大问题，各地相关职能部门履行主体责任，加强组织动员和推进实施，形成任务落细、工作落实、责任落地的工作闭环，协同推进各项工作。二是坚持项目为王，对当下急需的工程和项目要加快推进，对具有示范性、引领性、标志性的工程项目，要加大土地、资金要素保障力度，做好用地、环评等项目的前期工作，围绕生态修复、污染防治等领域创新融资方式，保障项目顺利推进，早见成效。三是加强宣传报道，引导全社会鼎力支持和积极参与保护母亲河、建设幸福河的实践，为创建水清、河畅、岸绿的幸福河贡献一分力量。

参考文献

谷建全：《补齐短板破除瓶颈深入推动高质量发展》，《河南日报》2021 年 4 月 29 日。

河南省社会科学院课题组：《河南实施新型城镇化战略的时代意义和实践路径》，《中州学刊》2021 年第 12 期。

程旭、马细霞、肖遥等：《黄河中游河南段设计洪水及其地区组成研究》，《中国农村水利水电》2022 年第 4 期。

谷建全：《河南经济运行分析与走势预测》，《区域经济评论》2021 年第 5 期。

耿明斋：《推动河南经济高质量发展》，《河南日报》2019 年 1 月 13 日。

陈耀：《新时代推动中部地区高质量发展的新思路》，《区域经济评论》2021 年第 3 期。

B.13
2021~2022年山东黄河流域生态保护和高质量发展研究报告

郝宪印　钱 进*

摘　要： “三个走在前”是习近平总书记对山东工作的明确要求，也是新时代山东深入贯彻落实黄河国家战略的历史使命。在新发展阶段，山东锚定“走在前列、全面开创”“三个走在前”总遵循、总定位、总航标，奋力开创新时代社会主义现代化强省建设新局面。本报告分析了“三个走在前”对山东落实黄河国家战略提出的新要求，总结了山东贯彻落实黄河国家战略取得的新进展，分析了近年来山东深入推动黄河国家战略面临的新形势，建议提升山东半岛城市群产业龙头引领力、强化山东向海开放的腹地辐射力、增强黄河三角洲生态承载力、提高黄河下游水资源安全力、弘扬优秀齐鲁文化影响力和塑强黄河流域区域协同创新力等“六力”，助力山东黄河流域生态保护和高质量发展。

关键词： 生态保护　高质量发展　山东黄河流域

党的十八大以来，习近平总书记多次到山东视察工作，为山东经济社会发展把脉领航。2021 年 10 月，习近平总书记来到地处黄河下游的黄河三角洲，亲临现场视察黄河流域生态保护和高质量发展，再次对山东经济社会发展提出明确要求，“努力在服务和融入新发展格局上走在前、在增强经济社

* 郝宪印，山东省政协常委、文化文史和学习委员会副主任，山东社会科学院原党委书记、二级研究员，主要研究方向为区域发展、黄河流域创新发展；钱进，经济学博士，山东社会科学院经济研究所（生态文明研究院）助理研究员，主要研究方向为区域经济、黄河战略。

会发展创新力上走在前、在黄河流域生态保护和高质量发展上走在前，不断改善人民生活、促进共同富裕，开创新时代社会主义现代化强省建设新局面。”① 习近平总书记的重要指示，着眼全国大局、把握时代大势，为山东经济社会发展指明了方向、确定了任务。山东锚定“走在前、开新局”，立足新发展阶段，完整、准确、全面贯彻新发展理念，坚持一张蓝图绘到底，努力在黄河流域生态保护和高质量发展上开展新实践、做出新探索。

一 “三个走在前”为山东落实黄河国家战略提出新要求

习近平总书记系列重要指示要求，是新时代山东发展的目标定位，是山东现代化强省建设的全过程引领。因此，应不断深入贯彻落实黄河国家战略，必须自觉对标“三个走在前”的指示要求，埋头苦干、久久为功，不断推动各项工作走深走实。

（一）更好服务和融入新发展格局

山东产业门类齐全，在国内国际循环中承担着重要功能，“努力在服务和融入新发展格局上走在前”，就是要求山东要善谋一域、增色全局。新发展阶段，在双循环新发展格局下，山东持续深入推进新旧动能转换，生态保护和高质量发展正处在关键时期，2022 年更是山东新旧动能转换从三年初见成效向五年取得突破的关键之年。山东牢牢抓住“生态保护”和“高质量发展”两条主线，贯彻新发展理念，从建设黄河流域生态保护先行区、构筑黄河长久安澜示范带、创造滩区居民幸福美好新生活、争当沿黄高质量发展排头兵、提升山东半岛城市群竞争力、打造黄河流域对外开放新高地、深入挖掘阐发黄河文化、努力讲好山东“黄河故事”等方面积极探索与实践，发挥自身优势和特色，积极服务和融入新发展格局。

（二）不断增强经济社会发展创新力

坚持守正出新，承载着几千年的创新基因，“在增强经济社会发展创新力

---

① 《牢记嘱托走在前　勇担使命开新局　为建设新时代社会主义现代化强省而努力奋斗》，https：//baijiahao. baidu. com/s？ id = 1735198657362437168&wfr = spider&for = pc。

上走在前”，要求山东勇于实践探索，强化科技创新引领，在黄河流域创新发展上先行先试。更进一步来说，增强经济社会发展创新力，是高标准、全方位、可持续的创新，不是某一领域或某一方面的创新，而是对创新提出的更高发展目标和要求①。必须抓好重点领域和关键环节的创新，在新发展格局中塑造新优势，从科技研发、人才引育、营商环境、数字变革、产业生态、要素保障、民生改善、风险防控、文化宣传、推进落实等10个领域，更多发挥先发优势，启动引领型发展。这“十大创新”，涵盖经济社会发展的重要领域，是新时代山东经济社会高质量发展的主攻方向，也体现了山东前瞻性思考、全局性谋划。创新是发展的不竭动力，应坚持注重创新引领，更加重视创新发展的突出作用，拿出新举措、试点新项目。深入实施创新驱动发展战略，统筹落实各项改革发展任务。积极发挥企业家作用，充分激发企业家在经济社会发展中的能动性和创造性，在实践中大力弘扬企业家精神。促进企业更充分地参与市场活动，增强企业核心竞争力，提升企业的创新能力，努力把企业打造成为强大的创新主体，带动全社会形成创新发展的浓厚氛围。

（三）在生态保护中推进高质量发展

山东地处黄河下游，是全流域唯一的沿海省份，承担着流域向海扩大开放的重要目标任务。“在黄河流域生态保护和高质量发展上走在前”，是对山东贯彻落实黄河国家战略的具体要求，应积极发挥山东在黄河国家战略中的龙头作用，切实担负起历史赋予的使命和重任，在生态保护中不断推进全流域高质量发展。山东积极发挥自身优势，坚持区域核心引领，塑优“一群两心三圈”区域发展布局，在高质量发展上深入探索。集中力量培育济南新旧动能转换起步区的新动力源，集聚能力、蓄积优势壮大“十强”现代优势产业集群，打造具有强大辐射力和带动力的现代化、国际化山东半岛城市群。全方位贯彻“四水四定”原则，发挥黄河水资源区位作用，在改善民生工程中加快现代水网体系建设。严格按照国家有关规定和要求，坚持生态优先原则，高标准、高规划推进东平湖、大汶河等重点区域生态修复，积极探索黄河下游绿色生态廊道建设。实施流域防

① 《创新力，引领型发展的底层逻辑》，https：//baijiahao.baidu.com/s？id=1714920477674086742&wfr=spider&for=pc。

洪减灾工程，提升有效抵御自然灾害风险的能力，构建安全可靠的水旱灾害防御体系，科学划定生态保护红线、永久基本农田、城镇开发边界等。

二　山东贯彻落实黄河国家战略取得新进展

黄河流域生态保护和高质量发展重大国家战略为新时代山东经济社会发展带来了难得的历史机遇，作为落实黄河战略的重要阵地，山东坚持不断守正创新、勇于探索，深入贯彻落实习近平总书记对山东工作的指示和要求。通过持续淘汰落后动能，培育壮大新动能，加大黄河流域生态保护力度，提升黄河流域高质量发展水平，新旧动能转换加速推进。山东强化使命担当，黄河国家战略政策支撑体系不断完善、黄河滩区生态治理与民生改善同步推进、黄河三角洲生态环境持续优化、山东半岛城市群“龙头”作用加快提升，推动黄河流域生态保护和高质量发展取得显著成效。

（一）黄河国家战略政策支撑体系不断完善

山东坚持整体谋划、明确分工、压实责任，全力保障黄河国家战略各项任务落地落实，构建起“省负总责、市县抓落实”的工作推进机制。统筹推进黄河重大国家战略深入贯彻实施，形成“1+N+X”规划政策体系，组织开展沿黄地区普查大调研，谋划一批重大平台、重大工程、重大项目（见表1）。

表1　“十三五”时期黄河流域山东政策支撑体系情况

1	形成“1+N+X”规划政策体系	编制《山东省黄河流域生态保护和高质量发展规划》，制定国土空间、生态环保、文化保护传承、水利建设、东平湖生态保护和高质量发展等9个专项规划，推出黄河保护治理、黄河流域非物质文化遗产保护传承弘扬实施方案、支持黄三角农高区高质量发展等政策措施
2	组织开展沿黄地区普查大调研	形成“1+7+25”调研报告和黄河流域国土空间地理信息“一张图”等成果
3	谋划一批重大平台、重大工程、重大项目	济南新旧动能转换起步区、黄河口国家公园、儒家文化区等50多个重大事项列入国家规划纲要

资料来源：根据山东省人民政府新闻办公室有关资料整理。

（二）黄河滩区生态治理与民生改善同步推进

山东聚焦“根治水患、防治干旱”，坚定不移把黄河安澜、守护人民生命安全摆在突出重要位置，全面完成黄河滩区脱贫迁建工程和建成黄河河道标准化堤防，完成黄河下游及东平湖蓄滞洪区防洪工程建设，近60万黄河滩区群众实现了“安居梦”。2021年，有效应对1985年以来最严重秋汛、1988年以来最大洪水，确保了“人员安全、堤坝稳固、水不漫滩”。完成128条中小河道防洪治理、2420座病险水库除险加固和流域面积3000平方公里以上骨干河道治理，大汶河全流域防洪能力提高到50年一遇标准①。2021年累计投资371亿元，临时撤离道路473公里、改造提升旧村台99个，新建护城堤33.9公里，建成村台社区、外迁社区55个。制定涵盖174个行业类别的1045个用水定额，引黄灌区农业节水灌溉面积扩大到5397万亩，强化水资源刚性约束，万元GDP用水量较2019年下降4.44%。配套建设一批学校、幼儿园、卫生室等公共服务设施，统筹建设产业园区项目44个，确保“搬得出、稳得住、能发展、可致富”②。

（三）黄河三角洲生态环境持续优化

加强对黄河三角洲自然保护区的生态修复，持续改善黄河三角洲的生态环境，分级分类优化调整功能分区，推进黄河入海口湿地与水系联通工程。建立省级重点项目库，实现项目统筹谋划、动态调整和精细管理，封闭管理重要生态功能区，完善其生态功能，严厉打击各类违法违规行为。根据黄河三角洲湿地的特征和地貌设立河口生态保护区，设立相关规章制度提升和改善黄河下游河道生态功能，实行最严格的生态环境保护制度，牢固树立山水林田湖草生命共同体理念，实现生态保护与经济社会协调发展③。举行两次重点项目开工活动，2021年总投资1600多亿元，已完成投资近1800亿元。黄河三角洲底栖生物已由单一物

---

① 《抓好大保护　推进大治理　山东全力推进黄河流域生态保护和高质量发展》，https：//baijiahao. baidu. com/s？ id＝1716096908599277931&wfr＝spider&for＝pc。

② 《山东全面完成黄河滩区脱贫迁建工程累计投资371亿元》，http：//k. sina. com. cn/article-7517400647-1c0126e4705901p1tm. html。

③ 《山东省黄河流域生态保护和高质量发展规划》。

种增加到了36种不同类型，鸟类由1992年的187种增加到371种，38种鸟类数量超过全球总量的1%，湿地生态系统明显改善，湿地生物多样性显著提升①。

（四）山东半岛城市群“龙头”作用加快提升

习近平总书记对山东贯彻落实黄河国家战略寄予厚望，要求发挥山东半岛城市群龙头作用，推动沿黄地区中心城市及城市群高质量发展。山东作为黄河流域唯一沿海省份，拥有独特的区位优势和发展优势，如有最便捷的出海口、经济实力强、产业门类全、集聚人口多、发展潜力大，东西贯通黄河流域广阔腹地，南北连接京津冀、长三角两大重要城市群，同时也是“一带一路”重要枢纽。山东半岛城市群是黄河流域发展动力格局“五极”之一，GDP、进出口总额等主要经济指标均居沿黄九省区首位，综合优势突出，辐射带动力强。2010~2021年山东GDP稳居沿黄九省区之首，2021年同比增幅为近10年最高，GDP达到8.3万亿元。山东凭借独特的沿海优势，对外经贸优势突出，2021年进出口总额同比增长32.4%，达4216.24亿美元（见图1）。

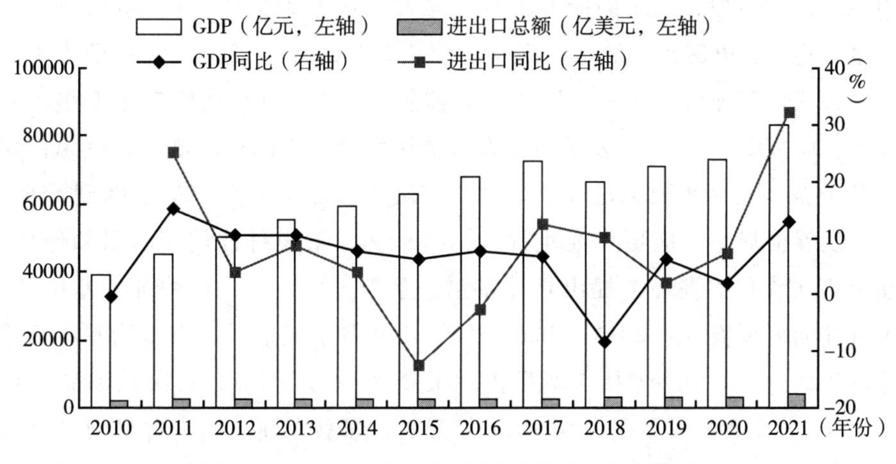

图1　2010~2021年山东GDP及进出口总额情况

资料来源：根据山东统计年鉴（2011~2021）、2021年山东省国民经济和社会发展统计公报有关资料整理。

① 《山东：黄河三角洲修复湿地近30万亩生物多样性显著提升》，https：//baijiahao.baidu.com/s？id=1716173029133600405&wfr=spider&for=pc。

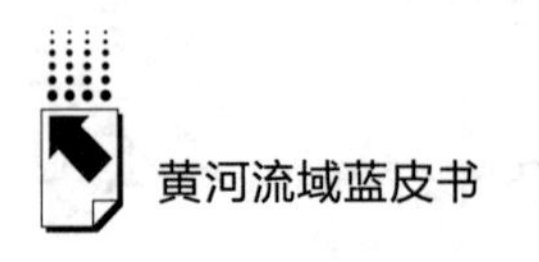

三　山东深入推动黄河国家战略面临的新形势

面对新形势和新要求，山东不断优化思路、完善政策，始终坚持新旧动能转换，坚持淘汰落后产能、改造提升传统动能、培育壮大新动能的总体思路，推动经济社会向绿色低碳、集约高效转型，助推黄河流域生态保护与高质量发展不断走向深入。然而，作为黄河流域的经济大省、开放大省，山东也面临"双碳"约束更加刚性、创新发展需求更加凸显、开放发展功能更加重要、融合发展诉求更加强烈等新的发展形势。

（一）"双碳"约束日趋刚性，引领黄河流域绿色转型发展需求更加迫切

山东是碳排放大省，动能转换曾面临巨大压力，经济发展中有"两个70%"，即传统产业占工业的比重约为70%，重化工业占传统产业的比重约为70%。现阶段，山东的能源消费总量和环境改善也依然面临重大挑战，火电、钢铁、电解铝、地炼等高碳行业企业多，每年煤炭消费总量约4亿吨，二氧化碳排放量约9.5亿吨，均居全国首位，应对气候变化工作压力较大。而2021年8月印发的《山东省能源发展"十四五"规划》提出，到2025年煤炭消费量要减至3.5亿吨，煤炭消费比重由66.8%下降到56%。在新发展格局下，应更加注重提升治理能力，重视科技创新的引领作用，在重要领域和关键环节提出具体举措、拿出具体方案，加快补齐基础性、关键性能力短板。从2015~2020年能源消费量情况来看，山东能源消费总量逐年攀升，其中，煤品消费量占比最高（约为70%），其次是油品（约为15%），值得一提的是，从2018年开始，煤品和油品的占比呈现微降趋势，天然气和电力的占比上升（见表2）。

表2　2015~2020年山东能源消费量

项目	2015年	2016年	2017年	2018年	2019年	2020年
能源生产总量（折标准煤:吨）	39331.59	40137.88	40097.74	40580.50	41390.01	41826.80

续表

项目	2015 年	2016 年	2017 年	2018 年	2019 年	2020 年
煤品(%)	76.51	73.92	72.70	69.32	67.28	66.84
油品(%)	14.72	15.81	16.15	17.54	15.52	13.61
天然气(%)	2.65	3.27	3.79	4.24	5.01	5.83
一次电力(%)	1.05	1.42	1.83	2.75	4.11	4.36
电力净调入(+)(%)	3.95	4.02	4.19	4.89	6.36	7.60

资料来源：根据山东统计年鉴（2021）有关资料整理。

（二）面对黄河流域创新发展新目标，新旧动能转换压力持续存在

沿黄地区经济发展面临较大的绿色低碳转型压力，流域内产业以资源型、重化型为主，产业集中度不高，大多处于产业链条中低端水平。“十三五”期间，山东坚决淘汰落后动能，关闭退出电解铝违规产能 321 万吨、煤炭产能 3767 万吨，压减生铁 970 万吨、焦化 2800 万吨，缩减粗钢产能 2110 万吨。深入开展化工产业安全生产转型升级专项行动，关闭退出不达标化工企业 2000 多家，全省化工园区由 199 家压减到 84 家，累计治理散乱污企业超过 11 万家。仅 2020 年，山东省就压减焦化产能 729 万吨，退出地炼产能 1176 万吨①。虽然山东推出一系列重要举措，但是上游产业占比高、终端产品开发不足的问题并没有得到有效解决，面对国内外新发展格局下的市场竞争和黄河流域产业合作的新课题，山东新旧动能转换的需求压力持续存在。传统产业转型升级压力大、新兴产业创新引领作用不够、高端要素资源集聚能力不强等方面，依然是制约山东经济社会高质量发展的现实短板。

（三）面对黄河流域向海开放新需求，山东开放发展功能更加重要

深入实施新旧动能转换，在制度创新、贸易合作、交流平台、市场体系等领域不断推进改革。2020 年 7 月出台《关于深化改革创新打造对外开放新高

① 李干杰：《山东省政府工作报告》（2021 年 2 月 2 日），http：//district. ce. cn/newarea/roll/20210 2/07/t20210207_ 36299675. shtml。

地的意见》，明确提出打造8个新高地，在制度创新、产业融合、科技创新、区域协同、人才集聚、营商环境等领域构建山东高水平对外开放“四梁八柱”。2021年山东省一般贸易进出口1.95万亿元，同比增长28.1%，占全省进出口总额的66.5%。加工贸易进出口4527.1亿元，同比增长18%；保税物流进出口4067.6亿元，同比增长56.5%。山东对主要市场进出口均实现较快增长，尤其是对共建“一带一路”国家进出口增速超4成。山东对共建“一带一路”国家进出口9376.0亿元，同比增长40.8%，占全省进出口总值的32.0%（见表3）[①]。

表3　2021年山东进出口指标分析

单位：万亿元，%

指标	总额	同比	指标	总额	同比
一般贸易	1.95	28.1	一带一路	0.94	40.8
加工贸易	0.45	18	东盟	0.43	42.7
保税物流	0.41	56.5	欧盟	0.33	37.3

资料来源：根据济南海关、青岛海关有关资料整理。

（四）面向更好地服务全流域发展大局，融合发展诉求更加强烈

黄河流域存在区域分工协作、高效协同发展机制不完善，生态合作、文化合作、科技合作、产业合作等区域一体化内生动力不足，沿黄各地比较优势产业规模效益及产业发展互补性不够，城乡融合度与中心城市首位度不高等问题。为破解黄河流域发展不平衡不充分的难题，山东不断探索实践，强化龙头定位作用，加快完善优化自身产业链，对中上游地区加快转型发展起到重要的示范带动作用。应深入推动黄河流域产业协作、企业互动交流、经验交流借鉴，聚焦“全链条”精准发力，逐步形成黄河流域城市群、黄河流域科创大走廊、现代产业合作带等合作发展平台（见表4）。

① 《2021年山东省外贸发展整体情况发布会》，http：//sd.iqilu.com/v5/live/pcQwfb/140089.html。

表4　山东与沿黄省区共建合作发展平台

1	黄河流域城市群	建设黄河流域区域合作互联网共享服务平台，推进济南—郑州—西安数字同城化。搭建与黄河"几"字弯都市圈对接平台，推动与关中平原城市群、兰州—西宁城市群优势互补、高效协同发展
2	黄河流域科创大走廊	加强山东半岛国家自主创新示范区与郑洛新、西安等国家自主创新示范区的合作，构建资源优势互补、产业配套衔接的科技创新链，共建联合实验室或研发中心，打造黄河中下游协同创新共同体
3	现代产业合作带	以产业链为纽带，聚焦农业、制造业、能源、文旅等优势产业，依托平台型龙头企业和园区，深化与沿黄省区合作，推动建设黄河流域数字产业高地

资料来源：根据《山东省黄河流域生态保护和高质量发展规划》有关资料整理。

四　山东深入实施黄河国家战略的重要举措

"走在前、开新局"是新时代山东工作的目标任务，作为黄河流域唯一沿海省份和经济大省，山东深入贯彻落实黄河国家战略拥有明显的比较优势。2022年5月召开的中国共产党山东省第十二次代表大会进一步对推进黄河流域生态保护和高质量发展做出了新安排、新部署，黄河国家战略为山东深入实施新旧动能转换、发挥龙头引领作用、实现经济高质量发展提供重要动能，山东也将借助黄河国家战略发挥出更大的全局性作用。

（一）提升山东半岛城市群产业龙头引领力

借助国内大市场大需求，坚持守正创新、低碳发展，紧抓供给侧结构性改革，深入推进新旧动能转换。加快产业转型升级和提质增效，着重打造"十强"现代优势产业集群，形成具有核心竞争力的优势产业体系。一是坚持中心引领、圈层支撑、融合互动，提升济南、青岛两个城市能级，统筹推动省会、胶东、鲁南三大经济圈错位发展、优势互补、一体推进，打造国内国际双循环战略枢纽，全面提升山东半岛城市群综合竞争力。二是积极发挥山东半岛城市群的龙头作用，带动辐射沿黄城市群交流与合作，推动流域经济发展质量变革、效率变革和动力变革。三是增强自觉性和主动性，在落实黄河国家战略中“当先锋”“打头阵”，跳出山东看山东，以全局意识统筹加强山东半岛城市群的引领力，更好发挥其引领带动作用。

（二）强化山东向海开放的腹地辐射力

打造国内大循环战略支点、国内国际双循环战略枢纽，统筹建设沿黄互联互通大通道，不断强化山东向海开放的腹地辐射力，打造对外开放新高地。一是增强海洋经济交流与合作，积极发挥青岛、烟台海上合作战略支点作用，优化重要港口的建设与运营，推进与共建“一带一路”国家（地区）港口城市间的联通与交流。充分激发内生潜力，激发发展活力，突出体制机制创新，完善政策引领，加强与共建“一带一路”国家和地区合作。二是抢抓 RCEP 签署机遇，充分发挥山东的沿海开放优势，实行高质量“双招双引”，以优势资金和技术服务流域开放发展，还应加快发展高水平自由贸易，打造黄河流域对外开放新高地。三是强化区域协同与合作，深化河南、陕西、四川自贸试验区合作，支持济南、青岛、烟台等地创新体制机制，在吸引高端优质要素、投资贸易便利化便捷化等方面先行先试。加强互联互通大通道建设，搭建高能级开放合作平台，加快构建面向日韩、连接“一带一路”的陆海统筹开放格局。

（三）增强黄河三角洲生态承载力

优化调整主体功能分区定位，加大黄河三角洲的自我修复力度，加强保护区的环境承载力，深入实施近海水环境与水生态修复工程、黄河入海口湿地生态修复与水系连通工程。一是分级分类优化调整功能分区，推进黄河入海口湿地与水系联通工程。建立省级重点项目库，实现项目统筹谋划、动态调整和精细管理，封闭管理重要生态功能区，完善其生态功能。二是实施黄河三角洲极小动植物种群及珍稀濒危动物保护等工程，加强湿地动物、资源、植被等生物多样性保护。严厉打击各类违法违规行为，限制或禁止开发性活动，加强对重要生态功能区实行封闭式管理。三是合理利用地面各类监测站点和卫星遥感等资源，通过大数据等科技，加强数据集成分析和综合应用，有效预警和防范可能发生的生态环境风险。

（四）提高黄河下游水资源安全力

推进深度节水控水，强化水资源约束能力。一是严格监督和落实主体责任，科学划定永久基本农田和生态保护红线，努力构建国土空间保护新格局。加快黄河下游绿色生态廊道建设，提升生态保护质量，提升生态治理水平，把水资源作为最大刚性约束，增强黄河三角洲修复能力，一体化推进山水林田湖草沙保护治理。二是对绿色生产生活方式进行先行先试，加强低碳环保宣传，强化低碳节能意识，打造绿色低碳发展先行区，构筑流域节能环保产业示范带。聚焦“根治水患、防治干旱”，提升水资源利用率，保障水安全高效供给，从严从细改善水源生态，打造黄河长久安澜示范带。三是坚持“节水优先、空间均衡、系统治理、两手发力”治水思路，实施节水控水行动，对节水产业进行一定的政策倾斜，研发节水技术，保障有限的黄河水资源发挥最大的经济效益和社会效益。制定监管巡视政策，加强水资源总量统筹能力，完善水资源利用机制和调配方式。

（五）弘扬优秀齐鲁文化影响力

深入挖掘黄河文化尤其是齐鲁文化的丰富内涵和时代价值，建设黄河国家文化公园，在黄河文化传承与保护中构筑流域文化“两创”大平台。一是深入挖掘红色文化，保护和发扬红色文化，传承红色文化基因，打造红色文化品牌，将沂蒙精神永续弘扬，打造流域文化“两创”品牌。二是系统保护文化遗产，弘扬齐鲁优秀文化，加强流域文化交流和互鉴，构筑文化交流传播阵地，讲好新时代“黄河故事”山东篇章。三是推动黄河文化资源开放共享，利用大数据搭建数据共享服务平台，汇聚众智挖掘流域文化资源，推动开发黄河文化资源数据库，打造具有广泛影响力的黄河文化研究高地。

（六）塑强黄河流域区域协同创新力

黄河流域生态保护是一项复杂的综合性系统工程，必须进一步增强黄河保护治理的系统性、整体性、协同性。一是深入实施黄河防洪减灾工程，提升抵御自然灾害的能力，构筑流域安全屏障和安全可靠的水旱灾害防御体系，全力保障黄河下游长久安澜。着力完善科技创新资源交流共享机制，加快布局一批

以科技创新为引领的产业，吸引高端产业人才，促进人才链与创新链深度融合。二是推动重大科技协同攻关，完善流域创新生态系统，重视科技研发创新的作用，打造全流域科教创新高地。构筑全流域高效协同的产业创新体系，优化产业创新生态，加快推进新型研发机构建设，设立专项基金进行扶持，努力形成一批创新联合体，推进黄河生态环境保护科技创新。三是建立“十强”产业关键核心技术攻坚机制，推行科技攻关“揭榜制”、首席专家“组阁制”、项目经费“包干制”等组织方式，围绕“卡脖子”短板技术方向，对重点产业和重点项目进行协同攻关。

参考文献

《习近平：在黄河流域生态保护和高质量发展座谈会上的讲话》，《求是》2019 年第 20 期。

唐梅英、张权、姚帅、姜勃：《黄河干流水风光一体化能源综合开发研究》，《人民黄河》2022 年第 6 期。

高培勇：《加快完善推动高质量发展的体制机制》，《经济日报》2019 年 12 月 3 日。

刘宁：《承担“源头责任”　拿出“干流担当”》，《人民日报》2019 年 11 月 26 日。

任保平：《黄河流域生态保护和高质量发展的创新驱动战略及其实现路径》，《宁夏社会科学》2022 年第 3 期。

左其亭：《黄河流域生态保护和高质量发展研究框架》，《人民黄河》2019 年第 11 期。

白春礼：《科技创新引领黄河三角洲农业高质量发展》，《中国科学院院刊》2020 年第 2 期。

肖伟：《黄河流域高质量发展应重视水资源合理利用》，《经济日报》2020 年 3 月 3 日。

王晓琳：《守护母亲河：加强黄河流域生态保护》，《中国人大》2020 年第 2 期。

安树伟、李瑞鹏：《黄河流域高质量发展的内涵与推进方略》，《改革》2020 年第 1 期。

生态保护篇

Ecological Protection Chapters

B.14 2016~2020年青海黄河流域生态治理报告

李婧梅　马仁萍*

摘　要： 生态治理是衡量生态文明进程的重要指标。2016~2020年，青海黄河流域生态治理水平处于较为稳定的状态，但各州市间生态治理水平差异较大。流域西部海西州、玉树州整体生态治理水平低，东南部的果洛州生态治理水平较低，东部西宁市、海东市及北部海北州生态治理水平为中等，位于中部的海南州、黄南州在全省范围来说生态治理处于高水平。各指数年度间、区域间变化幅度也较大。其中，环境治理水平下降程度最大，各州市间变化也最为明显。因此，未来青海黄河流域生态治理过程中应当以习近平生态文明思想为引领，尊重自然规律，坚持人民至上，区域协同发展、绿色发展，将青海打造为全国乃至国际生态文明新高地，保持天下黄河青海清。

* 李婧梅，青海省社会科学院生态与环境研究所助理研究员，青海师范大学地理科学学院在读博士，研究方向为生态保护、生态文明建设；马仁萍，青海投资项目监测评价中心高级工程师，研究方向为生态环境保护。

关键词： 黄河流域　生态治理　青海

生态环境治理体系和治理能力现代化是国家治理体系和治理能力现代化的重要方面，在生态文明建设的背景下，生态治理已成为坚持和完善生态文明制度体系、促进人与自然和谐共生的重要维度和抓手。保护好青海的生态环境是“国之大者”，青海境内黄河流域的总面积27.77万平方千米①，地位重要，既是源头区，也是干流区，既是青海发展、生态保护和乡村振兴的主战场，也是国家重要生态屏障。青海境内黄河干流长度1694千米，占黄河总长的31%，地势地貌复杂多变，自然禀赋迥异、生态环境敏感脆弱，经济社会发展水平较全国平均水平低，加剧了生态治理的复杂性和任务的艰巨性，综合各方面因素评价青海黄河流域生态治理的发展状况是衡量其生态文明进程的重要方式和手段，也是正确认识人与自然关系、把握人民至上原则的有力保障，更是生态文明道路前行方向的标杆。根据中共青海省委、青海省人民政府印发的《黄河青海流域生态保护和高质量发展规划》，青海黄河流域范围为2市6州的35个县（市、区），本研究根据规划要求，兼顾生态系统的完整性、资源配置的合理性，同时为便于统一统计口径，以州（市）为单位，在青海省2市6州开展青海黄河流域生态治理评估，即西宁市、海东市、海北州、海南州、海西州、黄南州、玉树州、果洛州。

一　生态治理评价体系构建

根据中共中央办公厅、国务院办公厅印发的《生态文明建设目标评价考核办法》，2017年，青海省统计局按《青海省生态文明评价标准》构建了《青海省绿色发展指标体系》。该体系共有7个方面的指标，尽管该指标体系是生态文明建设的重要评价标准，但很大程度上也是生态治理效果的体现，同时也兼顾了水、土壤、大气、固废等环境因子的状况。因此，本文从该体系中选取了与生态治理有关的资源利用、环境治理、环境质量、生态保护、绿色生

① 刘晋媛：《青海黄河流域国土空间开发格局优化初步思考》，《青海日报》2021年4月25日。

活5项进行青海黄河流域生态治理评估，对“增长质量”中人均GDP增长率、居民人均可支配收入等与生态治理关联度不大的指标未予考虑。根据生态治理的侧重点相应调整一级指标权重后得出2016~2020年生态治理发展评价体系（见表1）。[①]

表1　2016~2020年青海黄河流域生态治理发展评价体系

一级指标	序号	二级指标
资源利用（权重15%）	1	能源消费总量
	2	单位GDP能源消耗降低率
	3	单位GDP二氧化碳排放降低
	4	非化石能源占一次能源消费比重
	5	用水总量
	6	万元GDP用水量下降
	7	单位工业增加值用水量降低率
	8	农田灌溉水有效利用系数
	9	耕地保有量
	10	新增建设用地规模
	11	单位GDP建设用地面积降低率
	12	资源产出率
	13	一般工业固体废物综合利用率
	14	农作物秸秆综合利用率
	15	农用地膜回收率
环境治理（权重25%）	16	化学需氧量排放总量减少
	17	氨氮排放总量减少
	18	二氧化硫排放总量减少
	19	氮氧化物排放总量减少
	20	危险废物处置利用率
	21	生活垃圾无害化处理率
	22	污水集中处理率
	23	环境污染治理投资占GDP比重

① 资料来源于青海省统计局2016~2021年公布的青海省各市州生态文明建设年度评价结果。

续表

一级指标	序号	二级指标
环境质量（权重25%）	24	地级及以上城市空气质量优良天数比率
	25	细颗粒物(PM 2.5)未达标地级及以上城市浓度下降
	26	地表水达到或好于Ⅲ类水体比例
	27	地表水劣Ⅴ类水体比例
	28	重要江河湖泊水功能区水质达标率
	29	地级城市集中式饮用水水源水质达到或优于Ⅲ类比例
	30	单位耕地面积化肥使用量
	31	单位耕地面积农药使用量
生态保护（权重25%）	32	森林覆盖率
	33	森林蓄积量
	34	草原综合植被覆盖度
	35	湿地保护率
	36	陆域自然保护区面积
	37	新增水土流失治理面积
	38	可治理沙化土地治理率
	39	新增矿山恢复治理面积
绿色生活（权重10%）	40	公共机构人均能耗降低率
	41	绿色产品市场占有率(高效节能产品市场占有率)
	42	新能源汽车保有量增长率
	43	绿色出行(城镇每万人口公共交通客运量)
	44	城镇绿色建筑占新建建筑比重
	45	城市建成区绿地率
	46	农村自来水普及率
	47	农村卫生厕所普及率

二　青海黄河流域生态治理发展评价

（一）各年度生态治理发展

根据青海省统计局公布的2016~2020年青海省生态文明建设年度评价结果，结合表1评价体系，得出2016~2020年青海黄河流域各州（市）生态治理指数（见表2、图1）。

表2 2016~2020年青海黄河流域各州（市）生态治理总指数

年度	西宁市	海东市	海北州	海南州	海西州	黄南州	玉树州	果洛州	平均值
2016	77.60	80.43	81.56	83.02	77.84	83.22	78.91	80.22	80.35
2017	80.65	79.65	82.20	83.19	76.09	84.41	81.87	81.29	81.17
2018	81.20	80.55	82.14	83.72	81.68	81.14	77.40	81.86	81.21
2019	82.80	85.49	79.64	80.40	74.17	81.20	76.55	76.46	79.59
2020	87.63	83.52	80.31	84.31	75.95	84.56	78.53	77.91	81.59
均值	81.97	81.93	81.17	82.93	77.15	82.91	78.65	79.55	80.78

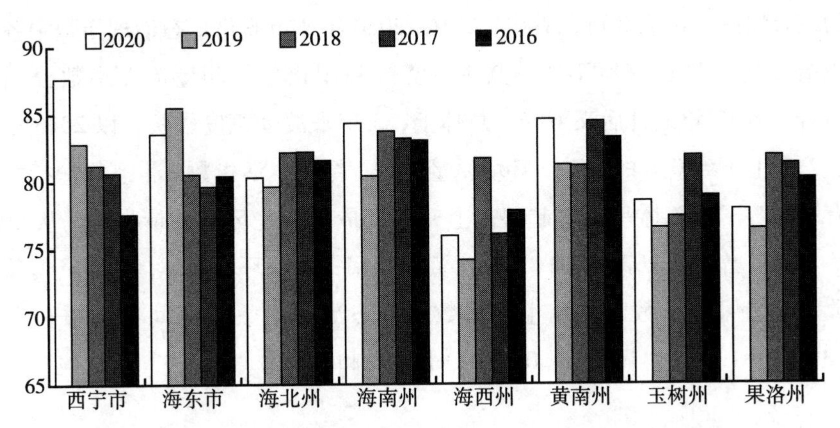

图1 2016~2020年青海黄河流域各州（市）生态治理指数变化

由表2可以看出，2016~2020年，2市6州生态综合治理指数总体呈上升状态，但2019年较各年低。各州（市）变化程度不同，表现出地区间的差异。西宁市2016~2020年生态治理指数逐年上升，2020年为各州（市）最高，海东市、海北州、海南州、果洛州2016~2018年三年间生态治理指数变化程度较小，随后，2019年，除海东市有较为明显的上升外，其余三州生态治理指数均有回落。海西、黄南、玉树三州2016~2020年间生态治理指数又呈不同规律，其中，海西州大部分年份生态治理指数较各地低，2018年有所上升，超过当年平均值。黄南州、海南州5年间生态治理指数较高，排名靠前，且各年间较为稳定，玉树、果洛两州较为同质，每年生态治理指数相差较小。总体来看，西宁市、海东市、海北州、海南州、黄南州5个地区2016~2020年在省内的生态治理水平较高，海西州、玉树州、果洛州这期间的生态治理水平略低。按增长速度来看，各州生态治理水平变化不大，西宁市、海东市、海南州、黄南州5年间年均增长率为正值，其中增长幅度最高的为西宁市，达3%，海北州、海西州、玉树州、果洛州年均增长率为负，但变缓速率较小，均小于-1，这说明全省生态治理水平2016~2020年保持较为稳定的状态，波动较小，各州间差异较大。

（二）各指数变化特征

本研究中的生态治理水平评价综合衡量的是地区年度内生态保护、环境治理的综合情况。由表3可以看出，2016~2020年2市6州生态治理指数中各类一级指标变化趋势有所不同，其中，资源利用指数、环境治理指数分别在2018年、2017年上升后又下降。总体上，5年来波动幅度较缓，以2016年为起点，有上下约0.8的波动。环境质量指数、绿色生活指数、生态保护指数中间有所回落，但总体呈上升趋势。上升幅度最高的是环境质量指数，从2016年的22.21增长到2020年的23.68。资源利用指数、环境治理指数、环境质量指数、生态保护指数、绿色生活指数、生态治理指数5年间年均增长率为-0.34%、-1.05%、1.62%、0.37%、1.42%和0.38%。

表3　2016~2020年青海黄河流域生态治理指数变化

年度	资源利用指数	环境治理指数	环境质量指数	生态保护指数	绿色生活指数	生态治理指数
2016	11.64	19.25	22.21	19.86	7.40	80.35
2017	11.19	19.78	23.15	19.76	7.28	81.17
2018	12.36	18.28	23.21	19.78	7.59	81.21
2019	11.29	18.76	22.59	19.67	7.27	79.59
2020	11.48	18.45	23.68	20.15	7.83	81.59

按照指标体系，下文依次从一级指标5个方面对2016~2020年各市州变化趋势进行详细分析。

1. 资源利用

资源利用指数着重反映某一地区能源、水资源、土地等的利用水平与效率，可以从一定程度上反映出生态治理的成效。2016~2020年，青海资源利用水平总体上波动不明显，但较“十二五”以来，有较大的变化。“十三五”以来，青海能源、水资源、耕地等自然资源的利用效率和效益都有较高的提升。2020年总用水量较2015年下降2.4亿立方米，万元GDP用水量与万元工业增加值用水量较2015年下降31.7%和42.7%，农田灌溉水利用系数达到0.501。[①] 耕地保有量853.94万亩，新增建设用地37.54万亩，均超额完成国家“十三五”规划下达的任务，提高了节约集约用地水平。

表4　2016年、2020年各州（市）生态治理各指数

年度	2016年						2020年					
地区	资源利用指数	环境治理指数	环境质量指数	生态保护指数	绿色生活指数	生态治理指数	资源利用指数	环境治理指数	环境质量指数	生态保护指数	绿色生活指数	生态治理指数
西宁市	12.48	20.13	16.45	20.14	8.40	77.60	11.70	23.68	22.32	20.84	9.10	87.63
海东市	12.14	18.81	21.55	20.14	7.78	80.43	12.58	19.67	21.44	22.04	7.79	83.52
黄南州	12.41	21.57	21.84	20.65	6.76	83.22	11.92	18.36	24.39	21.66	8.24	84.56
海南州	12.01	19.09	24.01	20.69	7.23	83.02	11.13	19.47	24.02	21.26	8.43	84.31
海北州	11.04	19.46	23.15	19.79	8.12	81.56	11.18	16.71	24.30	20.40	7.72	80.31
海西州	11.57	18.39	23.41	16.06	8.42	77.84	11.58	17.12	23.15	16.18	7.93	75.95
玉树州	10.58	17.03	24.87	19.98	6.46	78.91	11.03	16.65	24.99	18.96	6.90	78.53
果洛州	10.85	19.52	22.43	21.43	6.00	80.22	10.70	15.97	24.87	19.88	6.48	77.91
均值	11.64	19.25	22.21	19.86	7.40	80.35	11.48	18.45	23.68	20.15	7.83	81.59

2. 环境治理

环境治理着重反映地区废水、废弃、固废“三废”的处理能力及污染物排放量减少的状况。可以看出，环境治理方面各州（市）总体表现不佳，年均下降-1.05%，是在各评价指标中下降程度最多的。其中，西宁市、海东市等2020年较2016年环境治理指数有所提升，其余各州环境治理指数均有不同程度的下降。尽管“十三五”期间青海省化学需氧量、氨氮、二氧化硫、氮氧化物四项主要污染物分别削减11.9%、23.5%、17.4%、15.9%，提前超额完成国家下达的总量减排任务，但城镇环境污染问题依然突出，环境管理治理

① 杨林凌、解丽娜：《我省水资源利用效率和效益明显提升》，《青海日报》2021年5月15日。

能力较弱企业造成的局部环境污染问题仍然存在。工业点源污染、农业面源污染问题并存，高海拔、分散地区垃圾污水收集处理技术尚不成熟，局部支流水体受生活污水污染严重。同时青海大部分乡镇生活垃圾、污水处理缺乏及时有效的处理措施，普遍采用原始堆放、简易填埋、露天焚烧等简单的处理方式，大部分乡镇尚未建设污水处理厂、无害化垃圾处理厂，随着人民生产生活水平的提高和人口的增加，现有的生活垃圾、污水集中处理已不能满足日益增长的生活垃圾、污水处理需要，因此这部分能力亟待增强。

3. 环境质量

环境质量方面主要关注空气、水体、水质、耕地环境的状况，2016~2020年青海黄河流域多数市州环境质量指数有所提高，2020年西宁市、黄南州、海北州、海南州、玉树州、果洛州环境质量指数较2016年增加，其余各市州有不同程度下降。2020年，全省环境空气质量优良天数比例达97.2%，细颗粒物平均浓度下降到21微克/立方米。黑臭水体全面消除，全省19个地表水国控断面水质优良比例达到100%，长江、澜沧江干流水质稳定在Ⅰ类，黄河干流水质稳定在Ⅱ类，湟水河出省断面水质达到Ⅲ类。在耕地环境方面，2019年3月，农业农村部与青海省签署了《共建青海绿色有机农畜产品示范省合作框架协议》，随后，联合印发了《共建青海绿色有机示范省工作方案（2019-2023年）》，明确了农牧业生态环境明显改善的目标，并要求农作物生产有机肥替代全覆盖，农药使用量减少60%以上，2021~2022年，青海省化肥、农药减量增效面积达700万亩以上，化肥、农药使用减少量分别达80%、50%以上。根据青海省耕地保有量853.94万亩[①]估算，未来，青海单位耕地农药、化肥的使用量将进一步降低。

4. 生态保护

生态保护指数关注当地当年林地、草地、湿地覆盖率或面积以及矿山恢复等。2020年，2市6州生态保护指数较2016年有些微的提升，其中西宁市、海南州、海北州、海西州、海东市、黄南州较2016年增加，果洛、玉树州较2016年生态保护指数下降。青海大部分地区属于重点生态功能区，各类自然保护地分布广阔，2021年，三江源国家公园正式设园，祁连山国家公园体制试点顺利进

① 资料来源：青海省自然资源厅。

行，2022 年青海湖国家公园开展创建工作，昆仑山国家公园也正在积极筹备建设。自 20 世纪初以来，在党中央和国家的支持领导下，青海加大生态保护力度，开展生态保护和建设工程，加快山水林田湖草沙修复治理，形成了三江源地区、祁连山地区、青海湖环湖地区、柴达木盆地、河湟地区五大生态板块，“一屏两带”的生态安全格局初步形成。青海省委省政府和青海人民牢记习近平总书记“青海最大的价值在生态，最大的潜力在生态，最大的责任也在生态”的指示，奋力保护“中华水塔”，筑牢生态安全屏障。

5. 绿色生活

绿色生活指数侧重于人民生活中生态治理的体现。2016~2020 年，各州（市）绿色生活指数年均增长率 1.42%，以海南州与黄南州的增长最为明显。这表明在解决人民日益增长的美好生活需要和不平衡不充分的发展之间的矛盾的当下，在公共层面，环保、绿色的生活方式逐渐融入人民生活。

（三）各年度地区间生态治理差异

各年度各州（市）生态治理水平差异逐年增大，2016 年，生态治理水平最高的黄南州与最低的西宁市差异为 5.62；2020 年，生态治理水平最高的为西宁市，与最低的海西州相差 11.68。

同时，2016~2020 年，2 市 6 州生态治理水平变异系数有所上升（见图 2），这表明，评估期内各州（市）间生态治理水平差异程度较大，各州（市）水平有所分化。具体来说，变异幅度最大的是环境治理指数，由 2016 年的 0.07 上升到 2020 年的 0.14，其次为生态保护指数，变异系数由 2016 年 0.08 上升到 2020 年的 0.09。而环境质量、绿色生活、资源利用三类指数变异系数 5 年间有所下降，各州（市）这三类指标在评估期的差距有所缩小。就各年度地区间不同指标变异系数来说，波动范围从大到小依次为环境治理、绿色生活、环境质量、生态保护、资源利用，即环境治理年度间变化较大。

（四）青海黄河流域生态治理水平空间差异特征

为便于讨论青海黄河流域各州（市）生态治理水平区域间差异，使用标准差分级法对 2016~2020 年青海黄河流域各州（市）生态治理水平进行分级，并进行空间统计分析。

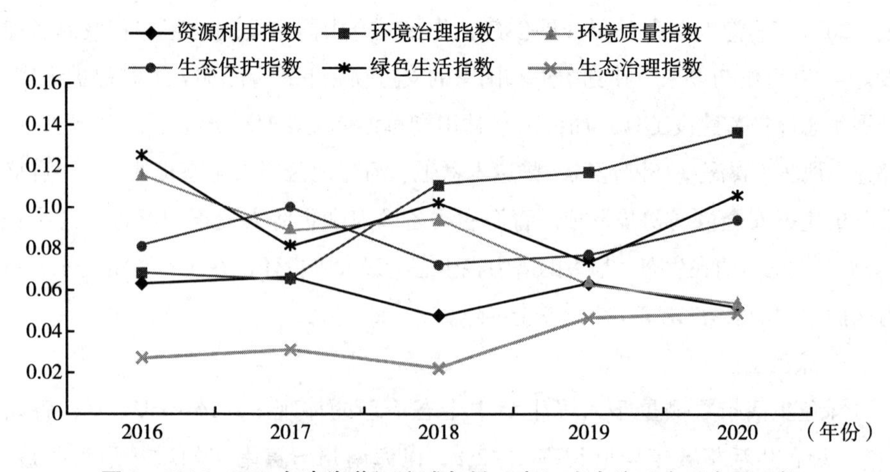

图 2　2016~2020 年青海黄河流域各州（市）生态治理水平变异系数

表 5　2016~2020 年青海黄河流域各州（市）生态治理水平分级区间

级别	2016 年	2017 年	2018 年	2019 年	2020 年	平均
低水平区	(77.59, 78.18)	(76.09, 78.65)	(77.40, 79.41)	(74.17, 75.87)	(75.95, 77.58)	(77.14, 78.67)
较低水平区	(78.18, 80.35)	(78.65, 81.17)	(79.41, 81.21)	(75.87, 79.59)	(77.58, 81.59)	(78.67, 80.78)
中水平区	(80.35, 82.52)	(81.17, 83.69)	(81.21, 83.01)	(79.59, 83.31)	(81.59, 85.6)	(80.78, 82.89)
高水平区	(82.52, 83.22)	(83.69, 84.41)	(83.01, 83.72)	(83.31, 85.49)	(85.6, 87.63)	(82.89, 82.93)

2016~2020 年，青海黄河流域各州（市）生态治理水平空间差异较为明显，海西州、玉树州整体生态治理水平最低，东南部的果洛州生态治理水平较低，位于东部的西宁市、海东市及北部海北州生态治理为中等水平，位于中部的海南州、黄南州在全省范围来说生态治理处于高水平。

各州（市）年度间生态治理变异系数从大到小依次为西宁市（0.04）、海西州（0.04）、果洛州（0.03）、玉树州（0.03）、海南州（0.02）、黄南州（0.02）、海北州（0.01），表明海北州生态治理水平在全省范围内保持在较为稳定的状态，西宁市、海西州年度间波动较大。

三　青海黄河流域生态治理发展结论与建议

总的来说，青海黄河流域 2016~2020 年生态治理水平有所提升，但总体上升幅度不大，空间差异较为明显。各指标中，资源利用、环境治理在评估期内有所下降，环境质量、生态保护、绿色生活在评估期内均有下降后上升的趋势。其中环境治理水平下降明显，同时环境治理水平地区间、年度间差异也较为明显。空间上，2016~2020 年，海南州、黄南州生态治理水平较高，东部西宁市、海东市、海北州处于中等水平，果洛州生态治理水平较低，西部海西州、玉树州生态治理水平最低。

生态治理是人与人、人与地关系调整的一项系统工程。青海将打造全国乃至国际生态文明新高地，深入贯彻落实习近平生态文明思想，立足“三个最大”省情定位，始终把青海黄河流域生态保护摆在全省生态文明建设的首要位置。

一是尊重自然规律。生态治理是一项系统工程，山水林田湖草沙冰是生命共同体，既要正视生态环境风险和资源消耗压力，又要充分尊重自然、探索绿色低碳发展的路径。青海黄河流域是我国重要的生态安全屏障，生态系统类型多样，草原、森林、湿地、沙漠均有分布，在黄河流域生态保护和高质量发展的背景下，提升生态系统功能的稳定性，要稳固提升黄河流域上游水源涵养功能，举全省之力维护好母亲河的健康，确保一河清水向东流。

二是坚持人民至上，习近平总书记指出：“良好的生态环境是最普惠的民生福祉”，生态环境是最公平的公共产品，建设良好的生态环境是满足人民群众日益增长的美好生活需要的必由之路。坚持生态保护优先，进一步加强环境治理、提高资源利用效率，共享生态成果。在生活垃圾资源化无害化处理、城乡生活污水处理、“厕所革命”、绿色交通和绿色出行等与人民生活息息相关的方面加快建设。通过打造“河湟民宿”“环湖牧居”“多彩藏居”等特色民居和乡村建筑，进一步提升农牧民绿色生活指数。

三是区域协同发展。生态系统服务具有空间外溢性，在加强本地生态治理的同时也应强化与省内各地、省际的协同治理，保证生态治理产生的正效应能得到及时激励，而对于生态损害产生的负效应可以及时惩罚。因此，可尝试建立省内上下游间、省区间流域危机管理、合作治理机构，以克服区域各自为政的现象。完善空间、总量、项目“三位一体”的环境准入制度，以有效解决流域农牧业面源污染、工业污染和城乡环境突出问题为重点，统筹推进水环境、大气、土壤、固体废弃物污染联防联治，强化矿区生态环境综合整治，全面提升流域环境质量，努力建设“无废黄河”，保持天下黄河青海清。

四是绿色发展。正确处理生产生活和生态环境的关系，着力减少过度放牧、过度资源开发利用、过度旅游等人为活动对生态系统的影响和破坏。在柴达木循环经济试验区、西宁经济开发区循环经济试验区建设的基础上，以发展生态经济、循环经济、数字经济、平台经济“四种经济形态”为引领，加强科技创新能力建设，以现有科研院所、高校科技创新平台为基础，在省内形成布局合理、优势明显的科技创新平台发展体系，促进创新链、产业链有效对接，引进优质有效的环境治理技术，以此推动各州（市）环境治理。

参考文献

李双成：《生态治理的地理学原则》，《当代贵州》2022年第20期。

董亚宁、范博凯、李少鹏等：《生态文明视角下黄河流域生态保护和高质量发展研究》，《生态经济》2022年第2期。

B.15
内蒙古黄河流域山水林田湖草沙系统治理研究

乔 瑞 齐 舆*

摘 要： 黄河流域是我国北方重要的生态安全屏障，扎实推进黄河流域生态保护、统筹推进山水林田湖草沙系统治理，是内蒙古义不容辞的政治责任，也是内蒙古实现自身高质量发展的关键路径。本文综合分析内蒙古黄河流域的生态条件和社会发展情况后发现，内蒙古黄河流域存在资源承载力不足、污染防控任务重、水资源短缺和生态保护修复难度大等问题，因此，从坚持节水优先、源头治理、系统治理出发，完成流域国土绿化、体制机制创新、污染防治攻坚等关键任务，统筹推进内蒙古黄河流域山水林田湖草沙系统治理。

关键词： 山水林田湖草沙 系统治理 内蒙古 黄河流域

黄河是中华民族的母亲河，是我国北方重要的生态安全屏障，也是人口活动和经济发展的核心区域，在社会主义现代化建设全局中具有至关重要的战略地位。沿黄地区是内蒙古经济社会发展的先行区和核心区，保护黄河既是中华民族伟大复兴的千秋大计，也是推进污染防治攻坚战的"主战场"。

黄河自宁蒙交界处都思兔河口入境，从准格尔旗马栅乡出境，流经内蒙古843.5公里，占黄河总长度的15.4%，内蒙古黄河流域干支流流经阿拉善盟、

---

* 乔瑞，内蒙古自治区社会科学院经济研究所副研究员，主要研究方向为产业经济学、资源经济学；齐舆，内蒙古自治区社会科学院经济研究所助理研究员，主要研究方向为产业经济学、统计学。

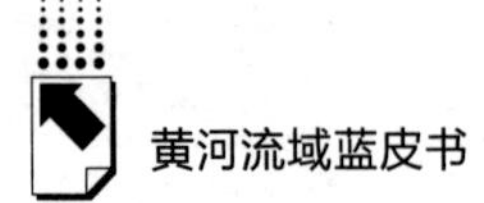

乌海市、鄂尔多斯市、巴彦淖尔市、包头市、呼和浩特市、乌兰察布市7个盟市相关县级行政区，流经国土面积约31万平方千米，[①] 流经地人口规模达内蒙古全区总人口的50%左右，创造了全区70%左右的经济总量和财政收入，是内蒙古经济发展核心区，是我国重要的农畜产品生产基地和能源基地。流域内拥有5个国家地质矿山公园、7个国家级自然保护区，并具有草原、森林、湿地、河流、湖泊、沙漠、戈壁，生态类型多样，大部分属于高原干旱地区，水资源、林地、草地资源短缺，生态脆弱，荒漠化和沙化土地集中、水土流失现象严重。

习近平总书记在参加十三届全国人大四次会议内蒙古代表团审议时首次提出"要统筹山水林田湖草沙系统治理"，针对内蒙古治沙任务较重的情况，特地增加了"沙"的要素，丰富了"坚持山水林田湖草是一个生命共同体"的思想。因此，以习近平生态文明思想为引领，积极践行"绿水青山就是金山银山"的理念、扎实推进黄河流域生态保护、统筹推进山水林田湖草沙系统治理，是内蒙古义不容辞的政治责任，也是内蒙古实现自身高质量发展的关键路径。

一　内蒙古黄河流域山水林田湖草沙的治理体系构建和成效

（一）治理体系

1. 顶层设计引领

黄河流域生态保护和高质量发展于2019年上升为国家战略。2021年10月，《黄河流域生态保护和高质量发展规划纲要》出台，纲要提出构建黄河流域生态保护"一带五区多点"空间布局、形成黄河流域"一轴两区五极"的发展动力格局，为制定实施相关规划方案、政策措施和建设相关工程项目作出了顶层设计，成为指导当前和今后一段时间黄河流域生态保护的纲领性

① 《内蒙古自治区黄河流域生态保护和高质量发展规划》，《内蒙古日报（汉）》2022年2月24日，第6版。

文件[①]。

2021 年全国“两会”期间，习近平总书记再次嘱托内蒙古，要筑牢祖国北方生态安全屏障，特别强调“统筹”二字，并专门把治沙问题纳入其中。内蒙古牢记习近平总书记嘱托，将黄河流域生态保护作为生态工作的重中之重，结合内蒙古黄河流域的生态基础条件，统筹推进山水林田湖草沙治理，从着力完善顶层设计入手。

一是建立厅际联席会议制度，破解协调工作难题。出台《自治区黄河流域生态保护和高质量发展厅际联席会议制度》，采用联席会议的形式，统筹推进黄河流域生态保护相关工作，组织研究制定相关规划、重点任务分工、工作要点和规则等，对重点任务进行定期调度、跟踪督办，与其他沿黄省区进行联动事项的工作对接。在此基础上，乌兰察布市、巴彦淖尔市等盟市陆续制定黄河流域生态保护和高质量发展联席会议制度，进一步完善协调工作机制，加强内蒙古黄河流域生态保护的时效性。

二是编制有效的规划体系，突出规划先行。内蒙古自治区政府先后印发并实施《内蒙古自治区国民经济和社会发展第十四个五年规划和 2035 年远景目标纲要》，编制《内蒙古自治区黄河流域生态保护和高质量发展规划》、《构筑我国北方重要生态安全屏障规划（2020－2035 年）》、《内蒙古自治区黄河流域金属非金属矿山及尾矿库安全生产综合治理工作方案》以及“十四五”时期生态环境保护、水资源配置利用、防沙治沙、林业和草原保护发展等系列专项规划，形成统筹山水林田湖草沙系统治理的重要规划体系 22 个。其中，《构筑我国北方重要生态安全屏障规划（2020－2035 年）》明确了森林和草原植被建设与保护、防沙治沙、河湖综合治理与湿地保护修复、自然保护地体系建设与生物多样性保护、农业绿色发展、损毁土地治理、地下水超采治理、环境污染防治九项重点任务；《内蒙古自治区国土空间规划（2020－2035 年）》将“三区三线”作为调整经济结构、规划产业发展、推进城镇化不可逾越的红线；《内蒙古自治区“十四五”林业和草原保护发展规划》确立了构建“一线一区两带”的北方重要生态安全屏障总体布局；《内蒙古自治区“十四五”重点流域水生态环境保护规划》提出“三水”统筹推进格局；《内蒙古自治区黄

① 《黄河流域生态保护和高质量发展规划纲要》，《人民日报》2021 年 10 月 9 日，第 1 版。

河流域生态保护和高质量发展规划》提出内蒙古要强化黄河干支流及重点湖泊保护，推动重点区域水土保持、荒漠化防治，以统筹推进山水林田湖草沙系统治理。在此基础上，自治区积极推动《内蒙古黄河流域国土空间规划（2021－2035 年）》的编制和审议，沿黄各盟市编制并实施了规划和方案，《阿拉善盟黄河流域生态保护和高质量发展实施方案》《乌兰察布“十四五”林业和草原保护发展规划》《乌海及周边地区绿色矿山建设和矿山地质环境治理“十四五”规划》《巴彦淖尔市黄河流域生态保护和高质量发展 2022 年工作要点》《巴彦淖尔市“十四五”黄河流域生态保护和高质量发展实施方案》《“十四五”乌梁素海流域生态环境保护治理规划》等地方性规划方案发布，形成了自上而下、覆盖各要素的生态保护工作格局，确保内蒙古黄河流域的山水林田湖草沙系统治理有序推进。

2. 体制机制创新

内蒙古以构建黄河流域内蒙古段山水林田湖草沙系统治理制度体系为着力点，在解决管理职能交叉、权责分配等问题方面，进行了体制机制的探索和创新，初步建立了统筹协调的制度体系和管理机制，为黄河流域生态环境治理提供了制度保障。

一是建立并推行五级林（草）长制体系，为保护发展森林草原资源提供更全面的保障。目前，已建成五级林长管理体系①，并出台《内蒙古自治区林长会议制度》等五项林长制配套制度，涉及部门协作、工作督查、信息公开和巡查工作四个重要方面，自上而下提高森林草原治理能力，确保内蒙古黄河流域森林草原资源保护工作的有效实施。

二是延伸河湖长制体系，为保护发展湿地资源提供有效探索。目前，各盟市已全面建立三级河湖长制管理体系，在此基础上，自治区创新工作方法，进一步织密河湖管护网络，将河湖长制延伸至嘎查（村），因地制宜延伸建立五级河湖长制管理体系，陆续出台《内蒙古自治区河湖长制手册》《内蒙古自治区河长办工作细则》等配套制度，为河湖长制工作的顺利进行提供有效保障。河湖长制的实施和延伸，通过“集中调度、分区轮灌”的护岸、调水、打坝、疏通河道等系列工程措施，将宝贵的水资源调往生态脆弱区和绿洲边缘区，并

① 五级林长管理体系：覆盖自治区、各盟市、旗县（市、区）和苏木乡镇、嘎查的管理体系。

以“一河（湖）一策”为依据，提出具体问题、治理目标和措施，有力地推进黄河流域水资源保护。

三是发挥司法执法作用，破解制度的执行难题。先后制定出台了《关于建立“林长+检察长”协同工作机制的意见》《关于建立“河（湖）长+检察长”联动协作长效机制的指导意见》，建立了信息共享、线索移送、联合督办、协作保障、联合培训、普法宣传等10项工作机制，在河湖及林草生态资源保护、黄河流域生态保护的同步协作方面起到了有效的促进作用；同时，自治区林长制办公室还与公安部门推进“林长+警长”联动机制的建立，加大对破坏林草资源的打击力度，强化野生动植物保护管理。在此基础上，一些盟市根据地区实际情况进行创新，如鄂尔多斯市率先实施“河湖警长制+公益诉讼”的协作机制，进一步加大河湖资源的保护时效和力度。

四是实行最严格的水资源管理，打好节水控水攻坚战。陆续出台了《自治区实行最严格水资源管理制度实施意见》等多项法规及规范性文件，涉及水资源管理制度考核、水权交易、水资源税改革、节水行动等多个方面，为贯彻实施最严格水资源管理制度提供了重要的制度保障。《内蒙古自治区地下水保护和管理条例》的施行，是内蒙古地下水管理进入法制化轨道的重要标志。

五是实施生态保护补助奖励政策，提高生态保护积极性和产业效益。制定和实施了草原生态补偿政策、耕地地力保护补贴政策、农机购置与应用补贴政策、农业灌溉用水精准补贴与节水奖励等奖励性政策体系，在保证产业发展提质增效的同时，充分调动了农牧民保护生态资源的积极性，进一步保障了黄河流域水、田、草资源的生态安全。

3. 重大生态项目工程支持

内蒙古以遵循自然生态规律为出发点，将山水林田湖草沙作为整体，实施了内蒙古黄河流域重点生态工程建设。

一是黄河流域生态安全屏障工程。结合黄河流域和乌兰布和沙漠治理区的生态条件，持续推进国家各类防护林工程、退耕退牧还林还草、森林质量精准提升、防沙治沙等林草重点工程项目的建设，持续进行在黄河流域生态治理规划区内干支流沿线工程固沙、配套生物修复以及防沙治沙、林草产业建设工作；实施“乌贺原”生态安全屏障工程，遏制乌兰布和沙漠局部向黄河河道直接输沙的趋势，提升西部生态屏障的健康性、完整性和生态系统安全性，不断提高西部生态屏障的自然恢复能力；巴彦淖尔市实施黄河防洪堤绿化工程，将境内黄河防洪堤建成六线一体的“黄河金堤”，起到了防洪固沙、保护水土、增强防洪能力、美化环境的效果。这些项目的实施和推进，持续改善黄河流域生态环境，进一步筑牢中国北方重要生态安全屏障。

二是黄河重点生态区生态保护和修复工程。在库布齐沙漠、毛乌素沙地重点实施系统治理示范项目，采取人工造林种草、封山育林、飞播造林等治理措施与自然恢复相结合的方式，综合治理黄土高原水土流失区域，稳步提高植被盖度；建设完成黄河海勃湾水利枢纽工程，有效提高了发电效益，改善了乌兰布和、库布齐、毛乌素三大沙漠交汇区域的生态环境和修复功能；实施“黄河流域内蒙古段湖泊底泥污染控制与生态化利用关键技术研究”项目，实现了乌海湖底泥淤泥安全处置与生态高值化利用以及乌海及周边地区矿山及堆填场生态修复与可持续发展；实施乌梁素海全流域综合治理项目，并编制乌梁素海全流域综合治理规划进行综合整治，沙漠东侵的难题得到有效遏制。

三是黄河流域治沙项目。积极推进营造林与天然林保护、退化草原修复、荒漠化治理等重点生态工程建设，并争取了中央预算内投资 25.2 亿元；自治区林草局联合自治区发改委、财政厅申报了欧洲投资银行贷款“黄河流域沙化土地可持续治理项目”，项目总投资 3.8 亿欧元，项目涉及内蒙古黄河流域呼和浩特市、巴彦淖尔市、鄂尔多斯市和阿拉善盟 4 个盟市的 16 个旗县区，规划建设内蒙古杭锦旗库布齐沙漠治理项目、库布齐—毛乌素沙漠沙化地综合防治项目和内蒙古西部荒漠综合治理项目等治沙示范工程，持续推动内蒙古黄河流域的防沙治沙工作再上新的台阶。

（二）治理成效

空气质量稳步提升。内蒙古黄河流域 7 个盟市六项大气主要污染物平均浓度中 5 项污染物浓度全部下降，根据环境空气质量综合指数评价可知，7 个盟市环境空气质量均有所改善①。

水环境、河湖生态逐步改善。稳步推进水生态治理和生态补水工作，黄河流域水生态得到极大的改善。利用凌汛水向沿黄生态脆弱区实施应急生态补

① 资料来源：《2021 内蒙古自治区生态环境状况公报》。

水，2007年起在乌梁素海实施每年三次生态补水工作，累计实现向乌梁素海生态补水36.48亿立方米，保持水面面积稳定在293平方公里，水质持续好转并稳定在Ⅴ类，局部区域优于Ⅴ类；采用内治外引模式，对岱海水生态进行综合治理，2020年岱海湖面面积实现了2005年以来的首次不缩减，湖面面积维持在近50平方公里，并于2020年启动岱海生态应急补水工程，继续恢复改善岱海水生态。2021年黄河流域35个地表水断面中，Ⅰ～Ⅲ类水质断面比例为74.3%，与2020年持平，劣Ⅴ类占11.4%，比2020年上升2.8个百分点，优良水体比例达到74.2%，比2020年提升0.7个百分点①。

森林草原沙地等生态系统状况持续改善。2021年内蒙古黄河流域共完成林草生态建设任务975.4万亩，是年度计划的162.6%，极大地提升了黄河流域森林面积和草原植被覆盖度。毛乌素沙地治理率达70%，库布齐沙漠植被覆盖度达53%，乌兰布和沙漠边缘形成长约12公里、宽约1公里左右的生态廊道，沿黄7盟市森林覆盖率达到16.28%、草原植被覆盖度达到44.76%，腾格里沙漠污染治理转入长期监测阶段，从而形成沿黄3条大型防沙治沙生态屏障。荒漠化和沙化土地面积都呈现持续减少的趋势，重点沙化治理区的生态状况改善明显。

农田提质增效。积极推进高标准农田建设，如2019～2021年，巴彦淖尔市累计实施高标准农田建设199.69万亩，取得了增地、增产、节水、增效等一系列成效，耕地质量由6.03等提高至5.96等。稳步推进面源污染防治，实施农业四控②行动，倡导农牧民积极使用有机肥、国标地膜和无公害农药，目前已实现化肥、农药用量连续负增长，地膜、秸秆的综合利用率持续提升，有效控制了黄河流域的污染。

二　内蒙古黄河流域山水林田湖草沙系统治理存在的问题

内蒙古近年来对黄河流域生态环境的治理已取得较为明显的成效，但在生命共同体视域下统筹山水林田湖草沙系统治理还存在一些短板和制约。

---

① 资料来源：《2021内蒙古自治区生态环境状况公报》。

② 农业四控：控水、控肥、控药、控膜。

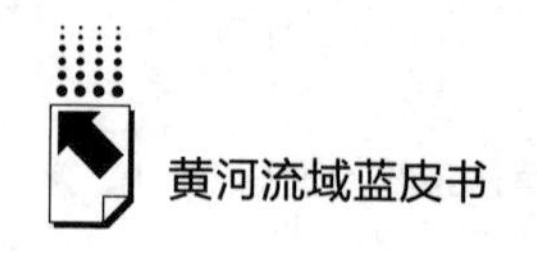

（一）生态环境脆弱，资源承载能力不足

内蒙古黄河流域内荒漠化和沙化土地较为集中，沿黄7盟市荒漠化、沙化面积分别占全自治区荒漠化、沙化土地面积的60.1%和72%，荒漠化、沙化问题突出，[①] 难以治理。由于长期以来，流域内耕地大水漫灌，对农田的保护意识不够，导致流域内部分耕地出现的盐碱化问题尚未得到根治，加上水资源短缺，水源涵养功能弱，[②] 流域内水土流失重点治理区数量占全区的60.6%，生态环境敏感脆弱，治理修复成本很高。同时，在内蒙古高速发展阶段，由于发展需要，沿黄7盟市布局了较多的工业园区，全区八成以上的重化工、高耗能、高排放企业集中于此，污染严重，用水规模大，对生态环境破坏较大，成为内蒙古治理生态环境的历史问题。可见，内蒙古黄河流域整体生态系统极易发生退化，恢复难度大且恢复过程缓慢是制约黄河流域山水林田湖草沙系统治理的一大因素。

（二）局部污染问题较为突出，污染防控任务依然较重

内蒙古黄河流域内局部地区污染较为严重。在水污染防治方面，内蒙古黄河流域一方面由于天气干旱少雨，天然水资源量分布较少，流域内水质不稳定性较大；另一方面由于长期以来的工业、农业面源污染，流域内劣Ⅴ类水质占比依旧较高，2021年劣Ⅴ类水质占比11.4%，比2020年上升2.8个百分点，[③] 还有部分支流水质为重度污染，治理难度大。在大气污染防治方面，乌海及周边地区[④]是内蒙古大气污染最严重的区域。2021年，乌海及周边地区环境空气质量平均优良天数比例比2020年下降3.3个百分点；其中沙尘造成的超标天数占比为43.7%，比2020年上升16.5个百分点，可吸入颗粒物（PM 10）平

① 马桂英：《内蒙古黄河流域生态环境保护存在的问题与对策建议》，《实践（思想理论版）》2021年第3期，第27~28页。

② 《内蒙古自治区黄河流域生态保护和高质量发展规划》，《内蒙古日报（汉）》2022年2月24日。

③ 资料来源：《2021内蒙古自治区生态环境状况公报》。

④ 乌海及周边地区包含：乌海市海勃湾区、海南区、乌达区、千里山工业园区、海南工业园区、乌达工业园区；鄂尔多斯市蒙西高新技术工业园区和棋盘井工业园区；阿拉善盟阿拉善经济开发区。

均浓度比2020年上升2.1%，超过《国家空气质量标准》（GB3095-2012）PM10二级浓度限值标准，未达到国家空气质量二级标准。可以看出，内蒙古黄河流域大气污染管控取得明显效果，但局部地区成效不够理想，颗粒物扬尘污染治理仍需加强。在土壤污染防治方面，由于内蒙古黄河流域处于农业较为发达地区，黄河沿岸长期以来大量使用化肥农药，致使土壤破坏较为严重，虽然近年来自上至下对农村环保问题重视程度加大，治理投入也在加大，流域内面源污染加重趋势得到控制，农村人居环境总体有了改善，但是历史积累和遗留问题使得内蒙古黄河流域内水质改善及土壤环境安全问题不可能在短时间内完全解决。

（三）水资源短缺，用水效率有待提高

水资源是内蒙古黄河流域最大的刚性约束指标，成为制约黄河流域统筹山水林田湖草沙系统治理的重大因素。一是内蒙古沿黄7盟市长期以来水资源短缺、供需矛盾十分突出。内蒙古黄河流域内大部分地区处于干旱半干旱状态，降雨量少，多年平均降水量和多年平均水资源总量仅为黄河全流域平均水平的61%和6%，与全国平均水平更是没法相比。而且从水资源分区看，内蒙古黄河区水资源总量2019年、2020年和2021年较多年平均值分别减少11.5%、22.7%和23.7%，[①] 呈逐年下降态势，加剧了黄河流域水资源短缺危机；另外由于节水意识不够强，节水技术水平也比较落后，高耗水产业占比较大，导致水资源短缺。2021年监测数据显示，内蒙古水资源开发利用率高达72.2%，远超过40%的生态警戒线，[②] 用水量已几近上限。目前，包头市、乌海市、巴彦淖尔市、阿拉善盟被国家列为地表水超采区。[③] 二是流域内水土流失严重，防治任务十分艰巨。截至目前，内蒙古黄河流域内有一半以上的水土流失面积尚未得到治理，且未治理部分水土流失强度大、自然生态条件恶劣，治理成本较高，恢复难度也相当大，而且水土流失状况还在加剧。[④]

① 资料来源：《内蒙古自治区水资源公报》（2019~2021年）。

② 资料来源：《内蒙古自治区水资源公报》（2021年）。

③ “内蒙古落实国家重大区域发展战略的思路对策研究”课题组、余瑞卿：《内蒙古落实黄河流域生态保护和高质量发展战略的对策建议》，《北方经济》2021年第12期，第17~18页。

④ 安黎哲主编《黄河生态文明绿皮书：黄河流域生态文明建设发展报告（2020）》，社会科学文献出版社，2021。

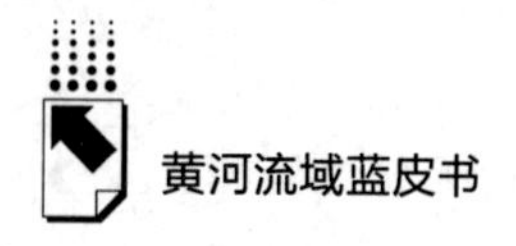

三是水沙关系复杂，防洪减淤形势严峻。内蒙古黄河流域内干流险工险段频繁出现，部分河段已经形成“悬河”，凌汛突发性强、防御难度大，支流防洪标准低，分洪分凌、蓄滞洪区体系尚不完善，在当前气候变化剧烈和极端天气频发的状况下引发超标准洪水的风险依旧存在。而且部分河段存在沙漠入侵情况，水利工程泥沙淤积问题显现。四是部分湿地面积萎缩，生态功能退化。长期以来，在气候变化和人类活动的干扰等因素共同作用下，内蒙古黄河流域出现的水土流失、生物多样性下降、部分生态系统持续退化及沙化等诸多问题导致流域内水涵养功能下降，这又成为黄河流域水资源短缺的一个重要因素。

（四）林草覆盖率低，生态保护修复难度大

经过多年保护、修复与治理，内蒙古沿黄7盟市森林覆盖率达到16.28%、草原植被覆盖度达到44.76%。① 但是内蒙古黄河流域森林覆盖率依旧处于偏低水平，低于黄河流域平均森林覆盖率，远低于全国森林覆盖率22.96%②。近些年，流域内一些地区植物多样性有了一定恢复，草原承载力、高质量草原比例、多年生植物种类及优质牧草比例尚未普遍达到20世纪80年代初水平。随着造林种草、退耕还林、防沙治沙等重大项目的深入推进，剩余的需要治理和修复区域的水热条件、立地条件和自然生境也越来越差，优质林草种质资源不足，机械化程度低，新材料、新技术、新装备应用水平不高等因素，使内蒙古黄河流域林草植被保护修复难度逐步加大。

（五）体制机制不够健全，协同治理能力有待加强

推进黄河流域山水林田湖草沙系统治理是复杂艰巨的综合性工程，需要各个行政部门、不同区域共同配合、互相协同、目标一致才能顺利进行。目前，内蒙古流域内统筹推进山水林田湖草沙系统治理还存在一些问题影响整体推进效果。③ 一是治理观念上，各个地区还没有形成统筹山水林田湖草沙治理黄河的大系统思

① 资料来源：《我区持续推进黄河流域生态保护与修复》，http：//www.ordosnews.com/rbpaper/pad/content/202204/01/content_ 62063.html，最后检索日期：2022年6月11日。

② 资料来源：第九次全国森林资源清查成果《中国森林资源报告（2014~2018）》。

③ 马桂英：《内蒙古黄河流域生态环境保护存在的问题与对策建议》，《实践（思想理论版）》2021年第3期，第27~28页。

想；二是治理机制上，内蒙古在自治区层面还没有成立统筹山水林田湖草沙一体化治理工作小组，进而缺乏统一领导和指挥，容易造成工作重复或者遗漏、效率不高等问题；三是资金保障上，用于黄河流域生态保护修复一体化治理专项资金金额不足，因此不仅需要建立专门的山水林田湖草沙专项资金保障机制，而且应进一步增大资金规模。

三　内蒙古黄河流域山水林田湖草沙系统治理的路径举措

生态优先、绿色发展是内蒙古发展的方向和根本遵循，统筹推进山水林田湖草沙系统治理是生态优先、绿色发展的重要途径。内蒙古要在碳达峰、碳中和目标约束下加强统筹山水林田湖草沙系统治理，全面全方位提升内蒙古黄河流域生态系统的安全性和稳定性，筑牢我国北方重要生态安全屏障。

（一）坚持生态优先，加强生态环境保护与治理

生态环境是内蒙古黄河流域高质量发展的先决条件。内蒙古要坚持保护优先、自然恢复为主，加强沿黄流域生态文明建设。加强黄河两岸防风治沙林建设，实施湿地恢复与保护工程，增强河道自净能力；加强重点河湖生态保护，全面落实湖长制及“一河一策”“一湖一策”任务措施，推进东河、西河、小黑河、都思兔河等重度污染支流水质持续改善，加大重点湖泊生态环境保护修复力度；聘请国内外专业人士，以典型盐碱地为重点采用科学方法推进盐碱化耕地治理；推进重点地区水土保持，以小流域为单元，对十大孔兑等沿黄重点支流、丘陵沟壑区实施综合整治，加强淤泥坝改造建设，分区推进水土流失治理，加大水土保持监督执法力度，提高水土保持能力。

（二）坚持节水优先，着力提高水资源利用率

水资源是内蒙古黄河流域高质量发展的命脉，更是瓶颈。内蒙古解决水资源刚性约束问题首先要坚持以水定城、以水定地、以水定人、以水定产这“四定”原则，在流域内科学确定水资源可利用量，基于水资源承载能力合理规划布局人口、产业，严格审核高耗水项目上马；建立健全水生态补偿制度，

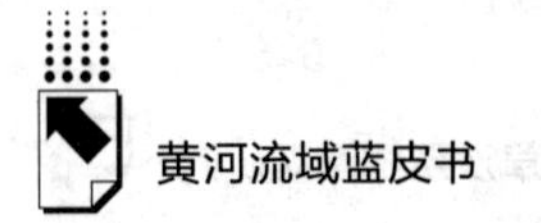

实施水资源利用效率考评机制，加大节水奖惩力度；开展地下水超载区综合治理，实行最严格的地下水开采管控制度，加快推进呼和浩特市市辖区、乌拉特前旗地下水超采区治理；加大呼和浩特南湖湿地公园、临河黄河国家湿地公园、乌审旗萨拉乌苏国家湿地公园的保护力度，维护湿地生态系统健康，提升湿地水源涵养功能；大力发展节水农业，加快农村水价综合改革，加快推行以电折水制度，实行阶梯水价，运用经济杠杆促进水资源节约利用；扩大节水灌溉面积，推广节水技术，提升农业节水科技水平；实施全社会节水行动，推动全自治区尤其是沿黄盟市用水方式由粗放型向高效节约型转变，全方位提高水资源利用效率。

（三）坚持源头治理，深入打好污染防治攻坚战

打好污染防治攻坚战是内蒙古黄河流域高质量发展的基石。内蒙古黄河流域要坚持源头治理、系统治理，统筹推进各个污染面源生态环境综合整治。加强农业面源污染治理，深入推进控肥增效、控药减害，提高秸秆综合利用率，推进多种形式的适度规模经营，建立健全禽畜粪污、农业废弃物综合利用体系，加强灌溉退水和农用地污染管控；强化工业污染协同治理，对重化工、高耗能、高排放行业实施强制性清洁生产，加快超低排放改造进度，加快重点城市主城区重污染企业或工段搬迁；加强工业园区污染防治，黄河干流和主要支流 1 千米内严禁新增化工园区，严格落实排污许可制度；加强固体废弃物治理；完善污水治理体系，统筹推进城乡垃圾处理设施建设；着力改善空气质量，重点解决大气污染问题，对重污染地区、企业进行重点管控，强化大气污染综合治理，推动冬季清洁取暖改造；加快重点区域矿山清理整顿，开展矿区生态环境系统治理，加快推进绿色矿山进程，加强环境监督与监管。

（四）坚持绿色发展，持续推进流域国土绿化行动

绿色发展是内蒙古黄河流域高质量发展的底色。内蒙古黄河流域要持续推进国土绿化行动，科学把握林草关系，处理好森林生态系统与农田、草原、荒漠和湿地等生态系统的协同关系；进一步巩固退耕还林还草成果，加强林草长制作用的发挥，提高林草植被覆盖率，加大森林草原经营管理力度，提高森林涵养水源、保持水土和防风固沙作用；实行流域内不同草原和草地分区分级管

理，提高综合系统治理能力；维护保养好现有的森林公园，加快建设敕勒川、贺兰山草原等国家草原自然公园；推动重点区域荒漠化防治，以腾格里沙漠、乌兰布和沙漠、库布齐沙漠和毛乌素沙地为重点，开展防沙治沙系统性综合治理，实施林草生态工程，打造一批可推广、可复制、可借鉴的草原治理内蒙古黄河流域示范样板区，全面提升内蒙古段绿色发展含金量。

（五）坚持系统治理，完善创新体制机制

山水林田湖草沙是系统性、综合性工程，要坚持系统治理、协同推进。沿黄 7 盟市要牢固树立一盘棋思想，有统筹推进黄河流域高质量发展的大局观，共同推进谋划全流域内生态环境的保护与治理，破除固有的行政界限，统筹推进堤防建设、生态修复、水土保持、淤泥治理等重大工程，合理布局水资源利用与产业、城市建设等，构建全域生态安全格局和生命共同体视角下的系统治理思想；建立健全协同推进黄河流域治理的工作机制，成立统筹推进山水林田湖草沙系统治理工作小组，自上至下形成合力，共谋大保护和大发展，避免人力物力等资源的重复交叉浪费；加大统筹协调治理黄河流域的宣传力度，增加全民共建共治共享生态环境带来的福祉；加大黄河流域治理的财政金融支持力度，加强资金监管，提高专项资金利用效率。

参考文献

习近平：《在黄河流域生态保护和高质量发展座谈会上的讲话》，《求是》2019 年第 20 期。

包思勤：《在黄河流域高质量发展中展现担当作为》，《内蒙古日报（汉）》2021 年 11 月 15 日。

马桂英：《内蒙古黄河流域生态环境保护存在的问题与对策建议》，《实践（思想理论版）》2021 年第 3 期。

余瑞卿：《内蒙古落实黄河流域生态保护和高质量发展战略的对策建议》，《北方经济》2021 年第 12 期。

《习近平在深入推动黄河流域生态保护和高质量发展座谈会上强调　咬定目标脚踏实地埋头苦干久久为功　为黄河永远造福中华民族而不懈奋斗》，《人民日报》2021 年 10 月 23 日。

《内蒙古自治区黄河流域生态保护和高质量发展规划》，《内蒙古日报（汉）》2022年2月24日。

中共中央文献研究室：《习近平关于社会主义生态文明建设论述摘编》，中央文献出版社，2017。

安黎哲主编《黄河生态文明绿皮书：黄河流域生态文明建设发展报告（2020）》，社会科学文献出版社，2021。

B.16
黄河三角洲生态治理成效与经验研究

程臻宇*

摘　要：　为响应党中央关于黄河三角洲的系列重要指示精神，山东省政府、东营市政府根据黄河三角洲区域生态特点，通过多项高标准立法和规划引领，开展黄河口国家公园创建和提高黄河三角洲自然保护区生态补水量等生态治理保护工作，形成“以湿地为核心”的生态保护治理思路并取得明显成效。黄河三角洲生态治理经验可以概括为“一个特色、两个重视、三个强化”，即通过长期实践探索形成了黄河口湿地“点”“面”“带”特色生态修复治理模式，同时重视生态保护治理领域科研合作，重视科学用水，提高用水效益，不断强化湿地品牌效应、强化组织保障和生态保护力度。未来，黄河三角洲还需要在顶层设计、海洋生态、黄河滩区、湿地入城、物种保护和绿色发展六个方面持续发力，以更好地维护黄河三角洲生态系统的长久稳定。

关键词：　生态治理　高质量发展　黄河三角洲

党中央、国务院高度重视黄河三角洲的生态保护和治理工作，习近平总书记多次就黄河三角洲生态保护做出重要指示。2019年，习近平总书记在郑州主持召开黄河流域生态保护和高质量发展座谈会时指出，“黄河流域生态保护和高质量发展，同京津冀协同发展、长江经济带发展、粤港澳大湾区建设、长三角一体化发展一样，是重大国家战略”；“下游的黄河三角洲是我国暖温带

* 程臻宇，经济学博士，山东社会科学院经济研究所副研究员，主要研究方向为生态经济、产业经济。

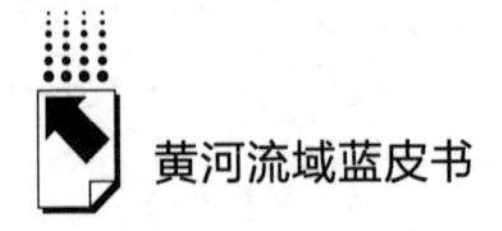

最完整的湿地生态系统，要做好保护工作，促进河流生态系统健康，提高生物多样性”。2020年1月3日，习近平总书记主持召开中央财经委员会第六次会议，明确提出“加快黄河三角洲自然保护地优化整合，推进建设黄河口国家公园”。2020年10月，中共中央、国务院印发《黄河流域生态保护和高质量发展规划纲要》（中发〔2020〕23号），对推进黄河流域生态保护和高质量发展做出全面部署。2021年10月20日，习近平总书记到山东视察，在山东省济南市主持召开的深入推动黄河流域生态保护和高质量发展座谈会上强调要“确保‘十四五’时期黄河流域生态保护和高质量发展取得明显成效，为黄河永远造福中华民族而不懈奋斗”。习近平总书记要求，“要把保护黄河口湿地作为一项崇高事业”。这一系列重要讲话，为黄河三角洲地区生态保护和高质量发展指明了前进方向、提供了根本遵循。

一　黄河三角洲现阶段主要生态保护治理工作概述

黄河改道、淤积和摆动形成的黄河三角洲属于新生陆地，成陆时间短，土质结构疏松，时常受海水侵袭；地下卤水含量较高，淡水位置浅、咸度大，淡土层薄，土地存在比较严重的盐渍化，生态系统十分脆弱。近年来，黄河河口来水来沙条件发生显著变化，东营等黄河三角洲所在地市当地的社会经济不断发展，黄河三角洲的生态保护也面临严峻的挑战，保护与发展的矛盾始终存在，更凸显黄河三角洲生态治理工作的重要性。为响应党中央关于黄河三角洲的一系列重要指示精神，山东省政府、东营市政府始终坚持以生态保护为先的理念，根据黄河三角洲区域生态特点，通过高标准立法建设和高标准规划引领，逐步构建起了“以湿地为核心”的生态保护治理工作思路，黄河三角洲及黄河三角洲自然保护区生态环境不断向好。

（一）开展多项高标准立法和规划

2021年3月，山东省制定出台了《山东省黄河流域生态保护和高质量发展规划》（鲁发〔2021〕6号），对黄河三角洲生态保护修复做出了专门规定。2021年12月，山东省人大常委会初次审议并全文公布了《山东省黄河三角洲生态保护条例（草案）》，向全社会公开征求意见和建议。东营市为加快推进黄河三角洲生态保护和修复专门修订《黄河三角洲国家级自然保护区条例》，坚持高标准规划引领，2020 年 12 月在沿黄九省区中率先出台《东营市黄河三角洲生态保护与高质量发展规划》，此外，东营市还专门出台《山东黄河三角洲国家级自然保护区条例》《东营市湿地城市建设条例》《东营市湿地保护条例》《东营市海岸带保护条例》《东营市大气污染防治条例》《东营市重要湿地和一般湿地认证办法》等地方法规规章制度，编制了国内地级市首个湿地保护专题规划《东营市湿地保护总体规划》。《山东黄河三角洲国家级自然保护区管理条例》已被列入省人大立法计划。山东省政府也正积极开展《黄河口国家公园条例》立法调研，国家公园立法层面的制度创新建设迈出新步伐。同时不断完善区域生态文明建设目标评价考核、企业环保信用评价、生态环境损害赔偿等制度，将山东黄河三角洲生态保护与治理工作充分纳入法制轨道。此外，黄河三角洲国家级自然保护区还编制实施了湿地保护修复、生态保护与修复专项规划等具体规划，开了全国自然保护区详规编制的先河。黄河三角洲国家级自然保护区编制的《黄河三角洲自然保护区生态保护与修复专项规划》也被整体纳入国家林草局正在编制的《黄河三角洲湿地保护修复规划》中。

（二）开展黄河口国家公园创建工作

作为全球新生河口湿地的典型代表，融合了河流、海洋和陆地三种地理生态要素的黄河河口湿地生态系统具有独一无二的生态价值和资源禀赋，完全具备创建国家公园的自然生态条件。东营市积极配合山东省政府开展国家公园创建的各项前期准备工作，编制国家公园设立方案、制定优化预案，将相关区域内现有各类自然保护区进行整合优化，确立了国家公园范围。黄河口国家公园规划划定范围 3523 平方千米，位于东营市河口区和垦利区境内，其中海域面积 2152 平方千米，陆域面积 1371 平方千米。东营市还完成了对国家公园区域内自然生态资源本底调查与评价等相关的评价与报告资料准备工作。目前，在省市两级的积极对接和共同推动下，黄河口国家公园正进入实质性建设阶段。2021 年 10 月，国家公园管理局批准山东省呈报的《黄河口国家公园创建方案》，同意山东省开展黄河口国家公园创建工作。2022 年 3 月，黄河口国家公园完成省级自我测评工作和国家林草局组织的第三方评估工作。目前正在积极进行国家公园报批工作，2022

年5月26日初步通过国家林草局组织的专家评审论证，未来将继续高质量推进建设我国首个陆海统筹型国家公园。

（三）提高黄河三角洲自然保护区生态补水量

水是湿地的生命之源，山东黄河河务局结合洪水过程展开生态调度，实现黄河水动态调度分配，近年来累计向黄河三角洲地区补水近6亿立方米，生态补水量创下了历史新高。东营市配合黄河河务局针对黄河三角洲湿地恢复开展生态用水调度，积极实施针对黄河三角洲自然保护区的生态补水工程，连通水系241公里，疏通潮沟9条76公里，新建改建引黄口6个，在现行黄河流路两侧形成9个引黄口布局，将引提水能力不足40个流量提高到131个流量。在山东省、市两级的共同努力下，2020年黄河三角洲生态补水量首次突破1亿立方米，2021年1~8月累计补水1.6亿立方米，2020年、2021两年总计生态补水量突破3亿立方米，黄河三角洲湿地得到更多淡水滋养，实现了有效恢复。

二　黄河三角洲生态治理成效

自然地理概念上的黄河三角洲，是指1855年黄河改道以来经黄河冲积形成的冲积扇区域，起点在东营市垦利区宁海乡，北起套儿河口，南至支脉河口，面积5450平方公里的近代黄河三角洲。从行政区划看，黄河三角洲绝大部分位于山东省东营市辖区境内，其东部和北部与渤海相邻。其核心区域是1992年建立的黄河三角洲国家级自然保护区，以保护湿地及栖息于湿地生境的各类动植物为主要目的，保护区内现有湿地占保护区面积的70%以上，分为南北两个区域，主要分布于黄河现行入海口和黄河故入海口。近几年来，山东全省上下为治理和维护黄河生态系统做出了不懈努力，初步建立了以自然保护区、海洋特别保护区、湿地公园、风景名胜区、饮用水源地保护区为主，海陆兼顾的系统性生态保护治理体系，生态治理工作取得明显成效，突出表现为黄河三角洲生物多样性水平和生态系统完善程度的显著提升。

（一）湿地保护修复力度不断增大

湿地是黄河三角洲的核心禀赋资源。东营市作为黄河三角洲核心区域所在的地级市行政机构，一直把生态立市作为施政方针，积极实施湿地保护工作。

1. 湿地保护率不断增加

首先，截至2021年第四季度，东营市已建成国家级自然保护区1处、省级以上湿地公园10处、海洋特别保护区5处、森林公园5处、饮用水源保护区8处、省级风景名胜区1处、水产种质资源保护区3处、湿地保护小区59处，形成了海陆兼顾的湿地保护基本框架和体系，湿地保护面积达到25.83万公顷，湿地保护率55.6%。其次，黄河三角洲自然保护区内新增湿地面积大幅度增长。由于近年来黄河水务局对黄河三角洲的生态补水量连年增加，2017~2021年，黄河三角洲自然保护区湿地面积增加了188平方千米，增长了12.3%，区域退耕还湿、退养还滩工作成效显著。东营市通过认真贯彻《山东黄河三角洲国家级自然保护区条例》等相关法规制度，截至2021年底，全市已退耕还湿、退养还滩7.25万亩。

2. 湿地修复工作成效显著

近年来，黄河三角洲生态治理建设中系统性湿地修复模式初步取代了海陆分割的碎片化湿地修复模式，截至2022年6月，通过自然修复和人工修复手段，自然保护区共修复淡水湿地20.6万亩，累积修复黄河三角洲湿地近30万亩。此外，针对外来植物互花米草的无序扩张与蔓延、侵占其他植物生境的问题，东营市先后开展互花米草治理、自然保护区湿地修复、海洋生态保护修复等项目，2021年底完成互花米草治理面积3.84万亩，达到了初步治理效果，同时东营市还开展了以互花米草治理、盐地碱蓬和海草床恢复为主要内容的潮间带湿地恢复研究，累积已恢复盐地碱蓬、海草床4.7万亩。

（二）鸟类总体数量创新高

水生禽鸟数量是反映湿地生态健康状况的重要指标，黄河三角洲湿地生态环境正在不断好转，成为全球鸟类国际迁徙路线中最重要的中转站之一，是众多珍稀鸟类的越冬地和繁殖地，每年在黄河三角洲越冬憩息的鸟类总数从200万只增加到600万只。为有效保护鸟类憩息繁衍，东营市累计投资1.6亿元实施了自然保护区鸟类保育基础设施建设工程，鸟类栖息地、繁殖地保护等生态工程保护区内鸟类生存繁衍，区域鸟类数量多年来持续增长，2020年为368种，其中旅鸟种类占比最大，其次为冬候鸟、夏候鸟、留鸟等（见图1）。

2020 年新增 12 种国家一级重点保护鸟类：丹顶鹤、白头鹤、白鹤、大鸨、东方白鹳、黑鹳、金雕、白肩雕、白尾海雕、玉带海雕、中华秋沙鸭、遗鸥；二级重点保护鸟类也由 27 种增加到 51 种。据 2022 年初步统计，区内鸟类种数持续增长又创新高，已达 371 种（见图 2）。

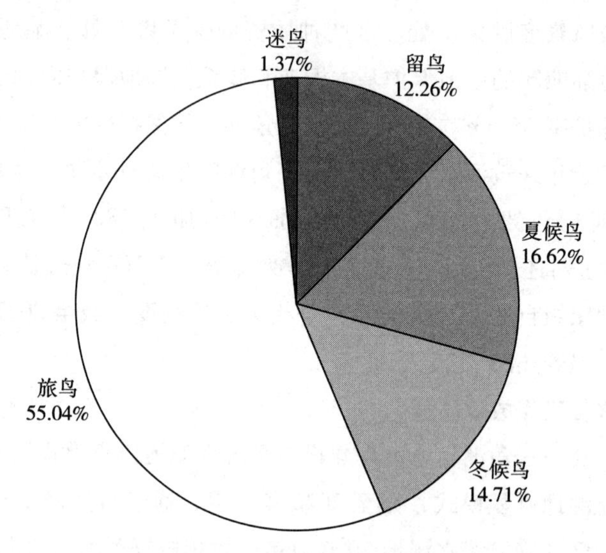

图 1　黄河三角洲鸟类居留型统计

资料来源：东营市政策研究室，由于 2022 年度数据不完善，故采用 2020 年数据做图。

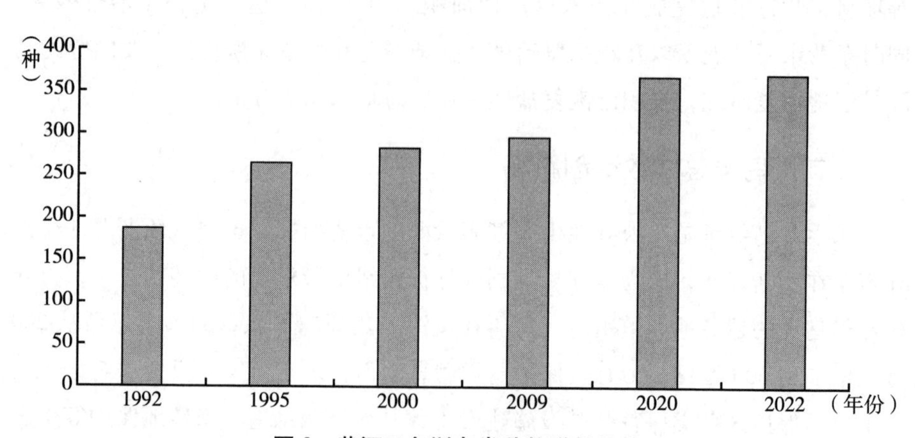

图 2　黄河三角洲鸟类种数增长趋势

说明：本图所采用的数据为笔者通过互联网搜集所得，为非连续性年度数据。

目前黄河三角洲已经成为世界濒危鸟类东方白鹳在全球最大的繁殖地，世界易危鸟类黑嘴鸥在全球第二大的繁殖地，还是世界极危鸟类白鹤在全球第二大的越冬地。超过全球种群1%数量标准的鸟类达到38种以上。珍稀濒危鸟类东方白鹳增至800只，占全球总数的20%，成为我国最大的东方白鹳繁殖地；黑嘴鸥繁殖种群数量超过7000只，黄河三角洲为其全球第二大繁殖地；迁徙丹顶鹤380只，占全球总数的15%。

（三）区域其他生物多样性水平显著提升

除去鸟类数量增长迅速以外，通过加强生态治理与修复，黄河三角洲现有其他生物的多样性水平均迅速增长，数量提升明显。昔日的不毛之地和高度盐碱化的盐碱滩，变成了生物多样富集、水草丰茂的优良湿地。湿地中底栖生物已由之前的单一物种增加到了2021年的36种。截至2021年底，黄河三角洲野生动物已增加到了1627种，黄河三角洲国家自然保护区内植物增加到了685种，区内一半以上的地表都已被自然植被覆盖，一跃成为国内最大的新生的湿地自然植被区。芦苇、柽柳、盐地碱蓬、罗布麻和国家二级重点保护植物野生大豆等富有湿地特色的湿地植物在自然保护区内广泛分布，按照集中分布面积计算，芦苇达40万亩，野大豆达6.5万亩。主要依附于植物群落的昆虫数量由1995年的478种增加到512种，其中99种为山东省新品种。

三　黄河三角洲生态治理经验

黄河三角洲是我国大江大河里面唯一在近代百余年时间形成陆地、几乎保持近天然原生态状况的河口三角洲区域，黄河是汇流入渤海湾的第一大河，黄河三角洲是环渤海地区保持河海生态系统平衡、调节气候、培育陆海生物多样性、维护京津冀生态安全格局的重要节点。总结黄河三角洲生态治理经验，可以概括为“一个特色、两个重视、三个强化”。

（一）形成特色湿地修复模式

黄河三角洲通过长期实践形成了富有特色的黄河口湿地生态修复治理模式

（见表1），逐步实现系统修复、综合治理、陆海统筹。当地在长期生态治理保护实践中探索出自然修复、部分自然修复+部分人工修复、人工重建三种湿地修复方案，以对淡水水系、淡水和滩涂湿地以及潮间带的“线、面、带”修复为抓手，通过微生境改造、水系微循环、水分补给、种子库补充等恢复及构建技术，构建起以黄河三角洲湿地生态系统为核心，黄河三角洲沿黄生态保护带和滨海湿地生态保护带为两翼，串联主要河流、湿地廊道、防护林带、水库等生态要素，囊括自然保护区、海洋保护区、水源涵养区、生态林地、重要湿地等多个生态节点的生态治理保护体系。黄河口湿地修复治理新模式和生态保护体系实现了原有的陆海分割修复向现在的综合性系统性修复的转变，将“河—陆—滩—海”生态系统视为有机整体，统一治理，有效提升了黄河口新生湿地的完整性，湿地生态系统明显改善，湿地生物多样性显著提升。

表1　黄河三角洲湿地“线”“面”“带”特色生态修复模式一览

<table>
<tr><th></th><th colspan="2">修复对象</th><th>具体修复方式</th><th>预期实现的生态目标</th></tr>
<tr><td rowspan="9">黄河三角洲特色生态修复模式</td><td rowspan="3">线</td><td rowspan="3">黄河与湿地、滩涂之间的水系</td><td>构建科学合理的取、蓄、输、用、排水格局，形成“河—陆—滩—海”入海循环主干道</td><td rowspan="3">最大限度发挥生态用水效益，恢复湿地与黄河的交流，实现水系循环流通，形成健康的湿地大循环体系</td></tr>
<tr><td>实施水系循环连通工程，疏通黄河河漫滩遗留沟汊</td></tr>
<tr><td>通过生态闸坝调节水位，模拟形成黄河自然漫溢过程</td></tr>
<tr><td rowspan="2">面</td><td rowspan="2">淡水湿地和滩涂湿地</td><td>针对淡水湿地，按照生态学的原理塑造微地形，建设鱼类栖息地、鸟类繁殖岛、植被生态岛，营造适宜鸟类生存的环境</td><td rowspan="2">形成“河流水系循环连通、原生湿地保育补水、鱼虾生物繁衍生息、野生鸟类觅食筑巢”的生物多样性淡水湿地和“一次修复、自然演替、长期稳定”的滩涂湿地</td></tr>
<tr><td>针对滩涂湿地，在不改变原有的地形地貌基础上，以恢复盐地碱蓬和柽柳为主要目标，营造原有物种生长条件</td></tr>
<tr><td rowspan="4">带</td><td rowspan="4">潮间带</td><td>通过刈割、翻耕、淹水、除草剂等方式消灭互花米草个体，切断其繁殖路径</td><td rowspan="4">有效清除外来入侵物种互花米草，逐渐恢复本底物种如盐地碱蓬、海草床及滩涂贝类等，维护区域生态系统平衡与安全</td></tr>
<tr><td>疏通潮沟</td></tr>
<tr><td>及时恢复盐地碱蓬</td></tr>
<tr><td>种植海草床</td></tr>
</table>

资料来源：东营市政府网站。

（二）重视科研合作

当地十分重视与国内国际各个科研机构的科研合作交流。黄河三角洲自然保护区与国家海洋局北海环境监测中心、环保部黄河局、自然资源部青岛海洋一所、中国石油大学、北京师范大学、北京林业大学、中科院烟台海岸带研究所、中科院青岛海洋所、曲阜师范大学等国内大院大所加强沟通合作，共同建设观测站、实验室等设施，共同开展生态保护修复、生物多样性保护科学研究，在黄河三角洲生态环境系统监测体系、生态监测技术升级、监测系统建设、监测新技术如AI自动识别等领域广泛开展国内国际科研合作，成效显著，取得多项创新性科研成果。当地还积极组建专家智库，为国家公园建设和申报自然遗产等工作提供人才智力支撑。通过与科研院所共同组建“卫星+无人机+地面台站”一体化监视体系，更好更全面地观测黄河三角洲水、气、土、生物和景观格局、地形地貌等动态变化，为生态保护提供科学依据和有力技术支撑，对黄河三角洲保护管理、湿地恢复、种群保护、生态旅游、资源开发等工作都起到了显著的推进和提升作用。此外，在当前新兴研究领域如公共生态产品社区共享机制、社会资本参与生态修复的新机制方面，积极与东营康华海洋科技有限公司、中科院海洋研究所、中科院烟台海岸带研究所合作，联合专家技术团队进行体制机制探索。

（三）重视科学用水

重视科学用水，深入开展全域水资源节约集约管理。黄河三角洲位于暖温带大陆性季风气候带，全年降水主要集中在夏季，是典型的少雨地区，容易发生旱灾，东营市也是我国严重缺水的城市之一。此外，黄河三角洲湿地类型的一个重要特征是人工湿地占比高，东营市现有人工湿地面积占全市湿地总面积的25.57%，主要是因为过去治理盐碱而开挖大量沟渠，引黄河水进行排碱、灌溉，形成了大量次生湿地，这些湿地同样存在巨大的用水需求，为缓解水资源矛盾，当地一直积极探索水资源节约集约管理模式，并形成了一定的经验。一是努力提高生态用水效率，通过编制《山东黄河三角洲国家级自然保护区水资源配置与水系连通规划（2018—2030年）》，构建科学合理的取、蓄、输、用、排的生态用水水系格局。根据植物生长、主要鸟类种群的用水需求，合理制定补水计划，最大限度地发挥淡水资源生态效益。二是积极推动湿地城市建设，通过生态方法实现城市绿化和湿地水系的连通，促进城市湿地大体系增强水土涵养能力。三是实行计划用水管理，对全市水资源保护工作进行顶层设计。先后编制完成了《东营市水资源保护规划》《东营市水资源综合规划》等。根据区域用水总量控制指标和实际用水现状，核定下达年度取水计划，引导和鼓励节约利用水资源。先后启动了河口区、广饶县节水型社会创建工作，通过以点带面推广节水示范经验。四是落实防汛抗旱责任制，强化督导检查。对险工隐患部位、上年度汛期出险的堤段、问题闸站及河道内阻碍行洪的非法建筑、渔网等防汛薄弱环节进行重点检查，并及时整改。完善河道防汛调度方案，成立市级水旱灾害防御抢险专家库，为全市水旱灾害防御提供技术支撑。完善水务信息系统建设，加强和完善防汛物资储备和防汛抢险队伍应对突发事件时的快速反应、综合调度和应急处置能力。五是深入推进黄河河道治理工作。联合黄河河务部门、胜利油田、东营市进行了大量的河道治理工作，提高河口河段防洪能力、稳定河道、减少黄河下游河道淤积。

（四）强化湿地品牌

不断提升黄河三角洲核心生态禀赋湿地的品牌价值。专门邀请新闻单位摄制湿地专题纪录片，建设新媒体宣传平台，通过媒体矩阵不断提高黄河三角洲湿地的知名度和影响力；依托黄河三角洲湿地博物馆等科普教育基地，提高当地群众和社会各界人士爱护自然、爱鸟护鸟的主动性、自觉性，形成全社会关心黄河三角洲生态环境和保护物种的良好社会氛围；积极进行各类项目和荣誉申报，一系列荣誉的获得不断强化黄河三角洲品牌核心价值（见表 2）。2019 年，黄河口生态旅游区获评为国家 5A 级旅游景区，同年被中国野生动物保护协会授予“全国鹤类保护先进集体”称号；2020 年获全国第二届“生态中国湿地保护示范奖”荣誉称号。此外，黄河三角洲自然保护区 2017 年 3 月就被联合国教科文组织列入申遗提名地预备清单，2019 年，山东省和东营市正式启动东营黄河口候鸟栖息地申遗工作，目前正以黄河三角洲自然保护区为依托，与技术支撑单位积极合作对接，积累鸟类摸底调查等基础数据资料，申报黄渤海候鸟栖息地世界自然遗产项目（第二期），争取在 2023 年第 47 届世界遗产大会上申遗成功。

表 2　黄河三角洲自然保护区（含东营市）获得的生态荣誉称号一览

年份	荣誉称号	称号类别（国家/国际）
1994	具有国际意义的重要保护地点	国家级
2004	国家质地公园	国家级
2005	被《中国国家地理》评选“中国最美六大湿地之一”	国家级
2006	国家级示范自然保护区	国家级
2008	国家 4A 级旅游景区	国家级
2010	中国东方白鹳之乡	国家级
2012	国家园林城市	国家级
2013	国家生态文明教育基地	国家级
2013	进入“国际重要湿地目录”	国际级
2015	全国中小学环境教育社会实践基地	国家级
2016	中国黑嘴鸥之乡	国家级
2018	全球首批国际湿地城市	国际级
2019	全国鹤类保护先进集体	国家级
2019	国家 5A 级旅游景区	国家级
2020	生态中国湿地保护示范奖	国家级
2021	2021 中国最具生态竞争力城市	国家级

资料来源：黄河三角洲自然保护区官方网站及东营市政府网站。

（五）强化组织保障

全面加强黄河三角洲生态保护治理的各项组织保障。从机构组织设置上突出黄河三角洲生态保护工作的重要地位。黄河三角洲自然保护区管理局是东营市正县级派出机构，下设黄河口管理站、大汶流管理站和一千二管理站三个直属管理站，按照国家级自然保护区的配备要求，还建设了湿地监测站、湿地监测信息中心、气象站、监测点、人工鸟巢、自然保护区围栏、鸟类救护中心等重点物种与重要生态区域保护的基础设施。不断完善巡护路网、保护站点、监测监控等基础设施，通过监控警示系统，对保护区进行实时调控、科学管理。根据保护对象和生物资源的特点，自然保护区还制定了《巡护监测体系实施方案》，坚持巡护监测制度，以专项调查、重点调查、全面普查等方式开展系

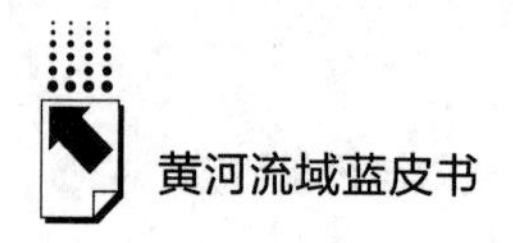

统监测。为严厉打击针对黄河三角洲保护区生态领域犯罪行为，东营市公安局在黄河三角洲自然保护区设立了保护区分局，近年来随着水陆两栖全地形车的采用，在保护区已形成汽车、摩托车、山地车、无人机、徒步“五位一体”巡逻防控新模式，打通了巡逻防控的“最后一公里”，切实实现了巡逻防控零盲点、无死角。同时还在全市实施“生态警长”制，182 名“生态警长”联合当地民警，通过监控大数据和无人机巡查为黄河三角洲区域生态安全筑牢防线。2022 年 6 月，东营市在刁口河生态补水渠首罗家屋子引黄闸设立“黄河口湿地生态环境综合修复基地”，这是黄河流域首个湿地生态环境修复基地，将积极探索构建“水行政执法+司法保障+生态保护修复+基层治理”综合治理新模式。

（六）强化保护力度

不断强化对黄河三角洲生境的保护力度，将人类活动对于黄河三角洲生态环境的影响控制到最低。首先，自 2013 年以来黄河三角洲针对保护区域被石油开采、海洋养殖等生产行为侵占影响的问题采取了严格措施。对侵占生态海域的海洋养殖项目进行了整改，依法取消其用海权，对项目进行撤销，恢复海域生态；对位于自然保护区核心区、缓冲区内的胜利油田等石油加工企业的生产设施要求全部关停及限期拆除，首先拆除已停产或废弃的油田生产设施并实施生态恢复，对于仍在生产的限期三年予以全部拆除，并进行生态环境影响评价和生态恢复；对于处于保护区实验区内的生产企业进一步加强环境影响评价，系统梳理制定生态环境综合整治方案，确定了环境风险管控措施，进一步加强油田生产设施环保管理，严禁其擅自扩大规模和破坏生态环境。其次，全面掌握并严格控制进出自然保护区的人员。在各管理站重要入口处均设立了检查站和多处检查监测点，对进区车辆、人员进行严格登记检查，加大巡查管理力度，严禁任何人进入自然保护区核心区、缓冲区和实验区中的重点物种保护区域。另外，还对重要生态保护区域、鸟类重点分布区域重点巡护监测，设置巡护路线 12 条，总长 156 公里，春秋鸟类迁徙季节巡护频率达到每月 10 次，夏冬每月 3 次，巡护覆盖面 5.35 万平方米，占自然保护区总面积的 35%；通过设立管理点、电子围栏、热成像等设施，对重要生态保护区域、鸟类集中分布区实施封闭管理，严格禁止人为干扰，加大对违法狩猎、捕捞人员的巡查力度，做到全面覆盖；对重点防火区域如天然柳林、柽柳林、芦苇、草地等分布区，于每年10月至次年5月实施封闭式管理和日巡护制度，开设防火道200公里，覆盖面积9.3万平方米，配备消防车10部、风力灭火机110台，实现了防火区域全覆盖。

四　黄河三角洲生态治理未来展望和建议

尽管黄河三角洲生态治理已经取得充分进展，但仍存在很多急需解决的问题。首先，由于近年来气象水文条件变化，入海水沙量持续减少，引起湿地生态系统逆向演替，加上三角洲内还有很多湿地尚未实现与黄河的水系连通和地表径流，现有的部分防洪堤坝和历史上进行的河道人工干预，打破了河流、沼泽、海滩的自然连通格局，导致河口地区不断遭受海水侵蚀，区域水盐平衡被破坏，海水倒灌加速了土壤盐碱化。其次，大湿地统筹管理的机制体制尚未完全建立。自然保护地分布不均衡，主要集中于滨海及浅海区域，一些重要的陆域湿地未能被纳入湿地保护体系。区域统筹的生态保护体系仍不完善，缺乏海陆统筹，海洋生态功能降低，围填海、滩涂开垦、海洋工程等海洋开发活动导致海洋生态系统呈现亚健康状态，海洋环境污染压力较大，海水倒灌导致的海岸线受损问题较为严峻。最后，保护与利用的矛盾依然存在，油气资源开发、渔业养殖造成自然生态系统破碎化，湿地保护管理工作仍受到淡水资源、资金和人力保障等因素制约。因此，未来一段时期要从以下六个方面着手，更好地维护黄河三角洲生态系统的稳定性。

（一）从顶层设计着手，深入推进黄河三角洲生态治理制度体系建设

从顶层设计上加强黄河三角洲生态保护与修复工作在黄河下游生态保护治理中的重要核心定位，加强政策支持、项目支持和资金支持。在现有分水方案中，生态用水指标向东营市黄河三角洲进一步倾斜，通过持续增加生态补水量进而提升黄河三角洲湿地生态环境质量。围绕黄河入海口、沿黄、滨海等重点生态区域，坚持系统修复、整体保护、突出重点的原则，在充分实现河流生态系统自我修复的基础上，充分结合实际，通过河流生态补水、水系贯通等一批

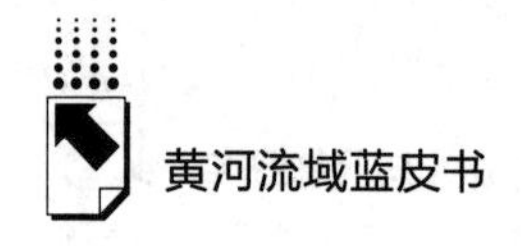

大型生态保护修复治理工程，提升河流生态系统完整性和可持续性，逐步促进恢复自然生态。开展综合性生态治理，兼顾湿地保护修复与合理利用，显著提升黄河三角洲湿地生态功能。尽快形成黄河三角洲生态治理资金长效保障机制，探索建立黄河三角洲湿地生态效益补偿制度，积极探索多渠道资金支持模式，促进黄河三角洲地区生态保护修复工作有序稳定开展。对黄河三角洲国家级自然保护区、东营黄河三角洲国家地质公园、黄河口国家森林公园进行整合优化并完善规划，加快黄河口国家森林公园的申报报批进程，加快管理制度创新探索。

（二）从海洋生态着手，深入推进黄河三角洲海洋典型生态保护与修复工作

打造沿海生态保护带，对典型的滨海生态系统如滨海湿地、海湾、河口等进行系统性治理与保护，恢复浅海湿地生态功能。强化黄河三角洲近海海洋污染防治，制定海水养殖污染控制方案，强化港口码头、船舶污染监管，完善“海上环卫”工作机制，加强海洋环境风险防控，加强退化岸线湿地生态系统综合整治，恢复近海与海岸受损湿地生态功能和自然属性，改善浅海水生态环境；实施潮间带湿地生态修复，以治理互花米草为重点，陆续恢复柽柳林、翅碱蓬等原有滨海湿地系统，恢复原有的海草床植被、湿地底栖动物栖息地，维护潮间带生态系统健康。强化海洋特别保护区、种质资源保护区建设，实施贝类繁育保护，对以牡蛎礁、鱼虾蟹类为重点的物种进行保护，建设鱼虾蟹综合保育区。

（三）从黄河滩区着手，继续开展黄河沿线生态保护修复和黄河滩区综合治理工程

黄河三角洲内的黄河滩区作为重要的生态区域，已被纳入国土空间总体规划。实施大堤两侧与滩区统一规划，严格用途管制，建设安全美丽的黄河生态保护示范区。打造生态廊道，串联龙居生态林场、龙栖湖省级湿地公园、天宁寺生态林场、天宁湖国家湿地公园、垦利生态林场、垦利沿黄湿地公园、利津东津省级湿地公园等大型生态斑块；统筹黄河滩区生态空间和农业空间，划定禁止开发、限制开发和适度开发片区，实施滩区生态综合治理工程，科学规划

建设高质量生态片区和规模化绿色农业片区，实现一二三产业融合发展，形成具有滩区特色的新模式、新业态、新技术和新产业示范基地，提升滩区综合治理水平，构建滩区生态发展大格局。

（四）从“湿地入城”着手，有序推进湿地城市保护修复工程

以入海河流、湖泊、中小型水库和星罗棋布的坑塘等为重点，加快推进湿地保护小区建设，加强饮用水水源保护区管理，综合统筹水资源和野生动植物资源保护，修复生态功能退化和遭到破坏的湿地，实施生态环境治理工程，打造山水林田湖草生命共同体，实现人与自然和谐相处。一是国际湿地城市论坛永久会址，按国际湿地标准持续推进湿地保护和修复，探索建立湿地保护和建设模式，研究城市对湿地系统的合理利用。二是国际湿地城市建设工程，重点实施白鹭田园湿地片区、森林湿地公园片区两大片区的新建和提升。

（五）从物种保护着手，积极建设国家生物多样性保护示范区

加强对珍稀濒危鸟类栖息地的保护，筹建中国东方白鹳和黑嘴鸥保护基地，积极创建中国鹤类之乡。建设野生动物救护中心，提高野生动物尤其是鸟类在黄河三角洲的生存能力。加快形成重要贝类种源地，保护增殖文蛤、缢蛏等目标海洋生物，逐渐提升贝类丰富度。形成鱼虾蟹综合保育区，保护中国对虾、刀鲚、三疣梭子蟹、中华绒螯蟹等目标海洋生物。建设特色植被保育区，重点对天然柽柳林、罗布麻、野生大豆等物种所在生境进行封闭式保护管理。

（六）从绿色发展着手，大力支持黄河三角洲绿色基础设施建设

支持增建黄河公路桥和省道，逐步改善主要运输干线穿越城区现状，减少运输车辆污染。加大铁路路网和港口规划建设支持力度，改变单一的运输模式，构建黄河三角洲综合交通枢纽。实施 10 万吨级码头和 25 万吨级单点系泊等重大项目，争取京沪高铁二通道尽快全线开工，支持东营胜利机场打造中转枢纽机场。加强清洁能源推广使用。大力推进农村清洁取暖工作开展，增大中央大气污染防治专项资金用于能力建设的比例。指导编制科学的大气环境质量限期达标规划，积极制定改善达标方案。

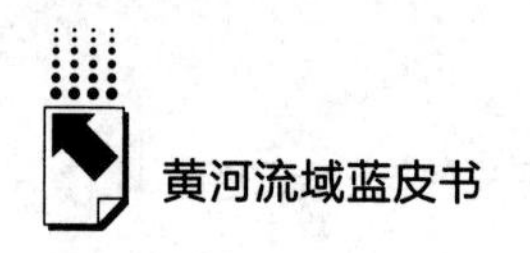

参考文献

全国干部培训教材编审指导委员会组织编《推进生态文明　建设美丽中国》，人民出版社、党建读物出版社，2019。

陈金清：《生态文明理论与实践研究》，人民出版社，2016。

东营市人民政府：《东营市国民经济和社会发展第十四个五年规划和2035年远景目标纲要》，2021。

东营市人民政府：《东营黄河三角洲水资源节约集约利用规划（2021—2030年）》，2021。

黄河经济篇

Yellow River Economy Chapters

B.17

“双碳”目标下黄河流域制造业绿色化转型面临的挑战与对策建议

韩树宇*

摘　要： 党的十九大以来，坚持绿色发展已经成为新发展理念指导下推动经济社会高质量发展的重要理念，加快推进制造业绿色化转型是践行绿色发展理念的必要手段，也是实现碳达峰碳中和目标的重要途径。黄河流域制造业占比较大，能源消耗和碳排放量大，在“双碳”目标下推进制造业绿色化转型面临着工业化水平低、资源依赖度高、生态环境脆弱、区域差异突出、创新动能不足等诸多挑战。黄河流域各省区必须协调推进、精准施策，多角度、全方位推进制造业绿色化转型，加快构建绿色经济体系、现代产业体系、绿色能源保障体系等，以科技创新引领制造业绿色低碳发展，推动碳达峰碳中和目标实现，推进黄河流域生态保护和高质量发展。

* 韩树宇，河南省社会科学院工业经济研究所研究实习员，研究方向为工业经济。

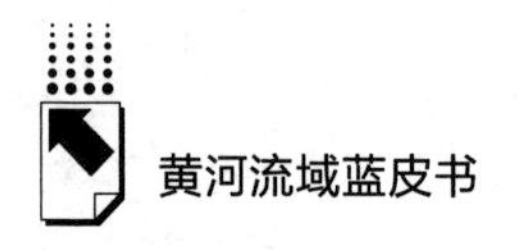

关键词： 双碳　制造业　绿色化转型　黄河流域

一　引言

为应对全球气候变暖带来的挑战，我国提出2030年碳达峰、2060年碳中和的目标。2021年10月，中共中央、国务院相继印发《关于完整准确全面贯彻新发展理念做好碳达峰碳中和工作的意见》《2030年前碳达峰行动方案》，文件要求“十四五”期间，产业结构和能源结构调整优化取得明显进展，重点行业能源利用效率大幅提升，煤炭消费增长得到严格控制，新型电力系统加快构建，绿色低碳技术研发和推广应用取得新进展，绿色生产生活方式得到普遍推行。对于黄河流域各省份来说，实现碳达峰碳中和既是推进产业转型升级的重大机遇，也是一次重大挑战。黄河流域自古以来就是我国重要的经济板块和人口活动区域，区域内蕴藏着支撑经济社会发展的重要的能源资源和原材料，而且资源储量巨大，在支撑中华文明不断形成和延续的过程中发挥着重要作用。受资源禀赋和地理区位的影响，黄河流域逐渐成为我国重要的能源化工基地、原材料基地和重工业生产基地。黄河流经我国九个省区，流域内大江大河大山大平原等自然景观丰富，中上游地区主要位于我国西北地区，自然条件较为恶劣，生态环境脆弱。该区域又是我国重要的生态功能区，对于保障黄河下游地区生产生活等具有重要的生态屏障作用，推进黄河中上游地区生态保护事关我国长远发展大计，事关习总书记“绿水青山就是金山银山”科学论断的落地见效，也事关碳达峰碳中和目标的成功实现。但是，黄河流域历史上经历了过度开发和无序开发，尤其是新中国成立后为支撑我国经济建设而经受了粗放式开发模式，虽然大大推进了我国的工业化进程，但也因粗放式发展和能源资源过度开发而造成该地区环境压力日益加大，长期以来资源利用效率低、碳排放居高不下等诸多问题一直未能得到解决，成为制约该地区高质量发展的重要因素。2019年9月，习近平总书记在郑州主持召开黄河流域生态保护和高质量发展座谈会并发表重要讲话，提出了“黄河流域生态保护和高质量发展是重大国家战略，要坚持生态优先、绿色发展”。2021年10月22日，习近平总书记在济南主持召开深入推动黄河流域生态保护和高质量发展座谈会，明确指出要坚定走绿色低碳发展道路。制造业价值链长、关联性强、带动力大，是构建现代产业体系的重要抓手，是高质量发展的重要保障。绿色发展是实现经济发展与生态保护相协调的现实路径，是做好生态保护工作的必备要素。在新的碳排放战略下，黄河流域制造业企业如何进行转型升级，如何减少碳排放、走好绿色低碳发展道路等问题，是未来很长一段时间黄河流域各省区以及制造业企业需要思考的问题。因此，基于“双碳”背景探讨黄河流域制造业绿色化转型路径及对策问题对于有效推进流域生态保护和高质量发展十分必要。

二　黄河流域制造业绿色化转型面临的挑战

黄河流域生态底子比较差，资源环境承载能力较弱，沿黄各省区产业倚能倚重、低质低效问题突出，以能源化工、原材料、农牧业等为主导的特征明显。生态环境脆弱、高质量发展不充分等种种现实条件给黄河流域制造业绿色化转型带来诸多挑战。

（一）工业化水平低，资源依赖度高

黄河流域对自然资源依赖程度高，产业结构以煤炭、钢铁等资源密集型产业为主。黄河流域大部分省份拥有丰富的煤炭、矿石等自然资源，经济发展对资源性产业有较高的依赖程度。黄河流域是我国重要的工业基地，但工业化水平整体仍然偏低，中上游省份更多依赖资源型产业，大部分省区具有偏重的产业结构，重化工业链条属于资本密集型行业，需要投入大规模资本，转型发展相对较慢。黄河流域矿产资源特别是化石能源资源丰富，很多矿产品产量及其加工品产量在全国占有很高的比重。如，2020 年黄河流域的原煤、原盐、焦炭、烧碱、纯碱、农用化肥、粗钢分别占比 80%、36%、56%、49%、47%、44%和 23%。此外，流域内蕴含十分丰富的煤、油、气、风、光、地热等多品种能源资源。其中，煤炭基础储量占全国的 75%左右，石油资源累计探明地质储量占全国的 36%，黄河流域三大盆地天然气累计探明地质储量和累计探明技术可采储量分别占全国的 40%和 36%，地热（200 米以浅）资源量占全国的 11%，风能资源开发潜力占全国一半以上。但与此同时，黄河流域产业结

构偏重，对资源依赖程度较高，能源消耗量巨大。2020 年，沿黄九省区工业能源消费 15.8 亿吨标准煤，占全国工业能耗总量的 32.5%。万元工业增加值能源消费量为 1.4 吨标准煤，远高于全国平均值 0.95 吨标准煤。黄河流域石化、冶金、非金属矿物制品、电力等四大高耗能行业能源消费量占工业能源消费总量的比重为 67.7%。石化化工、纺织等五大高耗水行业用水量占工业用水量的比重为 58%。能源消耗量居高不下造成的碳排放压力、水资源过度消耗压力、固废堆积等资源环境问题也日益突出。整体来看，黄河流域工业化水平偏低，整个流域农业劳动力平均占比达到 28%，显著高于全国平均水平；城镇化率平均只有 60.2%，显著低于全国平均水平。从制造业内部结构看，上游省区传统资源密集型产业占比高，高耗能、高耗水、高排污问题比较突出。

（二）生态环境脆弱，碳减排压力大

黄河流域是国家重要生态走廊和生态屏障，它串联青藏高原生态屏障、北方防沙带、黄土高原生态屏障，流经众多生态脆弱、敏感和重要地区。但黄河流域资源环境承载力有限，流域生态敏感性强，生态脆弱区面积最大，荒漠化、沙化土地集中分布，生态脆弱的问题依然突出。此外，局部环境污染严重，是重要的污染负荷中心，黄河流域污染物排放明显高于全国平均水平，生态环境治理亟须加快步伐。黄河流域产业结构偏重的特点也导致该流域污染物排放强度高。黄河流域煤化工产业集聚，《中国能源报》显示，每吨煤直接液化将产生 5.8 吨二氧化碳、间接液化将产生约 6.1 吨二氧化碳，煤制天然气会产生 4.8 吨二氧化碳，煤制烯烃会产生 9 吨二氧化碳。黄河流域现代煤化工产业碳排放量占全国同行业碳排放总量的 70%以上，从当前黄河流域的能源消耗情况来看，未来该区域碳排放压力依然巨大。

（三）区域差异突出，制造业发展不均衡

受到发展基础、地理区位、资源条件等因素的影响，黄河流域内部经济发展不平衡不充分问题突出。在 GDP 方面，2021 年山东 GDP 为 83095.9 亿元，是排名第二位河南的 1.41 倍，是排名第四位陕西的 2.79 倍，是青海的 24.8 倍；在工业增加值方面，2021 年山东工业增加值为 27243.6 亿元，是四川的 1.77 倍，是排名最末的青海的 28.58 倍（见表 1）。尽管黄河流域中下游地区

不断发力，经济发展速度有所提升，但受制于传统经济发展模式的惯性作用，区域间的绝对差距却在不断扩大。黄河流域制造业呈现阶梯状空间分布格局，产业结构具有非均衡性。受地理区位、要素禀赋、发展阶段及政策环境等诸多因素的制约，黄河流域省份的制造业发展差异较大，整体呈现“上游省份发展水平较低、中游省份发展水平一般、下游省份发展程度较高”的阶梯状空间分布格局。2021 年，黄河流域全口径工业增加值为 94261.22 亿元，其中黄河下游省份的山东、河南工业增加值分别为 27243.6 亿元、18785.3 亿元，占黄河流域省份工业比重达到 48.83%，工业比重接近黄河流域的一半；黄河流域上游的青海、甘肃、宁夏、内蒙古四个省区工业增加值总量为 11388.83 亿元，这四个省份工业增加值占黄河流域省份工业比重为 12.08%，上游和下游工业规模明显存在较大差距。从工业占比看，2021 年，黄河流域工业增加值占 GDP 比重为 32.86%，但黄河流域工业占比较“十二五”末的 37.3%下降了 4.44 个百分点。可以看出，黄河流域工业规模明显下滑，黄河流域整体工业竞争力恐将削弱。

表 1　2021 年黄河流域及全国 GDP、工业增加值情况

单位：亿元，%

区域	GDP	工业增加值	工业增加值占 GDP 比重
山东	83095.90	27243.60	32.79
河南	58887.41	18785.30	31.90
四川	53850.80	15428.20	28.65
陕西	29800.98	11256.03	37.77
山西	22590.16	10159.26	44.97
宁夏	4522.31	1677.83	37.10
内蒙古	20514.20	5908.12	28.80
甘肃	10243.30	2849.80	27.82
青海	3346.63	953.08	28.48
黄河流域	286851.69	94261.22	32.86
全国	1143670.00	372575.00	32.58

资料来源：黄河流域各省区 2021 年国民经济与社会发展统计公报。

（四）动能转换不足，绿色转型压力大

在旧动能转化方面，黄河流域大部分省区倚重倚能、资源依赖的格局尚未彻底改变，煤炭、化工、冶炼等传统企业存量大，产业结构整体偏重，资源利用效率不高，环境承载能力有限。在新动能培育方面，黄河流域各省区科技创新力度较小，研发经费投入规模和投入强度差距较大，且流域内领航企业少、新型研发机构研究推进力度有待加强、企业创新活力不足的问题明显。以全国各地区 R&D 经费投入为例，2020 年，黄河流域 R&D 经费投入为 4833. 4 亿元，其中山东、河南、四川 3 个省份 R&D 经费之和达到 3638. 44 亿元，占黄河流域的 75. 28%，是支撑黄河流域研发经费投入的主要地区。从研发经费投入强度看，2020 年，黄河流域 R&D 经费投入强度为 1. 90%，而黄河流域 R&D 经费投入强度在 1. 9%以上的仅有山东、四川和陕西，分别为 2. 30%、2. 17% 和 2. 42%（见表 2），仅有陕西的 R&D 经费投入强度超过全国平均水平。黄河流域研发投入严重不足，工业发展根基不牢，培育科技创新任重道远，支撑制造业企业绿色化转型的技术创新水平较低，绿色化转型压力巨大。

表 2　2020 年黄河流域及全国 R&D 经费投入情况

单位：亿元，%

区域	R&D 经费	R&D 经费投入强度
山东	1681. 89	2. 30
河南	901. 27	1. 64
四川	1055. 28	2. 17
陕西	632. 30	2. 42
山西	211. 05	1. 20
宁夏	59. 64	1. 52
内蒙古	161. 07	0. 93
甘肃	109. 60	1. 22
青海	21. 30	0. 71
黄河流域	4833. 40	1. 90
全国	24393. 10	2. 40

资料来源：黄河流域各省区 2021 年统计年鉴。

三 “双碳”目标下黄河流域制造业绿色化转型的对策建议

黄河流域各省区处于产业发展的不同阶段，流域内制造业发展差距大，各省区产业结构不同，面临的环境压力也各不相同。因此，宜采取“因地施策、分类指导”的原则，推进制造业绿色化转型，从而带动流域整体高质量发展。

（一）坚持以“双碳”为目标，推进制造业绿色化转型

我国碳达峰碳中和的目标愿景，是力争2030年前我国二氧化碳排放达到峰值、2060年前实现净零碳排放。在2020年第七十五届联合国大会一般性辩论上，我国首次提出这一任务，向全世界宣示了我国为全球气候保护做出更大贡献和致力于共建人类命运共同体的决心和意志。以碳达峰碳中和为抓手，推进经济高质量发展与绿色低碳发展的融合，是全面建成社会主义现代化强国的题中应有之义和必由之路。以碳达峰碳中和工作推动经济发展模式转变，也是化解我国生态环境风险、维护生态环境安全的重要途径。因此，要明确碳达峰碳中和的开局思路。碳达峰碳中和工作，应围绕高质量发展，凝聚全社会力量，促进低碳发展和供给侧结构性改革深度融合，进一步完善相关政策体系和体制机制。一是聚焦高质量发展谋划碳达峰碳中和工作，始终坚持创新、协调、绿色、开放、共享新发展理念，积极融入新发展格局。二是通过加快建设绿色现代产业体系，积极推进能源结构清洁化，实现供给侧结构性改革和碳达峰碳中和工作深度融合。三是沿黄各省区要达成共识，以“双碳”为目标积极构建高效协同的、符合地域发展特色的约束性指标体系、政策法规体系和符合低碳发展路径的体制机制。

（二）坚持全面统筹协调发展，推进制造业绿色化转型

一是国家层面设立产业引导基金，鼓励建立南北经济合作试验区。在“2030碳达峰、2060碳中和”的愿景下，“减碳、减煤”将是一个长期趋势，黄河流域以煤炭、钢铁等资源密集型产业为主，偏重的产业结构升级将会遇到困难，为此国家层面可提供各方面支持，如设立产业引导基金，促进该区

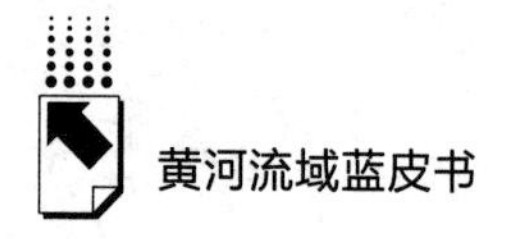

域制造业升级转型，给予一定的土地、财政政策支持，设立南北经济合作试验区，鼓励、牵引沿海发达地区制造业向黄河流域转移。二是通过加快产业创新体系建设，推动下游两省份的制造业由劳动密集型向资本密集型和技术密集型产业快速升级。河南近年来技术密集型产业占比上升较快，宜加快产业创新体系建设，推进科技成果转化，活化新兴产业的技术策源地，加快智能制造发展，做好顶层设计，有计划推进、培育主要行业的数字化“母工厂”，完善支持智能制造发展的财税与金融政策。山东近年来资本密集型产业占比有所上升，宜全面提升资本投入要素质量和效率，积极推动新兴产业集聚集群发展（产业集聚区），培育新兴产业特色集群（新一代信息技术、高端装备制造、生物制药、数字经济、新材料等），深入推进新旧动能转换。三是中上游省份应着力传统制造业转型升级，加大研发投入，寻找传统制造业转型升级的突破点，促进绿色制造发展。一方面推进传统制造业转型升级。加大研发力度，力争在原有制造业基础上局部革新，突破技术瓶颈，向国际水平看齐；以新技术为催化剂推动传统产业走向高端，利用数字技术创新改造和提升传统产业，推动产业数字化水平迈上新台阶，提高产品的市场竞争力；以制造业服务化为方向拓展传统产业新价值空间，引导有条件、有基础的制造企业通过管理创新和业务流程再造，逐步转型成为技术研发、市场拓展、品牌运作的专业化服务企业。另一方面推进传统制造业绿色化改造。促进绿色技术发展，围绕节能环保、循环经济、煤炭清洁利用等绿色发展关键核心技术，重点突破，提升资源利用效率，构建绿色制造体系，完善绿色制造的社会法律金融体系，完善绿色评价制度。

（三）根据基础资源精准施策，推动制造业绿色化转型

黄河流域上中下游地跨中国东部、中部、西部，黄河流域高质量发展是在区域经济发展不协调背景下实现中国经济高质量发展的重要组成部分。对于制造业基础较好的省区，要积极发挥制造业发展优势，推动制造业发展向高端制造、智能制造、绿色制造领域拓展，大力发展先进制造业，以技术创新、数字化转型和绿色低碳为抓手推进制造业高质量发展。对于制造业基础相对薄弱的省区，坚持以实现双碳目标为抓手，积极推进绿色制造生态体系建设，针对重点领域、重点区域进行清洁生产改造，通过能源清洁高效利用行动计划，进一

步强化工业资源综合循环利用，逐步打造产业绿色协同链接，进一步激发企业技术创新和绿色发展潜力。同时，立足本地资源优势，集中力量打造特色产业链，构建产业链供应链生态体系，加速区域布局升级，充分发挥本地区比较优势，重点发展优势明显、特色突出的先进制造业集群。

（四）加强中心城市引领，推动城市间产业协同发展

推动黄河流域制造业绿色化转型需要进一步强化中心城市和周边城市的产业联动。黄河流域各省区应建立健全黄河流域协商机制，积极搭建各方沟通平台，深化区域合作。充分发挥黄河流域中心城市先进制造业创新优势，依托黄河流域临近城市的产业发展基础，进一步培育先进制造业都市圈，加快城市间产业协同发展。以济南都市圈为例，主要是以济南为中心，依托济南市区域引领和辐射带动能力，充分调动各行政区协同发展的积极性和主动性，在金融投资、科技管理、信息服务、基础建设等领域，济南与淄博、泰安、德州同城化发展，与聊城、滨州、东营等周边城市一体化发展，在生物医药及医疗器械、智能装备制造、新材料、电子信息等先进制造业产业方向上，深化分工合作，实现中心城市与周边城市有机衔接，体现了较强影响力和竞争力，进一步提高了黄河流域制造业发展质量。

（五）加快能源结构升级，保障制造业绿色化转型

目前黄河流域的能源结构与碳达峰碳中和的要求还有较大差距，能源结构转型的任务依然十分艰巨。发展清洁能源，是改善能源结构、保障能源安全、推进生态文明建设的重要任务。加快非化石能源发展。一是积极推进太阳能高效利用。加快屋顶光伏整县（市、区）推进，鼓励利用开发区、工业园区、标准厂房、大型公共建筑屋顶发展分布式光伏发电，探索开展光伏建筑一体化示范。二是有序推动风能资源开发利用。规划建设高质量风电项目，打造沿黄百万千瓦级高质量风电基地。三是因地制宜开发地热能。加强地热资源调查评价，提高地热资源开发利用量，完善地热能开发利用方式。四是提升生物质能利用水平。建立健全资源收集、加工转化、就近利用的生产消费体系。五是统筹有序推进氢能、水能和核能发展。促进化石能源绿色转型。一是推动煤炭绿色高效发展。加快绿色矿山建设，适度发展优势煤种先进产能，持续淘汰落后

无效低效产能。二是加快火电结构优化升级。持续优化调整存量煤电，淘汰退出落后和布局不合理煤电机组。三是充分挖掘油气生产潜力。稳定省内常规油气资源产量，实施“控递减”和“提高采收率”工程，保障持续稳产。四是持续推进炼能优化。对接国家石化产业规划布局，通过延链、补链、强链实现炼化一体化发展。构建新型电力系统。一是加强电力灵活调节能力建设。加快推进在建抽水蓄能电站建设；完善支持政策，谋划新一批抽水蓄能站点。二是推动电力系统适应高比例新能源并网运行。强化系统有功调节和调相机等动态无功支撑能力建设，增强电力系统清洁能源资源化配置能力。三是持续提升需求侧管理能力。加强负荷聚合商培育，深入挖掘用户侧储能、电动汽车和综合智慧能源系统等灵活性调节资源。四是提升电网运行调度水平。推动建立多种能源联合调度体制，发展柔性直流输电，优化电网安稳控制系统配置，全面提升电网灵活控制和抗干扰能力。

（六）坚持绿色低碳循环，构建绿色发展经济体系

绿色低碳循环发展，是融合了绿色发展、低碳发展和循环发展原则、规律及特征的一种经济社会发展战略或发展模式。它是从发展方式视角中人与自然之间关系的维度定义的经济体系类型，与之相反的是高物耗、高污染经济体系。因此，要多措并举建立健全绿色低碳循环发展的经济体系。一是要在改善发展动力上持续发力。通过强化国家工程技术中心建设等措施加大绿色低碳循环创新技术供给，通过合理的制度设计加大创新技术市场转化率，以技术创新推动传统产业转型升级，通过设备更新、技术改造等手段实现清洁高效生产，降低能源消耗。二是要加快推进生产体系向绿色低碳循环发展方向转型。综合运用经济、法律和必要的行政手段促进企业实施淘汰落后产能、降低低效产能、深化节能改造等措施，加快形成清洁、高效利用能源的新格局，以碳达峰碳中和的目标倒逼能源行业及关联行业实现转型，推动产业链向高附加值方向延伸，大力发展新兴产业，加快新旧动能转换。三是应加强已经形成的区域特色经济。深化流域内部之间的分工联系，加快能源工业、大农业及高品质的种植业与农区畜牧业等的经济转型与技术升级。以流域生态保护与资源的合理利用为发展基础，立足流域主体功能优化，形成“生产—生活—生态”复合层次系统，积极推进实践创新，依据黄河流域各省区发展特征因地制宜、精准施

策，构建具有地域特色的现代产业体系。四是加快推进生活体系向绿色低碳循环发展方向转变。倡导绿色发展理念，积极开展多种绿色生活行动，将绿色发展理念融入群众生活之中，从提高社会公众的环境意识、促进绿色消费、推行垃圾分类减量化和资源化、鼓励绿色出行等多方面协调推动形成绿色生活方式。

（七）发挥创新引领作用，以技术创新推进绿色低碳发展

第一，全面推进工业领域能耗管理。推广工业能效赶超活动，对高能耗工业开展能耗管控管理，利用大数据、区块链、工业互联网技术推广试行智慧能源管理系统。第二，推动传统行业重点领域绿色化转型。以新一轮技术改造为引领，加快数字化、智能化进程，促进企业生产管理全流程效率提高，生产过程清洁化，资源利用高效化，工业用能效率、亩均效益相对提高，工业能耗降低，支撑循环经济发展的技术体系不断完善，循环经济发展的生态产业链初步构建完成，循环经济发展成效突出，绿色化发展水平相应提高。促进焦化、有色金属、化工等高耗能企业的清洁生产转型，从源头控制废气、废水和固体废物的排放。第三，强化提升工业用能水平。加强对重点用能单位的节能管理，对重点用能单位进行目标责任评价考核，开展重点用能单位能源管理系统效果评价。第四，规范节能降耗管理体系。建立健全重点用能设备管理人员培训制度，加强关键用能设备运行过程中的节能环保专项培训管理，搭建涵盖安全、节能、环保信息的数据平台，开展节能环保在线监测试点，实现信息共享。第五，大力发展节能环保产业。围绕固体废弃物处理及回用技术装备、气体有害物收集及回用技术装备、液体有害物处理及回用技术装备、城市生活垃圾处理系列技术装备及其他减排技术装备发展节能环保装备、先进环保和资源循环利用产业，建设工业资源综合利用基地。第六，加强绿色低碳科技创新。“双碳”目标实现离不开绿色低碳技术的支撑，“双碳”既是对我国生产生活体系的重大考验，也是对我国科技创新能力的重大挑战。因此，必须鼓励绿色低碳技术研发，加快科技成果转化，加快基础理论和关键技术的研发与应用。第七，要加快数字技术在碳达峰碳中和领域的应用。将数字化技术应用场景向绿色低碳发展领域拓展，加强碳排放的数字监测能力、数据分析能力等，提高数字化减碳水平。

参考文献

王海杰、李同舟、贾傅麟：《黄河流域制造业绿色竞争力评价及空间分异研究》，《山东社会科学》2022 年第 1 期。

王海杰、李捷、张小波：《黄河流域制造业绿色全要素生产率测评及影响因素研究》，《福建论坛》（人文社会科学版）2021 年第 10 期。

任保平、豆渊博：《碳中和目标下黄河流域产业结构调整的制约因素及其路径》，《内蒙古社会科学》2022 年第 43 期。

何苗：《黄河流域先进制造业的高质量发展》，《宁夏社会科学》2022 年第 3 期。

张文会、韩建飞、丛颖睿：《统筹推进黄河流域工业高质量发展》，《中国工业和信息化》2022 年第 5 期。

耿凤娟、苗长虹、胡志强：《黄河流域工业结构转型及其对空间集聚方式的响应》，《经济地理》2020 年第 6 期。

韩海燕、任保平：《黄河流域高质量发展中制造业发展及竞争力评价研究》，《经济问题》2020 年第 8 期。

樊西锋、李蕾、苑嘉欣：《黄河流域制造业碳排放强度及绿色低碳转型研究》，《国有资产管理》2022 年第 5 期。

B.18 沿黄城市群经济社会高质量发展研究

冉淑青*

摘　要： 沿黄城市群是黄河流域经济发展的增长极以及人口、生产力布局的重要载体。本报告在总结山东半岛城市群、中原城市群、关中平原城市群、黄河“几”字弯都市圈、兰州—西宁城市群基本特点基础上，对比分析了五大城市群经济、社会、产业、开放等发展情况。结合当前国内国际双循环新发展格局、建设全国统一大市场、“一带一路”建设等发展背景，提出推进沿黄五大城市群高质量发展的路径：一是提升城市能级，重构城市职能分工体系；二是打破行政藩篱，优化区域合作布局；三是扩大开放通道，打造双向开放格局；四是完善基础设施，夯实发展基础支撑。

关键词： 城市群　高质量发展　黄河流域

城市群是城市发展到成熟阶段的最高空间组织形式，是以非均衡发展、效率优先为特征的地理空间载体，是我国城镇化快速发展过程中形成的城市空间布局形态，并成为引领国家或地区参与全球竞争与国际分工，推动经济高质量发展的地域单元。作为黄河流域经济发展的增长极以及人口、生产力布局的重要载体，沿黄城市群天然承担着推动黄河流域高质量发展的重要使命。对比分析沿黄五大城市群发展情况，结合当前时代背景，提出实现沿黄城市群高质量发展的路径，对于落实《黄河流域生态保护与高质量发展规划》具有重要意义。

---

* 冉淑青，陕西省社会科学院经济研究所副研究员，主要研究方向为城市与区域经济。

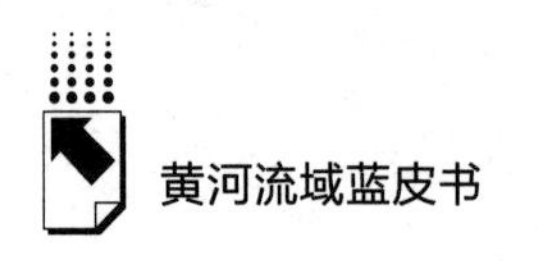

一　城市群总体概况

（一）基本情况

沿黄城市群包括山东半岛城市群、中原城市群、关中平原城市群、黄河"几"字弯都市圈、兰州—西宁城市群等五大城市群，涉及沿黄 8 省区 81 个地市，如表 1 所示。截至 2020 年底，黄河流域城市群总人口共计 3.56 亿人，地区生产总值 21 万亿元。

黄河流域五大城市群分属我国不同地域单元，不同的地理位置及资源条件造就了五大城市群各自的发展基础。山东半岛城市群位于东部沿海地区，拥有全球暖温带最完整的河口湿地系统以及全国 1/6 的海岸线，是我国最早推进开放经济发展的地区之一；中原城市群地处中部地区腹地，是黄河流域起步最早的城市群之一，依托华北平原肥沃的土地资源和良好的用地条件，成为黄河流域人口最密集的区域之一，也是我国重要的粮食主产区；关中平原城市群地处西北地区最东缘，黄河最大的支流渭河横贯东西，南依秦岭，北靠黄土高原，悠久的发展历史留下了灿烂的文化遗产，高校、科研院所的聚集分布成就了该地区引傲全国的科技创新资源；黄河"几"字弯都市圈横跨山西、内蒙古、陕西、宁夏四省区，地处鄂尔多斯盆地、黄河河谷平原，也是革命老区和少数民族集居区，鄂尔多斯盆地能源资源富集，黄土高原红色革命文化分布密集，宁夏黄河河谷平原是我国传统特色农牧地带；兰州—西宁城市群地处我国西北内陆腹地，西靠"三江之源""中华水塔"青藏高原，北依北方防沙带，有色金属、非金属等资源储备丰富，是我国最大的清洁能源外送基地，是推动全国碳达峰碳中和目标实现的中坚力量。

表 1　黄河流域城市群空间范围

城市群	批复时间	空间范围
山东半岛城市群	《山东半岛城市群发展规划（2021－2035 年）》鲁政发〔2021〕24 号	16 个地市：山东省济南、青岛、淄博、枣庄、东营、烟台、潍坊、济宁、泰安、威海、日照、滨州、德州、聊城、临沂、菏泽

续表

城市群	批复时间	空间范围
中原城市群	《中原城市群发展规划》(发改地区[2016]2817号)	30个地市:河南省的郑州、开封、洛阳、南阳、安阳、商丘、新乡、平顶山、许昌、焦作、周口、信阳、驻马店、鹤壁、濮阳、漯河、三门峡、济源;山西省的长治、晋城、运城;河北省的邢台、邯郸;山东省的聊城、菏泽;安徽省的淮北、蚌埠、宿州、阜阳、亳州
关中平原城市群	《关中平原城市群发展规划》(发改规划[2018]220号)	12个地市:陕西省西安市、宝鸡市、咸阳市、铜川市、渭南市、杨凌农业高新技术产业示范区及商洛市的商州区、洛南县、丹凤县、柞水县;山西省运城市(除平陆县、垣曲县),临汾市尧都区、侯马市、襄汾县、霍州市、曲沃县、翼城县、洪洞县、浮山县;甘肃省天水市,平凉市的崆峒区、华亭县、泾川县、崇信县、灵台县和庆阳市区
黄河“几”字弯都市圈	2020年1月,中央财经委员会第六次会议	15个地市:宁夏银川、吴忠、中卫、石嘴山;内蒙古呼和浩特、乌海、巴彦淖尔、包头、鄂尔多斯;陕西榆林、延安;山西太原、朔州、忻州、吕梁
兰州—西宁城市群	《兰州—西宁城市群发展规划》(发改规划[2018]423号)	9个地市:甘肃省兰州市,白银市白银区、平川区、靖远县、景泰县,定西市安定区、陇西县、渭源县、临洮县,临夏回族自治州东乡族自治县、永靖县、积石山保安族东乡族撒拉族自治县;青海省西宁市,海东市,海北藏族自治州海晏县,海南藏族自治州共和县、贵德县、贵南县,黄南藏族自治州同仁县、尖扎县

(二)五大城市群发展情况

1. 经济发展

沿黄五大城市群经济总量差异极大，如图1所示。截至2020年度，中原城市群地区生产总值最高，达到8.13万亿元，其后依次为山东半岛城市群、黄河“几”字弯都市圈、关中平原城市群、兰州—西宁城市群，地区生产总值分别为7.31万亿元、2.76万亿元、2.27万亿元、0.58万亿元。从地区经济发展效益来看，黄河“几”字弯都市圈和山东半岛城市群人均地区生产总值相对较高，分别为7.82万元、7.19万元，其后依次为关中平原城市群、中原城市群、兰州—西宁城市群，人均地区生产总值分别为5.19万元、4.94万元、3.79万元。沿黄五大城市群地方政府财力对比与经济发展态势一致，2020年中原城市群一般公共预算收入最高，为5753.17亿元，其次为山东半岛城市群4343.48亿元，黄河“几”字弯都市圈1917.78亿元。

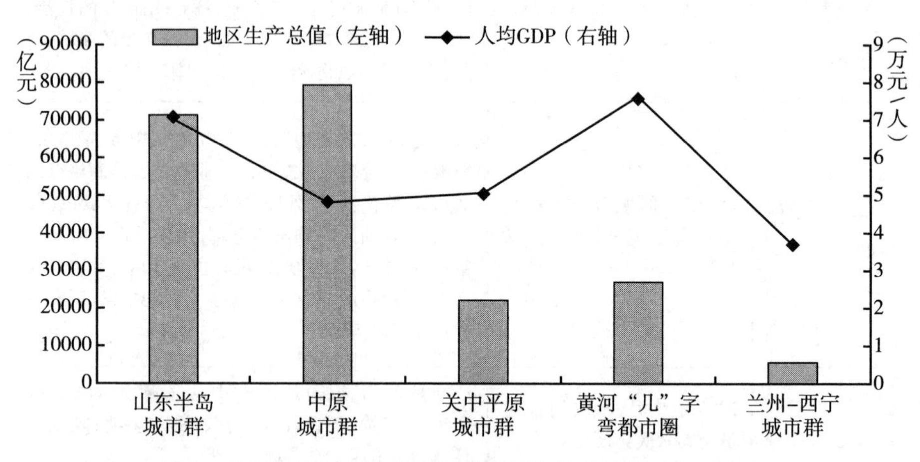

图1　黄河流域五大城市群经济总量与效益比较（2020年）

2. 产业发展

沿黄五大城市群是黄河流域重要的产业发展承载地，产业发展各有特点。山东半岛城市群以机械、化工、冶金、轻工、装备为主的传统制造业优势突出，在此基础上，通过加快实体经济数字化转型，推进工业互联网、人工智能与实体经济加快融合，“新技术、新产业、新业态、新模式”等“四新”经济蓬勃发展。中原城市群依托良好的农产品生产条件，食品加工业位居主导产业之首，被誉为我国的“中央粮仓”“中央厨房”；以手机为主的智能终端，盾构、轨道交通等高端装备制造业以及生物医药等战略性新兴产业发展迅速，形成了一批百千亿级特色优势产业集群。关中平原城市群以新一代信息技术、航空航天、新材料、新能源等为代表的战略性新兴产业具备了较好的发展基础，国家重大科技基础设施、国家重点实验室等高能级创新平台数量在黄河流域首屈一指，文化旅游、服务外包等现代服务业发展优势突出。黄河“几”字弯都市圈依托煤、油、气等能源资源富集的优势，建成全国最大的煤化工基地，世界最大的兰炭、甲醇生产基地以及金属镁生产基地，能源化工产业体系完备，煤制烯烃产能全国第一，煤制油技术多样、产品丰富，基本形成了石油和化学工业产业链；宁夏黄河河谷平原枸杞、葡萄酒、奶产业、肉牛和滩羊等特色农产品盛名在外，成为宁夏沿黄地区具有地方特色和品牌优势的主导产业。兰州—西宁城市群依托自身丰富的金属、非金属资源，形成了以石油化工、盐湖资源综合利用、装备制造为主导的优势产业，并积极打造新能源新材料和循环经济基地。

3. 社会发展

地处华北平原的中原城市群人口密集，以1.64亿常住人口总量居沿黄五大城市群之首，其次为山东半岛城市群、关中平原城市群、黄河"几"字弯都市圈、兰州—西宁城市群，常住人口总量分别为1.02亿人、4369万人、3535万人、1537万人，如图2所示；从人口城镇化水平来看，黄河"几"字弯都市圈最高为70.67%，其次为关中平原城市群、兰州—西宁城市群、中原城市群、山东半岛城市群，人口城镇化率分别为59.89%、58.65%、54.06%、50.42%。从居民人均可支配收入来看，山东半岛城市群城镇和农村居民人均可支配收入均位于五大城市群之首，分别为43726元和18753元；其余城市群城镇居民人均可支配收入排名依次为黄河"几"字弯都市圈、关中平原城市群、中原城市群、兰州—西宁城市群，分别为39548元、37019元、34329元、31234元；农村居民人均可支配收入排名依次为中原城市群、黄河"几"字弯都市圈、关中平原城市群、兰州—西宁城市群，分别为15234元、14719元、12409元、10908元，如图3所示。

4. 改革与开放

沿黄城市群依托自贸试验区这一制度创新的试验田，持续推进新旧动能转换，改革开放步伐逐步加快。截至2021年底，沿黄城市群拥有山东、陕西、河南等三个中国自由贸易试验区。其中，中国（山东）自由贸易试验区积极转变政府职能，深入推进"一次办好"改革，全面开展工程建设项目审批制度改革，深化投资领域改革，在支持外商投资、外资旅行社业务拓展、食品农产品等检验检疫和溯源标准国际互认、第三方检验结果采信、过境贸易、出口货物专利纠纷担保放行方式创新等多个领域积累了丰富的制度创新成果。中国（陕西）自由贸易试验区以"打造内陆型改革开放新高地，探索内陆与'一带一路'沿线国家经济合作和人文交流新模式"为发展目标，累计形成创新案

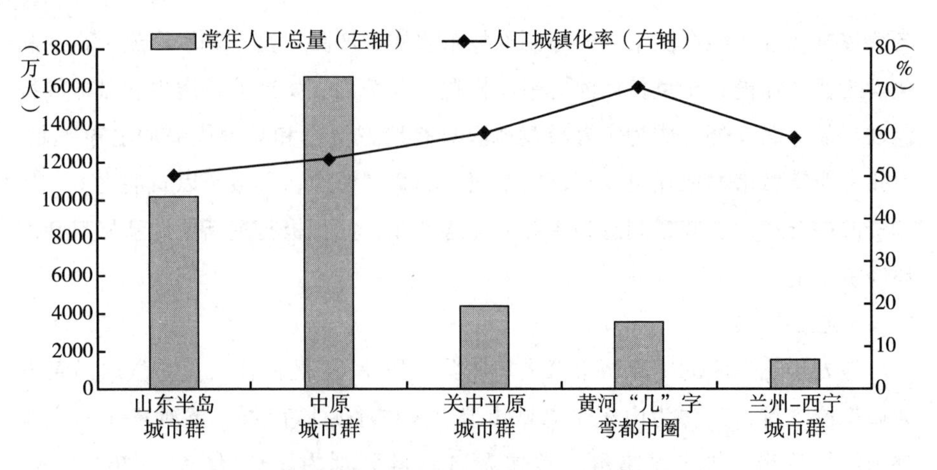

图2　黄河流域五大城市群人口与城镇化水平比较

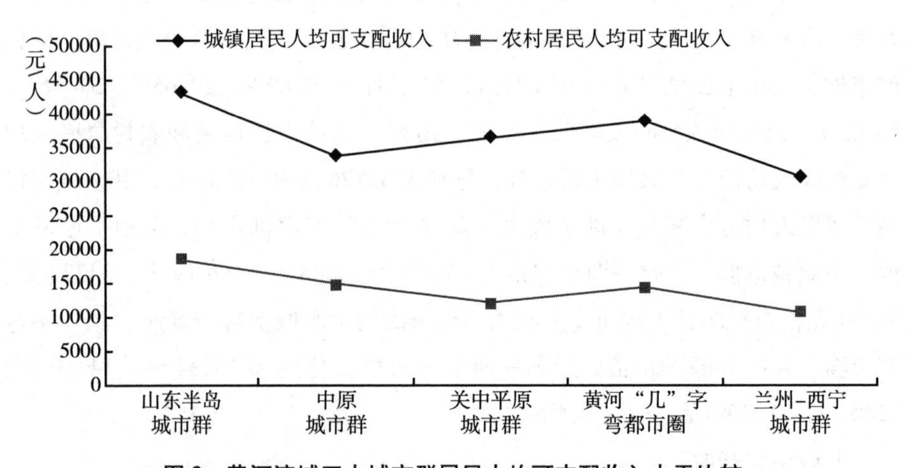

图3　黄河流域五大城市群居民人均可支配收入水平比较

例622项，31项改革创新成果在全国复制推广。中国（河南）自由贸易试验区自成立以来，累计形成479项改革创新成果，其中“多证合一”改革、跨境电商零售进口退货中心仓模式、航空物流电子货运试点、跨境电商零售进口药品试点、构建多式联运标准体系、递进式商事纠纷多元化解模式等14项标志性制度创新成果在全国推广，大幅提升了全省贸易投资便利化水平，加速了企业集聚，保障了全省外贸外资快速增长。

对外贸易方面，对比五大城市群2020年进出口总额，山东半岛城市群达到2.2亿元，外贸依存度高居五大城市群榜首，为30.08%；其次为中原城市群进出口总额7944.7亿元，外贸依存度9.78%；关中平原城市群进出口总额3767亿元，外贸依存度16.6%；黄河“几”字弯都市圈进出口总额1975亿元，外贸依存度7.15%；兰州—西宁城市群对外贸易总量最小，进出口总额192.47亿元，外贸依存度为3.3%，如图4所示。

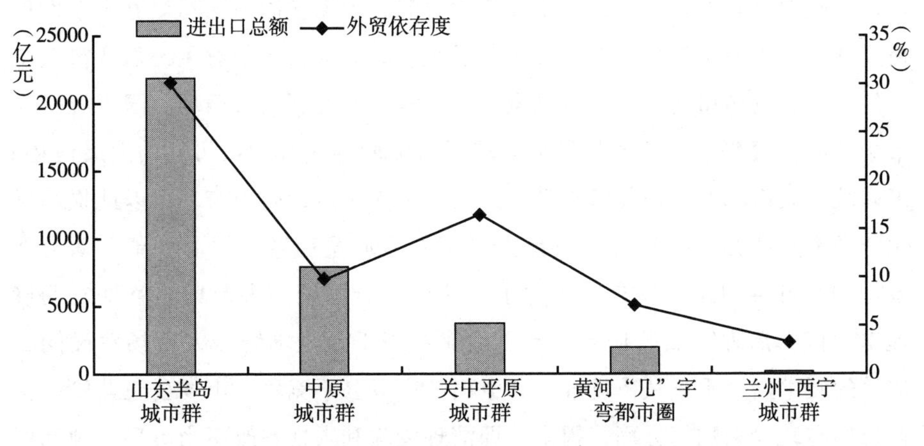

图4　黄河流域五大城市群对外贸易发展情况

二　沿黄城市群高质量发展的时代背景

（一）国内国际双循环新发展格局

在全球产业链与供应链受到新冠肺炎疫情严重冲击的背景下，我国国内产业链与供应链总体稳定运行，国内超大规模市场蕴藏着巨大潜力，成为推动我国开放型经济体系高质量发展的重要动力。因此，党中央根据我国经济发展内外条件，做出了“加快构建国内大循环为主体、国内国际双循环相互促进的新发展格局”的战略部署，这是我国未来经济建设的主要方向，并将深刻影响我国经济增长和世界经济政治发展格局。以珠江三角洲城市群、长江三角洲城市群、京津冀城市群以及成渝城市群等为支撑，培育发展覆盖全国的次级城市群体系，充分发挥城市群对落后地区经济增长的带动作用，共同担负起实现中华民族伟大复兴的使命，是落实双循环新发展格局战略任务的重要抓手。

（二）国内统一大市场

国内统一大市场是新发展格局的基本支撑条件和机制载体。为了破除地区间各自为政、相对封闭，资源要素流动受阻，经济效率不高等市场分割桎梏，打破地方政府行政垄断和企业势力垄断，国家在国内国际双循环新发展格局基础上进一步提出了关于加快建设全国统一大市场的意见，强调打造统一的要素和资源市场，力求做到全国一盘棋，畅通国内大循环。国内统一大市场是我国经济进入高质量发展阶段后战略转换过程中最可靠的发展优势。国内统一大市场的建设能够推动生产要素最大限度地自由流动，以此提高优化资源配置能力，推动行业及地方经济发展质量变革、效率变革、动力变革。2022 年 4 月国家发布的《关于加快建设全国统一大市场的意见》明确提出“四个清理”的硬任务，推出应对不当干预全国统一大市场建设问题清单的硬举措，重点从市场准入和退出、市场公平竞争、市场公正监管、招标投标与政府采购等方面，提出立即清理废除和限期整改不当市场干预问题清单。①

（三）“一带一路”双向开放

“一带一路”涉及 65 个国家和地区，其中大多数国家和地区处于经济发展上升期。这条全球空间跨度最大的新型经济带建设的重点是推动陆路与海上丝绸之路融合发展，建设开放、包容、合作、共赢的区域经济综合体，构筑陆海统筹、东西互济的对外开放的新格局。截至 2022 年 3 月，我国已经同 149 个国家和 32 个国际组织签署 200 余份共建“一带一路”合作文件，“一带一路”倡议及其核心理念已写入联合国、二十国集团、亚太经合组织以及上海合作组织、拉美和加勒比国家共同体、阿拉伯国家联盟、非洲联盟等国际和区域组织有关文件中。② 2022 年初《区域全面经济伙伴关系协定》（RCEP）正式生效，有效加大了世界经济互联互通和贸易投资合作力度，同时对黄河流域精准对接“一带一路”建设、扩大对外开放水平具有重要意义。

---

① 《中共中央　国务院关于加快建设全国统一大市场的意见》，2022 年 4 月发。

② 《共建“一带一路”共享繁荣发展》，光明网，gmw. cn，2022 年 4 月 7 日。

三　沿黄城市群高质量发展实现路径

（一）提升城市能级，重构城市职能分工体系

推进群内城市职能分工重构，提升中心城市能级和辐射带动力，积极培育副中心城市，补齐县城建设短板，优化城市群城镇体系，提升沿黄城市群产业综合竞争力，构建经济、人口、资源、环境协调发展的空间格局。

1. 做大做强城市群中心城市

当前沿黄五大城市群正处于快速活跃发展阶段，城市群人口和资源要素向中心城市聚集是当前沿黄城市群发展的主要趋势。山东半岛城市群重点提升济南、青岛两大核心城市发展能级，强化济青双城联动。其中，济南按照“东强、西兴、南美、北起、中优”的城市格局，推进莱芜区、钢城区和中心城区融合发展，建设“大强美富通”的现代化国际大都市。青岛增强高端产业引领功能、科技创新策源功能、国际门户枢纽功能、生产生活生态融合功能以及经略海洋先导功能，增强青岛引领力。中原城市群加快推进郑州大都市区建设，强化区域经济、文化、商贸中心功能以及多式联运物流中心功能，依托交通廊道建设扩大核心区产业和服务功能对周边区域的辐射带动作用，引领中原城市群高质量发展。关中平原城市群持续强化西安都市圈的核心引领作用，围绕“三中心两高地一枢纽”战略目标，建强国家中心城市功能体系，大力发展以先进制造业为支撑的实体经济，优化提升西安创新效能，打造国际消费中心城市；加快推进西咸一体化进程，推动富平阎良、高陵泾河新城三原、西咸新区空港新城咸阳经开区等多个功能组团一体化发展。黄河“几”字弯都市圈要进一步强化呼和浩特、银川、太原等中心城市科技创新中心、金融服务中心、文化教育中心、开放合作高地等功能，推进人口、产业、资金等要素集聚，持续提升中心城市综合承载和辐射带动能力。兰州—西宁城市群以兰州、西宁为核心，优化中心城市空间布局，积极打造兰州—白银都市圈、西宁—海东都市圈，提升兰州区域中心城市功能，发展壮大西宁综合实力，积极提高城际互联水平。

2. 做大做强次级中心城市

次级中心城市在承接中心城市功能，并将城市群对区域发展的辐射带动作

用扩散到更大范围过程中发挥着重要节点作用。次级中心城市积极打造政策、基础设施等服务环境，主动探索与中心城市在交通上互联互通、在产业上合作发展，通过发展“飞地经济”共建产业园区，积极打造优势互补的共赢合作平台。山东半岛城市群重点推动淄博、泰安、聊城、德州、滨州、东营、烟台、潍坊、威海、日照等区域性中心城市建设。中原城市群重点推进洛阳副中心城市以及长治、邯郸、聊城、安阳、蚌埠、阜阳、商丘、南阳等区域中心城市建设。关中平原城市群重点推进宝鸡副中心城市、榆林交通枢纽城市和区域中心城市、延安中国革命圣地、安康秦巴综合交通枢纽等区域性中心城市建设。黄河“几”字弯都市圈以包头、鄂尔多斯、榆林为重点，围绕稀土新材料、现代装备制造、能源化工、绿色农畜产品精深加工等产业，提升副中心城市发展能级。兰州—西宁城市群以定西、临夏、海北、海南、黄南等市区（州府）为重点，完善城市功能，畅通与中心城市之间的交通网络，因地制宜发展农畜产品精深加工、特色文化旅游、商贸物流等产业，进一步发挥节点城市对国土开发的基础性支撑作用。

3. 提升县城承载能力

县域经济是我国高质量发展的短板。2022 年 5 月，国务院办公厅印发《关于推进以县城为重要载体的城镇化建设的意见》。在当前我国城镇化发展的新阶段，在大城市发展处于饱和状态甚至需要瘦身、乡村振兴战略任重道远的背景下，县城要重点肩负起城乡融合发展桥梁的任务是势在必行。县城是沿黄城市群建设中承接中心城市功能、带动乡村发展的重要载体平台，西部内陆地区县城还承载着均衡开发和维护国土安全的重要使命。未来，要加快分类引导县城功能定位，支持城市群和都市圈范围内的县城融入邻近中心城市或大城市建设发展，主动承接中心城市人口、产业以及城市职能扩散，强化县城与城市群邻近中心城市之间快速交通连接，将其打造为通勤便捷、功能互补、产业配套的卫星县城。探索以完善基础公共服务、优化人居环境吸引人才再引领高质量发展的县城发展新路径，以完善的教育、医疗等公共服务体系提升县城品质。

（二）打破行政藩篱，优化区域合作布局

当前是我国高质量发展的关键阶段，摒弃粗放式发展方式和狭隘的地方保护主义，各区域发挥自身优势，加强合作、组团作战，才能在区域竞争不断激

烈的时代框架下创造新经济增长点，这已经成为各级地方政府的共识。沿黄城市群一衣带水，在地缘关系密切的跨地区、跨城市群之间打造突破行政藩篱的合作区（带），对于加速要素高效配置、提高经济发展质量具有重要意义。

1. 打造晋陕蒙能源合作先行示范区

地处鄂尔多斯盆地的晋陕蒙交界地区是我国最大的能源资源富集区，也是我国西部大开发战略的关键区域。科学布局产业空间，推动经济空间协同优化，对于有效提高该地区经济一体化水平具有重要意义，在一定程度上有助于推动能源经济辐射带动作用实现最大化。依托陕北国家能源化工基地建设、龙头企业带动，推动晋陕蒙能源金三角县域合作，优化能源产业链条，构建合理的产业利益分配机制，打造跨省能源合作先行示范典型。紧抓当前全国低碳转型战略机遇，加强榆林、鄂尔多斯、朔州、忻州等地在能源结构转换、产业结构调整、生态补偿机制建设及排污权和用能权管理、碳交易市场建设等方面的合作，积极向上争取政策，深化能源生产系统变革，着力打造我国节能降碳先行示范区。

2. 建设郑（州）洛（阳）西（安）高质量发展合作带

2021 年国家发布的《黄河流域生态保护与高质量发展规划》明确提出“健全区域间开放合作机制”“建设郑（州）洛（阳）西（安）高质量发展合作带”。郑（州）洛（阳）西（安）合作带实质上是关中平原城市群与中原城市群之间的合作，涉及陕西、山西、河南三省，沿陇海线的郑州、洛阳、西安三市之间的合作则是推动两大城市群合作的“脊梁”。以规划引领统一思想、统一步伐，科学定位，在发挥各自的比较优势基础上推进差异化发展，在生态保护的前提下，推动科技合作、文旅融合、交通互联、资源共享，构建郑（州）洛（阳）西（安）创新合作、产业协作、治理协同等一体化发展机制，建立健全郑（州）洛（阳）西（安）高质量合作制度体系，促进郑（州）洛（阳）西（安）合作带实现协同、充分和平衡的高质量发展。

3. 打造兰（州）西（宁）生态文明建设合作带

基于兰州—西宁城市群在国家生态安全战略中的重要地位，推进兰州、西宁生态文明合作带建设，始终将生态文明建设放在城市群建设的首要地位，贯彻“山水林田湖草沙是一个生命共同体”理念，强化城市群生态联动，共同维护区域生态安全。持续健全优化青海、甘肃跨省界河流联防联控联治工作机制，突出流域生态保护的系统性、整体性，推进跨省界河流管理保护工作梳理、巡查监控、风险评估、环境治理、生态修复等共管、共治措施落实，尤其是及时互相通报湟水河两省相邻重点监测断面水质变化、岸线利用项目建设、水电站运行管理、河道生态基流保障等情况。

（三）提升开放通道，打造双向开放格局

根据国家印发的《国家物流枢纽网络建设实施方案（2021—2025 年）》，“十四五”时期国家要高质量推进物流枢纽建设工作，推动形成以国家物流枢纽为核心的骨干物流基础设施网络和骨干多式联运体系，支撑构建以国内大循环为主体、国内国际双循环相互促进的新发展格局。① 充分发挥沿黄城市群海运、空运以及中欧班列优势，积极打造海陆空一体的国际物流枢纽，为打造高质量的国际贸易通道奠定坚实物质基础。

1. 推进物流大通道建设

沿黄五大城市群要打破行政区划对交通设施规划的限制，站在黄河流域宏观视角统筹谋划内外联系通道，大力推进重大交通建设工程，构建以航空、铁路、公路为主体的现代化综合运输体系。加快构建青岛、济南、郑州至西安、兰州、西宁的“一字形”沿黄陆海联运大通道，以兰州、银川、包头、呼和浩特、太原、郑州等为主体，推动黄河“几字形”综合运输走廊建设，推进以包茂通道为纵轴、青银通道为横轴的“十字形”高速铁路网络建设。扩大西安国际航空枢纽和郑州国际航空货运枢纽辐射带动能力，提升济南、呼和浩特、太原、银川、兰州、西宁等区域枢纽机场功能。

2. 提升国际贸易通道运行能级

铁路运输方面，把握好重要的战略窗口期，加快西安、郑州陆港型国家物流枢纽建设，将中欧班列作为促进黄河流域经济转型升级、弥补对外开放短板的重要抓手，积极拓展中欧班列线路网络及运输能级；结合新发展格局和现代物流体系建设要求，大力促进货物中转集结，全方位布局境内支线，重点扩展回程班列班次，提升中亚、中欧班列通道承载能力，夯实中欧班列西安、郑州集结中心地位。航空运输方面，进一步开拓欧洲、美洲、澳洲、中亚等主要城

---

① 《国家物流枢纽网络建设实施方案（2021—2025 年）》，国家发改委 2021 年 7 月 9 日发布。

市的直航航线，重点加强与共建“一带一路”国家和地区的直航联系，建立集干线航空、支线航空、廉价航空于一体的综合航空客运体系，形成便捷高效、突破洲际的国际航线网络；完善货运航线网络布局，进一步织密向西开放的货运航网，利用空运高实效、高标准的服务优势与中欧班列形成资源互补，共同打造面向欧亚的国际贸易通道。

3. 打造海铁空联运综合体

充分吸收空运、海运、铁运各自优势，推动沿黄城市群海港、空港、陆港之间的合作，不断优化完善国际物流对接工作程序，持续加密国际海运航线网络，提高航空航线通行密度，大力拓展长安号、中豫号、齐鲁号等中欧班列辐射范围，积极提升国际物流通达效率和服务水平。探索以互设指定口岸监管仓的方式实现口岸功能共享，推进港口通关便利化改革，简化区域间转关流程，提升陆空联运业务效率。适时推进联运信息平台建设，进一步完善联运业务服务标准，加快培育多式联运运营主体，推进资源信息、货量数据、实施运输信息等物流数据共享，探索实现一次托运、一单到底、一次收费的多式联运运营模式，持续深挖市场潜力。

（四）完善基础设施，夯实发展基础支撑

基础设施是城市群建设和发展的物质基础，是满足企业生产和居民生活、保障城市存在和发展的基本条件。

1. 提升群内交通设施水平

持续完善交通基础设施是加快要素流动、不断缩小群内地区以及不同城市群之间发展差异的重要支撑。提升规划站位，以城市群宏观视角统筹规划中心城市路网结构，规划建设中心城市与群内其他城市之间的快速通道，畅通群内各城市之间的断头路，为加强群内城市之间经济联系奠定基础支撑。加强城市群公共交通基础设施建设，推动核心城市与其他城市之间地铁、轻轨等公共交通连接，打造城市群内各城市之间方便快捷的通勤服务体系。

2. 提升城市基础设施水平

坚持公交优先战略，完善公共交通配套，打造便捷、高效的现代化公共交通服务体系。积极完善给排水、电力、燃气、热源、城市综合管廊等市政公用设施体系，着力提升基础设施现代化水平。以信息基础设施为重点，聚焦 5G、

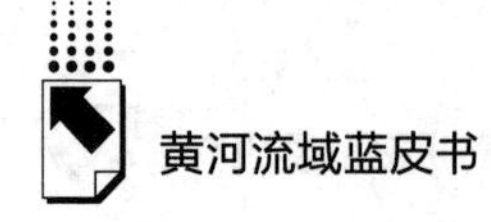

大数据中心、未来应用场景等重点领域，加快实施新型基础设施重大项目建设。推动物联传感、智能预测在给排水、燃气、电力等城市运行系统的应用，加快实时数据分析、计算机视觉等在智能交通领域的应用，加快形成跨部门、跨层级、跨区域的协同运行体系。依托5G、移动物联网等接入技术，建设5G工业互联网，推进企业内网升级改造。

3. 推动城市智慧运行

加快推进智慧城市建设，统筹完善“城市大脑”架构，推进大数据中心资源平台建设，建立健全跨部门数据共享流通机制，构建城市智能运行的数字底座。优化智慧城市开发生态，有序推进城市公共数据开放，在惠民服务、精准治理、网络安全等领域，打造一批社会化典型应用。积极建设“智慧生态”系统，加强对水、气、林、土等生态环境保护数据的实时获取、分析和研判；推动气象数据与城市运行应用联通，提升气象精准预测、预防能力。着力完善智慧公共服务，聚焦医疗、教育、养老等重点领域，推动卫生信息互联互通互认、优质教育资源智能交互学习、养老助残托幼等信息化建设，实现智能服务普惠应用；提升文化、旅游、体育等智能化服务水平，支持数字演艺等文娱活动，优化城市体验感。

B.19 宁夏能源转型促进产业升级研究报告

王林伶　陈　蕾*

摘　要： 促进能源行业低碳转型是实现“双碳”目标的重要路径，也是推动黄河流域生态保护和高质量发展的关键。宁夏通过发展现代煤化工产业，充分开发利用能源，促进了能源化工产业绿色高效发展。发展新能源产业，改善“一煤独大”的能源结构，构建现代能源体系，带动了相关新材料与装备制造产业的发展。但现阶段还存在碳排放总量高、新能源发电设备利用率低、产业发展层次较低等问题。需要进一步构建清洁低碳安全高效的能源体系，发展“绿氢”产业、现代煤化工产业、新材料与装备制造等战略性新兴产业，走多产业再升级再循环节约集约发展之路。

关键词： 能源转型　产业升级　绿色发展　宁夏

宁夏地处西北内陆地区、黄河“几”字弯区域，南邻甘肃，北接内蒙古，东与陕西相连，是能源化工“金三角”核心之一，矿产资源以煤炭为主，煤炭保有储量居全国前列，煤炭分布较为集中、煤炭种类丰富。宁夏位于非季风区与季风区交界处，干旱少雨、日照时间长、全年大风日数多，风能、太阳能资源丰富，清洁能源优势突出。

* 王林伶，宁夏社会科学院综合经济研究所负责人、副研究员，主要研究方向为“一带一路”与内陆开放型经济、区域经济与产业经济、资源规划与可持续发展；陈蕾，宁夏社会科学院综合经济研究所研究实习员，研究方向经济统计。

一　宁夏能源发展现状与举措

（一）能源转型发展现状

宁夏的煤炭资源呈现“东多西少”的格局，煤炭远景储量2000亿吨，居全国第六，人均发电量居全国第一。① 根据地质结构与省区边界划分，宁夏有宁东煤田、贺兰山煤田、宁南煤田与香山煤田四大煤田，其中宁东煤田煤炭资源占全区已探明储量的八成以上。“十三五”期间为化解煤炭过剩产能、淘汰落后产能、修复生态环境，宁夏逐步优化煤矿结构，减少小型煤矿数量，增加大型现代化煤矿，整合全区矿产资源开发，集中开发宁东煤田，推进煤炭资源清洁高效利用。受到消费量增长的影响，宁夏的煤炭供应偏紧，区内产量已经不能满足消费需求，外调原煤数量逐年增加。

作为“西电东送”北部通道的重要起送端之一，宁夏2021年外送电量突破904亿千瓦时，其中，新能源累计外送183亿千瓦时。② 自2003年贺兰山风电场并网发电起，宁夏建设了吴忠市麻黄山风电场、中卫市香山风电场、南华山风电场、西华山风电场等大型风电场，截至2021年底风力发电装机容量达1454.8万千瓦。自2009年宁夏首座大型光伏电站太阳山光伏发电站并网发电，截至2021年底光伏发电装机容量达1384.0万千瓦，其中集中式光伏电站1303.36万千瓦，分布式光伏电站超过80万千瓦。③

2012年，宁夏成为全国首个新能源综合示范区。宁夏持续将新能源作为自治区发展的重点产业，充分发挥现有资源与政策优势，不断加大对新能源产业开发规模，将新能源作为调整能源结构、推动能源转型的着力点，可再生能源发电占比从2015年的11.8%上升到2021年的23.3%，其中风电、太阳能发电装机容量增长迅速（见表1）。

---

① 胡冬梅：《今后5年宁夏沿着什么样的前进方向？“5565”准确判断和科学分析》，中国日报网，https://cn.chinadaily.com.cn/a/202206/14/WS62a83d5fa3101c3ee7ada7d0.html。

② 邓悦怡、祁玉金：《904亿千瓦时！宁夏2021年外送电量创新高》，电网头条，http://www.sgcctop.com/newsDetail.jsp?contId=1000919462。

③ 国家能源局：《2021年光伏发电建设运行情况》。

表 1　2015~2021 年宁夏能源结构比重

指标	2015 年	2016 年	2017 年	2018 年	2019 年	2020 年	2021 年
原煤产量(万吨)	7975.8	7069.32	7643.59	7840.09	7476.87	8151.6	8632.9
年发电量(亿千瓦时)	1154.74	1144.38	1380.94	1662.64	1765.93	1882.36	2081.9
其中:火力发电	1017.94	953.56	1144.39	1367.77	1443.87	1529.99	1596.9
水电、风电、光伏发电	136.79	190.83	236.56	294.88	322.07	352.37	485.0
可再生能源发电占比(%)	11.8	16.7	17.1	17.7	18.2	18.7	23.3
一次能源消费总量(万吨标准煤)	5711.9	5787.5	6798.2	7530.2	8166.7	8581.8	—
发电装机容量(万千瓦)	3157.4	3674.8	4187.6	4714.8	5295.9	5942.7	6214.3
其中:火电	1983.9	2164.7	2583.2	2844.7	3219.1	3326.4	3333.0
水电	42.6	42.6	42.6	42.6	42.6	42.6	42.6
风电	822.1	941.6	941.6	1011.1	1116.1	1376.6	1454.8
太阳能	308.8	526	620.2	816.4	918.1	1197.1	1384.0

资料来源：《宁夏统计年鉴 2021》《2021 年全区能源生产情况》《宁夏回族自治区 2021 年国民经济和社会发展统计公报》。

（二）建设国家能源加工转型基地

自“十一五”起宁夏就在不断探索能源转型之路，先后出台 4 个规划性文件，通过建设国家能源加工转型基地，促进产业集群化发展，优化落后产能，升级传统煤化工，推进电能替代与清洁能源发展，并开展了神华宁煤煤化工副产品制烯烃、煤制乙二醇等项目。加强煤炭产业结构调整，从粗放低效式发展转向集约高效式发展，将煤变电、煤化工作为煤炭产业结构转型的主攻方向。建设宁东能源化工基地促进能源产业集群化发展，坚持绿色高效、创新驱动，打造能源加工转型体系。截至 2021 年，宁东能源化工基地，工业总产值超 1300 亿元，煤化工产业工业增加值占工业经济的 48%。①

借助能源化工集群优势，优化升级能源产业，延链补链，培育引进科技型企业，实现创新驱动发展，借助能源产业发展新材料产业。吸引泰和新材、百川新材料、晓星氨纶等企业入驻宁夏，延长煤化工产业链。2022 年宁东管委

① 秦瑞杰：《宁夏不断延伸产业链条，向精细化转型：从按吨卖煤炭转向按克卖工业品》，《人民日报》2022 年 4 月 13 日，第 10 版。

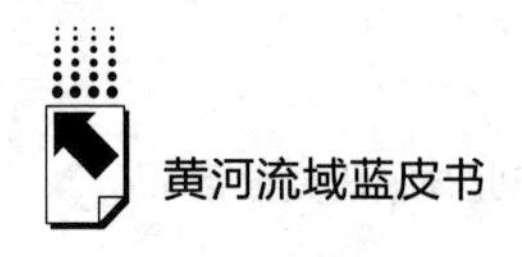

会印发《宁东基地九大细分产业链和高端产业集群高质量发展实施方案》，根据现有的基础，继续发展新材料细化产业，如高性能纤维丝、锂电子电池材料等。

（三）建设国家新能源综合示范区

宁夏根据风能条件与市场消纳能力，以集中开发为主、分散开发为辅建设风力发电场，在三条风能资源较丰富山脉地区，集中开发贺兰山、麻黄山、香山、南华山、西华山等大型风电场，分散式开发韦州、正义关、高沙窝、六盘山、月亮山等地区风电资源。采取“等容更新+增容”模式开展老旧风电场“以大代小”试点工程，提升风电并网容量、等效利用小时数与运行安全性。引进上海电气、东方电气等新能源装备企业，鼓励企业在本地建设装备制造及新能源检修基地，实现风电开发与配套产业协调发展。

宁夏全区均属于光伏发电Ⅰ类资源区，太阳能资源丰富，结合气候资源条件、统筹土地资源，在灵武市、石嘴山市、吴忠市、中卫市利用沙漠、戈壁荒滩等闲置土地建设光伏电站。“十三五”期间宁夏按照“园区化、集约化、规模化”原则建设宝丰光伏产业综合示范园区、宁东光伏产业园区、中民投宁夏（盐池）新能源综合示范区等10个光伏产业园区，通过统一资源配置与准入标准，完善基础设施建设，引培龙头企业带动上、中、下游企业发展，形成上游原材料生产、中游装备制造与组装、下游发电站集成与运营的全产业链。“十四五”期间宁夏将新能源作为重点产业之一，打造“一核三群”“一线一园一基地”的产业空间布局。银川市在已经具备单晶硅原料生产加工、单晶电池生产组装能力的基础上建设光伏产业创新平台，针对光伏材料的合成与应用展开研究，进一步提高产品质量、降低生产成本、扩大产能。石嘴山市、中卫市、吴忠市发展建设新能源装备制造与发电产业集群。宁东能源化工基地建设光伏发电、制氢储能、新材料的综合型能源产业基地。在电源开发侧采取风力、光伏、水力、火力等多能源品种互补“风光水火储一体化”的新能源综合示范区。

（四）新能源消纳利用情况

随着新能源产业迅猛发展，宁夏新能源装机量与人均发电量均位居全国前列。可再生能源发电量逐年增高，由2015年的136.79亿千瓦时增加到2021年的485.0亿千瓦时，占总发电量的比重从11.8%提高到23.3%。可再生能源电力消纳占全社会用电量的两成以上，其中非水电可再生能源电力消纳占七成以上。但风电、光伏存在波动性、间歇性缺点，新能源发电量消纳量已进入瓶颈期，超过电网现有的消纳能力，新能源弃电量逐年增高，存在弃风弃电现象（见表2）。

表2　2017~2020年宁夏可再生能源电力消纳情况

年份	可再生能源发电量（亿千瓦时）	可再生能源电力消纳量（亿千瓦时）	可再生能源弃电量（亿千瓦时）	可再生能源电力消纳占全社会用电量比重	非水电可再生能源电力消纳量(亿千瓦时)	非水电可再生能源电力消纳占全社会用电量比重
2017	236.56	225	11.56	0.23	206	0.21
2018	294.88	268.31	26.57	0.252	237.47	0.22
2019	322.07	280	42.07	0.257	231	0.21
2020	352.37	277	75.37	0.267	206	0.21

资料来源：《2017~2020全国可再生能源电力发展监测评价报告》。

为促进新能源消纳，2015年宁夏制定《宁夏电网绿色调度管理实施细则》，在保障电力系统安全稳定前提下，优先调度低耗能、低污染机组。在此基础上宁夏借助“西电东送”机遇，充分发挥国家给予的政策支持，加强省际合作、跨区域合作，开拓电力外输通道，打捆外送新能源，现已建成银东±660千伏超高压直流输电工程、灵绍±800千伏特高压直流输电工程，宁夏至华中特高压直流输电及配套新能源工程，于2021年由宁夏、湖南共同开启建设。灵绍特高压直流线路可再生能源电量在全部输送电量中的占比逐年上升，2020年受疫情影响回落到17.1%（见表3）。

表3　2017~2020年灵绍特高压直流线路输送电量情况

年份	年输送电量（亿千瓦时）	可再生能源电量（亿千瓦时）	可再生能源电量在全部输送电量中占比(%)
2017	201.3	34.4	17.1
2018	377.8	84.5	22.4
2019	415.0	109.0	26.3
2020	498.3	85.3	17.1

资料来源：《2017~2020全国可再生能源电力发展监测评价报告》。

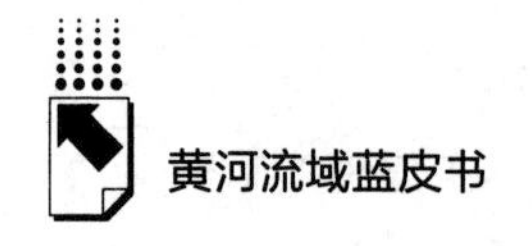

（五）拓展新能源应用领域

在发展新能源的同时，宁夏也在积极探索新能源应用领域的多样化。将绿色发展理念融入生产，采用“光伏+”模式尝试将光伏产业与生态、农业、旅游等领域结合发展，既能防风治沙、改善荒漠地区土壤，也能提高单位土地产出率。

中卫市建设沙漠光伏产业园，通过统一规划光伏制造、发电、农业和观光旅游产业，改善沙漠土壤，提高植被覆盖率。宝丰集团采用“一地多用、农光互补”模式建设宝丰农光一体化产业基地，在光伏发电装置下种植枸杞、苜蓿等作物，实现土地的复合收益。贺兰县通过“互联网+渔光一体”模式，建立“渔光一体”安全水产品溯源体系。吴忠市红寺堡区、闽宁镇对养殖大棚进行分布式光伏改造，实现棚顶发电、棚下养牛。

国网宁夏电力通过开展“光伏+储能+电采暖”项目，将光伏采暖智能融合，缓解了原供电设备污染严重、运营成本高的问题。宁夏通过实施农村阳光沐浴工程，成为全国首个达成乡村农户太阳能热水器全覆盖的省份；通过“煤改电+整县屋顶分布式光伏”配套电网工程，保障居民用电，推进新型城镇化建设。

2020年宁夏出台《自治区人民政府办公厅关于加快培育氢能产业发展的指导意见》，依托煤化工与清洁能源优势，利用新能源生产电力低成本制氢储能。以企业为主体，先行建设试点，发展“绿氢”产业，2021年宝丰太阳能电解水制氢综合示范项目部分建成投产，项目全部建成后每年可减少煤炭消费9万吨标准煤，减少二氧化碳排放约22万吨。①

二　宁夏能源转型面临的问题

（一）节能减碳形势严峻

2020年6月，习近平总书记视察宁夏时，指出“要牢固树立绿水青山就是金山银山的理念”，“努力建设黄河流域生态保护和高质量发展先行区”。宁

① 杨晓秋：《绿到深处好“风光”》，《宁夏日报》2022年1月17日，第7版。

夏结合自身区情与资源禀赋，推动清洁能源代替传统化石能源，培育高新技术产业，探寻清洁高效的工业经济新增长点，探索绿色发展之路。受宁夏工业经济发展程度、能源结构偏煤炭、产业结构偏重等影响，解决“一煤独大”的问题非一日之功，煤炭消费增长的问题短期内难以改善。

“十三五”期间，宁夏全区二氧化碳排放呈现增长态势，宁夏生态环境厅公布2020年全年碳排放为21550万吨，其中能源生产与加工转换领域二氧化碳直接排放量为13560万吨，占比为62.9%；工业和建筑领域二氧化碳直接排放量为7291万吨，占比为33.8%。[①]

宁夏的工业体系以能源化工为主，电力、装备制造、轻纺、冶金、有色等行业为辅，产业结构偏重，能源结构倚重煤炭，高碳排放特征明显。万元工业增加值能耗、万元工业增加值二氧化碳排放量高。规模以上工业中有六大高耗能、高排放行业，这些行业能耗常年占规模以上工业能耗九成以上（见表4），对节能减排的负面影响远大于对产业结构的增加值贡献。

表4　2018~2020年宁夏六大高耗能行业能源消费情况

单位：万吨标准煤

行业	2018年	2019年	2020年
规模以上工业	6190.9	6826.4	7137.6
其中:化学原料和化学制品制造业	2119.9	2442.5	3232.3
黑色金属冶炼和压延加工业	974.3	1044.2	1078.7
石油、煤炭及其他燃料加工业	1485.1	1566.4	994.4
有色金属冶炼和压延加工业	622.9	611.4	569.5
电力、热力生产和供应业	345.9	400.8	413.2
非金属矿物制品业	271.3	319.2	350.5
六大高耗能行业占比	0.94	0.94	0.93

资料来源：《宁夏统计年鉴2019~2021》。

虽然自2003年起宁夏就开始发展新能源产业，并将新能源作为自治区发展的重点产业，但以煤炭为主的火力发电仍然占全区发电量七成以上；现代化工、新材料等高效低碳的新兴产业，短期内难以代替传统产业成为宁夏经济社

① 《宁夏回族自治区应对气候变化“十四五”规划》。

会发展的主导产业。“十四五”是落实“双碳”目标的关键期、窗口期，要培育低能耗、低排放的新兴产业，实现能源结构中的“高碳化”向绿色低碳转型，能耗“双控”与能源结构优化调整的任务艰巨。

（二）新能源发电设备利用率低

宁夏可再生能源电力消纳占全社会用电量的比重在全国排名中处于中上游水平，非水电可再生能源电力消纳占全社会用电量的比重自 2017 年起稳居全国前三。青海、四川、甘肃等水电资源较为丰富地区，可再生能源电力消纳占全社会用电量的比重达到 50%~80%。宁夏目前仅沙坡头水利枢纽、青铜峡水电站两座建成运营的综合性水电站，截至 2021 年底，水利发电机装机总容量仅占可再生能源发电机装机总容量的 1.5%，风电、光伏分别占可再生能源发电机装机总容量的 50.5%、48.0%。受限于电能无法大规模存储的特点，电能的供应与消费要时时保持平衡，而风力、光伏发电受气象影响较大，存在“极热无风”“晚峰无光”“云来无光”情况。宁夏全区均属于风电性Ⅲ类、光伏发电Ⅰ类资源区，但风力、光伏发电均难以达到国家规定的最低保障性收购年利用小时数，发电设备利用率低于全国大部分地区（见表 5）。国家能源局发布的新能源市场环境监测预警结果显示，宁夏风电预警结果为绿色，光伏评价结果为橙色。

表 5　2017~2020 年最低保障性收购年利用小时数情况

单位：小时

年份	风电			光伏发电		
	最低保障性收购利用小时数	实际利用小时数	偏差小时数	最低保障性收购利用小时数	实际利用小时数	偏差小时数
2017	1850	1650	-200	1500	1326	-174
2018	1850	1888	38	1500	1376	-124
2019	1850	1811	-39	1500	1364	-136
2020	1850	1653	-197	1500	1390	-110

资料来源：《2017~2020 全国可再生能源电力发展监测评价报告》。

2020 年，全国 22 条特高压线路年输送电量 5318 亿千瓦时，其中可再生能源电量占全部输送电量的 45.9%，宁夏灵绍特高压直流线路输送电量中可再生能源占比 17.1%，水电充沛的地区如四川、青海、云南等地送电量中可再生能源占比均达到 100%，与宁东相邻的鄂尔多斯市的昭沂直流送电量中可再生能源占比达到 47.5%（见表 6）。如何在保障能源安全的前提下，平衡发电侧、电网侧、用电侧需求，进一步推动可再生能源替代、降低发电成本、促进产业持续健康发展仍然任重道远。

表 6　2020 年部分特高压线路输送电量情况

线路起点	线路名称	年输送量（亿千瓦时）	可再生能源（亿千瓦时）	可再生能源占比（%）
宁夏宁东	灵绍直流	498.3	85.3	17.1
内蒙古鄂尔多斯	昭沂直流	286.2	135.9	47.5
青海省海南	青豫直流	34.1	34.1	100.0

资料来源：《2020 全国可再生能源电力发展监测评价报告》。

（三）产业发展层次有待提高

近年来，宁夏的产业发展存在依赖重化工驱动、“双高”行业占比大等问题。大部分产业处于产业链前端与价值链中低端，配套水平低，产品附加值较低，市场竞争力弱，在产业分工体系中处于低端低效位置。工业产业在关键基础材料、核心基础零部件、先进基础工艺、产业技术基础四个方面存在弱项。煤炭、电力、化工产业占总工业增加值比重高，工业结构呈现倚能倚重态势。宁东能源化工基地现有产业结构以煤炭、电力和煤化工为主，占全部工业经济的比重达到 94.4%，主要生产如煤制甲醇、煤制油、煤制烯烃、电石等基础化工产品。

新材料和精细化工等新兴产业发展速度不快，产业配套薄弱，优势不够明显。现有光伏硅产业主要集中于产业链中游，硅料、耗材石英坩埚、光伏玻璃及铝合金边框等材料配套能力不足，银浆和 PET 基膜等其他原料、耗材、高端设备以及下游应用等配套环节缺失，光伏电池片、单晶硅原料等产业链重要环节多依赖外地输入或进口补充。化工行业存在“低端过剩，高端短缺”的结构性矛盾，行业发展受关键技术制约，专用和精细化学品产业发展速度不快。

（四）区域竞争同质化激烈

宁夏的能源转型与产业发展得益于自然资源的丰厚，但与周边内蒙古、陕西等地在资源禀赋、交通运输、人力成本、产业结构上雷同。依靠鄂尔多斯盆地丰富的化石能源资源、光能、风能资源和盐、铝、镁等矿产资源，宁夏宁东能源化工基地、内蒙古鄂尔多斯市、陕西榆林市构成能源“金三角”地区。能源“金三角”地区所依托的资源和环境条件相似，产业起步的时间相近，发展战略相近、发展路径一致、产业结构雷同。地区产业均依靠能源央企布局重大项目，地方强企推进产业建设，形成以能源化工产业为基石，发展新能源与新材料产业的生产格局。地区间存在项目重叠、产品雷同、产能过剩、重复建设等问题，导致地区间低端化、同质化、无序化竞争日趋激烈。同榆林与鄂尔多斯相比，宁东基地基础资源要素较弱、距离东部沿海市场较远、整体体量较小。

（五）创新能力有待加强

近年来宁夏正在走一条由资源优势向产业优势转化的高质量发展之路，从化石能源到可再生能源，从产业链中低端到高端，都离不开创新的驱动。但目前宁夏的科技创新能力仍有欠缺，自身创新能力薄弱不适应高质量发展需求。存在创新成果缺乏、创新型企业匮乏、研究机构水平不高、高技能人才短缺等问题。规模以上工业企业中70%无研发活动，大中型工业企业中60%以上无研发机构，每万人研发数量仅为全国平均水平的50%。[①] 大部分有高技术含量企业的关键核心技术研发部门在外，仅在宁夏生产加工，难以带动地区创新能力发展。

三　宁夏能源转型对策建议

（一）构建清洁低碳安全高效的能源体系

能源转型并不只是简单地替换主导能源，而是整个能源体系的更迭，它既

① 《宁夏回族自治区科技创新“十四五”规划》。

包括供应侧能源结构转型，也包含需求侧能源使用方式的转变，同时还涉及供应侧与需求侧间的对接。

1. 提高能源供给侧高效清洁化水平

在提高化石能源利用率的基础上，逐步构建以非化石能源为主、储能为辅的清洁高效能源体系。推动煤炭阶梯式利用，通过煤炭中低温干馏技术，将煤炭“吃干榨净”以提高煤炭利用效率。实施煤电超低排放和节能升级改造行动，推广汽轮机通流部分改造、锅炉烟气余热回收利用等节能改造和超低排放环保技术。严格控制燃煤火电厂新建、扩建。转变火力发电功能，降低其在总发电量中的占比，凸显其电力型电源功能，重点发挥其调峰、保障稳定、平抑波动等作用，降低单位地区生产总值煤炭消耗。优化新能源产业布局，充分发挥宁夏风、光资源多能互补优势，利用风电场空闲土地建设风光互补电站；探索分布式光伏发电，因地制宜在建筑屋顶、工业园区、农业生产区等场所建设各类“光伏+”项目，提高土地资源利用率。积极拓展城市势能、生物质能资源开发利用渠道，如通过微小型水轮发电机将城市用水生成的势能转化为电能，在畜禽养殖区建设生物天然气产业化示范项目等。

2. 推进能源需求侧节能电气化

在需求侧，推进节能减排、提高能效。加强能源消费总量和强度“双控”，严格控制“两高”项目建设，不新建国家规划外的煤化工、石油化工项目，减少高耗能产业新项目与扩建项目。深化推进能源节约，因地制宜发展集中供热和能源梯级、错峰利用，推进工业园区、产业基地、城乡建筑节能改造项目。推进需求端电气化进程，提高终端用能部门电气化率，形成以电能为主的新一代终端用能体系。引导工业、交通、农业等终端用户优先选用清洁能源，大力推广新能源汽车、氢能汽车、热泵、电窑炉，拓展新能源消费领域。

3. 推进能源供需交互领域数字智能化

在供需交互方面，以新能源为主体的供应系统更需要电网灵活反馈、统筹协调。提升电网系统数字化、智能化水平，一方面可以为新能源大规模开发奠定基础，另一方面也能提高新能源发电的消纳水平。提高电网供应系统稳定性，推进配套储能设施发展，设置能源缓冲环节，做深做细做实黄河黑山峡河段开发工程前期工作，为建设风光水储一体化清洁能源基地奠定基础，提升电网系统灵活性、经济性和安全性，缓解风力、光伏发电的不稳定性。

（二）大力发展“绿氢”产业

氢能是一种来源丰富、应用广泛的二次能源，其中通过可再生能源制成“绿氢”，生产过程几乎没有碳排放，发展“绿氢”能有效地缓解宁夏碳排放逐年增长的压力。利用间歇性风能和光能提供动力来制氢，通过制氢储能解决弃风、弃光问题，提高新能源利用率。

氢能产业链分为制氢、储运和应用三个部分，依托于丰富的风电光电资源，宁夏在制氢领域尤其是生产“绿氢”领域具备优势，宁夏宝丰能源是制氢领域的头部企业，也是国内首家实现规模化生产绿氢的企业。依托现有产业基础，集聚产、学、研等方面的资源，加强氢能技术合作，拓展“绿氢”在化工行业替代的应用空间，进一步扩大“绿氢”生产规模，打造低成本清洁氢源生产基地。

通过发展氢能产业，探索以绿能开发、绿氢生产、绿色发展为主的能源转型发展新路，来推动宁夏能源革命，推动产业转型，进一步促进相关行业和领域，进行清洁化利用、节能化改造、多元化应用，促进工业转型发展、促进交通绿色发展。同时，抓住国家“双碳”战略机遇，加快推动宁夏建设国家新能源综合示范区，达到“减碳”“降碳”目标，提供宁夏“绿色低碳方案”。

现阶段氢气储存技术以高压气态储氢与固态储氢为主，通过长管拖车运输，储运成本高。目前宁夏在氢气储运方面的项目与配套设施建设方面处于起步阶段，生产氢气主要用于企业本身化工生产。规划建设银川都市圈“三市一地”氢气储运和加注等基础设施，打通氢气供应网络，合理优化加氢站布局，推进氢燃料电池中重型车辆应用，就近消纳降低供给成本，拓展氢能源应用领域，为挖掘氢能源跨界应用奠定基础。探索氢储能消纳可再生能源场景，构建“风光发电+氢储能”应用模式，促进异质能源间协同工作。

（三）加快能源转型促进产业升级

1. 创新发展现代煤化工产业

推动传统产业转型升级，发展现代煤化工产业，推进产业链向高端延伸，扭转目前能源结构偏煤、产业结构偏重的局面。有序发展煤制烯烃、煤制乙二醇等现代煤化项目。资源化利用化工产业副产品，拓展工业排放二氧化碳应用领域，如二氧化碳捕获与封存、发酵制丁二酸、焦炉煤气加氢制甲醇、粗苯加氢精制等技术，构建循环经济产业链和产业集群。推动传统煤化工向新材料产业加快发展，以宁东基地为平台，依托现有能源化工优势精准招商，延伸煤化工下游产业链。发展工程塑料、可降解塑料、合成橡胶、高性能纤维等行业，生产更高端、更精尖、更绿色的新产品，提高地区产业产品附加值，延伸产业链、价值链。

2. 加快发展战略性新兴产业

依托现有产业基础优势，培育壮大战略性新兴产业，承接国内外高端产业转移，打造经济发展新增长点，助力经济高质量发展。“补短板”蓄后势，鼓励光伏硅、蓝宝石、反渗透膜等产业领域技术创新，积极引进先进节能高效生产线，支持区内外研究机构与企业合作研发，推动中小企业做强、做精、做优，培育新兴产业领域的“专精特新”企业。“锻长板”强优势，培育壮大制造业“单项冠军”企业，充分发挥其在创新领域的示范带动作用，构建创新型产业“雁阵”。促进产业基础能力高级化，打造现代化产业生态型园区、平台化园区配套设施及服务体系，提高土地、劳动力、资本、技术、数据等生产要素开发利用效率。促进产业基础结构合理化，规划好新兴产业分布，规范产业技术标准，拓展产业上下游供应，提高能源利用率。构建一批各具特色、优势互补、结构合理的战略性新兴产业。

3. 建设风光水储一体化清洁能源应用体系

风电、光伏存在波动性、间歇性特点，易造成弃风弃电现象，为弥补风力、光伏发电存在的缺陷，采用“风光水储一体化”能源转换形式来稳定利用清洁能源，即先将风力、光伏所发的电用来把低处的水抽到高处进行存蓄，再将高处之水放下发电，就转化为没有波动性和间歇性的电。通过此种转换实现了存储间歇式新能源发电，可有效提高新能源利用效率，提升电网系统灵活性、经济性和安全性，缓解风力、光伏发电的不稳定性。宁夏于2022年初开工建设牛首山抽水蓄能电站项目，项目总装机容量100万千瓦，项目建成后每年可消纳风电、光电15.1亿千瓦时，减排二氧化碳159.4万吨。[①]。

同时，宁夏党委、政府正在积极推进黄河黑山峡河段开发工程，该项目建

---

① 张国长、张璞：《吴忠市宁夏首座抽水蓄能电站开建》，《宁夏日报》2022年3月19日，第3版。

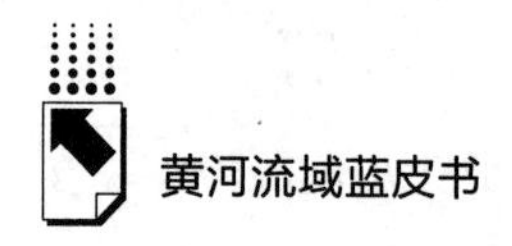

成后不但在南水北调西线工程中可起到调节作用，也可以进一步增强西北电网调峰、调频能力，减少风电、光电资源浪费，使得发电效益最大化，可促进能源结构转型、绿色节能发展。

通过建设“风光水储一体化”能源转换应用体系，可承担宁夏电网调峰、调频、调相、填谷和紧急事故备用等任务，能有效提升电网安全稳定运行水平和新能源利用率。同时，有利于改善牛首山生态环境，为将来工业旅游、生态旅游奠定基础，推动宁夏青铜峡市全域旅游业发展，增加宁夏旅游项目，促进宁夏光电风电、水利、生态、旅游一体化发展，将拓宽宁夏旅游产业发展的路径。

4. 走多产业再升级再循环节约集约发展路径

宁夏重工业占比大，高耗能企业多，节能减排形势十分严峻。宁夏一些工业园区的铁合金、化学化工、电石化工和碳化硅等企业，每年产生富含一氧化碳的工业尾气约 30 亿～40 亿立方米。合理利用好工业尾气，事关“减排降碳”和环境保护问题，也是一项十分具有挑战性的工作。

宁夏首朗吉元新能源科技有限公司以铁合金矿热炉尾气作为原料，通过生物发酵集成技术在常温下直接将工业尾气转化为燃料乙醇和乙醇梭菌蛋白饲料，主产品燃料乙醇可实现年产 4.5 万吨，副产品乙醇梭菌蛋白饲料年产 5000 吨，实现工业尾气资源的高效清洁利用，开创了将工业尾气转化为新的材料、新的能源（乙醇）和新饲料（乙醇梭菌蛋白）的先例。同时另外一家企业，宁夏滨泽新能源科技有限公司正在基于冶金工业尾气生物发酵法建设年产 6 万吨的燃料乙醇和年产 6600 吨的蛋白饲料生产线。经测算每生产 1 吨乙醇，可降低二氧化碳排放 3.4 吨，同时还可降低氮氧化物、颗粒物及其他污染物的排放，可实现二氧化碳一次减排约 33%，颗粒物和氮氧化物减排约 67%。①

通过这种再利用生产方式、产业再次转型升级和生产工艺的改进不但将工业尾气变废为宝，而且减少了二氧化碳的排放，是对污染物减排的最大贡献，还带来了经济收益，所生产的乙醇、饲料等成为原料能被再次利用，形成了更为可观的循环经济产业链，由单一废气直接排放，变为可再生利用的产品和原

① 马军:《绿色循环助推工业园区高质量发展　自治区政协经济委员会围绕“以‘绿能开发、绿氢生产、绿色发展’为抓手，加快先行区建设”开展调研》，《华兴时报》2022 年 6 月 8 日。

料，无形中减轻了环保压力，腾出了大量的排放总量空间，提升了产品价值，拓展了产业链条，带来了产业转型升级，又为今后其他产品或原料的发展升级预留了巨大发展空间。同时，所生产的乙醇、饲料等对我国减少对石油进口的依赖、增加油品供应量、平抑油价，摆脱大豆进口依赖、节省耕地、保证国家粮食安全和能源安全都发挥了积极作用。

参考文献

张锐：《碳中和背景下的全球能源治理：范式转换、议题革新与合作阻碍》，《学术论坛》2022 年第 2 期。

李世峰、朱国云：《“双碳”愿景下的能源转型路径探析》，《南京社会科学》2021 年第 12 期。

范英、衣博文：《能源转型的规律、驱动机制与中国路径》，《管理世界》2021 年第 8 期。

高丹、孔庚、麻林巍等：《我国区域能源现状及中长期发展战略重点研究》，《中国工程科学》2021 年第 1 期。

B.20
山西沿黄地区文旅康养产业融合发展研究

赵俊明　史建强　王 劼*

摘 要： 推动黄河流域生态保护和高质量发展，是党中央、国务院在新时代背景下做出的重大战略部署，山西要全面按照国家《黄河流域生态保护和高质量发展规划纲要》的目标任务要求，以国土空间规划为地区空间可持续发展的蓝图，积极探索文旅康产业融合发展，最大限度地贯彻落实好国家层级的规划和决策，促进沿黄地区高质量发展。

关键词： 国土空间规划　点轴理论　文旅康融合发展　山西沿黄地区

推动黄河流域生态保护和高质量发展，是党中央、国务院在新时代背景下做出的重大战略部署，对促进沿黄各省（区）、市、县乃至乡、镇、村的持续、快速、健康发展起到极其重要的指导作用。山西作为华夏文明的发祥地和国家资源型经济转型综合配套改革试验区，要全面按照国家《黄河流域生态保护和高质量发展规划纲要》的目标任务要求，牢固树立“绿水青山就是金山银山”的理念，突出生态优先，推动绿色发展，着力保护传承弘扬黄河文化，促进沿黄地区高质量发展。国土空间规划是各地区空间发展的总纲要，是该地区空间可持续发展的蓝图，也是一地各类开发建设和保护活动的基本依据，文旅康产业融合发展是实现服务业全面提质增效的重要路径，也应该在国土空间规划的指导下进行。

---

* 赵俊明，山西省社会科学院黄河文化研究所副所长、副研究员，主要研究区域历史文化；史建强，山西经济管理干部学院旅游管理系副教授，主要研究旅游管理；王劼，山西省社会科学院黄河文化研究所助理研究员，主要研究历史地理。

一　沿黄旅游带文旅康产业融合发展的政策依据与理论基础

（一）国土空间规划

2019年5月印发的《中共中央　国务院关于建立国土空间规划体系并监督实施的若干意见》指出：国土空间规划是国家空间发展的指南、可持续发展的空间蓝图，是各类开发保护建设活动的基本依据。建立国土空间规划体系并监督实施，将主体功能区规划、土地利用规划、城乡规划等空间规划融合为统一的国土空间规划，实现“多规合一”，强化国土空间规划对各专项规划的指导约束作用，是党中央、国务院作出的重大部署。[①]

根据《中共中央　国务院关于建立国土空间规划体系并监督实施的若干意见》（以下简称《若干意见》）有关要求，在各地各部门全面启动国土空间规划编制审批和实施管理工作基础上，各级主管部门要按照《若干意见》要求，主动做好衔接工作，抓好“多规合一”的国土空间规划的体系化建设，切实做好监督，抓紧启动编制各级国土空间规划（规划期至2035年，展望至2050年），尽快形成较为完备的规划成果。

（二）点轴理论

点轴理论脱胎于法国经济学家佩鲁的增长极理论。佩鲁将产业部门集中而优先增长的地区称为增长极，他认为增长极是在一个较大的地域内条件优越并且具有区位优势的少数地点。增长极形成后，会将周围的区域也带动成为极化区域。一旦该区域内的主导产业形成，必然会围绕主导产业形成与之紧密联系的各种相关产业，这些相关产业之间联系互动，从而形成经济增长的乘数效应。

点轴模式是增长极模式的进一步延伸与扩展。随着经济和社会的发展，在某个区域内，随着增长极数量的增多，各增长极之间自发形成各种便于相互连

---

① 《中共中央　国务院关于建立国土空间规划体系并监督实施的若干意见》（中发〔2019〕18），2019年5月9日。

接的交通线，这些交通线被称为发展轴，它比增长极的作用范围更大，将增长极扩大化。经济和社会进一步发展，区域内集聚的经济中心逐渐增加，在生产要素交换的作用下，各经济中心之间的交通线、动力供应线、水源供应线等相互连接，形成各种轴线。这种轴线一经形成，便对区域内的产业、人口具有较大吸引力，吸引人口、产业向轴线两侧集聚，进而产生新的增长点。新的增长点和已有轴线逐步贯通，从而形成新的点轴系统。点轴开发模式可以说是在某个区域内从发达区域的经济中心（点）沿交通线路向不发达区域逐步纵深地发展推移的一种开发模式。

（三）点–轴系统理论

在点轴理论基础上，国内著名学者陆大道先生于 1984 年最早提出了“点-轴系统理论”。“点”是指各级中心地或各类产业集聚点，主要是能够带动周边区域发展的中心城镇，在整个系统中处于基础性地位，“点”的聚集和形成，是区域空间构建的基础，“点”的形成是点轴系统形成的开始。“轴”是指在一定方向上连接各点的交通、通信干线和能源、水源通道等这些轴线，它们连接起来形成基础设施束，进而形成沿轴线的密集发展地带。在轴线的吸引和凝聚下，区域内的产品、信息、技术、人员、金融等社会经济资源在轴线上集中起来，并逐步扩散到附近区域，与区域生产力要素相结合，形成新的生产力，推动区域内社会经济发展，科学地指导区域经济结构布局。随着经济的发展，点轴系统理论的研究和应用日趋深化，演变出了双核空间结构模式、区域开发模式和网络开发模式等多种模式，被广泛应用在旅游空间结构研究中，对旅游空间规划起到了理论指导作用。

本研究立足于山西省沿黄旅游带覆盖地区，以区域内 19 个县（县级市）为研究对象，所以文中的“点”只涉及县和县级市，不包括乡、镇等。文中的“轴”主要指由“点”连接形成的产业发展带或经济密集带，以旅游交通运输线为基础。

山西黄河一号旅游公路主线北起偏关县老牛湾，南至运城、晋城交界西哄哄村，经忻州、吕梁、临汾、运城 4 市 19 县，规划里程约 1238 千米。它不仅可以将沿途各旅游景点串联成线，而且可迅速带动沿线经济发展，成为一条旅游路、网红路。

二　沿黄旅游带文旅康产业融合发展原则

（一）整体性原则

首先，要做好顶层设计，坚持把沿黄旅游产品开发作为经济发展的主要抓手加以统筹管理，打破行政区划体系，建立县、乡（镇）、村一体化开发模式，形成主线串联、支线循环、连接线成网的快进慢游深体验“城景通、景景通”全域旅游一张网。同时加强与周边县、市、省区以及资源互补型地区在产品开发、广告宣传、市场营销等方面的有机联动，以利益共享为纽带进行合作，形成大的旅游产品线路组合并与未来旅游市场相衔接。其次，要以“产业集聚、资源整合”为核心战略，以“食住行游购娱”旅游六大要素为基本要求，通过文化打造、生态引领、产业推动，促进形成生产、生活、生态相协调的空间环境，实现自然联动人文、景区联动城乡、产品联动产业，把山西沿黄地区建成竞争力强、辐射面广、影响力大的全轴带旅游示范区。

（二）独特性原则

在整合区域自然、人文旅游资源的基础上，坚持突出特色开发原则，打造差异化、特色化、个性化旅游产品，以特色赢得市场、赢得发展，形成沿黄旅游带品牌和名牌效应。以“全景沿黄带，全程示范区，全域旅游链，全时四季旺”为要求，以“商、养、学、闲、情、奇”为旅游产品开发目标，坚持“一县一主题”“一镇一品牌”“一村一特色”原则，发挥不同县域、村镇的资源优势与产业优势，做到时移景异、步移景异，打造区域独特、全国典型、全球知名的黄河风情文化旅游带和集生态观光、文化休闲、养生康体于一体的生态休闲旅游目的地。

（三）市场性原则

在充分挖掘自身产品特色与优势的基础上，与目标市场顾客群体的消费理念和消费偏好相对接，迎合、引领甚至创造未来消费市场，持续做好对市场需求的调研、分析和科学预测工作，运用 AI、AR、VR 等现代技术，开发沉浸式、体验式元宇宙产品，实现潜在市场和现实市场、大众市场和特有市场、既有市场和未来市场、传统市场和新兴市场的协调统一，在创造良好经济效益的同时，充分满足人民群众不断增长的物质、文化和情感需求。

（四）绿色性原则

以第三次全国国土调查数据成果为依据，统一区域各县国土空间底图底数，在确保不占用永久基本农田的前提下，严格按照划定的生态保护红线进行各项开发建设，坚定秉承“绿水青山就是金山银山”和“生态优先，系统保护，兼顾开发”的开发理念，划定蓝线、滨水绿化控制线、滨水建筑控制线等范围，以水定城、以水定地、以水定人、以水定产，统筹“山水林田湖草沙冰”一体化保护和修复，持续增强生态系统循环能力，对区域内的自然、人文旅游资源进行有序、有效、有度开发，认真处理好保护与活化、保护与发展、继承与创新的关系，实现经济效益、社会效益和环境效益的协调统一，实现沿黄旅游带全域旅游集约化、低碳化、绿色化和可持续发展。

三　沿黄旅游带文旅康产业融合产品体系规划

目前，山西沿黄旅游带整体旅游产品发展水平较低且不平衡，呈现“观光产品深度不足，龙头产品效益未显，休闲度假两翼欠缺，新兴业态尚未萌芽”的局面，缺少能够满足当代旅游需求和未来发展趋势的新生产品体系，旅游供给侧改革任务繁重。因此，应紧紧把握新时期旅游发展新特点和未来发展趋势，立足自我，寻求自主，着眼全国，放眼全球，以《中共中央关于制定国民经济和社会发展第十四个五年规划和二〇三五年远景目标的建议》《山西省黄河流域非物质文化遗产保护传承弘扬专项规划（2021—2035 年）》等上位规划为指导，深挖观光产品，凸显龙头产品，完善休闲产品，拓展度假产品，开发新业态产品。以黄河国家文化公园建设为指引，以老牛湾、碛口古镇、云丘山及鹳雀楼（与普救寺形成一个综合景区）4 个龙头景区为引爆点并以此营造时空超级场，通过“1（核心、龙头、引擎项目）+H（高盈利、大引流、强关联项目）+B（基础、配套、补充项目）”模式，构建沿黄旅游带揽胜黄河、风情黄河、康养黄河、古韵黄河四位一体的“表里山河”山西样板特色旅游产品体系，呈现“一轴一带，四核四区”的空间结构，即以黄河一号旅游公路干线为交通轴，沿黄旅游带为主带，老牛湾、碛口古镇、云丘山和鹳雀楼为四核，辐射忻州、吕梁、临汾和运城四区，形成广域合作、区域联动、城乡统筹的一体化发展新模式。

（一）黄河揽胜板块

1. 开发思路

紧密围绕太忻经济一体化战略规划，以黄河忻州段及相关支流等水体为依托，坚持“全年度、全季节、全气候、全民众、全龄段”的产业发展定位，打造水上、水下、水边多层次、立体化黄河揽胜旅游产品，包括滨水游憩、水上乐园、夜间水景、生态湿地、渡口漂流、户外体育赛事活动（登山、越野、摩托车、攀岩、自行车比赛等）、特色体育项目（直升机、热气球、动力伞、动力三角翼等）以及户外运动培训及俱乐部（体育培训基地、体育俱乐部）等类型。

2. “1+H+B”元素解析

1：引爆点（核心项目）：忻州偏关县老牛湾。

H：偏关县乾坤湾、万家寨景区；河曲县翠峰山景区、龙口峡谷、西口古渡、娘娘滩；保德县钓鱼台、康熙枣园。

B：偏关县护城楼、云空禅寺、偏关美食系列（偏关豆腐、野生山菌、凉碗托、羊肉小、米粥、酸粥、黄河鲤鱼等），河曲美食系列（海红果及深加工产品、开河鱼、酸粥等），保德美食系列（碗托、黄河鲤鱼、玻璃饺子、羊杂碎、红枣等）。

（二）黄河风情板块

1. 开发思路

以沿黄旅游带吕梁段独特的地理区位优势以及各地民俗风情为依托，深度开发“旅游+体育”“旅游+节庆”“旅游+写生”“旅游+摄影”等相关旅游产品，构建完善、独特的黄河风情旅游系列产品，打造独具风情的特色生态旅游长廊。具体包括特色古城、特色乡镇、历史传统村落、扶贫示范村、民居民风、民俗节庆、特色旅游纪念品等类型。

2. “1+H+B”元素解析

1：引爆点（核心项目）：吕梁临县碛口古镇。

H：临县李家山村、黄土柱林、黄河画廊，柳林县黄河三峡风景区、黄河三峡母亲峰景区、柳林河，石楼县天下黄河第一湾。

B：红色寻踪系列（兴县晋绥边区革命纪念馆、晋绥解放区烈士陵园、四·八烈士纪念馆）、蔡家崖民俗一条街，临县美食（临县豆腐及系列产品、合楞子、大烩菜、山药擦擦、三交火烧、锄片干馍、红枣等）、谢永增孙家沟艺术馆、青塘水上乐园，柳林电影展览馆、柳林美食系列（碗托、芝麻饼、孟门“熬”、荞面凉粉、羊杂割等），石楼红军东征纪念馆、石楼食养系列（核桃、红枣及深加工产品、甘草、枣花蜂蜜等）。

（三）黄河康养板块

1. 开发思路

以沿黄旅游带临汾段独特的地理气候条件和自然风光为依托，通过布局乡愁民宿、乡意露营、乡土美味、乡村野趣、乡间避暑、乡原养生六大产品系列构建食养、药养、医养、易（经）养等康养度假产业内涵，以“修身、浴心、养性”为手段，打造华北地区独具文化特色的休闲、度假和康养旅游胜地。

2. “1+H+B”元素解析

1：引爆点（核心项目）：临汾乡宁县云丘山景区。

H1：吉县壶口瀑布景区。

H2：永和乾坤湾、永和关，大宁黄河仙子祠、二郎山、翠云山，吉县人祖山易（经）养产品、锦屏山、蔡家川森林公园、挂甲山摩崖造像、柿子滩遗址，乡宁峰岭景区、高天山景区。

B：红军崖与红军东征永和纪念馆、关村下部沙浴与日光浴、华尧水上乐园、永和食养系列（珍珠米、五星枣、山楂、擦圪斗、核桃、玉米面窝窝等），大宁太古村夏养系列（窑洞、民居、古村落等）、大宁食养药养系列（红皮小米、酸辣菜卷、西瓜、灵芝、槐花槐叶槐豆及其深加工产品），乡宁戎子酒庄、才子庄园、乡宁食养医养系列（油糕、长山药、花椒）。

（四）黄河寻古板块

1. 开发思路

沿黄旅游带运城段物华天宝，人杰地灵，历史悠久，源远流长，舜都蒲坂（今永济）和禹都安邑（今夏县）均在此区域。因此，应以永济市鹳雀楼和普救寺景区为龙头，整合其他历史人文类旅游资源，以文塑旅，以文促旅，以旅彰文，实现文旅产业的深度耦合与协同发展，打造独具特色的黄河寻古文旅板块。具体包括古建筑文化、古人类遗址、名人文化、特殊历史事件、VR/AR/AI 实景演艺、创客基地等类型。

2. “1+H+B”元素解析

1：引爆点（核心项目）：运城永济市鹳雀楼景区（深度开发登鹳雀楼沉浸式演艺项目和 VR 互动项目）及普救寺景区（行浸式夜游体验剧《梦境·西厢记》项目）。

H：河津龙门渡口、禹门口、黄河大梯子崖及大禹治水真人演艺项目（拟）、河津国保研学项目（台头庙、古垛后土庙、玄帝庙、阮氏双碑楼）、薛仁贵故里及薛仁贵传奇演艺项目（拟）、司马迁事迹真人演艺项目（拟），万荣县后土祠、汉武帝巡幸河东及作《秋风辞》演艺项目（拟）、孤峰山，临猗县衙县太爷升堂断案演艺项目（拟）、猗氏古城猗顿生平事迹真人演艺项目（拟）、临猗国保研学项目（临猗县衙、猗氏古城、开化寺、妙道寺双塔、闫原头永兴寺塔、张村圣庵寺塔），永济尧王台、杨贵妃故里，芮城永乐宫、黄河大禹渡风景名胜区、印象风陵渡景区、圣天湖，平陆黄河古栈道、三湾大天鹅景区、傅相祠，夏县禹王城遗址（光影夏都项目，拟）、夏县国保研学项目（西阴村遗址、墙下关帝庙、东下冯遗址、司马光祠），垣曲历山及中条山康养旅游区（与云丘山形成晋南康养板块）、二郎庙北殿、诸冯山（舜帝德孝文化研学项目，拟）、黄河小浪底风景区、宋村永兴寺、埝堆玉皇庙。

B：万荣县黄河文化雕塑博览园、李家大院、晋汉子生态农庄、万荣美食系列（凉粉、醪糟、三白瓜、花馍、苹果等），永济雪花山、永济美食系列（大樱桃、芦笋、蒲州青柿扯面、牛肉饺子等），芮城美食系列（屯屯枣、卤肉、麻片、芝麻糖、石子馍、无核糖枣等），平陆美食及食养药养系列（油泼面、杜马百合、翅果油、柿酒等），夏县瑶台汤泉康养产品、夏县美食系列（泗交黑木耳、粉浆饭、祁家河牛心柿饼、夏县板栗、枣蛋馍等），垣曲县古城湿地公园、望仙大峡谷风景区、天盘山原始古林风景区、垣曲食养及药养系列（荞面饸饹、炒祺、核桃、菖蒲酒、猴头菇等）。

需要说明的是，以上 4 个板块并不是完全独立或者割裂的，而是互有交叉、互为补充、互相依赖的关系，提炼出主题只是为了能最大限度凸显每个区域龙头景区的最显著特色，同时也为了在现有行政区划范围内便于运行和管理的角度来阐释问题。此外，就龙头景区的遴选而言，有的景区影响力和知名度虽然目前看似更高，但是本文的视角和着眼点更注重其停留时间、消费结构、经济贡献、未来的成长性和空间的延展性等因素。

四　山西沿黄旅游带文旅康产业融合发展存在的问题

（一）缺乏统一的指导思想引领

山西沿黄地区各级政府缺乏系统的战略思维，尤其是不少市、县、乡各级行政单元组织编制的旅游规划，不仅自身内容重叠而且实用性与可行性欠佳，创新性不足，很多规划都成了“纸上画画，墙上挂挂”的摆设，甚至与当地其他部门编制的城乡规划、产业发展规划、交通规划、文物保护规划、风景名胜区保护规划等内容发生冲突。

（二）生态治理和保护修复问题突出

黄河流域生态环境本身就非常脆弱，加之山西地区原有的粗放型经济发展模式，导致沿黄地区出现诸如水污染问题严重、水自净能力减弱、水资源总量不足及结构失衡等供需矛盾突出、水环境承载力下降、河口及自然岸线萎缩、部分地区洪涝灾害风险较大等一系列问题。而且，除了水蚀浮雕在修建沿黄公路时被大幅损毁外①，黄河砂岩奇石、黄土柱、黄土地貌等地质景观易受风化沙化侵蚀影响也不容小视，保护工作任务艰巨。此外，山西黄河流域是矿产资

① 张慧霞：《关于打造山西沿黄旅游带的建议》，《前进》2017 年第 1 期，第 44 页。

源富集区和能源化工产业聚集区，历史遗留的废弃矿山数量众多，综合性治理和系统性修复工作虽取得阶段性成果，但仍然任重道远。

（三）中心城市的能级和交通廊道对发展的支撑不足

从统计数据看，黄河一号旅游公路所经的忻州、吕梁、临汾和运城 4 个地级市中，2021 年 GDP 只有吕梁和运城勉强超过 2000 亿元，不仅在全国的经济地位与影响力微不足道，而且就山西省范围来看，同省会太原市差距也不小，不到其总量的一半。如果以人均 GDP 计算，上述 4 个地级市在山西省的排名还要更加靠后，对所属行政区划内文旅康产业持续快速健康发展提供的支持非常有限，缺乏明显的增长极，极化效应偏弱。此外，沿黄公路本身更多承担的是单一的交通性职能，综合交通运输体系不完善，交通廊道与周边各支线道路的衔接能力不足，中心城市和城市群之间以及各节点之间的交通连通性不强，而且服务性功能明显不足，尤其是交通智能化程度不高，快进慢游功能体现不充分，相应的公共配套服务设施和应急保障设施对开展沿黄旅游活动的支撑力度有待提升。

（四）对黄河文化整体内涵挖掘、保护、传承与弘扬不足

首先，对黄河文化整体内涵挖掘不够。黄河是中华文明起源地，此地形成的历史文化资源，是中华民族情感一致认同的文化标识，其内涵极为厚重，涵盖了经济、政治、军事、科技、社会、地理等各个层面（见表 1）[①]，山西作为华夏文明的发源地，可待挖掘的潜力巨大。其次，黄河文化遗产保护亟待加强。山西沿黄地区不同时期和形态的文化遗产资源交相辉映，历史脉络和谱系错综复杂，专业性极强，对保护工作提出了极高的要求，保护难度极大。加之如上所述，山西沿黄地区经济社会发展水平相对较低，对黄河文化价值内涵的认识和保护支持力度明显不足。再次，黄河文化传承利用范围有限，水平不高。山西沿黄地区对黄河文化的精髓及其在新时代环境下的传承性有待提升，缺乏系统性、全面性认识，这也就导致以黄河文化为背景的文旅康产业发展水平普遍较

① 张凌云：《黄河国家文化公园创建的几点思考》，《中国文化报》2021 年 7 月 20 日，第 8 版，略作改动。

低，创造性转化和创新性发展不足，旅游商品的集约化、规模化、品牌化程度较低。最后，黄河文化的传播力、影响力和渗透力有待加强。对黄河文化的宣传和营销力度不够，尤其是黄河文化的国际知名度和影响力不强，对外文化交流合作较少，国外游客对黄河文化所覆盖的时空场域认识模糊、兴趣不足。

表 1　黄河文化学科与体系研究谱系

研究视角	涉及相关学科	研究对象或内容示例
科学黄河	水文学	地表径流
	水力学	流体(河流)力学
	地质地貌学	河床地质、河岸地貌
	地理学	自然环境、气候
	水利工程学	水库水坝、航道桥梁
	……	……
文化黄河	考古学	遗址发掘
	历史学	史书典籍,包括地方志
	民俗学	伞头秧歌
	非物质文化遗产学	羊皮筏子制作技艺
	民族起源与民族融合	中华民族起源与多民族融合
艺术黄河	文学(神话传说、古典诗词、古今小说)	山海经、大禹治水
	音乐	黄河大合唱
	电影	黄河谣、大河奔流
	摄影	
	美术	
	动漫	
经济黄河	流域(区域)经济学	
	农业经济学	
	产业经济学	
	城市经济学	
	旅游经济学	
	文化创意学	
	商贸交流学	
生态黄河	生态学	环境生态系统、生物多样性
	环境保护学	水土保持、环境可持续
数字黄河	信息通信技术	大数据、云计算、人工智能
	地理信息系统(GIS)	基于位置的服务
故事黄河	传播学	多媒体解说、受众感知感受
	广告学	形象设计、审美心理学

续表

研究视角	涉及相关学科	研究对象或内容示例
政治黄河	国家政权	早期城市形成
	国家礼制	祭祀秩序、礼制形成
	军事文明	战争、战场遗址
科技黄河	科学技术	天文历法、冶铸陶瓷等科技成就
	治河技术	治理水患

五　山西沿黄旅游带文旅康产业融合发展优化策略

（一）坚持“保护优先、绿色发展”理念，积极推进“多规合一”

在国土空间规划背景下开展资源环境承载能力与国土空间开发适宜性评价，充分发挥主体功能区规划、土地利用规划、城乡规划、旅游规划等专项规划的约束和指导作用。避免政出多门、政出多头，在规划过程中要注意生态保护优先，坚定不移地落实保护环境的基本国策，坚持以自然恢复为主的生态保护方针，努力将生产发展、生活富裕、生态良好三个方面结合起来，走绿色发展道路，推动山西沿黄地区在保护中开发、开发中保护。在黄河流经山西的4市19县国土空间规划中科学划定“三区三线”，做好黄河流域国土空间规划、省级国土空间规划、市县级国土空间规划的传导落实，深化、优化主体功能区战略，尤其要加大对以下几方面资源的保护力度。一是加大对生态敏感区和生态脆弱区的保护涵养力度，建成以黄河国家公园为主体的自然保护地体系，推动自然保护地率先实现生态根本好转，提升自然生态空间承载力。二是加强对遗产保护地、国家及省级重点文物保护单位的保护与活化利用。三是加大对历史文化名城、名镇、名村及历史文化街区等活态文化遗产的保护力度，依托区域内各级文物保护单位、历史文化名城名镇名村、传统村落、历史建筑、地下文物埋藏区等，统筹划定文化保护范围和历史文化保护线，并将之纳入国土空间规划“一张图”，实施严格保护。四是构建综合、立体的保护体系，加大对域内非物质文化遗产的保护力度。做好顶层设计，完善健全体制机制，克服区域壁垒和行政设限，落实主体责任。建议设立山西沿黄旅游带文旅康合作开发基金并以此促进资本、技术、人才、信息等要素的流动与共享，建设山西黄河流域高品质文化旅游带，打造具有世界影响的精品文化旅游线路。此外，应做好省界地区国土空间规划衔接协调，科学布局“三生空间”，合理划定三条控制线，重点统筹做好省界自然保护地优化整合、生态保护红线划定工作，确保生态格局衔接完整，强化流域生态环境协同共管共治共享机制。

（二）因时因地差异化发展，创建“山西样本”

沿线各地区应结合地域特点和资源禀赋差异，强化水资源和生态环境刚性约束作用和城镇开发边界管控，同时将三晋文化纳入国家黄河流域生态保护和高质量发展规划纲要，坚定文化自信，提高山西文旅康产业影响力，将三晋文化片区作为黄河文化的重点区域打造，进一步推广其所包含的中华始祖文化、农耕文化、德孝文化、晋商文化、根祖文化、红色文化、佛教文化和古建文化①，深度挖掘华夏文明起源、民族融合等元素，并从国家政权、国家礼制、军事文明、农业经济、商贸交流、民族起源、民族融合、思想文化、科学技术、治河技术、人文景观和自然地理等诸多方面对黄河历史文化进行广维度、宽视角、深层次挖掘，加强田野踏勘、考证和系统研究工作，打响“中国根·黄河魂·山西范”文旅品牌②，以多元地域文化为本底，以跨区域文化线路为纽带，全景展现“三晋文化、黄河故事”，设计开发特色主导产品，避免产业同性化，产品同质化。坚持创新驱动策略，积极响应“大众创业、万众创新”的国家战略，开发一批高质量的创客工厂、DIY 设计等文创产品。促进旅游商品产业快速、健康发展，形成自主创新、自我突破、自身壮大的旅游商品产业链。加强分工协作，形成“以点带面，串珠成线”的点轴空间分布格局和“你中有我，我中有你”的有效互补局面。

（三）持续推进智能交通网络化建设

在全域旅游网和“旅游+交通”与“交通+旅游”融合发展的路径指引

---

① 山西代表团“两会”建议：《支持山西省黄河流域生态保护和高质量发展》，《山西日报》2022 年 3 月 29 日，第 1 版。

② 王珂、易嘉欣、雷莺乔：《文化与风光融合　保护与开发互促——黄河流域文旅资源丰富》，《人民日报》2021 年 10 月 27 日，第 19 版。

下，构建空铁联运、公铁联运等“大交通”网络体系。积极利用大数据、人工智能和5G技术，为游客提供最佳的出行解决方案。使游客及时获取景区信息，更加快捷、方便地实现出行计划。在技术设施建设方面，要加强智慧交通领域的布局，通过“技术下沉”，加强沿黄地区非中心城市与旅游公路的数字化连接，将信息服务延伸到交通网络的“毛细血管”，保证游客出行的“最后一公里”畅通。因此，应加快山西黄河流域城市群快速交通网络建设，构建城市支撑网络。针对各城市群城镇分布状况、经济发展水平、空间布局结构，确定交通组织模式，完善城际交通网络。同时，提高交通行业治理数字化水平。推进省交通运输信息监管平台建设，推动全系统各类信息资源共享交互，确保游客在沿黄旅游公路及各支路“愿进来、进得来、玩得开、出得去、还想来”。此外，应从私人定制视角出发，在沿黄旅游公路沿线建设网络化的营地服务体系和完整的自驾车旅居车旅游产业链，坚持“全年度、全季节、全气候、全民众、全龄段”的产业发展定位，打造具有通达、游憩、观光、娱乐、运动、教育、康体、康养等复合功能的特色主题产品及路径，充分展示区域自然、人文特征及旅游特色，形成辐射性较强的旅游环路和风景廊道。

（四）加大宣传力度，创新营销手段

加大宣传力度，通过学术论坛、讲座沙龙、专家研讨会等形式开展黄河学研究专题，并通过人民网、央视国际频道、京东、抖音、新浪微博、手机营业厅、山西省文旅厅App等媒体和平台进行联动直播、传播；在飞机场、高速公路口、高铁站出口等人流密集区推出旅游形象广告；坚持河江联动、河海联动、河湖联动、河陆联动，积极推动与青海、四川、甘肃、内蒙古、陕西、河南、山东等沿黄其他省份实行区域协同，建立战略联盟关系，尤其是加强在电力网络、供水工程、交通网络等基础设施方面的协同建设并进行“捆绑式营销”；推动线上线下一体化，扩大黄河文化在全世界范围内尤其是“一带一路”沿线国家和地区的知名度和影响力，构建全方位、多层次、高水平对外开放新格局。

（五）核心景区及重要节点的场所营造和迭代更新策略

针对今天旅游业发展的新趋势，核心景区和重要节点场所在行业中的作用越发显著，应注重在核心景区及重要节点进行场所营造和实施迭代更新策略。

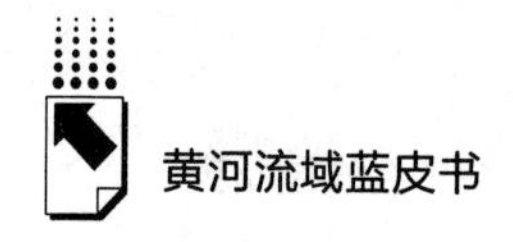

1. 数字解说

不仅要有传统的线下讲解，体现“人情”和“温度”，也要拓展线上宣传互动，体现“互融”和“力度”，应构建多元化的讲解体系，比如在线上开设点菜式扫码语音讲解服务，网上推送相关背景知识，并开展知识问答、学习打卡、游戏互动、有奖竞赛等参与式活动。

2. 互动展示

除了讲解方式的更新和讲解系统的完善之外，还需要通过实景演艺、场景模拟等活动，让游客能进行互动式体验，增强其参与度和沉浸感，加深其对景点背景、符号、元素和内容等的理解和表达。比如在普救寺，除了通过传统表演项目演绎张生、崔莺莺的经典爱情故事之外，还可以针对情侣、夫妻，开发私人定制化产品，由游客自行设计或者与专业团队合作，创作剧本，安排道具、场景，演绎属于自己的爱情故事。

3. 虚拟体验

在历史文化内涵和底蕴深厚的景区，除了文字、图片、影音、实物、遗迹等展示形式外，又要有 5D 全息影像和裸眼视觉体验等手段展示的原真场景、模拟场景、虚拟仿真场景和元宇宙产品以体现景区张力。重点挖掘阐释女娲补天、后羿射日、精卫填海等上古神话和尧、舜、禹的传说等民间文学类项目①，通过 VR/AR/MR 和 AI 等高科技手段的运用，实现与景区主题的完美结合，可以极大增强游客的体验感和沉浸感，也是未来景区发展的方向所在。

4. IP 赋能

沿线景区尤其是核心景区，只有树立品牌甚至名牌思维，才能通过 IP 赋能，形成自己独有的优势并带动其他景区的跨越式发展。因此，要特别重视核心景区的 IP 形象提炼，统一旅游标识及 VI 系统，设计并推出广告语、宣传页、宣传册、明信片、详细旅游导览图、配套旅游书籍等文图产品，开设专门旅游网站及设计制作宣传片、吉祥物、动漫游戏、影视作品、主题歌曲等文化产品，以及各类旅游纪念品、饰物玩具、文化用品、生活用品、土特产品、伴手礼等各类文创产品。

---

① 山西省文化和旅游厅：《山西省黄河流域非物质文化遗产保护传承弘扬专项规划（2021—2035 年）》，2021 年 12 月 24 日。

以下是为山西沿黄旅游带各核心景区设计的旅游宣传口号。

老牛湾：鸡鸣闻三县，黄河第一湾。

碛口古镇：黄河十八弯，碛口金银山。

云丘山：云深不知处，丘中有佳人。

鹳雀楼：鹳雀声声啼，岁月悠悠去。

普救寺：畅游普救寺，感受千古情。

山西沿黄地区文旅康融合要实现跨越式发展，面临的挑战和压力是巨大的，既受到宏观方面如政策制度、市场环境、经济条件、地理气候等因素的制约，也受到各地各文旅企业自身观念老化、内功不足等因素的影响，尤其是将其置于国土空间规划这样一个统一的构架下去思考，还会遇到一系列全新的问题。本文通过功能分区、主题营造和核心引领的方法化繁去简，抛砖引玉，但深感有诸多不完善和不成熟之处，期待在以后的研究中能不断加以改进。

B.21
四川黄河流域相对贫困人口生计转型综合调查与优化策略研究*

柴剑峰　刘佳昊　张　瑾**

摘　要：　四川黄河流域相对贫困人口生计转型面临生态、政治和经济安全三重考验，本文从生计转型等基本概念入手，结合问卷调查和访谈，在对研究区相对贫困人口现状进行梳理分析的基础上，对农牧民生计转型影响因素进行分析，以求寻找转型动力、机理，并提出生计转型的优化策略。实证研究结果显示，劳动力增加提供了更丰富的人力资本，有利于农户生计模式多样化；社会资本的拓展明显有助于促进农户生计模式向兼业和非农转移；耕地等物质资本的增加对农牧民分散生计风险、丰富生计策略具有显著的效果；据此提出积极培育专业特色市场，为市场主体提供差异化、多元化服务，重塑组织机构，不断提升综合竞争力等优化策略。

关键词：　相对贫困人口　生计转型　四川黄河流域

一　问题提出与现实意义

（一）黄河流域四川段联结两大国家公园，是国家生态战略的关键节点

四川境内黄河流域干流河道长 174 公里，共计 1.87 万平方公里，境内的

* 本文是国家社科基金项目“川甘青滇涉藏农牧区相对贫困人口生计转型综合调查与优化策略研究”（21BMZ126）阶段性成果。

** 柴剑峰，博士，四川省社会科学院研究生学院常务副院长，研究员，博士后合作导师，研究方向为劳动经济学、生态治理和民族问题研究；刘佳昊，四川省社会科学院研究生，研究方向为劳动经济学；张瑾，四川省社会科学院研究生，研究方向为劳动经济学。

黑河、白河是黄河 13 条主要支流中的同谷异水“姊妹河”，与黄河源区白蓝长湖——扎陵湖、鄂陵湖“姊妹湖”连接了三江源国家公园与国家已批复创建的若尔盖国家公园。面积仅占全流域 2.4%的黑白河流域，承担了黄河干流枯水期 40%的水量、丰水期 26%的水量，是国家重要水源补给地、涵养地。两大国家公园建设将为中华水塔保驾护航，为守护好黄河碧水蓝天和长久安澜承担更大的责任，是国家生态安全战略的重要支撑。“贫困是最大污染源”，是生态安全最大的障碍，促进该区域经济稳定发展，特别是提升相对贫困人口生计能力，实行可持续发展生计至关重要。

（二）黄河流域四川段涉及5个涉藏县区核心地区，是国家固藏安边的重要支撑

四川黄河段涉及阿坝州阿坝、红原、若尔盖、松潘和甘孜州石渠等 5 县，域内土地面积超 6 万平方千米，人口近 40 万（2021 年数据），藏族人口约 30 万，要把铸牢中华民族共同体意识作为工作主线，深化反分裂斗争，构筑维护稳定的铜墙铁壁。区域经济发展、农牧民生活富裕是边境稳定发展的良药，富民才能兴藏、安藏、稳藏，相对贫困人口生计转型升级是实现共同富裕需要突破的短板。

（三）黄河流域四川段是相对贫困人口最为集中的区域，是衔接脱贫攻坚与乡村振兴的典型区域

该区域曾是全国连片特困区，是集自然环境恶劣、经济发展滞后、社会问题复杂、生态系统重要且脆弱、民族宗教文化特殊于一体的独特省际交界区，虽然摆脱了绝对贫困，但脱贫基础薄弱客观存在，返贫率依然较大，存在规模性返贫的风险。特别是经济下行与疫情反复影响了农牧民生计转型，优化相对贫困人口生计，既是新的历史阶段逐步实现共同富裕之必需，也是杜绝返贫、夯实乡村振兴基础的最优选项。

二　相关概念界定

（一）绝对贫困与相对贫困人口

相对贫困与绝对贫困相互衔接，二者既有共性特征也有差异性表现。贫困

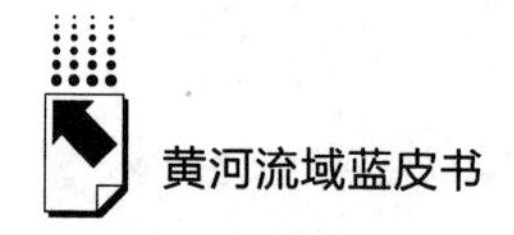

总是相对的，居民收入超过绝对贫困线，但还是可能陷入相对贫困中。本文在对相对贫困的研究中，将其定义为在特定的社会生产和生活方式下，依靠个人或家庭的劳动力所得或其他合法收入虽能维持其食物保障，但无法满足在当地条件下的其他生活需求。相对贫困具有典型的区域性、动态性、持续性和隐蔽性。

（二）生计模式与生计转型

生计即谋生，为维持生活所采取的一切经济手段，这建立在能力、资本和活动的基础之上，是人们基于自身能力对已有资源进行合理分配并产生一系列结果的完整链条。生计模式是家庭依靠生计资本要素选择参与不同的生计活动，通过创造生存所需的物质资料和精神资料实现可持续生计。生计方式并不是一成不变的，人们根据其所处的自然环境、社会环境或自身需求的变化，通过改变资源配置、调整经营策略，来调适和转变原有的生计方式，形成与新的自然环境和社会环境类型和特点相适应的新的生计方式。这个调适和转变的过程，便是生计转型的过程。

三　现状特征分析

（一）经济发展状况

四川省 2021 年人均可支配收入低于全国人均可支配收入，为全国的 82.78%，城镇人均可支配收入为全国城镇人均可支配收入的 87.41%，农村为全国平均值的 92.83%。相较于黄河上游的青海省、甘肃省，四川省居民人均可支配收入更高。四川省内黄河上游五县阿坝县、红原县、若尔盖县、松潘县、石渠县 2021 年人均可支配收入均低于四川省人均可支配收入，阿坝县、红原县、若尔盖县无论城镇还是农村人均可支配收入虽低于省内水平，但相差不大，高于甘肃、青海省城镇或农村水平。若尔盖县、松潘县人均可支配收入低于四川省水平，城镇居民人均可支配收入分别为四川省的 97.94%、96.95%，农村居民人均可支配收入分别为四川省的 96.09%、97.66%。

（二）相对贫困状况

出于疫情原因，课题组未进行实地调研，结合2019年8月课题组开展的实地调研和电话访谈以及资料收集等，先对该区域相对贫困状况做简单的分析。实地调研包括研究区生态治理与农牧民生计的相互影响，生态保护对农牧民生计模式转型的影响，调查农业专业合作社的组织架构以及经营模式，分析以农业合作社为主要组织模式的“嵌入式集体经济”对促进农牧民生计模式转型的作用等。课题组共回收有效问卷572份，有效率达86.27%。经整理，涉及四川省内黄河流域五县有效调查问卷255份，各调查样本的来源分布情况如表1所示。

表1　研究样本分区域分布情况

单位：份，%

省份	自治州	样本来源	样本量	占比
四川省	甘孜藏族自治州	甘孜县	116	45.49
		石渠县	30	11.76
		阿坝县	32	12.54
		若尔盖县	48	18.82
		红原县	29	11.37

调查样本中，在衡量能力贫困的各项指标中，农户在“教育服务”“医疗服务”“自然资产”三个方面具有较高的贫困发生率，且均超过了50%。其一，由于研究区地广人稀、基础设施建设与基本公共服务严重滞后，而大多数农牧民居住在偏远地区，以致该群体获取教育资源与医疗资源有较大困难，有71.3%的被访者认为自己或家庭成员上学不方便，并将其原因大多归为“交通不便”“距离太远”等因素，同时还有57.22%的被访者无法接受良好的医疗服务，仅能接受乡镇医务室、诊所等基础治疗，或是接受乡村藏医的传统治疗方式，甚至不去看病，自己买药治疗。其二，被访农户的家庭自然资产不足，有64.62%的农户陷入“自然资产”的贫困之中，除存在如前所述的统计误差外，课题组还发现，“80后”的子女即“改革二代”的自然资本与人力资本“双低”，致使该群体中的相对贫困户存在较大减贫障碍或较高返贫风险，20

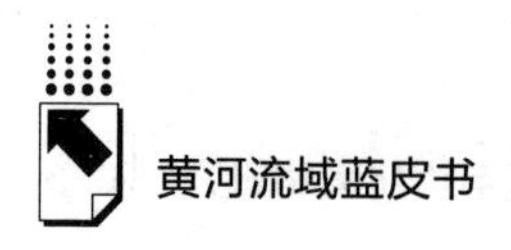

世纪80年代，研究区效仿农区实施了“牲畜私有、草场承包”的草地承包制度，在“增人不增地，减人不减地”的制度约束下，牧民按人分到的草地资源长期保持不变，“80后”的子女即“改革二代”有的结婚生子，除接受祖辈馈赠外，无缘参与生产资料的分配，由草地资源带来的生态奖补以及土地流转利益被代际多重切割，生计资本逐代递减。这成为当地农牧民人均耕地或草地逐渐减少的重要原因。除此之外，研究区农户“健康状况”和“家庭耐用品”的贫困程度较轻，分别为14.8%和13.72%，对于前者，由于采用被访者自评健康的方式，农牧民可能缺乏足够的医疗卫生知识，以致高估了自己的健康状况；对于后者，基于研究区长期以来持续有效的脱贫工作，特别是几年来由国家强力支持的精准脱贫，研究区农户的日常生活有了极大程度的提升，电视、洗衣机等日常家用电器早已进入农户家中，成为改善其生活质量的重要内容。另外，研究区农牧民在其他方面的贫困程度都处于20%~50%。

作为曾经的脱贫攻坚重点区，也是脱贫摘帽后最难巩固的区域，该区域因病致贫、因灾致贫情况复杂多样，返贫率高。同时，现有生态环境已经无法承载现有人类生产和生活，如果通过传统增加牲畜、向非农业产业转移、粗放式的旅游开发都将加重生态环境的脆弱程度，甚至吞噬维持生计的资源。在实地访谈中发现，由水污染、医疗条件有限等因素所导致的返贫仍占很大一部分，有较大比例的农牧民是因为家中有病人而负债，从而造成贫困。在对农牧民借贷情况的访谈中了解到，除了家里有学生而产生经济债务外，有80%的由于家里有病人而致使经济紧张。同时，除了因病致贫外，因灾致贫也普遍存在，雷雨、冰雹、泥石流等自然灾害时有发生，曾是造成大面积贫困和返贫的直接原因。

产业支撑乏力。该区域重点打造的旅游业，面临着同质化竞争。自然景观均以大草原为主，如红原与若尔盖、阿坝县同属若尔盖高原湿地重点生态功能区，红原幸福花海与若尔盖花湖、若尔盖和玛曲九曲黄河第一弯、格萨尔品牌打造、安多马背文化、藏传佛教寺庙等多有相似之处，现有的旅游业发展竞争明显大于合作，急需区域整合、抱团合作、差异发展。另外，畜牧业发展同质化严重。生产面临“多而散、小而全”等局面，差异化畜产品不多。农业种养、加工，缺乏规模、不成体系，缺乏区域性品牌，恶性价格竞争在较大范围内存在，产业存在区分度不高、差异性不够明显等问题。

从近期座谈、访谈以及搜集的文献来看，脱贫完成后，扶贫政策延续性较好，巩固了脱贫成果，但随着新冠肺炎疫情的突袭而至，农牧民生计受到了较大的冲击。一方面，外出务工的机会明显减少，就业模式和方式受到一定的影响，特别是经济下行产生的冲击虽较发达地区要弱，但原本脆弱的生计必然受到影响；另一方面，研究区文旅相关产业增速明显减缓，对农牧民从事旅游业带来较大的影响。

四　生计转型的影响因素分析

为更好地了解四川境内黄河流域县区相对贫困人口生计现状，本研究从生计资本特征出发，分析当地可持续生计框架，探索其生计困境背后的社会土壤，为探寻其生计转型与优化提供支撑。

（一）相对贫困地区人口生计资本特征

生计资本决定适合选取的生计模式。以农牧民为主体的研究区人口可以通过提升人力资本改变过去“靠天吃饭”的生计活动，推动资源优势转变为经济优势，使得生计模式的选择更加多元；金融、自然和物质资本的演进则为其提供了生计策略的全新组合，在信息时代，计算机和互联网技术的迅猛发展在一定程度上打破了研究区一直以来所处的“低水平均衡陷阱”，对自然资源环境的直接依赖被削弱，研究区进入了全新的社会经济环境；此外，丰富的社会资本也为生计模式的进一步转变提供新的可能。因此，推进生计资本的有效提高，并以此促进地区经济发展和生态改善，形成研究区人口生计模式转型和优化的良性循环。在已有研究成果的基础上，本文运用可持续生计框架，从人力资本、社会资本、金融资本、自然资本以及物质资本四个方面调查并深入分析研究区现有生计模式及策略。

（二）相对贫困地区人口生计模式影响因素

经济活动的微观主体从规模上可以分为个人和家庭，家庭资本是个人资本的外延概念。在中国农牧地区，人们的家庭观念很强，家庭各成员共享家庭财

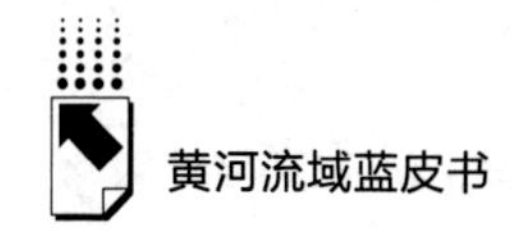

产、共担收支预算，整个家庭在劳动分工下共同生活。[①] 传统观念下，每个家庭成员对作为一个整体的家庭以及其中每个独立的其他个体拥有道义般的责任感，这种关联性使得就业决策不仅是个人决定，很大程度上也是综合考虑家庭资源禀赋和内部分工后的理性选择。因此，本文选取家庭生计资本作为出发点，通过分析其对研究区人口非农就业的影响，探寻其对生计模式选择和优化的作用路径。

（三）相对贫困地区人口生计资本变量选取

综合借鉴国内外相关研究和实地调研结果，本文将家庭生计资本禀赋分为五个维度：人力资本、社会资本、金融资本、自然资本以及物质资本。每个维度下又分为一系列二级指标，具体如表 2 所示，各变量的阐述和假设如下。

1. 人力资本

劳动力数量。影响家庭抚养比，并通过影响家庭内部分工而作用于家庭成员的就业选择。在其他条件相同的情况下，劳动力数量越多，更容易满足家庭基本的农牧业生产经营活动所需并出现剩余，从而更倾向于将剩余的劳动力分配到非农活动中，从而分散风险、增加收入来源。

平均年龄。已有众多文献指出，随着年龄增长，劳动者参与非农就业的意愿在降低。其内在逻辑为：年纪较轻的劳动者身体强健，易于适应高强度工作，并且对城市的憧憬致使他们有更高的意愿向城市流动。但也有相关研究[②]指出，若要维持家庭基本生计，不同年龄段的家庭成员都有可能参与劳动，从而模糊化了家庭的内部分工，因此年龄变量对农牧民群体的非农就业的影响不显著。

健康结构。健康是劳动者人力资本的重要组成。已有大量研究表明，健康状况对农村劳动力的非农就业选择有显著的正向效应。在实际问卷调查中，受访者的自评健康能够有效反映其实际健康状况。[③]

受教育水平。人力资本投资常常以教育投入体现出来。教育投资使得农

① 费孝通：《江村经济》，商务印书馆，2001。

② 柴剑峰、龙磊：《基于 Logit—ISM 模型的川西北藏区农牧民非农就业影响因素研究——来自 DC 县 315 户贫困农户的调查数据》，《农村经济》2019 年第 9 期。

③ Benyamini Y., Leventhal E. A., Leventhal H., Elderly People's Ratings of the Importance of Health-Related Factors to Their Self-Assessments of Health [J]. *Social Science & Medicine*, 2003, 56 (8): 1661-1667.

牧民有机会也更倾向于选择从事非农工作，非农工作相对传统农业更加稳定、风险更低。从家庭角度来看，成员的平均受教育程度提高，就能够掌握更多谋生技能，接触并获取更丰富的社会资源，有助于促进整个家庭向非农部门迁移。

2. 社会资本

家庭拥有的社会资本有助于增加家庭成员的非农就业机会。一方面丰富的社会资本提供更广泛的就业信息，另一方面拥有更多社会资本的家庭整体上也更加支持个体的非农就业选择。社会资本的类型影响非农就业的促进程度：偏远地区的农户家庭社会资本往往呈现封闭性、同质性、稳定性，这种局限对非农就业中信息不对称问题作用较小。①

本文使用家庭成员中是否有或有过公职人员、是否有外出务工人员以及能否使用网络获取信息作为衡量农户社会资本的代理变量。

3. 金融资本

金融借贷及其可及性可以为非农就业和创业活动提供资金支持。资金获取难度越小，家庭参与非农活动的可能性越大。研究区以农牧民群体为主，其金融资本主要来源为借贷，依据选择渠道的不同分为：代表正式渠道的银行贷款，代表非正式渠道的民间借贷。

4. 自然资本

居住地海拔。研究区的地理特征中最突出的是高海拔。随着海拔升高，一方面低压低氧的环境对当地居民健康有着负面效应，削弱了其就业能力和竞争力，抑制非农转移；另一方面自然资源禀赋贫瘠也限制了生计模式的选择。因此，高海拔环境对农牧民非农就业的综合效应取决于以上两方面的共同作用。

距城镇距离。研究区内整体地广人稀，交通不便，农牧民的活动范围较为有限，限制了关于就业的有效信息及时传播和获取；社会网络偏向封闭，选择非农就业的观念罕有，生计模式往往比较传统。此外，交通便利程度一定程度上影响着迁移成本。

---

① 陈瑛、杨先明、周燕萍：《社会资本及其本地化程度对农村非农就业的影响——中国西部沿边地区的实证分析》，《经济问题》2012 年第 11 期。

土地质量。作为最核心的农业生产要素，农户对土地的评价反映了对传统农牧业生产经营的满意程度和向其他生计模式转移的意愿大小。

家庭人均耕地与家庭人均草地。研究区地处黄河流域上游地区，是重要的生态区。在全面实行退耕还林、退牧还草等一系列生态奖补政策背景下，耕地与草地也影响着农牧民非农就业：耕地资源越丰富，农户越倾向于将劳动力资源分配到农业生产中。

5. 物质资本

牲畜数量。牲畜养殖获得的附属产品可以满足家庭的日常生活需求，也可以用于商品交易。家畜养殖和放牧需要劳动力资源投入，可能会对农牧民非农就业产生抑制作用。

家用电器。这是农户主要的家庭耐用品，代表农牧民的生活水平，也可以作为资产用于抵押。

表 2　家庭生计资本各变量含义及具体赋值情况

资本类型	变量名称	变量解释与赋值
人力资本	劳动力数量	年龄在(15,60)区间内的家庭成员数量
	平均年龄	家庭成员年龄的算术平均数
	健康结构	自评健康的家庭成员占家庭总人数的比重
	受教育水平	家庭成员中受教育的最高水平,文盲=1,小学=2,初中=3,高中=4,大专及以上=5
社会资本	公职人员	家中是否(曾)有公职人员,是=1;否=0
	外出务工人员	亲戚朋友中是否有人外出工作,是=1;否=0
	网络可及性	是否上网,是=1;否=0
金融资本	银行贷款	过去 3 年是否向银行贷款,是=1;否=0
	民间借款	过去 3 年是否向亲戚、朋友、寺庙等社会渠道借款,是=1;否=0
自然资本	居住地海拔	居住地所在乡镇政府的海拔
	距城镇距离	居住地所在乡镇政府到最近城镇的距离
	土地质量	对土地质量的评价,变坏=1;不确定=2;变好=3
	人均耕地面积	家庭耕地面积/家庭人口数量
	人均草地面积	家庭草地面积/家庭人口数量
物质资本	牲畜数量	按照藏区普遍市场价,将牲畜数量换算为单位牛数量,即 1 头牛=3 头猪=4 只羊
	家用电器	农户家用电器数量

五　实证模型：生计模式选择

（一）描述性统计及单因素方差分析

使用家庭主要收入来源来衡量农户家庭成员非农就业的参与程度，本文将受访家庭分为纯农户、兼业农户与纯非农户三类，如表3所示。

表3　农牧民生计模式统计

单位：户，%

生计模式	纯农户	兼业农户	纯非农户	有效样本数
户数	349	150	61	534
比重	62.36	27.34	10.30	—

对各解释变量进行单因素方差分析(One - way Analysis of Variance, ANOVA),如表4所示。总体上,纯农户、兼业农户和纯非农户在大多数指标上均存在较为明显的差异性,兼业农户作为纯农业生产经营向纯非农产业生产经营的过渡,多数指标结果介于两者之间。

表4　生计资本维度分析结果

资本类型	生计指标	生计模式				样本总体
		纯农户	兼业农户	纯非农户	ANOVA	
人力资本	家庭规模(人)	3.937	3.507	3.036	***	3.727
	劳动力数量(人)	3.099	2.616	2.509	**	2.906
	平均年龄(岁)	35.208	36.051	37.265	*	35.655
	健康人数占比(%)	0.951	0.939	0.913	**	0.944
	最高受教育水平	3.883	3.603	4.382	ns	3.858
	平均受教育水平	2.531	2.590	3.475	***	2.644
社会资本	是否有公职人员	0.192	0.308	0.527	***	0.258
	是否有外出务工人员	0.177	0.240	0.218	ns	0.199
	网络可及性	0.655	0.644	0.764	ns	0.663
金融资本	银行贷款	0.327	0.247	0.127	***	0.285
	民间借款	0.195	0.171	0.109	ns	0.180

续表

资本类型	生计指标	生计模式				样本总体
		纯农户	兼业农户	纯非农户	ANOVA	
自然资本	居住地海拔(米)	3276	3315	3358	***	3296
	距城镇距离(公里)	36.449	28.548	17.191	**	32.305
	土地质量	1.892	2.116	2.000	***	1.964
	人均耕地面积(亩)	1.232	1.363	0.139	ns	1.156
	人均草地面积(亩)	12.799	30.483	20.698	ns	18.447
物质资本	牲畜数量(头/单位牛)	25.249	8.167	6.592	**	18.657
	家用电器(件)	2.745	2.856	3.236	***	2.856

注：***、**、*分别表示在1%、5%、10%的置信水平上显著，ns表示不显著。

（二）实证分析与结果讨论

为进一步探究各因素影响研究区农牧民生计模式选择的作用机制，使用Stata计量软件，构建多项logistic模型进行实证分析，结果如表5所示。

表5 生计资本维度分析结果

生计资本维度	解释变量	模型一(兼业农户对纯农户)		模型二(纯非农户对纯农户)	
		odds ratio	z-value	odds ratio	z-value
人力资本	劳动力数量	1.241** (0.114)	2.34	0.604*** (0.080)	-3.80
	平均年龄	0.989 (0.015)	-0.72	1.005 (0.019)	0.27
	健康结构	0.515 (0.558)	-0.61	0.201 (0.246)	-1.31
	受教育水平	0.812* (0.091)	-1.85	1.295 (0.216)	1.55
社会资本	公职人员	1.983** (0.544)	2.50	4.236*** (1.503)	4.07
	外出务工人员	1.423 (0.397)	1.27	0.639 (0.252)	-1.13
金融资本	银行贷款	0.688 (0.185)	-1.39	1.229 (0.462)	0.55
	民间借款	1.193 (0.358)	0.59	1.781 (0.742)	1.39

续表

生计资本维度	解释变量	模型一（兼业农户对纯农户）		模型二（纯非农户对纯农户）	
		odds ratio	z-value	odds ratio	z-value
自然资本	居住地海拔	0.809* (0.088)	-1.95	0.970 (0.140)	-0.21
	距城镇距离	1.018 (0.108)	0.17	0.709** (0.107)	-2.28
	土地质量	0.968 (0.183)	-0.17	0.829 (0.215)	-0.72
	人均耕地面积	1.117* (0.064)	1.93	0.715** (0.109)	-2.20
	人均草地面积	0.947* (0.028)	-1.84	0.932 (0.069)	-0.95
物质资本	牲畜数量	0.995* (0.003)	-1.67	0.979** (0.009)	-2.32
	家用电器	1.047 (0.121)	0.40	1.406** (0.233)	2.15
Log likelihood		-355.74888			
LR $chi^2(30)$		138.02			
Pseudo R^2		0.1625			
Number of obs		534			

注：括号内为标准差，***、**、*分别表示 $p<0.01$、$p<0.05$、$p<0.1$。

人力资本维度上，劳动力数量在两个模型中的作用效果相反，但均较为显著。与纯农经营相比，家庭劳动力每增加1个单位，农户选择兼业经营的概率上升24.1%，选择纯非农经营的概率会下降39.6%。其原因可能是劳动力增加提供了更丰富的人力资本，有利于农户生计模式多样化；平均年龄、健康结构以及受教育程度对家庭生计模式选择和转换的作用效果均不显著。

社会资本维度上，家中是否有公职人员对农牧民生计模式的选择影响显著，具体表现为显著促进了农户向兼业和非农经营的转移。家庭成员有公职人员的农户选择从事兼业经营的概率为从事纯农经营的1.983倍，而选择从事纯非农经营的概率是从事纯农经营的4.236倍，以上结果表明社会资本的拓展明显有助于促进农户生计模式向兼业和非农转移。家庭成员中是否有外出务工人

员对农牧民从事兼业或是纯非农经营有着相反的效应，但均无法在10%的水平上显著。

金融资本维度上，无论是正式还是非正式渠道，其对农牧民生计模式选择的影响都不显著，原因可能是研究区过于偏远闭塞，当地居民对金融资本的认识较为原始，问卷显示大部分借贷款项只用于住房、医疗和教育投资，少有用于经营，难以突破原有生计模式。

自然资本维度上，高海拔对农牧民生计模式多样化具有抑制效应，与纯农经营相比，海拔每增加一个单位，农牧民选择兼业经营的概率在10%的显著水平上会降低19.1%，但对农牧民选择纯非农经营的效果不显著。距城镇距离对农户选择纯非农经营具有较为显著的负向作用，即相对于纯农经营，受访家庭居住地到城镇距离每增加1个单位，其选择纯非农经营的概率会下降29.1%，但对于兼业经营的选择作用效果不显著。对土地质量的判定对生计模式选择的影响不显著。人均耕地面积对农牧民生计模式的转变影响显著，具体表现为促进兼业经营转变和抑制纯非农经营转变，相比于纯农经营，人均耕地面积每增加1个单位，农户选择兼业经营的概率会显著上升11.7%，而选择纯非农经营的概率会显著下降28.5%，这说明耕地资本的增加对农牧民分散生计风险、丰富生计模式具有显著的效果，但农牧民并不愿意完全放弃传统生计模式，这可能与传统文化和乡土观念有关。草地资源对农牧民兼业经营产生明显的抑制作用，相比于纯农经营，人均草地面积每增加1个单位，农牧民选择兼业经营的概率会在10%的水平上显著下降5.3%，对农牧民选择纯非农经营的效应不显著，这可能是因为拥有草地资源的区域本身就远离城镇，经济发展迟缓滞后，草地资源的增加利于放牧，反而固化了原有的生计模式。

物质资本维度上，牲畜数量对农牧民选择兼业经营及纯非农经营具有显著的抑制作用，相比于纯农经营，牲畜数量每增加1个单位，农户选择兼业经营的概率会显著下降0.5%，而选择纯非农经营的概率会显著下降2.1%，这是因为牲畜数量的增加会使得更多的家庭劳动力被分配从事养殖和放牧，对其他生产活动具有挤出效应。家用电器数量对农牧民选择纯非农经营具有显著促进作用，相比于纯农经营，家用电器数量每增加1个单位，农户选择纯非农经营的概率会显著提高40.6%，但对农户选择兼业经营的促进效果不显著。

综上所述，生计资本是农牧民选择生计模式的基础，人力资本、社会资本、金融资本、自然资本及物质资本对农牧民选择不同的生计模式具有不同的影响，农户由纯农经营向兼业经营转变会受到家庭劳动力数量、受教育水平、家庭成员中是否有公职人员、居住地海拔、家庭人均耕地面积、家庭人均草地面积等变量的影响，而农户由纯农经营向纯非农经营转变会受到家庭劳动力数量、家庭成员中是否有公职人员、居住地距城镇距离、人均耕地面积、牲畜数量、家用电器数量等变量的影响。

六　生计转型优化策略

政府与市场是经济社会运行的有形之手和无形之手。政府通过转变职能，发挥市场对资源配置的决定性作用，同时政府积极培育、引导和规制市场。研究区是典型的“强政府—弱市场”结构，市场空间较小，行业覆盖面小，类型少，市场要素发育不足，市场供求机制、竞争机制和价格机制作用发挥有限，但这并不意味不应该重视市场的作用。

（一）培育和完善专业特色市场

培育和完善市场体系，发挥农牧区专业特色市场在资源配置上所具有的决定性作用。一是加大公共基础设施投资，为市场交易、市场运行提供基础条件；二是培养市场组织，鼓励外部资源市场化进入，鼓励本地市场主体的培育，引导农牧民市场化意识的培养；三是建立市场发展需要的社会服务体系，加强市场所需要的人才供给和培训，提升政府及相关机构的精准服务能力。

（二）为各类市场主体提供更多差异化、多元化的精准服务

各类市场主体是研究区相对贫困人口生计转型的基本支撑。区域现存企业由于拥有的经营资源有限，经营能力较差，许多新兴集体经济呈现典型的“半政府、半市场”的特征，其产品质量多未经严格的认证，价格甚至高于市场同类产品，距自负盈亏的市场化相距甚远。因此，需要政府提供更多差异化的帮扶。一是利用民族地区优惠政策，利用对农牧业、中藏药、现代旅游业类企业税费减免的优惠政策，做大做强，提升区域造血能力。如高原之宝、红原

乳业、宇妥、科创等企业。二是引导企业履行好绿色责任，践行绿色生产，提供绿色产品，公开生态环保相关信息，接受社会监督。

（三）重塑组织机构，提升综合竞争力

以“嵌入式”组织创新为契机，整合内外资源，重塑生产的组织结构，以多种形式的集体经济作为引导研究区走向现代市场经济过程中的组织基础。一是利用政府扶贫基金、社会资金及人才对口帮扶，整合资源，有效激活内部活力；二是探索创建一到两家大型国资企业，由各地原合作社以加盟的形式自愿加入，统一制定生产标准、统一划分销售区域、统一进行市场谈判、统一规定产品价格，做特产品、做强品牌，突破高同质、高分散、低效率的发展瓶颈。

参考文献

习近平：《摆脱贫困》，福建人民出版社，2014。

桑晚晴、柴剑峰：《川甘青毗邻藏区农牧民生计困境调研——基于川甘青三省八县的调查实证》，《资源开发与市场》2018 年第 2 期。

崔艳智、高阳、赵桂慎：《我国北方农牧交错区农牧生计可持续性评价——以科尔沁左翼后旗为例》，《干旱区资源与环境》2018 年第 8 期。

黄建红：《三维框架：乡村振兴战略中乡镇政府职能的转变》，《行政论坛》2018 年第 3 期。

王丹、黄季焜：《草原生态保护补助奖励政策对牧户非农就业生计的影响》，《资源科学》2018 年第 7 期。

左停、赵梦媛、金菁：《突破能力瓶颈和环境约束：深度贫困地区减贫路径探析——以中国“四省藏区”集中连片深度贫困地区为例》，《贵州社会科学》2018 年第 9 期。

陆益龙：《关系网络与农户劳动力的非农化转移——基于 2006 年中国综合社会调查的实证分析》，《中国人民大学学报》2011 年第 1 期。

申亮：《我国环保监督机制问题研究：一个演化博弈理论的分析》，《管理评论》2011 年第 8 期。

王实：《边缘藏区生态农牧业发展思考——以四川省巴塘县为例》，《农村经济》2011 年第 9 期。

刘晓平：《青海藏区劳动力迁移就业模式分析》，《青海民族研究》2011 年第 4 期。

陈井安、柴剑峰：《川甘青毗邻藏区贫困农牧民参与旅游扶贫新探索》，《民族学刊》2019 年第 3 期。

柴剑峰、龙磊：《基于 Logit—ISM 模型的川西北藏区农牧民非农就业影响因素研究——来自 DC 县 315 户贫困农户的调查数据》，《农村经济》2019 年第 9 期。

刘永茂、李树茁：《农户生计多样性弹性测度研究——以陕西省安康市为例》，《资源科学》2017 年第 4 期。

聂爱文、孙荣垆：《生计困境与草原环境压力下的牧民——来自新疆一个牧业连队的调查》，《中国农业大学学报》（社会科学版）2017 年第 2 期。

黄河文化篇

Yellow River Culture Chapters

B.22
青海黄河文化发展调查报告

毕艳君*

摘　要： 青海黄河文化历史悠久、内涵丰富、资源富集、形态多样、内容庞杂，内含历史文化、生态文化、宗教文化、民族文化、红色文化、水利文化等，源头性、多元性、互鉴性、生态性特征明显，在黄河文化发展史上具有独特而重要的地位和作用。本报告在梳理青海黄河文化特点、肯定已有成绩的前提下，从构建青海黄河文化标识体系、深度融入国家重大战略和工程、助力打造国际生态旅游目的地建设、强化黄河文化国际交流合作等方面进一步探索了青海黄河文化发展路径。

关键词： 黄河文化　高质量发展　青海

青海位于青藏高原的东北部，是长江、黄河、澜沧江的发源地，被誉为"三江之源""中华水塔"。青海既是黄河源头区，也是干流区，青海省内黄河干流长度1694千米，占干流总长度的31%，省内流域面积15.23万平方千米，

* 毕艳君，青海省社会科学院文史研究所研究员，主要研究方向为民族文化、民族文学。

占全流域面积的20.3%，每年向黄河下游输送264.3亿立方米的源头活水，占黄河流域水资源总量的49%，惠及整个黄河流域。近年来，青海积极融入“黄河流域生态保护与高质量发展”重大国家战略，抢抓历史机遇，加强青海黄河生态保护，丰富青海黄河文化内涵，有力地推动了黄河文化传承与发展。

一　青海黄河文化特点

（一）人文地理上的源头性

黄河发源于青海巴颜喀拉山北麓，干流全长5464千米，自西向东流经青海、四川、甘肃、宁夏、内蒙古、陕西、山西、河南、山东九省区，流域面积75.2万平方千米，贯穿青藏高原、黄土高原、内蒙古高原、华北平原。青海黄河流域涵盖青海内35个县（市、区）（见表1），占全省县（市、区）总数的77.8%，集聚了青海近90%的人口和70%左右的经济总量。青海境内冰川、雪山、河流、湖泊、沼泽形成了世界上高海拔地区独一无二的大面积高寒湿地生态系统，为筑牢青藏高原生态安全屏障、确保一江清水向东流、中华民族永续发展做出了独特贡献。

表1　黄河流域青海行政区域一览

干、支流	涉及市州	县级行政区名称
范围(16县区)	玉树州	曲麻莱县
	果洛州	玛多县、玛沁县、达日县、甘德县、久治县
	黄南州	尖扎县、河南县
	海南州	同德县、兴海县、贵南县、共和县、贵德县
	海东市	化隆县、循化县、民和县
支流流经范围(19个县市区)	果洛州	班玛县
	玉树州	称多县
	海西州	天峻县
	黄南州	同仁市、泽库县
	海北州	海晏县、祁连县、门源县、刚察县
	海东市	平安区、互助县、乐都区
	西宁市	城东区、城中区、城西区、城北区、湟中区、大通县、湟源县

“问渠那得清如许，为有源头活水来。”追寻母亲河的源头是中华民族几千年来的“历史乡愁”和“集体心理”，经过多次勘探河源，最终确定巴颜喀拉山北麓雅拉达泽山下约古宗列曲为黄河正源。考古证明，距今约3.7万年前，青海高原就有了以采集和狩猎为生的人类。经青海省第三次全国文物普查，新石器时代文化遗存共计1058处。距今6000年前后，仰韶文化庙底沟类型扩张至青藏高原东北缘黄河谷地。距今约5300年前后，马家窑文化成为河湟地区的主流文化，在马家窑文化的强烈影响下，青海黄河上游共和盆地崛起了另一支独具特色的地方文化遗存——宗日文化。这些历史悠久、内涵丰富、发展脉络清晰的史前文化，反映了青海古代文化与中原文化之间的密切联系。

（二）文化资源的多元性

自秦汉以来，先后有十几个民族在青海黄河流域繁衍生息，中原文化和游牧文化交替兴衰，呈现大融合的文化发展趋势，尤其是自元明清以后，黄河流域的汉族、藏族、蒙古族、回族、土族、撒拉族，在经济上互通有无、文化上相互交融，形成了多元丰富的文化特征。青海果洛、玉树等地草原牧场美丽辽阔，冰川分布集中，湖泊众多，其文化形态以游牧文化为主、农耕文化为辅；西宁市、海东市、海南州等沿黄流域，文化形态以农耕文化为主、牧业文化为辅。以多元民族文化为载体的多元宗教文化，佛教、道教、伊斯兰教、基督教以及丰富多彩的民间信仰彼此影响，夯实了青海黄河文化内部多元文化和而不同的根基。多种文化类型和宗教信仰和而不同、互融共建、和谐共处，这在青海黄河流域是一种普遍的社会现象，是青海黄河文化多元特点的重要表现。

青海黄河文化内容丰富，从历史、民族、宗教、地域等角度看，自古以来，各个时期、各种文化都表现出多元特点。这些多元文化建构着青海黄河流域几千年来绵延不绝的历史文化进程。

（三）交往交流交融中的互鉴性

青海自古以来就是多民族聚居的地区，青海地域发展史上，民族迁徙、民族杂居、民族融合等历史现象从未间断。历史上戎人、羌人、氐人、鲜卑、小月氏、吐谷浑、吐蕃等迁徙驻足，在漫长的历史长河中，青海各民族相互包容、和谐共生，一同创造了青海悠久的历史和灿烂的文化。大通县上孙家寨从汉到魏晋时期的墓葬，从墓葬形式、随葬器物组合来看都表现出以汉文化为主体，但同时又包容了一定的地方土著文化因素的特点。一些民族积极学习不同民族生产方式，从高寒畜牧业向农业、手工业转变。宗教建筑艺术如瞿昙寺、隆务寺、塔尔寺、西宁东关清真大寺等都是青海历史上多民族文化相互借鉴和交流交融的产物。

此外，青海以及甘肃、宁夏、陕西等黄河流域省份广为流传、历史悠久、传播范围广泛的民歌——“花儿”，亦承载着各民族生产、生活的精神追求，反映了政治、经济、山川地理、风土人情、宗教文化及生活理念，积淀了厚重的地方文化，凝聚了独特的审美情趣，是展现黄河流域文化交流互鉴和传承的瑰宝。

（四）山宗水源的生态性

黄河源头属于三江源国家公园核心地区，是一个巨大的淡水资源宝库，它以万年冰雪和丰沛的地下水形态而蓄积和储藏着，每年供给的水量对中下游的自然生态和人民生活具有举足轻重的影响。而且，青海黄河流域是青藏高原珍贵野生动植物最为集中的分布区，也是全球重要的生物基因库。因此，青海黄河流域本身的生态系统对整体生态格局起着强有力的平衡作用。青海黄河流域生态环境的状况，不仅决定当地的自然秩序和社会发展，而且事关全流域以及全中国的可持续发展，甚至影响更广。

青海最大的价值在生态，最大的责任在生态，最大的潜力也在生态。青海的冰川、雪山、河流、湖泊、沼泽形成了世界上高海拔地区独一无二的大面积高寒湿地生态系统，滋润了中国一多半的地区乃至亚洲部分地区。青海黄河流域是三江源、祁连山、东部干旱山区生态功能板块的核心组成部分，地貌类型丰富，气候环境多样，森林、草原、湿地、荒漠等生态系统广布。而在青海少数民族的原始崇拜、宗教信仰、禁忌、节日礼俗和制度中也都体现出地方性生态文化知识，许多民族在日常生活中形成了自觉保护生态环境的意识。比如黄河源头居住的世代牧民，他们对山水的敬畏实际上就形成了对大山大河的一种生态保护。

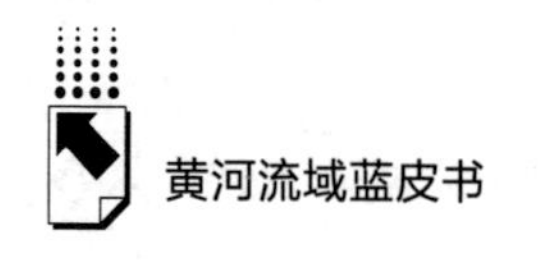

二　青海黄河文化发展现状

黄河流域生态保护与高质量发展战略提出之后，青海省委省政府在这一重大国家战略的引领下强调“要重点围绕源头文化、河湟文化进行研究，增强青海黄河文化生命力、传播力、影响力”。大力推进本省区域内黄河文化遗产保护与创新发展，青海黄河文化发展呈现新高度和新愿景。

（一）黄河文化资源得到有效挖掘

河湟文化是黄河文化的重要组成部分，是青海最具地域特色、历史影响最广的文化名片和文化资源。河湟文化是在古羌戎文化的历史演进中，以中原文明为主干，不断吸收融合游牧文明、西域文明形成的包容并举、多元一体的文化形态，是青海黄河文化的精髓。因此，青海省在挖掘黄河文化资源时，注册成立河湟文化研究会、建造河湟文化博物馆、创建国家级河湟文化生态保护区，在弘扬河湟文化、挖掘非遗文化、积极搭建平台、推动人文旅游方面做了许多重要的工作，围绕河湟文化紧锣密鼓地开展了一系列节庆活动等，均取得了较好成效。海东市积极挖掘素材，创作河湟文化时代精品，以大通回族土族自治县长宁镇上孙家寨村出土的西汉末期熏炉为文化符号，设计河湟文化品牌Logo——“河湟鸾凤”。青海省文旅厅编写《黄河视域中的河湟文化》一书，创作舞剧《大河之源》，发行“河湟文化”主题邮册等①。西宁、海东分别举办不同主题的河湟文化论坛，展现青海黄河文化的历史记忆和文化魅力。

黄河岸边的喇家遗址是一处以窑洞建筑为主体、以齐家文化为主的原始部落遗址，这里保留了地震、黄河大洪水以及山洪袭击等多重灾难遗迹，被认为是目前国内绝无仅有的史前洪水灾难遗址。喇家遗址作为青海黄河流域人类早期活动和史前灾难的历史见证，是历史留给今人的独特而宝贵的历史文化遗产，对探讨黄河流域史前文明历程和生态灾难状况具有重要的科研价值。目前，喇家国家考古遗址公园的建设已初具规模，正在进一步按规划的要求，继续完善周边绿化、展陈设施、数字化配套、园内道路、广场、人造景观等，以

---

① 咸文静：《让黄河成为造福人民的幸福河》，《青海日报》2020年9月18日，第3版。

期实现对黄河上游史前区域文化的高水平展示。力求以现有博物馆、遗址本体等为基础，开展包括喇家文化、大禹治水历史文化、土族文化等文化元素在内的文化研学和展示，让游客对区域文化形成系统认识，丰富展示内容和文化内涵。

（二）黄河文化遗产保护工作得到有力推进

青海是人类文明的重要发祥地之一，地域广袤，历史悠久，文物类型多样，文化内涵丰富，资源得天独厚，是坚定文化自信、建设新青海的深厚支撑。黄河流域35个县域，有全国重点文物保护单位39处，占全省国保单位的78.4%，省级文物保护单位395处，占全省比重达90%。国家级历史文化名城1家、名镇1家、名村5家，国家级传统村落79个，省级传统村落231个。全省登记备案博物馆、纪念馆37家，其中列入国家一级博物馆2家、二级博物馆1家、三级博物馆3家，国家级爱国主义教育基地5家，省级爱国主义教育基地25家。共登记可移动文物69960件套（总数量为312793件）。

青海全省有人类非物质文化遗产代表作名录6项（热贡艺术、花儿、黄南藏戏、格萨尔、河湟皮影戏、藏医药浴法），国家级非遗名录88项，省级非遗名录253项；国家级代表性传承人88名，省级代表性传承人317名。有热贡文化、格萨尔文化（果洛）、藏族文化（玉树）3个国家级文化生态保护实验区和土族（互助）、德都蒙古（海西）、循化撒拉族3个省级文化生态保护实验区。黄河流域有着丰富的非物质文化遗产资源，人类非物质文化遗产代表作名录6项全部在此区域，国家级非遗名录中74项在黄河流域，占比达到84%。

2021年，围绕黄河流域生态保护和高质量发展国家重大战略，青海省完成黄河流域文物遗存调查和数据库建设，形成《青海省黄河流域文物资源调查工作报告》，梳理县级以上文物资源共1467处。开展博物馆进校园、进社区、进部队、进乡村“四进”活动，完成石窟寺（含摩崖造像）专项调查工作报告，储备了喇家遗址、班玛红军沟等一批重点保护项目。落实各类文物保护资金3.1亿元，实施文保项目53项。落实博物馆、纪念馆免费开放经费4288万元。全年完成中大型基本建设考古调查15项，调查面积近2500万平方米。

2022年出台实施《全省文物事业发展“十四五”规划》，围绕国家长城、

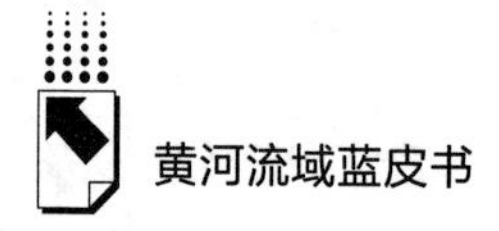

长征和黄河国家文化公园（青海段）建设，编制相关保护规划。推进喇家遗址公园建设，完成喇家遗址、宗日遗址等考古阶段性调查发掘报告。利用“丝绸之路文化遗产保护工匠联盟”，促进民间匠人传统技艺的挖掘、保护与传承。省博物馆举办九省区黄河流域博物馆联盟学术讲座接力等活动，策划展出“山宗水源路之冲——‘一带一路’中的青海”“江河源人类史前文明展”，并获全国博物馆十大陈列展览精品推介活动优胜奖。积极与新闻媒体合作，推介青海优秀文化遗产资源，推出《昆仑风物》《青海宝藏》等宣传片，开辟“百件文物讲青海”专栏，用客观数据和生动故事宣传、阐释、展示、传播了青海历史文化、历史文物和革命文物，用文物见证时代发展、振奋时代精神、服务人民群众。通过文物展示和文化展陈，有形有感有效推介铸牢中华民族共同体意识工作，丰富了群众文化生活，推动了文物活态利用。

（三）青海黄河文化保护传承弘扬初聚合力

青海黄河文化有着丰富的内涵和鲜明的特色，黄河文化形态多样，青海在保护传承弘扬黄河文化时，采用了多种保护方式相结合的形式，做到了因地制宜、多措并举。针对青绣、热贡艺术等非物质文化遗产，坚持生产性保护和生活性保护相结合，活态化传承。对格萨尔史诗、民间歌谣等采用了现代科技手段，实现文化数字化保护。针对黄河水利文化，青海以龙羊峡、李家峡、禹王峡等为龙头，深入挖掘其文化内涵，培育了一批黄河水利文化风景区。建立黄河文化遗产保护、修复修缮、展示体系。完成喇家遗址、热水墓群、宗日遗址等考古阶段性调查发掘报告，提升喇家遗址公园、柳湾彩陶博物馆建设水平。将各级文物保护规划纳入城乡建设总体规划，实施了一批文化遗产保护展示项目、文物保护单位文物保护修缮和环境整治项目。

（四）文旅融合打造黄河文化地域品牌

为推动青海文旅高质量发展、打造国际生态旅游目的地，青海省文化和旅游厅与青海沿黄各市州深度协作，以“厅市共建”的合作方式，打造各具特色的地域品牌。如青海省文化和旅游厅与海南州共建黄河生态文化旅游带，通过建设青藏高原生态旅游大环线，培育生态旅游、乡村旅游、冰雪旅游、研学旅游等新业态，打造清清黄河世界级生态旅游资源品牌，宣传推广“大美青

海 圣洁海南”等文旅品牌。海南藏族自治州将通过打造黄河生态旅游带及建成青海湖、贵德清清黄河、龙羊峡等国际生态旅游目的地省级实验区等，推动文旅融合高质量发展。与海东市、西宁市共同打造河湟文化研究学习基地、展示体验基地、宣传推广基地和创新发展基地，借助青海省河湟地区在城市发展、区位交通以及文旅资源等方面的优势条件，通过非物质文化遗产资源的创新创作、文物资源创意产品设计、传统产业中的河湟文化植入以及文化产业市场主体的培育等多种措施，创设以河湟文化为主体的品牌体系，构建青海省河湟文化品牌。与黄南州以项目带动合作，以合作推动发展的共建模式，深入挖掘文化内涵，培育壮大文化旅游产业，打造世界唐卡艺术之都和青甘川交界地区特色历史文化名城，打响“西域胜境、神韵黄南”品牌。

三 青海黄河文化发展的路径探索

青海黄河文化具有特色鲜明、无可替代的战略地位，但目前的发展与国家文化公园建设和打造国际生态旅游目的地的愿景还存在一定的差距。例如，没有明确的黄河文化标识、文旅融合促进黄河文化发展还不到位、有影响力的黄河文化品牌还未形成以及黄河文化保护传承与创新等问题。因此，在加快构建以国内大循环为主体、国内国际双循环相互促进的新发展格局下，青海需立足本地，面向全国乃至世界，全方位展示青海黄河文化的独特魅力，借助源头优势，讲好“黄河故事”，推动青海黄河文化繁荣发展，推进青海黄河文化与旅游深度融合发展，助力青海打造国际生态旅游目的地。

（一）构建青海黄河文化标识体系

一是牢固树立系统性思维，从更宏大的视角、更长远的眼光，整合青海黄河文化资源，打造以河湟文化等为代表的黄河文化“青”字招牌，构建以喇家遗址、马家窑文化及花儿等为代表的黄河文化遗产标识体系。二是打造以黄河源头卡日曲、玛曲、星宿海、扎陵湖-鄂陵湖、龙洋峡等为代表的黄河文化地理标识体系，形成国家文化公园自然资源主干，赋予黄河国家文化公园青海地标意义，使其成为黄河文化的展示标识。三是在树立好“一盘棋”思想的同时，又要各负其责种好自己的“责任田”，推动河湟文化、格萨尔文化、贵德古城与古建筑文化、喇家遗址史前文化、原子城红色文化、柳湾遗址彩陶文化等交相辉映。四是建立黄河文化集中展示体系，如黄河源集中展示带、格萨尔文化集中展示带、黄河大峡谷集中展示带、黄河水电走廊集中展示带（龙羊峡—积石峡）、河湟文化集中展示带等，实现各展示带之间的整合联动和各个文化元素之间的沟通串联。

（二）深度融入国家重大战略和工程

一是立足实际，结合生态环境保护，结合青海打造国际生态旅游目的地建设，深度融入乡村振兴、黄河流域生态保护和高质量发展、新型城镇化建设、新时代西部大开发、兰西城市群建设等国家重大战略和“三个最大”省情定位，利用好河湟文化等黄河文化名片。二是注重经济效益、社会效益、生态效益相统一，积极推动黄河国家文化公园（青海省）建设保护规划，与长城国家文化公园（青海段）、长征国家文化公园（青海段）的规划相衔接，与三江源国家公园、祁连山国家公园、青海湖国家公园、昆仑山国家公园建设与申报工作紧密互动，共进共推。三是注重具体项目带动，积极建设河湟文化（海东）生态保护实验区，提升沈那遗址公园、南川文化旅游商贸会展区、河湟文化西宁产业园、河湟文化省级文化和旅游融合发展示范区、喇家国家考古遗址公园、瞿昙寺旅游景区、“撒拉尔水镇”文化康养休闲等文旅融合项目建设水平。

（三）助力打造国际生态旅游目的地

一是注重区域特色，推动黄河流域各县市区立足当地历史、文物、非遗、传统村落、民俗、传统节庆等优势特色文化资源，积极发展与黄河文化相关的文化创意设计、体育休闲、演艺娱乐、乡村旅游等特色产业，大力推动非遗进景区、进乡村。二是以国际视野、生态视野、文化视野，推进黄河文化相关文旅产业与国际生态旅游目的地标准体系深度融合，探索生态与文化相互推动、相互提升的“青海方案”。三是以标准促质量、以标准促提升，突出黄河流域青海段推动生态旅游特色化、品牌化、差异化发展，构建高品质、多样化生态旅游目的地产品支撑体系。四是构建以点带面、以线连片，生态环境优美、文化氛围浓郁、旅游要素集聚、服务功能完善、区域协作密切的国际生态旅游目的地发展空间布局。五是建设青藏高原生态旅游大环线。以“山水林田湖草沙冰”等生态资源为依托，推出环西宁自驾、环青海湖骑行、海东民俗体验、黄南文化探秘、海北观光休闲等精品生态旅游线路。六是建立健全与国际标准相衔接的旅游要素服务体系，加快“吃住行游购娱”旅游要素升级，推动旅游服务国际化、标准化、数字化，提升景区、住宿、餐饮、交通、旅行社、娱乐购物等行业国际化服务水准，完善配套设施和服务。

（四）强化黄河文化国际交流合作

一是加强与“一带一路”沿线国家和地区在生态安全、高端旅游、健康体验、极地保护、摄影摄像等方面的广泛合作，积极向国际友好城市宣介河湟文化，支持国内外媒体宣传青海“黄河故事”，促进文化文明交流互鉴。二是在成立沿黄河九省区生态旅游推广联盟基础上，加强与尼罗河、亚马孙河、长江、密西西比河、额尔齐斯河、澜沧江、刚果河、勒拿河、黑龙江等沿岸国家和地区的联系合作，成立“世界大河文化旅游联盟”，适时适地举办“世界大河源头文化论坛”。三是将青海黄河文化融入国家文化年、中国旅游年等活动中，与沿黄省份共同轮流举办黄河论坛、体育赛事，在世界文化旅游大会、国际文化艺术节等活动中打造具有青海特色的黄河文化对外传播符号。

参考文献

马成俊：《黄河文明与河湟文化》，《青海日报》2020 年 7 月 31 日。

鄂崇荣：《河湟文化内涵特征及发展思考》，《青海民族大学学报》2020 年第 4 期。

朱万峰：《大力推动青海河湟文化的保护与发展》，光明网，2020 年 9 月 15 日。

吴梦婷：《青海省将实施黄河文化遗产系统保护工程》，青海新闻网，2020 年 1 月 16 日。

陈奇：《让绿水青山出“颜值”，金山银山有“价值”，文旅品牌可“增值”——专访省文化和旅游厅党组书记、厅长张宁》，《青海党的生活》2021 年第 11 期。

陈奇：《青海，山高水阔生态游——青海打造国际生态旅游目的地纪实》，《青海党的生活》2021 年第 11 期。

贾泓：《书写生态旅游发展的“青海方案”》，《青海日报》2022 年 1 月 16 日。

郝宪印、袁红英主编《黄河流域生态保护和高质量发展报告（2021）》，社会科学文献出版社，2021。

刘雨、段庆林、牛学智主编《黄河文化高质量发展研究》，宁夏人民出版社，2021。

王昱主编《青海历史文化与旅游开发》，青海人民出版社，2008。

《文化和旅游部关于印发青海打造国际生态旅游目的地行动方案的通知》，《青海省人民政府公报（汉文版）》2021 年 12 月 15 日。

《青海省人民政府办公厅关于印发青海打造国际生态旅游目的地行动方案任务分工的通知》，《青海省人民政府公报（汉文版）》2022 年 3 月 15 日。

《黄河文化保护传承弘扬青海省专项规划》（2020 ~ 2035）（内部资料）。

B.23

构筑甘肃黄河文化标识体系研究

李　骅*

摘　要： 黄河文化标识是蕴含黄河元素，具有重大历史价值、丰富文化内涵、彰显时代价值且体现黄河文化根魂特质的文化资源。甘肃黄河文化具有源头性、多样性、创造性的特点，构筑甘肃黄河文化标识体系有文化基础、政策基础和实践基础。构筑甘肃黄河文化精神标识体系、文化遗产标识体系和地理标识体系，打造黄河国家文化公园甘肃地标，是构筑甘肃黄河文化标识体系的主要目标任务。通过提炼甘肃黄河文化精神标识，挖掘甘肃黄河文化遗产标识，打造甘肃黄河文化地理标识，推出甘肃黄河文旅新标识，繁荣甘肃黄河文艺产品创作生产，推进黄河国家文化公园（甘肃段）建设，加大甘肃黄河文化标识创意制作力度，全面构筑甘肃黄河文化标识体系。

关键词： 精神标识　遗产标识　甘肃黄河文化

黄河是中华文化最重要的符号之一，黄河流域是中华民族繁衍生息和中华文明形成及传播最重要的场所，黄河文化是中华文化的重要源头，甘肃黄河文化是黄河文化的有机组成部分，是黄河文化的区域文化。

一　甘肃黄河文化概述

甘肃黄河文化是指甘肃黄河流域及其文化辐射地人类社会历史发展长河中不断积淀和创造形成的多元丰厚文化形态的总和。甘肃黄河文化的发展周期与

* 李骅，甘肃省社会科学院文化研究所副所长、副研究员，主要研究方向为哲学、伦理学。

中央政权的强弱，与国家对西北的治理和西部疆域的伸缩、稳定密切关联，其文化历史进程和大一统国家的历史文化变迁相一致。先秦时期是甘肃黄河文化形成期，秦汉到隋唐是甘肃黄河文化发展期，宋元以降是甘肃黄河文化融合期，近代以来是甘肃黄河文化创新期，进入现代，中华民族历经沧桑和伟大崛起，甘肃黄河流域红色文化独树一帜，是甘肃黄河文化升华期。[①] 甘肃黄河文化遗存丰富、序列完整、支流文化发达，具有鲜明的西部属性，孕育形成了农耕文化、早秦文化、民族民间文化、红色文化、生态文化等文化类型，甘肃黄河文化是黄河上游文化的典型代表，产生了一批独具特色的黄河文化标识。

甘肃黄河流域有女娲伏羲等上古神话传说人物，有历史悠久的大地湾、马家窑、齐家等史前文化遗址，周先祖崛起于陇东、秦先祖发迹于陇南的史实等无不昭示甘肃黄河文化的源头性特点。甘肃黄河干支流所形成的伏羲文化、彩陶文化、藏传佛教文化、石窟文化、治水文化等文化类型以及洮砚文化、花儿文化、砖雕文化等非遗文化彰显了甘肃黄河文化的多样性特点。甘肃黄河人文胜迹、治黄著述、黄河诗文以及享誉全国的现代文化品牌《丝路花雨》《读者》《大梦敦煌》等表征着甘肃黄河文化的创造性特点。甘肃黄河文化的显著特点极具标识性，是辨识甘肃黄河文化的重要依据。

二　黄河文化标识及体系

（一）文化标识

标识，表明特征的记号，使人一览而知。《辞海》中“标识”同“标志”。在宽泛意义上，标识就是标志，标识最重要的特点是代表性和易于识别性。文化标识就是一种文化类型的代表性文化，是具有区别于他文化的独特性和鲜明辨识度的文化资源，是该类型文化的直观显现。比如，黄河彩陶、伏羲女娲、大禹治水、黄河古城古渡、黄河水利工程、黄河诗词歌赋等，我们一看到或者思维到，就能联想起黄河并进而对黄河及其文化有某种了解，甚至生发对中华

① 参见李骅、李海霞《甘肃黄河文化的传统内涵与时代价值研究》，陈卫中、陈富荣、戚晓萍、侯宗辉主编《甘肃蓝皮书：甘肃文化和旅游发展报告 2022》，社会科学文献出版社，2022，第 114~115 页。

文化的思古幽情，这就是文化标识，多个这样的文化标识集合起来就构成了我们对黄河文化的整体认识。同时，文化标识也具有层次性，就黄河文化类型而言，其中最具文化魅力、最具文化吸引力、最具文化辨识度的标识优先显现于我们的认识之中。

什么是文化标识的最主要特征呢？一般而言，历史价值重大、文化内涵深厚、时代价值突出，且集中表现一种文化类型独特内涵、价值和意义的文化资源就是文化标识的最主要的特征。文化标识是一种文化类型的代表性元素的表达，或者是人，或者是物，或者是历史事件，或者是某种符号。文化标识也是一种文化类型高地的表达，展现一种文化类型的框架体系、根茎主干、骨骼脉络，是明显区别于其他文化类型，且能集中表征本文化类型内涵和特质的文化标的。在广泛意义上，只要表达的内容意义属于同一种文化类型范畴，就应该是该类型文化的标识，但在严格意义上，只有如前所述具有该类型文化最重要特征、最具辨识度，且具有引领示范该类型文化作用的文化资源才能成为真正的文化标识。

（二）黄河文化标识

文化标识呈现方式多种多样，或人，或物，或事件，或符号等。黄河是中华文化的重要元素，具有重要的标识特征。黄河本身就是独特的文化标识，文化价值重大，是中国国家形象、文化传统和世界大河文明的重要标识。黄河文化又是由地域文化组成，河套、关中、河洛、齐鲁文化等文化类型显然是黄河文化标识，这些文化的核心标识也应该是黄河文化标识的有机组成部分。

就地域而言，黄河文化标识是黄河流域或黄河文化辐射地具有标识性的文化资源。就重要性而言，黄河文化标识主要是指那些在中华文明源起、国家兴衰、民族品格形成、文化交流传播等方面具有重要历史价值、时代价值和重要意义的文化资源。在此意义上，并不是所有与黄河文化有关的标识都是黄河文化标识。因此，可以概括地说，黄河文化标识是指以黄河为载体，蕴含黄河文化元素，包含黄河文化故事，具有重大历史价值、丰富文化内涵、彰显时代价值且体现黄河文化根魂特质的文化资源类型。它既包括黄河文化历史遗存，还包括黄河文化的精神创造。黄河文化标识反映黄河人类史、文化史和文明史，实证中华文明的源与流、干与支。

作为黄河文化标识，其重要功能还在于，我们能从中联想到中华文明起源、形成和发展的基本图景，进而明了中华文明演进的基本路径，能从中读出中华民族人文精神、天下观念、道德品格以及中华文明的特色、风格、气派和力量，能唤起对祖国家园的自豪感，从而认同中华文明，树立坚定的文化自信。因此，黄河文化标识是鲜活的文化载体，表达的是鲜明的精神意义，是黄河历史的文化烛照，是黄河文明的高度确证。

（三）黄河文化标识体系

以人、事、物、符号等为载体的黄河文化标识往往显性反映黄河文化主体——人的生活世界，隐形表达他们的精神寄托。因此，其标识有可能是显而易见的，也可能是需要挖掘整理、评估阐释的，有可能是集于一隅的，也有可能是零散分布的。无论是怎样的呈现方式，黄河文化标识必须是“根文化”和“魂文化”的体现，内含黄河文明孕育、形成、发展和创造，可见历史文脉，可显文化自信，可讲黄河故事。黄河文化标识的这种高度，决定了要全方位认知和理解黄河文化，只能在体系化下才能把握其精髓。黄河蜿蜒曲折的自然带状形态和黄河文化悠久的历史流变、丰富的文化资源积淀是构筑黄河文化标识体系的基础条件。

黄河文化标识体系是一种系统思维。系统思维的表现在于其思维模式能够统筹事物的基本属性，洞察事物的本质特征，并形成整体观。由于系统思维所形成的整体观不是局部的简单相加，因此，这种思维的实践性意味着原有事物呈现新的形式，表达新的内涵，即蕴含可持续发展理念。就黄河文化标识而言，体系化思维既能够在局部性上深入理解某一个或某一类黄河文化标识，也能够从整体上全面认识黄河文化。在体系展示中，黄河文化具体标识得以清晰和强化，同时黄河文化类型的多样性以及大河文明的形态也随之呈现出来。在此意义上，黄河文化标识体系使标志性黄河文化资源在历时性和共时性维度上呈现一系列可关联的性质，这样一种呈现方式使黄河文化的框架骨骼完整展示，能更深层次地体现黄河文化生成发展及其内部联系的逻辑演进，由此，在逻辑关联上、文化呈现方式上、心理认知上形成整体性黄河文化的历史、现实和未来空间的整体图景。

黄河文化标识体系是多层面多维度的文化展示体系。黄河流域神话传说中的黄河先祖，夏商周时代的奴隶制、青铜器、甲骨文、礼制等，精美的彩陶、玉器等，史前文化遗址大地湾、仰韶、龙山文化等，都是黄河文化标识的呈现，虽类别不同、形式各异，但共同指向黄河文化类型，昭示中华文明起源，极大地蕴含了体系化特征。在体系化下其文化丰度和历史厚重感得以相互佐证并表达文化标识局部的和整体的鲜明特征。因此，以黄河流域为基座，以干支流灿若星河的黄河文化遗存为塔砖，集黄河神话故事讲述、历史遗迹展示乃至文化旅游融合、黄河文化产品开发于一体的文化厚重、价值突出、富有特色、意义鲜明的金字塔式的黄河文化标识体系就呈现出来。

三　构筑黄河文化标识体系的意义

（一）构筑黄河文化标识体系有利于凝聚中华民族的精神力量

习近平总书记指出："要坚持守正创新，推动中华优秀传统文化同社会主义社会相适应，展示中华民族的独特精神标识，更好构筑中国精神、中国价值、中国力量。"[①] 构筑黄河文化标识体系根本上不仅要全面展示黄河文化的文化创造，弘扬黄河文化的时代价值，更重要的是要更好地凝聚黄河文化所蕴含的中华民族的精神力量。

（二）构筑黄河文化标识体系有利于黄河文化保护传承弘扬

黄河流域极其丰富且辨识度极高的文化资源，如果出于零散的、隐秘的、濒于消失的等原因而得不到保护传承弘扬，就会逐渐游离于黄河文化话语体系之外甚至消失，这无疑是黄河文化的极大损失。把标识性黄河文化资源挖掘整理出来，构筑起黄河文化标识体系，就能够存储黄河文化记忆、表达黄河文化形象、展现黄河文化特性，这对于保护传承弘扬黄河文化具有重要意义。

（三）构筑黄河文化标识体系能有效支撑中华文明标识体系建设

构建中华文明标识体系，是加强文物保护利用改革的重要任务之一。"依

① 《习近平在中共中央政治局第三十九次集体学习时强调　把中国文明历史研究引向深入　推动增强历史自觉坚定文化自信》，新华网（2022 年 5 月 28 日），http：//www. news. cn/2022-05/28/c_ 1128692207. htm。

托价值突出、内涵丰厚的珍贵文物，推介一批国家文化地标和精神标识”。①这是“国家-区域”两级架构的文化标识体系。构筑黄河文化标识体系，能系统体现中华文明、中国精神、中国革命、中国地理、中国治水等价值导向，能有效支撑中华文明标识体系建设，使黄河文化全方位展现出来。因此，作为能够实证中华文明绵延不断的黄河文化，构筑其文化标识体系是题中应有之义。

四　构筑甘肃黄河文化标识体系的可行性

（一）构筑甘肃黄河文化标识体系有坚实的文化基础

甘肃黄河流域烙下了鲜明的黄河文化标识。有黄河及其支流冲刷出的黄河第一弯、黄河三峡、黄河石林、黄河奇石、黄河古象化石等自然遗存，有黄河岩画、黄河水车、黄河铁桥、“黄河母亲”雕像等人文创造，有麦积山、炳灵寺石窟等世界文化遗产，有甘肃花儿、环县道情皮影、甘南藏戏等世界级非物质文化遗产，有大地湾、马家窑、齐家文化等著名古文化遗址。丝路交响、驼铃声声，金戈铁马、壁凿石窟，茶马互市、古道悠悠，民族融合、花儿传唱，甘肃黄河文化孕育形成了多个甘肃地域文化类型。浩浩黄河奔涌在甘肃大地，奏响了成河成黄、百溪汇流的华彩乐章。鲜明的黄河文化遗产标识、地理标识、精神标识成于斯长于斯，为构筑甘肃黄河文化标识体系奠定了坚实的文化基础。

（二）构筑甘肃黄河文化标识体系有明确的政策基础

甘肃文化发展政策机遇叠加，如果说甘肃发展的最大机遇在于“一带一路”建设，那么甘肃发展的第二大机遇就是黄河流域生态保护和高质量发展战略。甘肃华夏文明传承创新区建设、新时代甘肃融入“一带一路”打造文化制高点战略、《甘肃省黄河流域生态保护和高质量发展规划》、《甘肃省黄河文化保护传承弘扬规划》等都包含有很强针对性、系统性的文化发展政策方

① 中共中央办公厅、国务院办公厅印发《关于加强文物保护利用改革的若干意见》，《人民日报》2018年10月9日，第01版。

针措施，或突出甘肃地域文化打造，或指明甘肃文化发展的动力、路径，或布局甘肃黄河流域文化发展的任务目标，为甘肃省保护传承弘扬黄河文化、构筑黄河文化标识体系奠定了明确的政策基础。

（三）构筑甘肃黄河文化标识体系有稳固的实践基础

甘肃省已经启动了全省黄河文化遗产资源普查工作，开始了史前文化遗址公园建设，陆续实施甘肃黄河文化遗产保护利用工程，全力打造甘肃黄河文化精品展示廊道，倾力推出黄河文艺精品力作，顺利推进“两长”国家文化公园（甘肃段）建设，如兰州黄河百里风情线建设、甘肃石窟走廊建设、河西走廊国家文化遗产线路建设等，为构筑甘肃黄河文化标识体系打下了稳固的实践基础。

五　构筑甘肃黄河文化标识体系目标要求

（一）目标要求

《甘肃省黄河文化保护传承弘扬规划》提出“整合甘肃黄河文化资源，构建以始祖文化、红色文化、治水文化、生态文化等为代表的黄河文化精神标识体系，以大地湾、马家窑、敦煌莫高窟、麦积山石窟、炳灵寺石窟及花儿、皮影等为代表的黄河文化遗产标识体系，以黄河首曲、黄河三峡、黄河石林、渭河源、崆峒山等为代表的黄河文化地理标识体系，形成黄河国家文化公园资源主干，打造黄河国家文化公园甘肃地标。”[①] 这些体系的构建，是构筑甘肃黄河文化标识体系的目标要求。

整个目标要求以黄河国家文化公园（甘肃段）建设作为各体系构建的旨归，从各类型文化提炼出标志性文化资源，构筑三位一体的甘肃黄河文化标识体系，这样的定位及目标要求有利于整体推动甘肃省黄河文化发展。

（二）目标阐释

事实上，构筑甘肃黄河文化标识体系需要明确四个方面的问题。

---

① 甘肃省黄河流域生态保护和高质量发展协调领导小组文化旅游专责组：《甘肃省黄河文化保护传承弘扬规划》，2021 年 12 月。

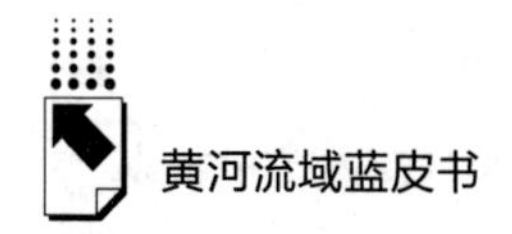

一是从文化标识属性上看，按照《甘肃省黄河文化保护传承弘扬规划》，要构建甘肃黄河文化精神标识体系、黄河文化遗产标识体系、黄河文化地理标识体系三个目标体系，虽为三个体系，但实际上，三个体系统摄于黄河国家文化公园（甘肃段）建设中，归于甘肃黄河文化标识体系，也就是说，黄河国家文化公园（甘肃段）是构筑甘肃黄河文化标识体系的最主要的文化标识。因此，黄河国家文化公园（甘肃段）建设是重中之重。

二是从文化标识层次上看，如前所述，并非所有的文化遗存都是文化标识，构筑甘肃黄河文化标识体系也要注意文化标识的层次性。甘肃黄河流域世界文化遗产、国保单位、世界级非遗、国家级非遗、红色地标、5A 级景区应该为第一层次文化标识。公认的甘肃黄河流域文化品牌应该为第二层次文化标识，如《读者》、兰州牛肉面、《丝路花雨》、《大梦敦煌》、铜奔马等。与第一层次相呼应，甘肃黄河流域省级文保单位、省级非遗、4A 级及以下景区应该为第三层次。甘肃黄河文化精神标识因其巨大的时代感召力应归于第一层次。这样的划分，有利于甘肃黄河文化的宣传，也有利于甘肃黄河文化标识体系的构筑。

三是从文化标识的分布状况上看，甘肃相对特殊的地形地貌以及甘肃黄河流域干支流的分布状况决定了甘肃黄河文化标识具有先天相对分散的劣势。构筑甘肃黄河文化标识体系，必须把这些相对分散的文化标识集中起来总体谋划、分类分级、串点成线、串珠成链、形成合力，以便体系化推进。

四是从文化标识体系建设上看，要明确构筑甘肃黄河文化标识体系也是建构中华文明标识体系的一部分。事实上，“两长”国家文化公园（甘肃段）建设均已提出文化标识建设，[①] 都是基于长城、长征作为中华文明标识的重要性拓展出来的表述。黄河是中华文明的重要标识，黄河流域甘肃段源头文化突出，无疑应该打造成中华文明标识高地。那么，甘肃黄河文化标识体系的构筑就应该纳入中华文明标识体系建设中来，以打造黄河国家文化公园甘肃地标为目标，总体推进甘肃黄河文化标识体系的建设。

---

① 《长征国家文化公园（甘肃段）建设保护规划》（2021 年 12 月）提出“着力建构甘肃省境内长征文化的标识体系”；《长城国家文化公园（甘肃段）建设保护规划》（2021 年 12 月）提出以“打造中华文化重要标志”为总体发展方向，将长城国家文化公园甘肃段建设成彰显中华民族精神标识新平台。

六　构筑甘肃黄河文化标识体系存在的问题

（一）甘肃黄河文化发展不足

一是甘肃文化遗产碎片化现象比较突出，甘肃黄河文化遗产亦不例外。甘肃经济社会发展相对落后的现实在一定程度上制约着甘肃黄河文化保护传承弘扬。二是甘肃黄河文化遗产保护环境复杂，展示利用水平不高，黄河文化惠民育民功能发挥不足。三是甘肃黄河文化作为相对独立的文化类型往往消解于整体意义的黄河文化中，与甘肃经济社会关联度协同度不够，导致甘肃黄河文化发展不足。四是甘肃黄河文化的整体辨识度和社会影响力相对较弱，在研究阐发、弘扬传播以及文化创意等方面仍存在不足。

（二）甘肃黄河文化标识研究不足

一是自2013年始，甘肃省开展了甘肃文化资源普查和分类分级评估工作，后来陆续出版了《甘肃省文化资源名录》多卷本，虽然此名录所收录的主要是具有代表性的重点文化资源，但黄河文化并未被作为专门资源类型进行区别整理，更遑论对黄河文化标识的整理研究了。二是国家层面黄河战略的提出，使黄河文化作为一种文化类型备受重视，甘肃文化界在精准阐释甘肃黄河文化的内涵及发展等方面，较少关注甘肃黄河文化标识有关问题，在一段时间内，甘肃黄河文化标识研究实际上还处于一个相对空白的境地。三是在深化甘肃黄河文化标识研究方面，由于研究积累较少，还没有形成较具说服力的理论成果。

（三）甘肃黄河文化标识体系构筑不足

一是对甘肃黄河文化标识体系整合力度不够，众多具有标识性的黄河文化资源处于各自为政的游散状态，形不成合力，因此，还没有系统的甘肃黄河文化标识体系内容展示。二是在构筑甘肃黄河文化标识体系中，对“两长”国家文化公园借力不够，它们关于标识体系建构或者标识平台的打造完全可以借鉴。三是对构筑甘肃黄河文化标识体系的关涉地域及其具体措施有待进一步明确规划。

七 构筑甘肃黄河文化标识体系路径

（一）提炼甘肃黄河文化精神标识

黄河蕴含着巨大的精神力量，对中华民族精神品格的形成作用巨大。黄河文化精神标识呈现黄河文化内涵，表达黄河文化风格，体现中国精神价值导向。提炼甘肃黄河文化精神标识，是讲好黄河故事、展示甘肃乃至中国形象中国精神的重要方式。在对甘肃黄河文化资源梳理过程中，应该着力提炼以始祖文化、红色文化、治水文化、生态文化等为代表的黄河文化精神标识，刻画其精神形象，展示其精神魅力。因此，要提炼以人文始祖女娲补天英勇无畏形象等为代表的创新创造精神，以大禹积石导流传说等为代表的科学创造精神，以羊左之交等为代表的仁义精神，以会宁会师为代表的长征精神，以引大入秦、引洮工程、景电提灌等举世瞩目的治水工程为代表的艰苦奋斗精神，以“八步沙”六老汉形象等为代表的新时代愚公精神，以敦煌文化等为代表的包容精神，深度阐释甘肃黄河流域及其文化辐射地文化精神的内涵及时代价值。同时，要推动铁人精神、“两弹一星”精神、“三苦”精神、梯田精神标识化。

（二）挖掘甘肃黄河文化遗产标识

“要推进黄河文化遗产的系统保护，守好老祖宗留给我们的宝贵遗产”。[①]保护甘肃黄河文化遗产，要围绕中华文明标识体系建设工作要求，推进甘肃国家考古遗址公园建设，打造“考古中国”和中华文明探源工程甘肃研究展示基地，构筑黄河上游华夏文明起源地甘肃文化地标。着重强化世界文化遗产、世界级非物质文化遗产、大遗址的文化标识建设，打造世界文化遗产麦积山石窟、炳灵寺石窟等石窟文化遗产标识，及甘肃花儿、环县道情皮影等非遗标识。要大力挖掘黄河文化代表性遗产，打造大地湾、马家窑文化遗址的彩陶文化标识，张骞凿空，玄奘、法显西行取经等历史事件标识，天水、武威、张掖、敦煌等国家历

① 习近平：《在黄河流域生态保护和高质量发展座谈会上的讲话》，中华人民共和国中央人民政府网，2019 年 9 月 19 日，http：//www. gov. cn/xinwen/2019-09/19/content_ 5431299. htm。

史文化名城标识，酒泉卫星发射中心、《读者》、《丝路花雨》等现代文化标识，着力推进文化遗产标识IP化。大地湾遗址的人头形器口彩陶瓶，麦积山石窟的“东方微笑”雕塑，洮岷花儿表演艺术、环县皮影雕刻艺术，卫星发射塔等既是甘肃文化精品和代表，也是甘肃黄河流域的重要文化标识。

（三）打造甘肃黄河文化地理标识

文化地理标识是某一地域人文和地理方面凝结而成的特色文化资源及其现象。甘肃黄河流域文化地理现象突出，文化地理标识资源众多。要着眼于甘南黄河上游和祁连山水源涵养区，重点挖掘黄河流域人文地理特色资源，打造黄河首曲、黄河三峡、黄河石林、祁连山森林公园等自然景观标识。打造崆峒山、麦积山等自然地理标识，这些地理标识，虽是自然地理范畴，但已被深深烙上人类文化印记，在本质上已经是一种文化的独特表现。改造和提升黄河水车、黄河铁桥、黄河母亲雕塑、黄河楼、兰州老街等人文景观标识的内涵，厚植黄河文化要素，以知名黄河文化资源为依托，在甘肃沿黄相关市州打造一批标志性的黄河文化遗址公园、红色主题公园、文化生态公园以及文化驿站等。跨河而建的省会城市兰州，一碗面——牛肉面、一本书——《读者》、一条河——黄河，生动诠释了其水乳交融的文化地理现象，应重点打造成黄河文化城市地理标识。

（四）推出甘肃黄河文旅新标识

甘肃黄河流域文化旅游和自然旅游资源条件优越。发展黄河文化旅游，推出甘肃黄河文旅新标识，构筑甘肃黄河文化标识体系，是“让黄河成为造福人民的幸福河”[①] 的重要手段。丝绸之路甘肃段与黄河甘肃段相遇合，丝路文化和黄河文化相互交融。要继续提升铜奔马以及“交响丝路·如意甘肃”文化旅游品牌标识的知名度，提升铜奔马的国内国际形象与表达，深度阐释“交响丝路·如意甘肃”的内涵和意义。强化甘肃旅游“黄河”概念和“丝路”概念及其交融，以体现兰州现代都市风采的兰州百里黄河风情线为依托，重点推出“黄河之滨也很美”甘肃文化旅游新标识。从黄河全流域、黄河历

---

① 习近平：《在黄河流域生态保护和高质量发展座谈会上的讲话》，中华人民共和国中央人民政府网，2019年9月19日，http：//www.gov.cn/xinwen/2019-09/19/content_ 5431299.htm。

史和现实、诗和远方的角度打牢这一文旅新标识的形象基础，力推“黄河之滨也很美”成为全流域黄河文化重要文旅标识。黄河三峡（炳灵峡、刘家峡、盐锅峡）名胜风景区，有丹霞、湿地等自然地貌，有长城、烽火台、古渡口等文化遗址，还有恐龙、彩陶、花儿等多样的地域文化类型，可以将其打造为甘肃黄河重要文旅标识。甘肃黄河流域的古城古邑、古村故居、古驿古渡是黄河历史文化的直接承载和见证，内涵丰富、底蕴深厚，也是现代旅游的热门打卡地，应着力打造成甘肃黄河文旅标识。

（五）繁荣甘肃黄河文艺产品创作生产

对甘肃而言，黄河不仅是一条历史之河、文化之河、旅游之河，更是一条流淌着养育陇原儿女情谊的恩泽大河。因此，文艺展示甘肃黄河文化是甘肃文艺创作生产的题中应有之义。黄河文化标识是黄河文艺创作的最佳素材，应围绕甘肃黄河文化遗存、文化胜迹、黄河诗文、治黄著述、重大考古发现，将标志性神话故事、历史人物、重大事件、文物非遗融入内容创作之中，体现黄河文化的精髓和价值。精品创作是关键，做好甘肃黄河文化重大题材创作策划和扶持计划，实施甘肃黄河文艺精品创作工程，加大精品剧目持续供给能力，推出甘肃黄河题材优秀文艺作品，“精心创作《八步沙》《大禹治水》等一批黄河主题舞台艺术精品”。[①] 拍摄会宁、南梁、高台等一批红色地标宣传片，依托甘肃纪录片大省建设优势，高质量制作《甘肃黄河文化》《大河东流》《黄河之滨也很美》纪录片，全面展示甘肃黄河流域古今变迁与文化风采底蕴。鼓励黄河文化网络创作，推动黄河文化网络传播。

（六）推进黄河国家文化公园（甘肃段）建设

黄河国家文化公园是公园和黄河本体、黄河流域、黄河文化遗址等的有机结合，是黄河文化价值和意义的国家表达。黄河国家文化公园是黄河文化的亮丽标识，集黄河文化精神标识、黄河文化遗产标识、黄河文化地理标识和黄河文化旅游标识于一体，是黄河文化标识的集中体现，具有重要的文化现实意

---

① 尹弘：《树牢上游意识担好上游责任展示上游作为 努力推动黄河流域生态保护和高质量发展》，《学习时报》2021 年 9 月 27 日，第 A1 版。

义。如前所述，黄河国家文化公园（甘肃段）建设是构筑甘肃黄河文化标识体系的重中之重，因此，要全力推进黄河国家文化公园（甘肃段）建设，着力建设甘肃史前文化遗址公园、甘肃黄河石窟走廊、甘肃黄河石林地质公园、甘肃黄河母亲文化公园、甘肃黄河干流精品旅游带、甘肃黄河支流美丽河湾等，共建共享长城、长征国家文化公园（甘肃段），共同开创“两长一黄”国家文化公园（甘肃段）建设新局面。

（七）加大甘肃黄河文化标识创意制作

实施黄河文创产品开发工程，要对甘肃黄河文化标识进行文化产品创意制作，推进甘肃黄河文化创意产品开发体系和平台建设，建设甘肃黄河文化创意产业园，支持专业化创意和制作技术，孵化和建设形象统一的甘肃黄河文化标识系统。利用数字技术，设计开发制作甘肃黄河文化标识动漫形象、影视人物形象等。以纪录片、宣传片、影视片、舞台剧以及邮政图案等形式展示甘肃黄河文化标识。鼓励和引导社会力量参与甘肃黄河文化创意产品品牌打造，开发黄河非遗衍生品和旅游文创产品，提升甘肃黄河元素传统工艺产品水平，大力推进甘肃黄河文化标识创意和设计服务与相关产业融合发展，推动黄河文化传承弘扬。

结　语

通过构筑甘肃黄河文化标识体系，形成甘肃黄河流域及其辐射地黄河文化元素矩阵，使黄河所孕育的文化形态及其代表性形象呈现出来，在陇原大地、黄河两岸烙下浓墨重彩的黄河文化记忆，形成一串串璀璨夺目的文化标识，与甘肃形式多样的地域文化、历史文化一道谱写壮美的黄河文化交响曲。

参考文献

杨海中、杨曦：《黄河文化的标识与家国情怀》，《地域文化研究》2021 年第 2 期。

侯宗辉：《甘肃黄河文化传承利用的现状、问题与对策》，《甘肃政协》2021 年第 1 期。

王震中：《黄河文化内涵与中国历史根脉》，《中国社会科学报》2021 年 1 月 29 日。

李景文、王佳琦：《近年来黄河文化研究述评》，《河南图书馆学刊》2021 年第 4 期。

周奉真、张景平：《从区域视角讲好“黄河故事”》，《光明日报》2020 年 5 月 12 日。

葛剑雄：《黄河与中华文明》，中华书局，2020。

案例篇

Case Chapters

B.24

永和县黄河经济文化高质量发展路径研究

高春平　韩雪娇　王雅秀*

摘　要： “十四五”时期是推动黄河流域生态保护和高质量发展的关键时期，沿黄河县市能否抓好重大任务贯彻落实，决定着黄河流域生态保护和高质量发展战略的进度和成效。永和县依托自身独特的生态、区位、历史文化资源优势，坚持以习近平新时代中国特色社会主义思想为指导，坚持完整、准确、全面贯彻新发展理念，以推动高质量发展为主题，以深化供给侧结构性改革为主线，坚持县委“1243”发展思路不动摇，走出了一条独特的经济文化高质量发展道路，为沿黄河县市生态保护和高质量发展提供了宝贵经验。

关键词： 生态保护　高质量发展　沿黄河县（县级市）　永和县

* 高春平，山西省社会科学院副院长、二级研究员，主要研究方向为区域经济史；韩雪娇，山西省社会科学院黄河文化研究所助理研究员，主要研究方向为区域文化；王雅秀，山西省社会科学院黄河文化研究所助理研究员，主要研究方向为历史地理。

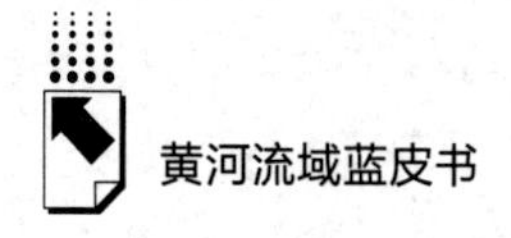

习近平总书记在深入推动黄河流域生态保护和高质量发展座谈会上强调，沿黄河省区要落实好黄河流域生态保护和高质量发展战略部署，坚定不移走生态优先、绿色发展的现代化道路，为沿黄地区推动生态保护和高质量发展的道路指明了方向。永和县深入贯彻“两山”理论，把生态治理和发展特色产业有机结合，走出了一条生态和经济协调发展、人与自然和谐共生之路，为沿黄河县市生态保护和高质量发展提供了宝贵经验。

一　永和县基本情况与资源禀赋

永和县地处山西省西部吕梁山脉南麓，位于黄河中游晋陕大峡谷东岸、临汾市西北边缘，东临隰县，南连大宁，北接石楼，西与陕西延川县一河之隔。年均气温9.5℃，年降雨量500毫米左右，是典型的黄土高原梁峁残塬沟壑区。县域总面积1212平方千米，总人口6.5万，常住人口49946人，辖2镇4乡、65个行政村、306个自然村。1991年，永和县被国务院确定为国家重点贫困县，2017年被确定为山西省10个深度贫困县之一。近年来，永和县政府依托自身自然资源、区位优势、历史文化旅游资源，在原有产业基础之上持续攻坚，于2020年2月27日正式退出贫困县序列，在2021年3月23日被确定为山西省乡村振兴重点帮扶县。

（一）自然资源丰富多样

1. 水资源

永和县水资源相对丰富，县西的黄河是山西永和县与陕西延川、延长两县的天然界河。黄河在永和县流经咀头、永和关、河会里、阴德河、于家咀、佛堂，在取材湾流入大宁县，共流经4个乡镇、15个行政村、37个自然村，全长68千米，境内流入黄河的一级支流达35条，流域面积1185.7平方千米。黄河在永和县的较大渡口有永和关、阴德河、于家咀、铁罗关等。①

此外，永和县境内有大小河流数条。其中芝河是永和县最大的一条河流，

① 永和县志编纂委员会编《永和县志》，山西人民出版社，2019，第109页。

全长 63 千米，流域面积达 976 平方千米，占全县总面积的 80%以上。① 县境内还有桑壁河、峪里河等黄河支流。

2. 矿产资源

永和县主要的矿产资源为煤层气，分布范围广、储量大、质量优，地质储量超过 600 亿立方米。永和还有丰富的天然气田，境内探明储量 1100 亿立方米，占全省总储量的 31.3%，可开采量为 500 亿~800 亿立方米。永和县储有优质的建筑用砂，分布于南庄乡、打石腰乡、阁底乡的黄河沿岸滩区，年生产量约 80 万立方米。②

3. 生物资源

永和县主要种植小麦、玉米、豆类、黍类、薯类、瓜果、蔬菜、棉花等作物；主要的天然植被一部分在狗头山、茶布山、四十里山主脊两侧分布，覆盖率为 60%，另一部分位于黄土残塬的山沟及荒坡，覆盖率为 70%。③ 永和县动物资源较为丰富，生物相对多样化，其中哺乳类动物有 30 余种、鸟类 30 余种，生态环境良好。

（二）区位优势明显

永和县地处秦晋交通要道，自古“黄河西下可以外控延夏，内卫并汾”④，是典型的黄土高原梁峁残塬沟壑区，“居万山之中……满目崎岖……从各地前往都‘来之坎坎’”⑤。近年来，霍永高速、乾坤湾互通、“黄河一号”旅游公路的陆续开通，打破了永和发展中存在的交通瓶颈，其连贯晋陕的区位优势更加凸显，成为连接华北与西北地区物流的重要门户。县境“两横”（霍永高速和国道 G341）“两纵”（省道 S248 和沿黄旅游公路）“两通”（永和互通、乾坤湾互通）主干道内通外联，极大地方便了永和与外界的交通，为经济和文旅产业的发展奠定了坚实基础。

---

① 永和县志编纂委员会编《永和县志》，山西人民出版社，2019，第 109 页。
② 永和县志编纂委员会编《永和县志》，山西人民出版社，2019，第 117 页。
③ 永和县志编纂委员会编《永和县志》，山西人民出版社，2019，第 116 页。
④ （清）王士仪：《永和县志》卷四《疆域》，康熙四十九年（1710 年）刻本，第 2 页。
⑤ （清）王士仪：《永和县志》卷四《疆域》，康熙四十九年（1710 年）刻本，第 2 页。

（三）历史文化资源独具魅力

永和县历史悠久，境内有代表黄河文化的乾坤湾，代表红色文化的永和红军东征纪念馆，代表历史文化的楼山、文庙旅游资源，并拥有独具魅力的非物质文化遗产。

1. 黄河乾坤湾

黄河流经永和县68千米，形成了7个“S”形大湾，统称乾坤湾，从高空俯视形似一条腾飞的巨龙，是“中华龙”最早、最直观的地理形象，被称为“中华龙”之源。2007年12月乾坤湾被国土资源部批准为黄河蛇曲国家地质公园，公园内拥有5个相互连接的自然遗迹区，保留了我国河流中规模最大、最完好、最密集的蛇曲群，体现了黄河的壮观以及深厚的文化底蕴，是地质科学、民俗研究的宝贵资源。乾坤湾景区位于永和县西南，2012年被列为“十二五”期间山西省11个重点建设景区和5条精品旅游线路之一，被省政府批准为省级风景名胜区。2021年12月29日，永和黄河乾坤湾景区升级为国家4A级旅游景区，目前正在全力创建5A级景区。

2. 红色文化资源——永和红军东征纪念馆

永和红军东征纪念馆位于永和县阁底乡东征村，距县城80余华里，占地2500平方米，设置“英明决策铸辉煌”“红军东征在永和”“老区人民爱红军”三个展厅，用大量的实物、图片、塑刻作品等再现了东征红军的全过程及其丰功伟绩。

东征村（原名上退干村）是1936年毛泽东率领红军东征的路居地，2021年，“上退干毛主席路居地”被公布为第六批省级文物保护单位、第一批省级红色文化遗址，为发扬东征精神、重温革命历史、传承红色基因、加强党性锤炼提供了生动教材，也为开展党史学习教育提供了丰富的学习资源。

3. 历史文化景区——楼山、文庙

永和县历史悠久，保留着旧石器、新石器、商周墓葬遗址及汉代城堡遗址等不同时期的人类活动痕迹。现存的文庙大成殿、楼山龙王庙、望海寺等古建筑蕴含着丰富的历史文化内涵，具有较高的历史价值和艺术价值。

文庙位于永和县城关村，创建于元至元年间（1264~1294年），现仅存大成殿，建造规整，造型美观，结构大方，独树一帜，是研究晋西南元代建筑区域文化的有效实例，2013年被列入第七批全国重点文物保护单位。楼山位于永和县交口乡，因山形如楼而得名。现存的道教古建筑群具有较高的历史文化价值，其中娘娘殿是永和仅有的一座较完整的元代建筑。[①] 2021年，楼山古建筑群被山西省人民政府公布为第六批省级文物保护单位。

4. 丰富的非物质文化遗产

永和县非物质文化遗产包括剪纸、面塑、木雕、石刻、编织、刺绣等。其中“晋南土布织造”传统工艺在永和得到较好的保护和传承，被列入国家级非物质文化遗产名录。永和打瓦游戏规则朴素，程序简明，形式灵活，娱乐性强，还衍生出相关的童谣、民歌。永和剪纸以黄河岸边的民俗民风为主题，被列入山西省级非物质文化遗产名录。永和道情是流传于永和县南庄乡、打石腰乡一带的民间说唱艺术，曲调婉转悦耳，以“说唱”为主，剧情生动逼真，表演细腻圆滑。

二 永和县推进高质量发展思路与实践

习近平总书记强调，以推动高质量发展为主题，就要坚定不移贯彻新发展理念，以深化供给侧结构性改革为主线，坚持质量第一、效益优先，切实转变发展方式，推动质量变革、效率变革、动力变革，使发展成果更好惠及全体人民，不断实现人民对美好生活的向往。永和县依托自身独特的生态、区位、产业优势，积极主动抢抓发展机遇，坚持“1243”发展思路[②]不动摇，走出了一条独特的经济文化高质量发展道路。

（一）以新发展理念引领高质量发展

理念是行动的先导。习近平总书记强调，高质量发展是体现新发展理念的发展，必须实现创新成为第一动力、协调成为内生特点、绿色成为普遍形态、开放成为必由之路、共享成为根本目的的高质量发展，推动经济发展质量变革、效率变革、动力变革。[③]

---

① 李玉明：《山西古今地名词典》，三晋出版社，2009，第296页。

② 以黄河流域生态保护和高质量发展为引领，紧抓改革创新、项目建设“两大引擎”，坚持“四县”建设目标，大力实施乡村振兴、人才强县、依法治县“三大战略”。

③《中共中央关于党的百年奋斗重大成就和历史经验的决议》，《人民日报》2021年11月17日，第1版。

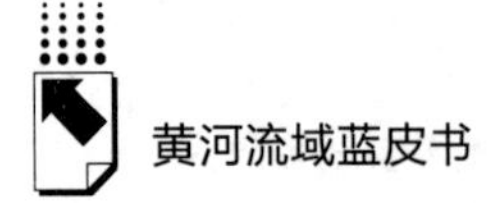

永和县在推动全方位高质量发展的实践中科学谋划、统筹兼顾，坚持完整、准确、全面贯彻新发展理念，把创新、协调、绿色、开放、共享融入县域发展思路和转型升级实践中。一是激发创新活力，推动传统产业转型升级，不断创新产业发展模式，不断创新农文旅融合发展，不断创新党建工作与乡村振兴深度结合的工作载体，使创新成为经济社会高质量发展的“强引擎”。二是注重协调发展，坚持把绿色发展和经济发展结合起来，把生态治理和乡村振兴结合起来，走出一条生态和经济协调发展的道路。三是倡导绿色发展，树牢“两山”理念，以“山、河”为主战场，抓好大保护、推进大治理，强化水土保持和林业生态体系建设，持续巩固拓展大气、水、土壤“三大保卫战”成果，推进资源节约利用，形成绿色文明的生活方式。四是厚植开放理念，持续实施“人才强县”战略，大力推进“双引工程”，引进合作项目、引进专家人才，搭建资源共享、优势互补、合作共赢的平台，为全方位推动高质量发展蓄势赋能。五是推进成果共享。让人民生活幸福是高质量发展的根本目的，坚持践行以人民为中心的发展思想，保持民生投入只增不减、惠民力度只强不弱、惠民实事只多不少。

（二）以“两大引擎”为驱动，助推高质量发展

1. 坚持改革创新，激活转型升级新动能

改革创新是经济行稳致远的最强大动力。永和县坚持改革不放松、创新不止步，以思想解放助推政策突破、工作突破。一产方面，坚定实施“特”“优”战略，农业生产托管“永和模式”在全国推广，“永和乾坤湾”区域公共品牌全面走向市场。二产方面，集聚发展新能源经济，不断完善产供储销体系，培育壮大光伏发电等新兴产业。三产方面，提档升级文旅产业，创新“旅游+扶贫”永和模式，以“旅游+党建”“旅游+产业”等模式多渠道助农增收。

永和县探索农业生产托管“永和模式”，推动传统粗放农业向数字精准农业转变。将生产托管与乡村振兴相结合，推动农文旅融合发展。坚持补助标准统一、作业标准统一、管理模式统一，紧抓组织保障、政策支撑、程序规范、考核验收等“四个关键”，保障托管实效。通过农业生产托管实现了小农户生产方式的现代化转型，被山西省农业农村厅确定为十个典型示范县之一，其“搭建智慧托管平台、发展农业循环经济”的典型做法被农业农村部评价为

“为贫困山区发展农业生产托管探索出了新路径”。

2018年，永和县提出了建立“村级林长制”，将林地林木保护和基层组织建设结合起来，赋予了农村基层干部“生态建设一把手”和“农村工作一把手”的双重身份，开创了属地管理、分级负责、生态优先的林草植被发展新理念，充分发挥了林长就近管理、模范带动的引领作用。

永和县创优党组织设置形式，采取“支部+”发展模式，积极探索多元增收路径。按照“党建引领、产业为基、村企联动、合作共赢”的思路，发挥党组织政治优势和企业专业优势，在产业相近、地域相邻、资源互补的村，先后组建了苹果产业、旅游联村、小杂粮、蔬菜种植等五个联合党委，通过资源入股、提供就业、技术支持、保障销路等方式，使党组织成为引领产业发展、帮助群众增收的坚强堡垒。

2. 狠抓项目建设，推动经济大发展

重大项目建设是经济高质量发展的“推进器”。永和县聚焦产业发展、乡村振兴、城市建设等重点领域，谋划储备了一批带动性强、贡献率高、发展前景广、产业链条长的项目。2022年确定了重点实施项目62个，总投资224.19亿元，年度投资23.8亿元。农业上，打造了芝河源头、桑壁、阁西垣三大精品农业园区；工业上，实施CNG母站、管线及加压站建设等项目，沟通协调偏远零散气发电和天然气发电项目落地，从根本上解决天然气加工转化利用问题；文旅方面，初步开发了奇奇里、永和关等一批民俗文化村，实施了东征旅游路、乾坤湾景区游客接待中心等建设项目。

具体而言，一是抓好项目谋划。高度重视项目建设，坚持“每月开展项目谋划日”制度，落实四大班子领导包联制度，加强项目“四库”[①] 建设，管好“四张清单”[②]，严格执行“5+6+3”工作机制[③]。把握国家投资方向和重点，研究出台产业发展指导性意见，因地制宜发展产业、布局项目。探索出台

---

① 项目谋划库、项目储备库、项目建设库、项目投产达效库。

② 实行任务清单、问题清单、标准清单、责任清单“四张清单”项目管理。

③ “5+6+3”工作机制，即实行一个项目、一名县级领导、一个主管部门、一个工作专班、一个项目实施方案的“五个一”工作机制；工作中包联县领导要做到“六包”，即“包手续办理、包征地拆迁、包开工建设、包资金使用、包工程质量、包信访稳定”；工作中开展“三活动”，即“周例会、月通报、季观摩”。

招商引资优惠奖励政策，激发争取资金、争取项目的动力和市场主体的活力，持续用好以商招商、以链招商等方式。二是优化营商环境，统筹土地、政策、环境容量等要素，向重点企业、重点项目倾斜。在前期手续、开工建设、竣工投产等关键环节，专班专人提供全方位、保姆式服务，畅通政银企对接渠道、全周期服务项目建设。持续深入开展入企服务，切实助力企业和项目单位纾难解困。

（三）以“四县建设”为抓手，支撑高质量发展

永和县立足资源禀赋，科学统筹谋划，确立了“四县建设”目标，成为永和县生态保护和高质量发展的重要抓手。

1. 聚焦黄河流域生态治理保护“样板县”建设，走绿色发展之路

永和县始终把生态环境保护作为重大政治责任，坚持生态优先、绿色发展。

一是筑牢生态屏障。永和县坚持治理与保护并重，系统推进山水林田湖草沙生态保护修复工程，重点实施“三北”防护林、吕梁山生态脆弱区荒山绿化、干果经济林提质增效等六大工程，着力打造百里黄河生态长廊。从1978年开始的40多年来坚持“绿化永和”，“三北”防护林精品工程得到省市各级领导的肯定和支持，先后被评为山西省造林绿化先进县、山西省经济林建设先进县，荣获全国“三北”防护林建设突出贡献奖、国家三北局优质工程奖。坚持优化和完善生态经济型防护林体系建设的内涵与模式，因地制宜、科学规划，形成了塬面缓坡经济林、荒沟荒坡防护林、沟坝杨柳速生林、滩涂红枣丰产林的科技营林格局，特别是石质山地造林工程成为晋陕大峡谷科技造林的示范点。

二是狠抓污染防治。深入打好污染防治攻坚战，实施环境质量再提升行动，以“百日清河行动”为抓手，推进黄河流域生态治理保护和高质量发展“样板县”建设。锚定“蓝天常驻”，深入推进夏季臭氧治理、秋冬季大气污染综合治理攻坚行动，推动空气质量持续向好；锚定“绿水长流”，持续开展“河流清洁”专项行动，对全县17条河流进行集中治理，实现芝河水质稳定在Ⅱ类水体标准，保障“一泓清水入黄河”；锚定“黄土复净”，深入推进“农业面源污染管控、固体废物污染防治、城乡垃圾分类处置”三大行动，项目化推动生活垃圾及建筑垃圾资源化综合利用。

三是落实“双碳”行动。严格落实能耗“双控”政策，严把节能审查管控，把绿色低碳作为鲜明导向，推进能源、交通运输、城乡建设等领域绿色低碳转型。积极推进碳排放权、排污权、用水权等交易，制定《永和森林景观碳汇、碳汇资产平台框架性合作协议》，打通“两山”双向转化通道。因地制宜发展绿色林业经济、林下经济，通过生态价值直接、间接和融合转化，将生态优势转化为经济发展优势，全力探索生态产业化、产业生态化发展路径。

2. 聚焦有机旱作特色农业“示范县”建设，走特优发展之路

永和县坚定实施“特”“优”战略，全面规划建设经济林、特色养殖、种植业三大特色产业园区，积极构建“产加销”贯通的全产业链体系，走出一条产业高效、产品优质、绿色发展的农业现代化路径。[①]

一是打造特优高效农业。加强农业基础设施建设，实施高标准农田建设项目，严守35.8万亩的耕地红线，坚持稳玉米、强高粱发展思路，实行保护性耕作，发挥传统产业对农民的增收作用。持续推进高粱、畜牧、林果三大园区建设，打造万亩优质高粱种植园区，培育壮大高粱加工龙头企业，推动养殖业由“小而弱”向“大而强”转变，推动干果经济林提质增效和苹果产业提档升级。大力推广农业生产托管，创新多种托管模式，推动托管服务由粮食作物向经济作物拓展、由多环节向全链条延伸。发展高效循环农业，发展立体生态循环农业，实现生态效益和经济效益“双提升”。

二是推动产业优化升级。开展农产品质量提升行动，加强“三品一标”认证，“永和乾坤湾”区域公共品牌全面走向市场，授牌企业5家，建立起“区域品牌+企业品牌+产品品牌”矩阵。充分发挥合作社等新型主体示范带动作用，引进培育一批仓储保鲜、精深加工、冷链物流等领域的龙头企业，进一步扩大农产品加工转化增值空间。积极发展农村电商新业态，助推农产品走向大市场。

3. 聚焦山西省新型能源工业“领跑县”建设，走集群发展之路

永和县坚持把工业经济作为主攻方向，紧抓“三气”综合开发试点县契机，强力推进能源工业成链集群发展，着力打造以天然气开发利用为主导，新

---

① 《大道如虹踏歌行——永和县五年来高质量高速度转型发展综述》，临汾新闻网（2021年9月25日），http：//www.lfxww.com/2021/lfdbdh/2671933.html，最后检索日期：2022年6月6日。

能源产业、农副产品加工为支撑，物流信息产业、文化旅游产业为补充的“一区五园”综合产业发展集聚区。①

一是提升天然气产能，不断完善天然气“产供储销”体系。抓好增储上产，健全勘探开发联合审批机制，努力打造全省最大的非常规天然气生产基地。延伸产业链条，谋划实施天然气制氢。扩大天然气入户覆盖面，让人民群众共享资源开发红利。

二是培育壮大光伏发电等新兴产业，打造新兴工业产业集群。大力发展光伏发电产业，累计投入 4. 34 亿元，建成屋顶光伏电站 2136 座、村级光伏电站 103 座、集中式光伏电站 1 座，成为壮大村集体经济、支撑群众长期稳定增收的主要产业。发展壮大商贸流通业，谋划建设现代物流园，打造农产品和工业品物流集散、配送基地，推动现代物流降本提质。

三是加快工业园区建设，打造产业集聚区升级版。全面推动集聚区建设提质增速，在项目、资金、政策等方面倾斜支持，加快标准地出让和标准化厂房建设，谋划实施 35 千伏变电站、污水处理设施、集中供水、垃圾中转站等项目。建立集聚区营运公司，推动设施租赁、运维管理更加规范化、精准化。积极争取中央预算内投资、专项债券等支持，谋划包装“PPP”项目，撬动社会资本参与建设，全方位提升园区要素供给能力和产业吸纳能力。

4. 聚焦文旅产业融合发展“品牌县”建设，走融合发展之路

永和县坚持以文化资源为基础、龙头景区为核心、全域旅游为统揽，着力打造“国际旅游目的地”，提档升级文旅产业。

一是打造黄河板块核心景区，推动乾坤湾 5A 级景区创建。举全县之力全力推进乾坤湾 5A 级景区创建，高规格推动，高起点谋划，高效率推进，精品化打造乾坤湾景区。同时，加快游客服务中心、“99”黄河国家健身步道等沿黄现代农业文化旅游综合开发项目建设。

二是完善基础设施，形成全域旅游发展新格局。将旅游开发与生态治理有机结合，全面系统谋划，围绕“快进慢游深体验”的建设目标，高标准完成了东征旅游路等一批旅游公路项目，初步形成景区公路大循环，构建起“城

---

① 《大道如虹踏歌行——永和县五年来高质量高速度转型发展综述》，临汾新闻网（2021 年 9 月 25 日），http：//www. lfxww. com/2021/lfdbdh/2671933. html，最后检索日期：2022 年 6 月 6 日。

景通、景景通”全域旅游新格局。特别是“黄河一号”旅游公路建设过程中，规划建设主体、慢行、景观、服务、信息五大系统，同时充分考虑沿线生态治理和保护，坚持“边建设、边修复、边治理”。

三是全力推进品牌创建，提高服务质量。以“黄河一号”旅游公路和“0km”标志文化驿站为中心，整合沿线各类旅游资源，规划一批精品旅游线路。以游客为中心，做精永和特色美食，打造高端酒店、特色民宿，提升“吃住行游购娱”的品质。实施历史文化资源保护利用、红色资源保护管理利用等“六大工程”，打造“永和礼包”系列产品和黄河玉石、永和剪纸、泥塑等文创精品，推出民俗表演、非遗展示、互动体验等演艺项目，发展“文化+”“体育+”新业态，开展文旅资源展示推介、学术交流等活动，提升永和文旅品牌影响力。

（四）让人民群众共享发展成果，赋能高质量发展

满足人民日益增长的美好生活需要是高质量发展的出发点和落脚点。永和县是革命老区，曾是国家扶贫开发工作重点县、山西省10个深度贫困县之一。永和县坚持抓党建促脱贫攻坚，构建传统产业、新兴产业协同推进的产业扶贫体系，不断增强人民群众获得感、幸福感、安全感。2020年2月27日省政府正式批准永和县退出贫困县序列，剩余贫困人口全部脱贫，“两类户”全部消除返贫致贫风险；“四好农村路”、光伏扶贫、扶贫资金资产管理、内生动力激发等典型做法得到上级部门的充分肯定。

1. 抓党建促乡村振兴，党建与乡村振兴融合共进

永和县认真贯彻落实习近平总书记关于抓好党建等重要指示精神，始终把抓党建促发展摆在突出位置，坚持在党建工作中凝聚发展力量、创新发展模式、扩大发展成效，实现了党建与乡村振兴融合共进、同频共振，推动乡村振兴取得明显成效。

一是建强基层党组织，抓责任强担当。坚持党政同责同抓，组建县级总部统筹指挥，乡级战区作战，上下联动、尽锐出战的指挥体系。选拔优秀干部进入乡镇领导班子，把最精锐的力量挺在发展前沿。推动组织阵地提档和党员队伍提质，坚持常态化整顿软弱涣散村党组织，实行“抓两头、带中间”的激励机制，有效激发农村党组织发展活力。积极创优组织设置形式，把党组织建

在产业链上，把驻村队伍聚在产业链上，在产业相近、地域相邻、资源互补的村组建联合党委，在农村新型经营主体设立党小组。

二是推动集体经济壮大提质。锚定“党建引领、光伏为基、多元发展”工作思路，出台《永和县发展壮大村级集体经济五年规划（2021—2025）》，为壮大集体经济领航定向。坚持把发展壮大村级集体经济作为“书记工程”，作为目标责任考核硬性指标，不断完善工作机制。到2021年底，全县集体经济总量达到2333.7万元，65个村全部达到10万元以上，其中18个村达到50万元以上。

2. 构建产业体系，推进脱贫攻坚成果与乡村振兴有效衔接

永和县依托一村一品一主体，着力优化提升传统产业、发展壮大特色产业、培育打造新兴产业，构建起“三位一体”产业体系，创新性地开展生态、光伏、保险、旅游等项目，以产业壮大统揽经济社会发展全局。

永和曾是深度贫困县，又属生态脆弱区。永和县实施生态建设、退耕还林、生态管护、经济林提质增效“四大工程”，成立36个造林专业合作社，让有劳动能力的农户成为护林员、参与造林绿化获得工资性收入。持续实施干果经济林提质增效6.6万亩，培养了一批农村经济林管理技术队伍。

2016年，永和县抢抓国家光伏扶贫政策机遇，大力发展光伏发电产业，实现了“三个全覆盖”。① 同时创新“光伏+农业”“光伏+文旅”等发展模式，大力发展“板下经济”。利用光伏列阵的间隙，种植中药材、农作物，提高土地利用率。为确保光伏收益的精准分配，探索出“三化”路径：一是规范化管理，制定《村级光伏扶贫电站收益分配管理办法》，明确光伏收益精准用于特殊困难户、公益事业建设和公益岗开发，财政补贴资金按季统筹划拨；二是差异化分配，动态管理评价，严格公告公示，鼓励群众通过劳动获得收入，坚决避免泛福利化；三是重点化保障，制定公益岗职责和监管办法，因事设岗、因人定岗、因岗定薪。

永和县积极探索“保险+扶贫”的扶贫路径。2019年制定出台了《“一揽

① 一是符合条件且有意愿的贫困户5kW屋顶光伏电站“全覆盖”，占建档立卡贫困户的32.5%，年收益普遍达到4500元以上，最高达到8000元。二是所有行政村200kW村级光伏电站“全覆盖”，各村年均收益达26万元。三是所有建档立卡贫困户光伏受益“全覆盖”，通过公益岗工资、公益事业劳务薪酬、奖励救助等渠道，最高受益达10000余元。

子”保险实施方案》《关于进一步规范产业扶贫项目运行相关事项的通知》，共涉及四大类21项，包括返贫保险、基本生活保障类保险7项、种植业类保险8项、养殖类保险5项，参保金额1985.95万元，起到了兜底保障作用。同时，理顺了村集体、合作社、贫困户在资产收益扶贫项目中的权责，明确了财政资金的产权归属，完善了资金注入方式和收益分配办法，建立了扶贫资金资产管理平台，加强了扶贫资金项目的规范管理。

三　永和县实践对山西省沿黄县（县级市）经济文化高质量发展的启示

黄河流域生态保护和经济发展事关中华民族伟大复兴的千秋大计，2021年10月8日，中共中央、国务院印发的《黄河流域生态保护和高质量发展规划纲要》指出，要在“高质量高标准建设沿黄城市群”的同时，“因地制宜推进县城发展”。永和县积极贯彻黄河流域生态保护与高质量发展要求，在高质量发展中突出生态优先，推动大保护、大治理，统筹协调全域经济，分类打造特色园区，建立健全民生保障制度，为山西沿黄其他县（县级市）的高质量发展提供了重要借鉴。

（一）突出生态优先，推动绿色发展

山西沿黄县（县级市）生态环境较为脆弱，经济发展缓慢，处理好生态环境与发展的关系既是重大责任，也是巨大挑战，必须走一条“生态优先，推动绿色发展”的道路。

深入贯彻“绿水青山就是金山银山”的发展理念，必须把生态建设作为经济社会发展的重要内容，统筹部署，系统规划，制度保障，跟踪落实。坚持生态优先，统筹推进山水林田湖草沙系统治理，发展绿色经济。持续实施天然资源、公益资源的保护与新治理资源的管护，创新采用“托管”制度，委托专家及专业公司管理、监察。深入学习永和“三北”防护林建设工程的“亮剑”精神，打生态治理的持久战，为绿色产业提供源源不断的动力与基础。创新“生态+体验”“生态+旅游”“生态+研学+旅游”等发展模式，打造生态旅游示范基地。

（二）做好全域统筹，破解发展突出问题

全域统筹，要求改变原有“摊大饼”式的空间发展模式，将县域作为整个经济发展载体，集中力量攻破突出问题，实现社会经济一体化发展，蹚出一条有效的经济高质量发展道路。

全域统筹，破解发展难题，协调城乡差异、各村差异、各生态区的差异，分析各要素经济基础与功能差异，统筹制约发展的交通、生态、资金、人口等问题，全力推动经济社会发展。山西沿黄各县（县级市）领导、党员干部应立足县情实际，按照“建设一处，带动一片，发展一方”的总要求，统筹布局、规划蓝图、敢于担当、推进创新，做黄河流域生态保护与高质量发展的排头兵。

全域统筹，要求将整个县域纳入旅游发展体系，发展循环旅游。以交通带动实现“城景通、景景通”旅游大循环目标，秉持“全域旅游、全季旅游、全业旅游”理念，依托重点特色景区，采取“景区+村庄”“景村一体化”等方式，鼓励群众开办农家乐、发展采摘园，吸引游客体验沉浸式乡村生活。同时做好旅游服务配套工作，将旅游景点与饮食、住宿、交通、购物有机结合，保障游客真正体验休闲游，到景点可体验美食、到景点可住宿、往返景点可接送。

（三）注重因地制宜，优化产业布局

沿黄各县（县级市）的产业布局要从实际出发，划分区域、因地制宜、因村施策，坚持传统产业与新兴产业协同推进，将特色产业作为调整产业结构、优化产业布局的突破点，加速产业升级。

依托地域资源与基础产业优势，创建高标准、现代化、规范化、专业化的特色经济作物示范园区、畜牧养殖产业园区、优质农作物种植园等，按照“区域化布局、规模化发展、标准化生产、品牌化营销、市场化运作”的发展思路，夯实“三农”基础，稳步提升传统产业。

在巩固传统产业发展的同时，在新能源较为丰富的区域发展光伏、电力、天然气等新兴产业，建立新兴工业产业园区。要以新能源产业为主体，促进多元化发展，创新其与农业、文旅有机结合的发展模式，延伸拓展产业链，一地多用、因地制宜，大力发展种植业、旅游业，推动产业融合发展。

结合本地生态、美食、民居、习俗、历史、非物质文化遗产等特点，创新

“生态+旅游”“农业+旅游”“文化+旅游”等发展模式，建立特色生态文化休闲园、农业采摘体验园、民俗风情园、历史文化园，打造风格鲜明、颇具质量的旅游业品牌，推进以旅游业为主体的第三产业绿色、健康、有序发展。

（四）共享发展成果，兜底社会保障

物质基础是社会发展的首要条件，也是重中之重。改善民生，首先要改善民众的物质生活条件，让其共享经济发展的物质成果。在物质基础之上，沿黄各县（县级市）要以提升民众个人素质、改善民众精神生活为目标，共享精神文明成果。

第一，改善民众生活环境，完善基础设施修建，保障农村群众基本生活需求。第二，在发展过程中提高民众就业率，以就业增收为目标，组织开展职业技能培训，切实提升居民就业技能、岗位技能和创业技能，努力实现全县劳动力充分就业。第三，以特色产业带动民众投入参与，实现共同致富，走一条企业发展、农民增收的双赢道路。第四，拓宽农副产品线下营销渠道，促进居民创收。第五，共享知识资源成果，提升民众科学文化素养、培育地方人才，丰富民众生活。

（五）坚持合作共赢，协同推进大治理

实现沿黄各县（县级市）高质量发展必须坚持合作共赢、协同推进大治理。在发展经济的同时，积极与专家、高校合作，聘请技术顾问开展技术指导，为推动农村集体经济发展提供强有力的人才支撑和智力支持；与高校开展“县校合作”，深挖旅游资源，建立产品研发基地；与中小学校合作，建立学习基地，创新发展游学模式，推动产业发展规范化、专业化、标准化、品牌化。

积极加快县企合作、村企合作步伐。充分发挥政府人员服务职能，与企业谈项目、资金，签署合作计划。政府通过引导、鼓励农户参股农业龙头企业、合作社等方式，实现农民资金变股金式增收；聚焦集体经济产业发展需要，探索“村村联合”“村企联合”等模式，成立旅游联村、产业联村，推动村民、集体、企业协同发展、共同受益。

积极打造山西沿黄经济带，促进高质量发展。每年定期举办山西沿黄各县

（县级市）生态保护与高质量发展论坛，邀请专家学者献计献策；召开民众听证会，广泛调动民众与社会积极参与发展，找出适合本地的高质量发展道路；充分整合各地优势资源，合力寻找问题，逐一攻克难题，实现各县（县级市）共同发展、协调发展、可持续发展。

参考文献

杜华：《构建沿黄九省区经济协同发展合作机制研究》，《区域经济评论》2021 年第 2 期。

葛茂卉、雷勇、冯志强：《魂牵梦萦乾坤湾，诉说不尽黄河情——走进永和黄河蛇曲国家地质公园》，《自然资源科普与文化》2021 年第 1 期。

雷豪：《加快山西沿黄地区生态保护和高质量发展》，《山西日报》2021 年 8 月 24 日。

解德辉、杨海良：《依托黄河资源禀赋，厚植文旅发展优势》，《吕梁日报》2021 年 12 月 17 日。

李玉明：《山西古今地名词典》，三晋出版社，2009。

（清）王士仪：《永和县志》，康熙四十九年（1710 年）刻本。

永和县志编纂委员会编《永和县志》，山西人民出版社，2019。

B.25 乌梁素海流域生态修复保护研究

张建斌　訾翠霞*

摘　要：　党的十八大以来，我国在生态治理方面取得了较为明显的成效，但是生态治理工作仍然存在很多困难与挑战，比如生态保护与经济发展如何兼顾平衡、生态治理所需的经费如何保障、生态治理相关的政策法规不健全等，这些问题具有长期性、艰巨性，我国要实现生态环境治理的可持续性，必须要解决好这些问题。位于黄河“几”字弯顶端的内蒙古自治区巴彦淖尔市，地理位置独特，其境内乌梁素海的生态修复保护工作得到过习近平总书记多次指示批示，生态地位非常重要。近年来，巴彦淖尔市坚持走“生态优先、绿色发展”的路子，积极探索出了一条体现巴彦淖尔特色、符合客观规律、可持续发展的乌梁素海生态治理之路，对沿黄其他省区具有一定的借鉴和参考价值。

关键词：　绿色发展　生态修复　乌梁素海

河湖安澜，须久久为功。绿色发展是构建高质量现代化经济体系的必然要求，是解决污染问题的根本之策。河湖资源的优劣不仅关系整个黄河流域水资源的保护利用，更关系子孙后代的健康发展。

党的十九大以来，习近平总书记多次考察黄河流域生态治理情况，发表重要讲话并做出重大决策部署，为黄河流域的生态治理提供了方向和遵循。在“构建政府为主导、企业为主体、社会组织和公众共同参与的环境治理体系”的

* 张建斌，内蒙古巴彦淖尔市社科联党组书记、主席，高级经济师，主要研究方向为区域经济、区域文化；訾翠霞，内蒙古巴彦淖尔市社科联工作人员，讲师，主要研究方向为政治、文化。

指导下，各地积极探索总结出许多好经验、好做法。这些好经验、好做法坚持问题导向与目标导向相结合、理论与实际相结合，精准施策、因势利导、勇于探索、大胆创新，体现了“尊重自然、顺应自然、保护自然”的生态文明理念，形成了一批践行“绿水青山就是金山银山”的典型案例，具有较强的可推广性和可借鉴性，为各地生态保护修复提供了参考。

2018 年 3 月，习近平总书记在参加十三届全国人大一次会议内蒙古代表团审议时第一次提到乌梁素海生态综合治理，他强调：“要加快呼伦湖、乌梁素海、岱海等水生态综合治理，在祖国北疆构筑起万里绿色长城。”此后，总书记先后 7 次对乌梁素海生态治理做出重要指示批示。按照习近平总书记的指示批示精神，中央财政下达了 20 亿元基础设施建设奖补资金用于乌梁素海流域生态保护修复工程，该工程总投资 57.46 亿元。2019 年，该试点工程项目在乌拉特前旗红圪卜排水站启动，乌梁素海综合治理开启了新篇章。自此，以实施国家试点工程为抓手，巴彦淖尔开展乌梁素海系统治理，促进了巴彦淖尔市一二三产业的融合发展，提升了区域生态、经济价值，构建起了经济发展和生态保护协调发展的新型生态治理格局。

一　乌梁素海流域概况

乌梁素海位于内蒙古巴彦淖尔市乌拉特前旗境内、河套平原东端，其蒙古语意为红柳湖，素有“塞外明珠”美誉，既是地球同一纬度上的重要湿地，也是中国黄河流域最大的淡水湖泊。乌梁素海流域地理位置的特殊性决定了其生态功能的重要性，它是我国“北方防沙带”的重要组成部分，是沿黄生态环境保护和“两个屏障”建设的重点区域，是我国北方极为重要的生态功能区。乌梁素海是受地质运动、黄河改道和河套水利开发影响而形成的河迹湖，总面积约 300 平方千米。乌梁素海湿地是众多野生鸟类钟爱的繁殖迁徙停歇地，其所在地乌拉特前旗被称作“中国疣鼻天鹅之乡”。

（一）自然地理概况

气候类型：乌梁素海流域地处中纬度地区，位于大陆深处，远离海洋，地势高漫，属中温带大陆性气候。这里冬寒夏炎，四季分明，降水少、温差大，日照足、蒸发强，春季短促、冬季漫长，无霜期短、风沙天多，雨热同季。年平均气温 7.4~8.8℃，极端最低气温-30.5℃，极端最高气温 40.1℃，无霜期146~151 天。

地质特征：河套灌区内的平原地貌可分为三种类型，即狼山、乌拉山山前冲积洪积扇形倾斜平原，黄河冲积湖积平原，乌兰布和近代风积沙地。整个河套平原基本上被冲积物、冲洪积物及风积物所覆盖。乌梁素海流域在地质构造上属于内陆断陷盆地，第四纪河湖相沉积极厚，一般在 1000 米左右，地层主要由粉土层和砂类土层组成。乌梁素海流域总的地势自西南向东北微倾，平坦开阔，局部有一定的起伏，形成岗丘和洼地，这一特点对土壤盐渍化的形成有直接影响。

河流水系：乌梁素海流域是一个独立、封闭的流域体系，包括整个河套灌区、乌梁素海湖区、乌拉特前旗、乌拉特中旗与乌拉特后旗的阴山南麓部分和磴口县的一部分。乌梁素海湖水的补给源主要来自乌梁素海流域的灌、排水。乌梁素海作为流域排水唯一的承泄区，西岸自北至南有义和渠、总排干沟、通济渠、八排干沟、长济渠、九排干沟、塔布渠和十排干沟等主要灌排渠沟入湖，平均每年向乌梁素海排水 4 亿立方米，湖水经乌毛计退水闸通过总排干沟出口段至三湖河口补入黄河。此外，还有大气降水、地下径流的补给。湖水的排泄途径以蒸发为主，其次是退水和渗漏。经过多年建设，流域形成了引水、排水、乌梁素海调蓄、退水入黄的完整水循环系统，在维持灌区水环境系统平衡等方面发挥着重要作用。

（二）社会经济概况

乌梁素海流域总面积 1.2 万平方千米，占全市总面积的 18%，但流域的经济总量、人口总量和财政收入均占到 85%以上，是巴彦淖尔市的政治经济核心区域，在全市经济中占有非常重要的地位。

20 世纪，在巴彦淖尔几代人的共同努力下，在乌加河到黄河之间，开挖形成了总长度 6.5 万千米的“农田—乌梁素海—黄河”“一首制”自流灌排渠系完整水系。今天的乌梁素海流域就是由人工建造的水系与自然孕育的乌梁素海共同组成的，包括河套平原、黄河湿地、众多湖泊，是人工和自然完美融合的典范。乌梁素海每年向大气补水 4 亿立方米，每年约有灌溉 1100 万亩耕地的农业退水经过乌梁素海调蓄净化之后再排入黄河，对调节我国北方气候和黄河干流水量、保护黄河和北方生态安全发挥着非常重要的作用，是黄河生态安全的“自然之肾”。

作为黄河流域最大的功能性湿地，各种生态要素在这里相互依存、共融共生，“山水林田湖草沙是一个生命共同体”的理念在这里得到了最好诠释。然而，在自然和人为因素共同作用下，“自然之肾”变成了“生态之患”。从20世纪90年代起，随着我国经济社会的快速发展，黄河流域用水量不断增加，黄河水流量减少，乌梁素海的自然补水量不足，再加上河套灌区的污水排入乌梁素海，致使乌梁素海流域的地质环境出现问题，同时也伴随着沙漠化、草原退化、水土流失等生态环境问题的出现，乌梁素海流域的重要生态屏障功能遭到严重破坏。点源、面源、内源污染，生态补水不足，等等，在各种因素的共同作用下，乌梁素海水质日益恶化，湖区面积逐步缩减，流域生态治理迫在眉睫。

二　乌梁素海践行“绿水青山就是金山银山”理念的创新做法

近年来，巴彦淖尔市按照系统治理、整体布局的思路，坚决贯彻习近平总书记的生态文明思想，并将生态治理作为重要政治任务加以落实，科学编制乌梁素海全流域治理规划，“湖内的问题，功夫下在湖外”，围绕山水林田湖草沙能力建设和点源、面源、内源、水生态治理等方面，整合各类资源，争取各级项目支持，乌梁素海流域综合治理正在转化为积极践行“绿水青山就是金山银山”理念的生动实践。

（一）统筹推进全流域综合治理

乌梁素海生态治理从来不是一个孤立的课题，问题在水里，成因在岸上。巴彦淖尔深刻认识到，做好乌梁素海流域生态环境保护治理，必须从源头抓起，坚持系统观念、协同增效。围绕生态服务功能提升，采取生态系统网络化治理模式，统筹自然生态系统性整体性的自我修复与保护。

巴彦淖尔推进实施了9个乌梁素海综合治理工程项目，包括实施乌梁素海生态修复补水专用通道工程，利用黄河北支故道，建设生态修复补水专用通道，实现黄河过境活水调剂，改善乌梁素海流域水生态环境；实施乌梁素海水生态治理和保护修复工程，推动北侧小海子湿地治理与恢复、沉水植物打捞、八九排干河口湿地配套、湿地科研试验教育基地、湖区生态观测、生物多样性保护等项目建设；实施乌梁素海流域面源污染综合治理工程，全面开展“控肥、控药、控水、控膜”行动，实施黄河流域河套灌区水生态环境监测评价及科研平台能力建设项目；实施乌梁素海流域点源污染治理工程，完善市域、中心集镇和乡镇污水处理系统，推动有条件的乡村建设污水收集转运系统；实施乌梁素海湿地自然保护区国家重要湿地保护与恢复建设项目，实施退养还湿、退耕还湿、排水退化湿地修复工程；推动建设保护区管理标识、巡护管护系统等基础设施；实施湿地保护与恢复建设项目，通过生态补水、保护管理、科研监测、宣传教育等，加强湖泊湿地保护与恢复及能力建设；实施乌梁素海生态修复工程（暨耕地占补平衡项目），通过农田整治措施形成新增耕地指标，实现耕地占补平衡；实施乌梁素海周边超采区治理地表水置换地下水节水灌溉工程，通过河套灌区内部农业节水，为超采区置换地下水，腾出水源实行节水灌溉，恢复地下水位和原引黄灌溉面积，实现采补平衡；实施乌梁素海生态调控产业项目，编制乌梁素海水生态安全评估和生态调控方案，逐步开展乌梁素海生态调控等产业项目。通过实施这些生态保护修复系统工程项目，进一步加强湖区内源治理、强化面源点源污染治理、加强周边生态环境整治、推进湿地生态系统恢复、构建生态防护带及景观绿化带，乌梁素海水生态综合治理和乌梁素海流域山水林田湖草生态保护修复收到了预期成效。

（二）建立多元化生态保护修复机制

一方面，近年来国家有关部门不断推进生态保护补偿制度建设，推动建立市场化、多元化生态保护补偿机制，已初步形成多方位、多层次的生态保护补偿政策体系。巴彦淖尔积极争取中央等各级、各类财政专项奖补资金，加大对重点生态功能区的投入力度，适度提高对森林、草原、湿地的补偿标准。以点带面形成多元化生态补偿政策体系，完善在退灌还水、退耕还湿、水土保持等工程实施中受影响的农民补偿资金转移支付长效机制，推动乌梁素海流域粪污完全腐熟化还田，实施秸秆多元化利用，逐步建立覆盖全流域的生态保护机制。

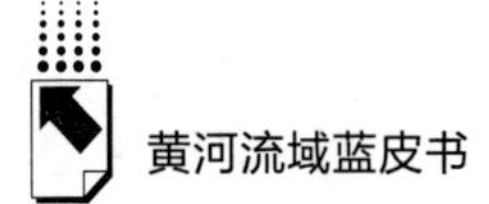

另一方面，加强草原生态保护修复。严格执行基本草原保护制度，落实草原生态保护补助奖励政策，完善草畜平衡和草原禁牧休牧制度，恢复草原生态多样性。加快退化草原生态修复治理，探索实施草长制。加强草原鼠害等生物灾害监测预警和防控能力建设。探索开展草原生态价值评估和资产核算。创新草原生态修复金融支持与保险机制。同时，加强森林资源保护修复。科学开展大规模国土绿化行动，依托天然林资源保护、京津风沙源治理、森林质量精准提升等林业重点工程，实施通道、村庄、厂矿园区、城镇周边、农田防护林五大重点区域绿化。大力开展植树造林和森林经营，推行林长制。全面推广经济林产学研一体化模式，促进经济林产业发展。优化整合自然保护地，加强公益林、野生动植物、古树名木保护。推进植物生物多样性监测、预警和信息网络平台建设。

（三）鼓励和吸引社会资本参与生态保护

巴彦淖尔市属于经济欠发达地区，依靠本地政府投入资金进行生态治理的压力较大，经济实力和地方财力薄弱是巴彦淖尔生态治理的最大短板和瓶颈。生态治理项目资金的来源是中央资金、自治区资金、地方政府资金、企业自筹资金、其他途径资金。市政府采取多种措施，积极拓宽融资渠道，为生态治理提供资金保障。

一方面，主动融入国家发展战略，享受政策红利，争取上级资金支持。如，巴彦淖尔地处西部，可融入新时代西部大开发战略；巴彦淖尔又是“一带一路”重要节点城市，可融入国家“一带一路”建设；巴彦淖尔是黄河“几”字弯上的重要区域，可融入黄河流域生态保护和高质量发展战略；巴彦淖尔属于民族地区，可享受国家对民族地区的支持政策，等等，这些有利条件为巴彦淖尔市的绿色高质量发展提供了历史机遇。

另一方面，除了积极争取上级项目和资金支持外，巴彦淖尔市采取企业自筹、银行贷款、社会融资、资本市场化运作、商业建设运作委托、社会与民间募集等方式筹集资金，作为具体项目的补充资金，不断创新生态治理投融资模式，强化社会资本合作，形成了“政府主导、部门负责、市场推进、社会参与”的多元投入格局。如，与中国建筑集团、中国交通建设集团等大型公司开展投资合作。又如，充分利用 PPP、政府购买服务等多种合作模式，通过安排预算和地方政府债券等多方面筹集资金。联合市政府投资平台、央企工程主要实施方及战略投资人共同出资设立专项基金。这些都是有益的尝试。

（四）引导社会公众多方参与生态治理

生态污染主体的多元性决定了生态治理主体的多元性。这就要求在实施生态治理过程中政府、企业、社会公众等各方参与、协同合作、共同发力。巴彦淖尔市在生态治理中注重不断提升全社会生态环境保护意识，引导公众积极参与水生态环境保护行动，形成文明、节约、绿色的消费方式和生活习惯。积极推动各类社会主体共同参与到生态治理中来，形成多元参与、协同治理的格局。实际工作中的主要经验有建立企业环境信息披露制度，完善乌梁素海生态保护治理政务信息公开制度，确保信息畅通和准确，及时向社会发布乌梁素海水生态环境状况和重点污染企业排污情况。召集公众、企业、社会团体等，召开听证会、论证会，对涉及生态安全和环境权益的重大问题进行协商研究。充分发挥媒体监督作用，坚持电视、广播、报纸、网络等新闻媒介的正确舆论导向。

三　取得的成效

“十三五”期间，全国生态环境保护大会确立了系统完整的习近平生态文明思想，生态文明建设和生态环境保护的成效前所未有。乌梁素海流域绿色发展、治污减排、风险管控等一系列治理体系和措施相继建立和实施，综合治理规划及流域山水林田湖草沙生态保护修复国家试点项目取得重要进展，生态环境保护管理能力不断加强，生态修复补水通道工程得到国家有关部门和自治区的大力支持。当前，乌梁素海流域的生态保护与治理已初见成效。

（一）生态效益方面

通过在流域内全面实施“四控行动”和推广施用有机肥，增加土壤有机质含量，提高土壤蓄水、保水等生态功能，有效降低了流域内次生盐碱化和沙化程度。同时，在乌梁素海流域开展更为严格的生物多样性保护，保护珍稀鸟类，为乌梁素海流域野生物种提供繁殖、栖息空间，进一步提高了生物多样性，提高了

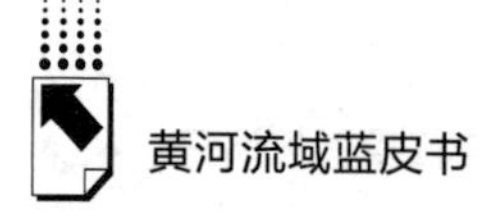

乌梁素海生态稳定性。巴彦淖尔市林草部门采取整治湿地环境、严厉打击违法行为、开展候鸟疫病监测防控等综合措施，实施国家湿地生态保护示范、湿地生态效益补偿、生态定位站等工程建设项目，野生动物生存环境得到极大改善，湿地生态也明显好转。另外，巴彦淖尔市乌拉特国家级自然保护区管理局完成了与多所科研院校（所）合作开展的乌梁素海湿地水禽自然保护区昆虫多样性监测、水鸟监测、植物群落调查等科研监测调查项目的成果申报备案，完善了相关基础数据，为下一步提升科研水平、强化成果转化提供了基础。

通过上游实施生态环境综合整治等项目，流域水循环、内河道水动力、湖体和湿地的生态环境质量得到大幅提升，乌梁素海得到充足的生态补水，乌梁素海流域的沙漠化进程得到有效遏制。经过多年的系统性流域综合治理，乌梁素海流域山水林田湖草生态保护修复国家试点工程基本完工，乌梁素海湖区水质稳定在五类，乌兰布和沙漠治理区被评为国家“绿水青山就是金山银山”实践创新基地。乌梁素海水域面积恢复到 293 平方公里，东西宽 5~10 公里，南北长 35~40 公里，最大库容达到 5.5 亿立方米。据 2021 年统计数据，乌梁素海流域有记录陆生脊椎野生动物 28 目 64 科 94 属 304 种。其中，兽类 5 目 9 科 20 属 28 种，鸟类 21 目 48 科 65 属 258 种，爬行类 1 目 4 科 6 属 13 种，两栖类 1 目 3 科 3 属 5 种。有国家Ⅰ级重点保护鸟类 15 种，国家Ⅱ级重点保护鸟类 51 种。根据乌梁素海流域鸟类是否迁徙以及迁徙方式的不同，将居留型分为 5 类，其中夏候鸟 95 种、冬候鸟 14 种、旅鸟 103 种、迷鸟 3 种、留鸟 34 种，还有 9 种尚未确定居留型。如今，乌梁素海水碧波清、芦苇摇曳、鱼鸟成群，乌梁素海的水质全年优于五类。

通过修复乌梁素海湖区及周边湿地生态系统，提高生态服务功能，有效发挥湖泊湿地的降解净化能力，经由乌梁素海排入黄河的水质达标率达到 100%。通过综合治理，有效降低乌梁素海水质主要污染物 COD、总氮、氨氮和总磷浓度。在完成治理目标的同时，增强了乌梁素海流域生态系统的稳定性与生态服务功能。

（二）经济效益方面

实施生态修复，可以合理调整产业结构，促进现代牧业、生态旅游业、生态水产养殖业等绿色产业的壮大，为当地经济可持续发展奠定基础。通过建设河套全域绿色有机高端农畜产品生产加工输出基地，因地制宜，挖掘河套品牌价值，带动了产业发展，提高了粮食产量。坚持全新发展理念，加强品牌建设，不断夯实农牧业基础，培育了一批优质农畜产品生产加工企业，提高了农牧业效益，促进了农牧民稳定增收。如，流域周边农牧民主动调整种植结构，种粮不用化肥、不覆膜，只用畜禽粪便，人工拔草，小麦加工面粉可以申请绿色食品标志，每户每年增收 4 万余元。外出务工人员返乡创业，将芦苇粉碎后做成菌棒，发展木耳产业，面积 1400 平方米的大棚，一年利润 10 万元左右。

通过实施生物多样性保护工程以及乌梁素海湖体水环境保护与修复等系列工程，乌梁素海湖区及周边人工湿地自然景观得到整体提升，恢复了乌梁素海“塞外明珠”的风貌，带动了当地旅游业的发展，使旅游成为地区经济新的增长点。

（三）社会效益方面

乌梁素海流域人居环境明显改善，群众幸福指数不断提升，百姓能充分享受良好生态环境所带来的福祉，形成人与自然和谐相处的新局面。乌梁素海综合治理的成果获得多方肯定。2018 年，巴彦淖尔市被国家林业和草原局列为全国防沙治沙综合示范区、巴彦淖尔五原县 5 万亩盐碱地改造产业园成为全国样板区。2020 年 12 月乌梁素海旅游景区被评为国家 3A 级景区。2021 年，乌梁素海流域保护修复入选世界自然保护联盟中国十大特色生态修复典型案例和自然资源部发布的《社会资本参与国土空间生态修复案例（第一批）》名单，其综合治理入选中国改革 2021 年度案例。

四　乌梁素海生态治理实践的启示

乌梁素海生态治理实践从可持续发展所面临的问题出发，注重从源头上寻找解决途径，这对其他地区实施生态治理具有一定的启示和借鉴意义。具体来说，有以下五个方面。

（一）强化组织领导，明确责任分工

巴彦淖尔市政府是生态治理工程项目规划的责任主体，相关旗县区为

项目实施的责任主体，负责落实本辖区内的项目，制定项目实施的时间表，建立本辖区目标责任，负责工程项目实施的有关组织和协调工作。市各有关部门按照工作职责，明确指挥部、建设单位、行业主管部门、各旗县区的责任分工，各司其职，协同推进规划项目建设。各部门加强统筹协调，树立乌梁素海流域治理“一盘棋”思想，实现区域与区域、部门与部门之间统一协调和协同配合。严格落实“河长制”，以问题为导向，层层压实河湖管护责任，落实工作任务，由全面建立向全面见效转变，科学有效管理保护乌梁素海流域。探索建立“田长制”，以削减土壤和水环境农业面源污染负荷、净化产地环境为核心，夯实各级政府农业面源污染治理主体责任。

（二）坚持统筹谋划，实施生态全要素综合治理

山水林田湖草沙是一个生命共同体，这是习近平生态文明思想的重要内容。生态环境是由多种生态要素共同构成的，这就要求我们必须坚持系统思维，整体谋划，遵循生态系统的自然规律。乌梁素海生态治理之所以能取得好的治理效果，其中很重要的原因就在于系统治理、综合谋划。

在乌梁素海湖区，实施生态补水、入湖前湿地净化、网格水道、芦苇加工转化等工程，促进水体循环。在湖区周边，推进乌拉山生态修复和乌拉特草原自然修复。在城镇和工业园区，开展点源污染治理行动，加快城镇污水处理设施建设，实现了城镇和工业园区中水最大限度回用，其余部分通过人工湿地净化，进入各级排干沟再进入乌梁素海。在河套灌区，全面开展控肥、控药、控水、控膜“四控”行动。在流域上游，实施乌兰布和沙漠综合整治，形成防沙固沙带，有效阻止沙漠东扩。这些措施统筹考虑了山水林田湖草沙各种生态要素以及各生态系统之间的关联性，把区域、流域看作一个有机整体，打破地域、部门、行业壁垒，实现统筹设计、整体规划、协同治理，实施全区域、全流域、全要素综合治理。

（三）拓宽资金来源渠道，构建多元投入机制

环境污染治理的资金投入是否充足是生态治理能否顺利进行的关键。在经济欠发达地区、地方财政能力弱的地区，更应该拓宽融资渠道，改革创新融资

模式，这样才能有效缓解生态环境治理的资金压力。乌梁素海生态治理工程采取的多元投入机制较好地解决了“钱从哪里来”的问题，对于确保工程可持续实施提供了重要资金保障。

一方面，想方设法争取中央、地方等各级有关部门的资金支持。加强向国家发展改革委、财政部、自然资源部、生态环境部、水利部、林业和草原局等部门的汇报对接，积极争取林业、湿地、草原、湖泊生态环境保护等专项资金，大力推进国家正在实施的水污染防治等重大生态工程，争取各方面资金支持。加快建立政府主导的多元化投入机制，形成多渠道资金筹措体系，强化资金整合力度，保障工程建设的资金使用。加强项目资金使用管理，提高资金使用效率，确保绩效目标按期完成。另一方面，积极引导社会资本投入生态治理。政府充分发挥政府投资的引导作用、放大投资杠杆效应，主动对接经济实力雄厚、管理能力较强的社会资本参与项目建设。充分发挥市场机制的作用，引入专业运营团队，鼓励政策性金融机构投资纯公共物品性质的项目，引导其他投资机构投资具有经济收益、准公共物品性质的项目。积极推进自然资源产权制度改革，理顺各方利益关系，充分释放政策红利，保障工程的长效可持续发展。

（四）搭建交流平台，构建生态治理共治共享新格局

生态治理的出发点和落脚点都是为了满足人民群众对美好生活的向往。生态环境本身具有公共物品性质，生态环境治理具有复杂性、不确定性、环境行为的外部性等特点，这些因素决定了包括政府、企业、公众、社会团体等在内的各类社会主体都应参与到生态治理中来。主体的多元性为生态治理的多元参与提供了可能性。借鉴巴彦淖尔市的经验，建立各社会主体畅通交流的平台，为政府、企业、公众、社会团体等不同主体建立一个能够广泛参与、充分表达不同诉求和优势的交流平台，以解决不同主体之间的信息不对称问题，提高生态治理的透明度，从而提高他们参与生态治理的意愿和效率。

（五）坚持法治观念，完善生态环境保护制度

随着国家和社会对环境资源保护认识的不断增强，相关法律制度建设也不断加快。通过对黄河流域生态环境问题的深度研究、探讨和分析，明确了唯有

依法治理才能够更有力地达到生态环境保护的目的。制定完善相关法律制度成为必由之路和当务之急。在我国颁行的法律法规中，刑事、行政、民事法律条文中都有关于环境资源诉讼方面的法律依据和规定内容，一定程度上为相关类型案件的审理奠定了法律适用和实施保障基础。但是面对新形势新任务新要求，各级政府及司法机关还需要在实务工作中不断总结经验，紧密结合黄河流域生态环境资源保护需求，加强对黄河流域生态环境依法保护新问题的法律适用和诉讼制度研究，适时就黄河流域生态环境资源损害民事责任、环境资源民事公益诉讼等纠纷适用法律进行不断完善，以更加完备的法律制度为黄河流域生态环境依法治理提供更强有力的依据。

“十四五”期间是我国由全面建成小康社会向基本实现社会主义现代化迈进的关键时期，是习近平生态文明思想指导下的现代环境治理体系建设的关键期。巴彦淖尔编制的《“十四五”乌梁素海流域生态环境保护治理规划》成功获批，对全面贯彻落实党的十九大及十九届历次全会精神具有极其重要的意义。立足生态文明发展新阶段，以流域综合治理为核心，坚持目标导向，突出水环境、水资源、水生态“三水”统筹，逐步消除乌梁素海生态隐患，持续改善流域生态环境，显著增强流域生态功能，协同推进黄河流域生态保护和高质量发展等“乌梁素海经验”在不断探索中日益丰富和完善。

参考文献

常志刚：《积极探索河套灌区农业高质量发展的新路径》，《人民周刊》2021年6月22日。

常志刚：《坚持生态优先、绿色发展　探索富有河套灌区特色的农业现代化道路》，《实践》（思想理论版）2021年10月1日。

崔红志、杜鑫：《巴彦淖尔生态治理的实践探索与启示》，《中国发展观察》2022年1月20日。

黄景莲：《生态文明绘新卷　绿水青山踏歌来》，《巴彦淖尔日报（汉）》2022年3月28日。

王紫丁：《让“塞外明珠”绽放更美光华》，《巴彦淖尔日报（汉）》2022年3月29日。

张敏：《乌梁素海生态环境持续改善》，《巴彦淖尔日报（汉）》2021年6月22日。

B.26
宁夏建设黄河文化旅游带创新案例研究

任婕　张万静　马珍*

摘　要： 本文以2022年中国旅游日主题“感悟中华文化　享受美好旅程”为切入点，通过分析黄河文化旅游带的发展脉络与逻辑，介绍了宁夏黄河文化旅游带的弧光。以“宁夏入选2021年度中国旅游产业影响力案例”为切入点，整合分析得出宁夏黄河文化旅游带创新案例离不开“星”旅游、葡萄酒+旅游、休闲旅游等关键词，解构宁夏在黄河文化旅游带建设中的创新发展。

关键词： 黄河文化旅游带　旅游产业　宁夏

2022年5月19日是第12个中国旅游日①，主题是“感悟中华文化　享受美好旅程”。让人不禁想到400多年前徐霞客为探访中华大好河山之美，曾四次考察黄河。他在《溯江纪源》（一作《江源考》）中写道“按其发源，河自昆仑之北，江亦自昆仑之南，其远亦同也。发于北者曰星宿海，佛经谓之徙多河。北流经积石，始东折入宁夏②，为河套，又南曲为龙门大河，而与渭合”。③“河套”的外围，北有阴山山脉，西有贺兰山，黄河在这里浸润了包括宁夏平原在内的万亩良田，孕育出美丽的塞上江南。

黄河是世界第六长河，为了合理利用水资源，大江大河通常都有上、中、

---

* 任婕，宁夏社会科学院助理研究员，主要研究方向为文化旅游、中国少数民族史；张万静，宁夏社会科学院副研究员，主要研究方向为黄河国家文化公园；马珍，宁夏社会科学院助理研究员，主要研究方向为文创产业、马克思主义民族理论与政策。

① 中国旅游日的来源与明朝地理学家、旅行家徐霞客密不可分。

② 明置宁夏卫和宁夏镇，隶陕西省，治今宁夏银川市。

③ 朱惠荣、李兴和（译注）：《徐霞客游记》，中华书局，2021，第2828~2833页。

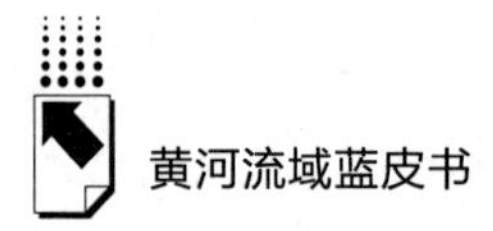

下游之分。宁夏地处黄河上游。根据黄河河道流经区的地理地质、自然环境、水文情况，黄河上游从河源到内蒙古（呼和浩特市）托克托县河口镇，流经宁夏的长度占上游总长的11.46%。中共中央、国务院2021年秋印发的《黄河流域生态保护和高质量发展规划纲要》中详细地为上、中、下游的发展指明了方向，明确提出上游应该“发挥自然景观多样、生态风光原始、民族文化多彩、地域特色鲜明优势，加强配套基础设施建设，增加高品质旅游服务供给”。结合纲要的指导，宁夏积极推进黄河文化旅游带创新发展，加快建设黄河流域生态保护和高质量发展先行区，为加快“三区建设”① 助力。

一　黄河文化旅游带的发展脉络与逻辑

（一）黄河文化旅游带的提出和落地：构建旅游业新发展格局

作为推进黄河流域生态保护和高质量发展的重要抓手，打造具有国际影响力的黄河文化旅游带是2020年伊始习近平总书记在中央财经委员会第六次会议上研究黄河流域生态保护和高质量发展问题时提出和强调的。同年10月的十九届五中全会提出要建设包括黄河国家文化公园在内的四大国家文化公园。同年年底《中共中央关于制定国民经济和社会发展第十四个五年规划和二〇三五年远景目标的建议》在“推动区域协调发展”和“提升公共文化服务水平”中分别指出要推动黄河流域生态保护和高质量发展，建设黄河国家文化公园。2021年“建设黄河文化旅游带”这一决议在文化和旅游部公布的《“十四五”文化和旅游发展规划》中得到明确部署，并在《黄河流域生态保护和高质量发展规划纲要》中重申。2022年伊始，国务院发布《“十四五”旅游业发展规划》，旅游业行业规划由国务院发布对文旅业来说是振奋人心的，该规划进一步明确了建设黄河文化旅游带是布局推动高质量发展的旅游空间的重要内容。在此过程中，黄河沿线九省区相继将黄河文化旅游的相关建设规划列入省级发展蓝图之中，相继出台了有关黄河文化保护、传承、弘扬的规

① 宁夏回族自治区第十三次党代会报告提出加快“三区建设”，即加快建设黄河流域生态保护和高质量发展先行区、加快建设乡村全面振兴样板区、加快建设铸牢中华民族共同体意识示范区。

划，有关黄河流域非遗保护的规划，有关黄河文化旅游发展的规划等。至此，“建设黄河文化旅游带”成为构建我国旅游业新发展格局的重要支撑。

（二）黄河文化旅游带的建设和发展：创新资源保护利用模式

“十四五”时期，新发展格局为黄河文化旅游带创新发展提供了广阔的地理空间和文化场域。文化和旅游部举办黄河文化旅游带建设推进活动，发布黄河主题国家级旅游线路，出版《黄河文化旅游带精品线路路书》。青海省全力打造黄河生态文化旅游带，推进黄河国家文化公园建设，推进文化事业文化产业繁荣发展。四川省提升川西北生态示范区特色文化旅游功能，加快与甘肃省共创若尔盖国家公园工作。甘肃省建设黄河文化保护传承弘扬示范区，统筹推进黄河国家文化公园建设，推进黄河干流航道旅游通航建设，发展“黄河之滨也很美”等黄河主题旅游，打造“锦绣黄河”主题知识产权和品牌形象的黄河文化旅游示范带，并要把兰州建成中国黄河文化旅游之都。宁夏全力打造黄河文化传承彰显区，将文化旅游定为“六优”产业之一，将黄河文化定为推动旅游业高质量发展的“六大品牌”之一，重点推进黄河文化旅游带建设。内蒙古明确黄河文化旅游带建设思路，大力推进黄河国家文化公园建设，塑造推广“内蒙古服务”标准和品牌。山西省积极推进黄河国家文化公园建设，助力沿黄精品景点建设，提升“黄河人家”民宿品牌影响力，打造黄河一号旅游公路，推进“大河上下　民族根魂”黄河文化数字化展示传播。陕西省建设黄河国家文化公园等文化标志性工程、打造传承中华文化世界级旅游目的地和万亿级文化旅游产业集群。河南省深入打造黄河文化传承创新区，加快建设具有国际影响力的黄河文化旅游带，推进黄河文化地标工程建设，实施中华文明探源工程和黄河文化遗产系统保护工程，打造黄河国家文化公园重点建设区，提升黄河文化主题活动影响力。山东省积极推进黄河大数据中心建设，建设黄河国家文化公园，加强黄河重要生态廊道建设，推动黄河滩区重点区域发展，联合打造黄河科创大走廊、黄河现代产业合作示范带，彰显文化旅游业战略性支柱产业地位，打造国际著名文化旅游目的地。此外，在分省区推动黄河文化旅游带规划建设工作的同时，黄河上中下游联动协同推进黄河国家文化公园和黄河文化旅游带建设工作，成立了“黄河流域博物馆联盟”“黄河寻根问祖文化联盟”等，开展“沿着黄河遇见海”新媒体联合推广活动等。

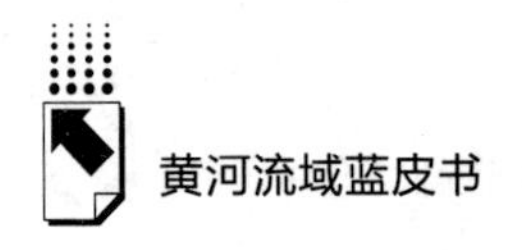

旅游业的发展有其自身规律，不是一蹴而就的。黄河文化旅游带的发展脉络与逻辑，是从中央自上而下的文化强国建设，与黄河沿线省区自下而上的文化旅游强省实践“双向奔赴”、共同发展构建而成的“点状辐射、带状串联、网状协同”的旅游空间新格局，也是创新资源保护利用模式、讲好新时代黄河故事、推进社会主义文化强国建设的重要途径。

二　宁夏黄河文化旅游带的弧光

编剧中有关人物发展变化的概念被叫作“人物的弧光”，宁夏黄河文化旅游带依托黄河对宁夏的浸润和灌溉，从对自然资源、人文资源的保护利用，到黄河金岸的构建，再到立足黄河文化传承彰显区建设，全力推动黄河国家文化公园建设，重点推进黄河文化旅游带建设，也有其发展、变化、成长的“弧光”。

从古至今，大河流域既是文明的诞生地、传播地，也是重要的游览目的地。黄河流经宁夏的流程有 397 千米，宁夏的水洞沟等旧石器时代遗址是黄河诞生文明的见证，宁夏灌区是黄河灌溉下的文明发展缩影，宁夏引黄古灌区是世界灌溉工程遗产之一，沙坡头水利枢纽、青铜峡水利枢纽是黄河在宁夏的重要水利工程，《使至塞上》中“大漠孤烟直、长河落日圆”、《黄沙古渡》中“西望河源天际远，浊流滚滚自昆仑”等描述是游览者眼中的黄河宁夏段自然风光。

宁夏全区共 5 个地级市，从黄河流经宁夏各市的情况来看，黄河干流先后流经中卫市、吴忠市、银川市、石嘴山市，固原市内重要的水域资源最终都流入了黄河。因此有学者表述“宁夏是唯一全域属于黄河流域的省区，因黄河而名、因黄河而盛、因黄河而富”[①]。

表 1　黄河流经宁夏各市情况

地级市	黄河流经情况
中卫市	黄河自西向东穿过中卫市，有“天下黄河富宁夏，首富中卫”之美名。中卫市属黄河上游水利水能开发的重要阶梯地带，是西北可利用水资源最优越的城市*。也是黄河上游第一个自流灌溉市，黄河文化遗产资源十分丰富

① 马建军、冯海英：《黄河文化在宁夏的独特历史文化内涵和时代价值》，《宁夏党校学报》2020 年第 5 期，第 37 页。

续表

地级市	黄河流经情况
吴忠市	吴忠市利通区在黄河东岸，青铜峡市在黄河西岸，黄河文化历史资源分布众多。吴忠市境内共调查统计各类黄河文化遗产 897 处，其中历史建筑 338 处，名村名镇 4 处，传统村落 1 处，水利工程遗产 47 处，人文景观 19 处，工业遗产 6 处，引黄古灌渠 12 处，渡口遗产 2 处，其他遗产 468 处
银川市	东临黄河，是黄河流经的第二个省会城市。黄河文化遗产 437 处。东有黄河胜景、横城古渡、黄沙古渡、鸣翠湖湿地，还有典农河、宝湖、鸣翠湖、鹤泉湖等湖泊水系景观
石嘴山市	黄河流经石嘴山市惠农区、平罗县，自头道墩至黄麻沟。境内共调查统计各类黄河文化遗产 232 处，其中第三次文物普查不可移动文物 153 处，工业遗产 28 处，渡口遗址 2 处，古渠道 3 处，人文景观 14 处，历史建筑 9 处，名村名镇 1 处，水利工程 1 处，新增文物点 21 处
固原市	黄河虽未流经固原市，但固原境内清水河是宁夏境内流入黄河的流域面积最大、最长的支流，泾河、茹河、渝河、葫芦河最终都汇入黄河

* 葛剑雄：《黄河与中华文明》，中华书局，2020，第 50 页。

宁夏旅游业从起步发展开始就十分重视黄河文化旅游资源。20 世纪 80 年代，例如沙湖还是农场的渔湖，沙坡头也仅是腾格里沙漠南缘的一片荒漠，水洞沟的戈壁风沙尽收眼底，镇北堡影视城那时候被用来圈养牛羊，如今已是 5A 级景区。作为旅游业起步较晚的“后进生”，宁夏合理利用自然、人文资源禀赋，整合黄河、大漠、红色文化资源等，逐渐形成极具辨识度的特色旅游品牌——“塞上江南·神奇宁夏”。“十五”时期，宁夏已经形成一批特色鲜明、影响广泛的黄河文化旅游精品项目。成功举办了三届中国宁夏（沙坡头）大漠·黄河国际旅游节、首届沙坡头黄河漂流节、黄河梨花节等以黄河文化资源为依托的文化旅游活动。“十一五”时期，宁夏不断升级旅游产品和服务，努力将沿黄河旅游带建成黄河旅游线上的“金走廊”。“十二五”时期，宁夏旅游业将“一个轴心旅游带”，即以“黄河金岸”为轴心的沿黄城市旅游带作为建设重点之一，打造沿黄标准化堤防和生命保障线、便民交通线、经济命脉线、特色城市线、生态景观线、黄河文化线等“一堤六线”新景观，整合黄河文化旅游资源做大做强，这为后来宁夏建设黄河文化旅游带奠定了良好的基础。“十三五”时期，在全力推进全域旅游发展进程中，“建设黄河金岸旅游带”是构建宁夏全域旅游新格局中“两带”的重要一笔。步入“十四五”，宁夏立足黄河文化传承彰显区建设，正重点推进黄河文化旅游带建设，在新的空间发展格局中，“宁夏黄河文化旅游带”在地图中从西南到东北斜贯串联中卫、吴忠、银川、石嘴山等四市文化旅游圈。

创新是旅游业迭代发展的不竭动力。《“十四五”文化和旅游科技创新规划》中“创新”一词出现了114次，以高频次反映出新时代对文化旅游创新发展的要求。过去，宁夏黄河文化旅游发展取得的成绩离不开创新。未来，“发展黄河文化旅游，打造在全国有影响力、在世界有知名度的宁夏黄河文化旅游带”更离不开创新。2022年初第九届中国旅游产业发展年会公布的“2021年度中国旅游产业影响力案例”中宁夏有6个入选（见表2）。中国旅游产业发展年会是经文化和旅游部批准，中国旅游报社创办的年度性、专业化全国旅游行业品牌活动，年度中国旅游产业影响力案例的评选，是在全国范围进行案例征集的基础上，结合网络投票和专业评价择优产生在行业内有影响力的创新引领案例。也因此，研究分析入选的案例对旅游业的发展有管中窥豹的借鉴意义。

表2　宁夏入选2021年度中国旅游产业影响力案例

影响力案例	影响力案例类别	旅游关键词
中国（宁夏）星空旅游大会	旅游影响力节庆活动案例	“星”旅游
“星星故乡”文旅新IP	文化和旅游创意产品开发案例	“星”旅游、沙漠旅游、休闲旅游
银川市西夏区	旅游高质量发展县（区）案例	葡萄酒+旅游、“星”旅游、休闲旅游
银川市西夏区怀远旅游休闲街区	中国旅游休闲街区创新发展案例	休闲旅游
石嘴山市沙湖景区	最美星空目的地案例	“星”旅游、休闲旅游、沙漠旅游、水体旅游
吴忠市盐池县哈巴湖生态旅游区	最美星空目的地案例	“星”旅游、生态旅游、休闲旅游

三　宁夏推进黄河文化旅游带建设创新案例分析

分析表2中入选的案例，可以得到几个关键词：“星”旅游、葡萄酒+旅游、休闲旅游。其中，“星”旅游出现频次最高，作为宁夏黄河文化旅游带创新发展的新引擎，在中卫、吴忠、银川等市都有业态布局。以贺兰山东麓葡萄酒长廊为代表的“葡萄酒+旅游”是宁夏黄河文化旅游带发展的新动能。包括沙漠旅游、水体旅游、露营观星、生态旅游、城市旅游、工业旅游、红色旅游、长城旅游等在内的“休闲旅游”，是宁夏黄河文化旅游带创新发展的重要支撑部分。我们可以从这三个关键词来分析宁夏在推进黄河文化旅游带建设中的创新点，包括政策措施创新、业态融合创新、公共服务创新、科技与服务创新、旅游环境保护创新等方面。

（一）案例关键词一：“星”旅游

创新业态培育→文旅新 IP→创新宣传营销方式→旅游标志保护与运用→强化游客品牌感知。

创新业态培育。随着旅游业的发展，同质化的沙水结合的产品越来越多，游客旅游产品和服务需求的升级在不断呼吁旅游新业态的培育。中卫市率先在国内创新培育出以“星星的故乡”为主题的星空旅游业态以及系列深度体验产品，和以黄河精品民宿、黄河沙漠露营为主题的特色休闲度假业态，满足游客多元化个性化的体验。

文旅新 IP。根据气象部门的评估，宁夏大部分地区观星适宜度为“非常适宜”，是绝佳的观星地。凭借优良的自然地理环境，在强势 IP 和优质服务的引领下，宁夏“星星的故乡”品牌 IP 下率先投运的星星酒店、“黄河宿集”等产品快速走红。随后，在全区范围内，融入“观星”主题的黄河、沙漠、山地等旅游方式受到游客的青睐。

创新对外文化交流形式，拓展对外传播渠道和平台，强化文化旅游传播能力，有效助力“黄河流域生态保护和高质量发展示范区”创建。一是关于旅游宣传语“给心灵放个假”。在笔者看来，宁夏的生活是朴素的，这种朴素有一部分源自黄河的宁静和沙丘的平滑细腻，在宁夏的旅游体验是放松的、疗愈的。也因此，“去宁夏，给心灵放个假”“放心游宁夏，给心灵放个假”“畅游宁夏，给心灵放个假”是契合实地旅游体验和外地游客期许的宣传口号，取得的突出效果是吸引了更多的游客来宁夏“给心灵放个假”。二是在线旅游资产指数涨幅明显、新媒体国际传播力不断增强。根据中国旅游研究院（文化和旅游部数据中心）数据，2021 年上半年宁夏吴忠市、固原市、中卫市沙坡头旅游区 TPI 指数（在线旅游资产指数）① 呈大幅上涨趋势，银川市 TPI 指数也有所增长，侧面说明宁夏的旅游内容资产规模正不断壮大、传播强度和互动活跃度有所提高、口碑舆论态度较好、交易转化能力有所增强。根据文化产业指数实验室发布的全国省级文化和旅游新媒体国际传播力指数报告，2022 年 1~5 月宁夏旅游在全国省级文旅新媒体国际传播力指数中排名靠前。

表 3　宁夏在全国省级文旅新媒体国际传播力指数中的排名

全国省级文旅新媒体国际传播力指数排名	2022 年 1 月	2022 年 2 月	2022 年 3 月	2022 年 4 月	2022 年 5 月
全国省级文旅脸书传播力指数排名	—	—	2	—	—
全国省级文旅 Twitter 发帖量排名	10	—	—	—	—
全国省级文旅在海外视频平台传播力指数排名	—	9	7*	—	—
全国省级文旅在视频平台的传播力指数排名	10	—	—	—	5
全国省级文旅在 Instagram 上的传播力指数排名	—	—	8	3	5

* 2022 年 3 月全国省级文旅中宁夏在海外视频平台发布视频最多，有 20 条。

基于旅游标志与保护视角，结合“线上平台宣传投放+线下场景实际应用”强化游客品牌感知。2022 年“神奇宁夏·星星故乡”文旅品牌标识发布，一起发布的包括品牌 Logo 和 Slogan，为传播“神奇宁夏·星星故乡”文旅品牌建立了统一的视觉传播和旅游营销标志，进一步强化游客对该品牌的感知效果。资料显示，“神奇宁夏·星星故乡”已产生超过 40 亿次的品牌曝光，且已有 100 余名星空讲解师在相应的岗位上工作。

（二）案例关键词二：葡萄酒+旅游

创新全域旅游政策举措→构建旅游空间新布局→创新业态融合。

大地纬度、黄河灌溉系统、贺兰山、土壤环境等为宁夏种植酿酒葡萄和酿造品质葡萄酒提供了得天独厚的小气候以及风土水养的支持。2021 年宁夏获批

① TPI 是中国旅游业首个线上资产测评标准，是对旅游经营者的线上化、数据化和智能化提供具有权威学术指导和应用价值的行业标准，包含发布、传播、互动、口碑和交易等五个维度的指数。

图1 “星星故乡”的部分宣传图样

说明：组合图片，单图来自宁夏文化和旅游公众号、宁夏旅游官方旗舰店。

建设国家葡萄酒及葡萄酒产业开放发展综合试验区，成功举办首届中国（宁夏）国际葡萄酒文化旅游博览会。截至 2022 年 7 月，宁夏酿酒葡萄种植面积达到 52.5 万亩，占全国的 1/4 以上，现有酒庄 211 家，年产葡萄酒 1.3 亿瓶①。宁夏贺兰山东麓葡萄酒产区坚持以列级酒庄制度引领行业标准，现有酒庄中有列级酒庄

① 闫茜：《贺兰山东麓——39 家酒庄去年出口葡萄酒近千万元》，《银川晚报》2022 年 7 月 5 日，第 2 版，http：//ycrb. ycen. com. cn/epaper/ycrb/html/2022-07/05/content_ 21260. htm#article。

57家，精品化建设的家族酒庄、专业酒业投资者选址建设的酒庄、资本化运作自建酒庄或收购酒庄等，为宁夏“葡萄酒+旅游”的发展提供了高品质的鲜活载体。

创新全域旅游政策举措、构建推动高质量发展的旅游空间布局和支撑体系。在建设省级全域旅游示范区进程中，宁夏多次出台政策鼓励财政金融支持旅游业，鼓励地方采取招商引资政策，创新土地供给方式，创新旅游人才引进、培训、奖励等举措，多管齐下发展旅游业，构建推动高质量发展的“一核两带三片区”旅游空间布局和支撑体系。在此过程中，处理好全域旅游与“两带”——黄河文化旅游带、贺兰山文化旅游带的统分关系，以“两带”的建设发展加强典型示范、创新引领，推进实施好“一核”——沿黄地区文化旅游发展核心区工程，助力全域旅游示范区创新发展。

业态融合创新包括旅游发展模式创新、融合业态创新、旅游经营模式创新等，表现在宁夏的“葡萄酒+旅游”创新发展中，既有“旅游+”城镇化形成的创新发展模式，也有融合业态特色鲜明、科技感强、生态性好的融合业态创新和旅游经营模式的创新。如果没有黄河，乌兰布和沙漠与库布齐沙漠会在宁夏以北的内蒙古磴口交汇相连。就地理环境来看，如果没有贺兰山横亘于宁夏平原与阿拉善荒漠之间，腾格里沙漠将不断向东吞噬。正因为这样，宁夏人民亲切地称黄河与贺兰山是守护着这片塞上江南的“母亲河”“父亲山”。可以说，黄河与贺兰山风光的有机结合是宁夏风光中非常重要的一帧，也成就了宁夏旅游业的“两带”，在旅游业现实发展中，两带相互依存；在实际旅游过程中，旅游产品相互渗透、相互影响。当前，以贺兰山东麓文化和旅游资源为基础，融合“一体两翼①”的“葡萄酒+旅游”特色产业，创新整合提升贺兰山东麓葡萄酒庄、葡萄酒小镇、旅游景区、文化遗迹、生态景观等特色资源，优化发展产业集聚区，开发建设文化休闲体验、生态运动康养等文化旅游融合新业态，推进宁夏产区葡萄酒进商场、进景区、进餐厅、进客房，打造贺兰山东麓国际级旅游度假区和中国最具特色的葡萄酒文化旅游产业带。

（三）案例关键词三：休闲旅游

先“统”后“分”→突出优势→创新公共服务，提质升级休闲体验→拓展黄河文化旅游带创新发展路径。

---

① 即贺兰山东麓产区主体，中卫市中宁县、沙坡头区西南翼，吴忠市红寺堡区、同心县东南翼。

每个城市的文化旅游发展都有自身的特点，就我国各地文化旅游发展成功案例来看，都离不开“突出发展自身优势条件”这一因素，或是资源优势，或是交通优势，或是科技与服务优势，或是旅游环境优势等，但基于优势的成功出圈从来都离不开创新发展。宁夏黄河文化旅游带的发展在全域旅游理念的指导下先“统”后“分”，对黄河文化旅游带的整体形象、旅游环境、基础设施、公共服务等进行整体统筹；在因市制宜、因势利导上做好“分”，引导黄河文化旅游带各市差异化发展，提升旅游产品和项目的地域特色和亮点，有效防止重复建设和同质化发展。宁夏中卫市的沙坡头景区，石嘴山市的沙湖生态旅游区，银川市的水洞沟遗址、贺兰山岩画、宁夏博物馆，吴忠市的青铜峡黄河大峡谷、黄河坛，固原市的六盘山长征纪念馆、将台堡会师纪念碑等多个景区（点）以及银川市、吴忠市青铜峡等地入选我国黄河主题旅游线路。

表 4　宁夏黄河文化旅游带各市差异化发展情况

地级市	旅游定位	发展定位	黄河文化主题节庆、论坛、赛事等
中卫市	沙漠水城　云天中卫	创新大漠星空、度假康养业态，打造具有国际影响力的休闲度假旅游目的地	丝绸之路大漠黄河国际文化旅游节、南北长滩黄河梨花节、黄河数字音乐节、星空朗读、黄河诗会、中卫寻根黄河体验游、宁夏黄河流域非遗作品创意大赛等
吴忠市	黄河金岸　水韵吴忠 黄河明珠　美丽吴忠	打造黄河金岸亮丽生态城市、特色美食和健康休闲城市	中国（宁夏）黄河金岸文化旅游节、黄河金岸（吴忠）国际马拉松、“黄河流域生态保护和高质量发展”文化论坛、吴忠早茶美食文化节、吴忠黄河金岸趣味赏花游、2022 宁夏黄河流域非遗讲解大赛“情满黄河楼，月圆中秋夜”系列文旅活动等
石嘴山市	神奇宁夏川　活力石嘴山	打造生态和工业文化精品旅游项目，建设创新型山水园林工业城市	2020 年、2021 年宁夏黄河流域非遗讲解大赛、惠农区黄河文化节等
银川市	丝路明珠　魅力银川 塞上湖城　大美银川	打造黄河文化传承彰显区核心区、黄河“几”字弯都市圈文化旅游消费中心城市和大西北旅游目的地	沿黄九省区城市黄河文化旅游发展合作交流大会、中国银川黄河文化旅游节、宁夏黄河流域非遗美食大赛、黄河文化深度游等特色旅游产品等
固原市	红色固原　绿色发展	保护弘扬发展黄河支流文化，打造避暑康养生态休闲度假胜地，建设生态园林和文化旅游城市	“清凉六盘山，避暑泾河源”旅游活动等

1. 中卫市：创新生态环境保护和治理，培育推广新业态

在中卫，人地关系的互动是深刻且令人动容的。曾经的中卫市自然资源基础薄弱，生态环境十分脆弱，流传有“天上不见鸟，风吹石头跑”的生动描述。多年来，中卫市持续加强生态环境保护和治理，践行“绿水青山就是金山银山”的理念，推进水资源节约集约利用，城市道路清扫标准“以克论净”。生态环境保护和治理的创新带给中卫优良的旅游发展环境。

黄河流经中卫市182千米，中卫市旅游业的发展离不开黄河的滋养。依托黄河与沙漠、星空资源，科学确定旅游规模，从旅游业起步到全面推动文化旅游产业转型升级，创新培育新业态，在强势IP和优秀产品的引领下，沙坡头区成功创建首批国家全域旅游示范区，沙漠星星酒店、黄河宿集、金沙海旅游度假区、露营旅游等在传统沙水结合模式中培育出以黄河休闲、沙漠运动、枸杞康养、航天研学体验为主的旅游新业态，集成寻根黄河体验游线路，为黄河文化旅游业发展树了标杆、做了示范，中卫市成为中国沙漠旅游的领航者、黄河流域生态保护和高质量发展先行市。

以文旅品牌活动和旅行类综艺提升中卫市旅游知名度。“仰望星空”系列主题活动入选全国国内旅游宣传推广典型案例。先后有《爸爸去哪儿》《亲爱的客栈》《妻子的浪漫旅行》《奔跑吧·黄河篇》《一起露营吧》等多档综艺节目在中卫市取景拍摄，知名文旅品牌活动《星空朗读》也在中卫市举办。“体验式旅游+综艺效应”吸引了大量游客，旅游目的地热度增长明显。就发展趋势来看，继续深化文化旅游业、把握数字经济新趋势，可推动文化和旅游产业发展再上新台阶。

2. 吴忠市：有机串联黄河金岸文化旅游带，关注美食安全、发展农文旅融合新业态

黄河金岸文化旅游带是宁夏黄河文化旅游带的重要组成部分，主要围绕两条主线延展，一条在中卫市，另一条是以吴忠市黄河坛、黄河楼、安澜亭、黄河大峡谷、青铜古镇、青铜峡鸟岛湿地、西鸽酒庄等为载体，串联开发黄河观光旅游、文化体验、生态旅游、水上休闲运动、《黄河谣》大型实景演出等旅游系列产品，有机串联出吴忠段黄河金岸精品文化旅游带。特别是青铜峡黄河大峡谷旅游区在传承黄河文化、讲好黄河故事的同时，坚持“开发建设有机结合，资源保护永续利用”，景观、生态、文物、古建筑保护采用环保型材

料，设施设备采用清洁能源，发布实施《关于青铜峡黄河大峡谷旅游区禁止使用不可解等非环保材料通知》等。青铜峡黄河大峡谷旅游区“讲好黄河故事，推动景区高质量发展”案例入选了文化和旅游部印发的《2022年旅游景区质量提升案例汇编》，为黄河流域精品旅游景区建设提供了参考借鉴。

“游在宁夏，吃在吴忠。”粮食作物和畜产品作为宁夏引黄灌区的标志性产物，协同农畜产品产业与文旅融合发展的思路在吴忠市得到了创新应用。周边游客专程到吴忠市吃早茶成为一种休闲时尚，米面制品、牛羊肉、八宝茶等大受本地市民和周边游客喜爱。吴忠市现有早茶餐饮门店570余家，2021年获中国“早茶文化地标城市”称号，2022年获“中国民族美食文化地标城市”称号。吴忠市不断出台具体措施，切实提升餐饮品质安全水平、优质服务水平、全社会文明程度。2022年中国面食博览会暨第二届宁夏吴忠早茶美食文化节成功举办，为进一步保护传承弘扬黄河文化、推动宁夏黄河文化旅游带创新发展拓展了平台。目前吴忠市正在积极创建国家食品安全示范城市，让居民和游客“吃在吴忠”，且吃得安全放心。

3. 银川市：主客共享，构建发展型城市文化休闲空间

随着大众旅游的发展，人们更关注身边的文化休闲空间是必然趋势，新冠肺炎疫情让这种“关注”提前到来了。银川市作为宁夏的首府城市，是我国“黄河古都新城之旅”主题线路中的重要节点城市，举办有黄河文化旅游节等。在表2中，入选年度中国旅游产业影响力案例的怀远旅游休闲街区位于银川市西夏区，西夏区是首批国家全域旅游示范区。从文化旅游休闲街区发展模式来看，怀远市场是依托商圈建设的休闲街区，银川市还发展了“老银川”主题的场景化室内街区——大阅城、依托景区打造的休闲街区——贺兰山·漫葡小镇旅游休闲街区、拓展商圈建设的休闲街区——枫林湾小镇休闲街区。结合依托知名景区、葡萄酒庄等的游憩，银川市在关注城市文化休闲空间建设、打造黄河“几”字弯都市圈文化旅游消费城市的过程中，将主客共享的理念贯穿始终。

4. 石嘴山市：创新发展生态工业文化旅游，助力山水园林工业城市建设

随着煤炭资源趋于枯竭，作为老工业城市的石嘴山市在面临城市转型发展时，积极探索发展生态工业文化旅游的路子。石嘴山市积极推进生态工业文化旅游集聚区建设，明确将生态工业文化旅游列为重点产业之一，保护湿地，修

复生态，盘活工业遗址遗迹。通过政企合作，将闲置的大武口洗煤厂、老旧火车站候车室、石炭井矿区等27处工业遗址遗迹盘活利用，在保留大武口洗煤厂原有厂区建筑结构的基础上，打造大武口工业遗址公园，将老旧工业厂房变为特色文创基地，废旧设施变为创意景观小品，运煤专线变为旅游专线，推出了“石炭井号”绿皮旅游列车慢行体验游、“重温绿皮火车时光　踏寻宁夏工业记忆”游等产品，探索出工业文化遗存保护和开发利用的“大武口模式”，为黄河流域老工业城市转型发展提供了实践样本。

5. 固原市：砥砺“红”与休闲“凉”并重，城市化进程与乡村振兴协同推进

固原市是国家生态文明建设示范区，是历史文化名城、红色资源富地、西部生态屏障、绿色产品基地、旅游避暑胜地。固原市的六盘山长征纪念馆、将台堡会师纪念碑等红色文化资源已入选文化和旅游部在黄河文化旅游带建设推进活动上发布的黄河主题国家级旅游线路。1935年毛泽东率领中央红军翻越六盘山，写下了蜚声中外的“不到长城非好汉”；2016年习近平总书记在将台堡向红军长征会师纪念碑敬献花篮，号召“我们这一代人要走好我们这一代人的长征路”。固原市丰富的红色文化资源，以其蕴含的“不到长城非好汉”的革命精神激发出“走好新时代长征路”的奋斗精神，转化为“社会主义是干出来”的磅礴力量，激励着宁夏人民砥砺奋进新时代。就黄河文化旅游带发展来看，固原市红色旅游与生态旅游、乡村旅游等相融合的多元化产品受到游客青睐，尤其是独特的自然环境为固原市提供了优质的“凉”资源。固原市的“凉”休闲是集避暑休闲旅游和冷凉蔬菜品鉴于一体的。固原市坚持清水河、葫芦河、渝河、泾河、茹河“五河共治”，通过治理黄河支流持续增强水源涵养功能，构建六盘山水土保持生态走廊、南华山月亮山生态屏障、云雾山生态屏障，大幅改善空间生态环境。同时充分发挥冷凉气候资源优势，规模化种植优质马铃薯、菜心、芹菜、辣椒等冷凉蔬菜。在此过程中，结合红色旅游与生态休闲游建设发展中的公共服务创新，涌现出西吉县吉强镇龙王坝村等一批乡村旅游重点村镇，助力城市化进程与乡村振兴协同推进。

四　结语

需要注意的是，在推进黄河文化旅游带建设中，宁夏黄河文化要有共同的、统一的、精准的表述，这将是一切研究的出发点，例如黄河流经宁夏各市的流程相加总和要等于流经宁夏总里程。宁夏正处在产业升级的转型关键期，黄河文化旅游带建设要继续牢固树立和切实践行“绿水青山就是金山银山”的理念，以创新为引领，不断深化文旅融合发展理念，加强文化和旅游理论研究和智库建设，强化文化和旅游科技研发和成果转化，推进普惠旅游与疫情后旅游业高质量发展，提升文化和旅游装备技术水平，提高非标准化特色旅游服务创新力，拓宽和深化视频业态赋能旅游行业的适用场景，研发使用更智慧化的城市旅游“预约”系统，深化黄河文化研究下的文创产品开发，在人才培养方向中增加研学旅游指导师、民宿管家等职业方向，重视低碳节能酒店的创新发展，为全面建设社会主义现代化美丽新宁夏做出新的更大贡献。

B.27
黄河流域兰州段生态治理路径研究

王　荟*

摘　要： 甘肃深入贯彻落实习近平生态文明思想和习近平总书记对甘肃重要讲话及指示精神，牢固树立“绿水青山就是金山银山”理念，黄河生态治理取得成效。在此基础上，兰州市践行习总书记提出的“先发力、带好头”的要求，走出了“机制规划夯实治理基础，统筹项目打造治理网络，紧扣目标推进有序治理，生态文旅融合拓治理空间”的发展路径，取得了良好的生态治理成果。本文在梳理兰州黄河生态治理主要措施的基础上，分析了高质量发展要求下面临的主要问题，提出进一步强化“立法护持治水”、加强市内景观恢复性河道建设、创建“水土保持管家”模式、做好“黄河清”与“文化兴”双向促进工作等几点建议。

关键词： 生态治理　高质量发展　黄河兰州段

不论从历史维度，还是从地理维度来看，我国的政治、经济、文化的中心大多环绕在黄河流域。黄河流域的经济发展，对中华民族的繁荣发展起到了至关重要的作用，黄河的生态治理更是重要的研究命题。

一　黄河生态治理的发展历程

自古以来，人们一直在探索治理黄河以实现趋利避害、造福社会，对黄河的认识及黄河治理思想也逐步升级。

---

* 王荟，甘肃省社会科学院社会学研究所副研究员，主要研究方向为区域经济发展。

（一）历史上的黄河治理

黄河母亲是中华文明的摇篮，在滋养华夏大地的同时，也带来过深重的灾难。有历史记载以来，黄河曾多次决口和改道进而引发洪灾。不论是在黄河上游的银川平原、河套平原，中游的禹门口至潼关段、孟津至武陟段，还是下游的华北平原，历史上都有过黄河河道变迁或摆动的灾害，先民们多以疏导和壅障的方式来应对黄河水旱灾害。比如明代的“四防二守”就是通过系统性堤防进行壅障的制度安排。随着黄河治理的深入，人们发现堤防壅障的治理手段也需要辅以多方疏导，疏导的关键则在于河道泥沙。明代著名的治河专家潘季驯第一个提出了“束水攻沙”治河之策，将治理重点放在解决泥沙问题的固堤放淤技术，取得了显著成效。此后，人们逐步认识到不论疏导还是壅障，都不能从根本上解决黄河治理问题，黄河水患的根源在于黄土高原生态环境由于人居生产生活而改变，并最终引起的黄河泥沙量激增。清代中期，胡定提出了“汰沙澄源”的想法（淘汰泥沙以澄清水源），即治理中游泥沙流失的水土保持方案。这一方案透过水患的本质直达生态破坏造成的水土流失，从而倒推出欲要解决泥沙过多，必须解决水土流失，从而选择水土涵养的生态治理道路。可见，我们的祖辈在与黄河水患斗争的过程中，从单一的治标手段逐步进化至系统全局的水土涵养生态治理道路，黄河治理逐步发展。

（二）新时代的黄河治理思想

新中国成立后，毛泽东同志发出了“要把黄河的事情办好”的伟大号召，党和国家的历任领导者都非常重视黄河生态治理。陕西、山西、甘肃等地开展大规模植树造林运动和水土保持工程；三门峡水利枢纽、刘家峡、盐锅峡、青铜峡等大型水电工程以及人民胜利渠、盐环定、景泰川等引黄灌溉工程、小浪底水利枢纽工程相继建成。经过多年持续建设，黄河治理取得了巨大突破。这一时期黄河的治理和开发取得的成效，为之后治黄事业的开展奠定了坚实基础。

党的十八大以来，以习近平同志为核心的党中央着眼于生态文明建设全局，明确了“节水优先、空间均衡、系统治理、两手发力”的治水思路，黄河流域生态保护与高质量发展全面驶入“快车道”、迎来新阶段。各地“河长制”全面推行，黄河生态环境保护、水资源管理制度、综合处理泥沙体系等逐步建立健全，使得流域管理与区域发展得以实现统筹协同，历史上黄河下游频繁决口的险恶局面得以彻底扭转。进入新时代以来的治黄实践充分展现出中国共产党坚定不移走生态优先、绿色发展的现代化道路，为黄河流域高质量发展注入了新的经济增长点，极大地提高了流域内群众的生活水平。①

二 甘肃黄河生态治理概况

黄河流域的生态治理是一项系统工程，治理过程必须注重整体性、系统性和协同性。甘肃的黄河流域面积占全省土地总面积的34.26%，作为国家黄河战略首倡之地和黄河上游重要的水源涵养区，其黄河流域生态保护和高质量发展要求更为迫切和重要。

（一）省级层面全面加强协同治理体制机制构建

2017年，中共甘肃省委办公厅、甘肃省人民政府办公厅印发了《甘肃省全面推行河长制工作方案》，此后四级河长体系逐步建立，到2018年，在进一步健全完善了相关制度及考核办法的基础上，甘肃全面建立了河长制。2019年，省政府成立了“黄河流域生态保护高质量发展协调推进领导小组”，积极推动黄河流域治理保护工作机制的健全完善。成立了黄河流域水土保持专项工作推进专家领导小组，吸收高端专家学者，科学研判黄河流域甘肃段生态保护事业。2021年10月，省委、省政府印发了《甘肃省黄河流域生态保护和高质量发展规划》，提出构建黄河上游生态保护“一带四区多点”空间布局和总体发展目标。2021年12月31日，省政府办公厅印发《甘肃省“十四五”水利发展规划》，统筹谋划“十四五”全省水利发展总体布局。2021年12月28日，省水利厅、省发展和改革委员会、省住建厅、省工信厅、省农业农村厅联合印发《甘肃省黄河流域水资源节约集约利用实施方案》，明确了推进水资源节约集约利用的指导思想、基本原则和主要目标。2021年底，《甘肃省黄河流域环境保护与污染治理专项实施方案》《“美丽中国我是行动者”提升公民生态文明意识行动计划甘肃省实施方案》印发实施，初步形成了全省生态环境

① 陈静：《新中国成立以来党领导治黄事业的历程与经验》，《光明日报》2021年11月8日。

保护规划引领合力。2022 年 1 月，为推进甘肃省黄河流域生态保护和高质量发展，甘肃省生态环境厅以《甘肃省黄河流域生态保护和高质量发展规划》为主要指导和根本遵循，组织编制了《甘肃省黄河流域环境保护与污染治理专项实施方案》，实施期至 2030 年，同时对 2035 年及 21 世纪中叶进行展望。其间，还相继编制了《甘肃省黄河流域坡耕地水土流失综合治理“十四五”实施方案》《甘肃省国家水土保持重点工程 2021~2023 年实施方案》等省级专项实施方案。甘肃省各地州市也相继出台了本地黄河生态治理的系列实施方案及规划并着手实施。总体看来，省级层面的协同治理体制机制进一步得以构建，黄河治理保护的“理论库”“政策库”“技术库”“项目库”为黄河生态治理奠定了坚实的发展基础，提供了强力的制度支撑。

（二）科学有序开展重点地区生态保护修复

一是制定了严格的目标责任考核制度，夯实相关单位主体责任。全面推行河长制，省、市级河长巡河，有力地推动了河长制的落实和各级河长履职尽责；成立了黄河流域水土保持专项工作推进领导小组，制定黄河流域水土保持工作任务体系；将淤地坝防汛纳入各级政府防汛责任体系，实行地方行政首长负责制，杜绝汛情隐患；水利系统严格贯彻落实“一法一条例”，项目建设监管不松懈。这一系列措施，成功构建了“政府组织领导、水利牵头协调、部门配合协作、社会广泛参与”的多方联动机制，高效有序地推动了项目落实到位。二是多举措狠抓生态修复综合治理。水土流失是西北地区黄河流域生态修复的重要课题，甘肃通过大力开展旱作梯田建设、生态清洁小流域建设、水土保持监测站网布局、智慧水土保持信息化管理平台构建等手段，多维度实施水土流失综合治理。在全省重点区域展开了针对性治理，主要治理项目包括陇中陇东黄土高原水土流失综合治理重大项目，天水市流域生态环境综合治理项目，庆阳市绿色长廊、人工湿地等水生态修复治理项目，甘南黄河上游水源涵养区山水林田湖草沙一体化生态保护修复重大工程，甘南州玛曲县黄河干流沿岸水土保持综合治理工程，临夏州饮用水水源地保护、流域水污染治理、流域水生态保护修复、环境监管能力建设等项目；定西市牛谷河、洮河、关川河流域水污染防治等项目。这些重大项目布局全省，多措并举确保了全省生态修复综合治理目标任务的完成。

（三）甘肃黄河生态治理成效显著

一是水土流失得到有效遏制。“十三五”期间，甘肃累计治理水土流失面积1.87万平方千米，实现了面积和强度的“双降”。保护和治理塬面面积约500平方千米，累计完成水土保持项目中央投资23.9亿元，投资规模和治理任务实现了“双增”。① 二是黄河流域甘肃段河流的水质得到明显改善。观测近12年黄河流域甘肃段干流和主要支流的水质监测数据，可以发现：2010~2015年黄河流域甘肃段干流水质达到了Ⅱ类（优等水平）的从占比66.67%上升到80%，水质明显好转。2016年则是一个明显的分水岭，当年黄河流域甘肃段干流水质达到Ⅱ类的比例达到了100%，此后则持续保持着优良的水质表现（见表1）。进入“十四五”时期，甘肃继续加快推进生态文明建设、加大水土流失综合治理力度。2021年，黄河河段的玛曲、扶和桥、新城桥、什川桥、青城桥、靖远桥、五佛寺七处断面的水质评价均为优，其中扶和桥断面水质状况达到了Ⅰ类水平。黄河流域的24条河流中监测的41个国考断面水质优良（达到或者优于Ⅲ类）的比例为92.68%②。总体而言，甘肃黄河生态治理成效显著。

表1　2010~2021年黄河甘肃段不同水质水占比情况

单位：%

年份	Ⅰ类	Ⅱ类	Ⅲ类	Ⅳ类及以下
2010	0	66.67	33.33	0
2011	0	66.67	33.33	0
2012	0	80.00	20.00	0
2013	0	80.00	20.00	0
2014	0	80.00	20.00	0
2015	0	80.00	20.00	0
2016	0	100	0	0
2017	0	100	0	0
2018	0	100	0	0

① 甘肃省水利厅数据。

② 资料来源于《2021年甘肃省生态环境状况公报》。

续表

年份	Ⅰ类	Ⅱ类	Ⅲ类	Ⅳ类及以下
2019	0	100	0	0
2020	11.11	88.88	0	0
2021	14.29	85.71	0	0

资料来源：根据 2010~2021 年《甘肃省生态环境状况公报》数据整理。

三　黄河流域兰州段生态治理的主要做法与成效

甘肃水土流失得到有效抑制，水质进一步优化，黄河生态治理取得成效，为黄河流域兰州段生态治理奠定了坚实的基础。黄河干流兰州段全长 150.7 千米，流域面积 1.31 万平方千米，多年平均径流量 305 亿立方米。作为全国唯一黄河干流穿城而过的省会城市，兰州在高质量开展黄河生态治理、保持黄河水体健康方面具有典型性，要先发力、带好头。

（一）健全领导机制，科学编制规划，夯实制度安排

根据习近平总书记对甘肃重要讲话和指示精神，兰州牢记“先发力、带好头”的使命任务，扎实推进各项工作。

1. 建立健全长效机制

一是根据国家《黄河流域生态保护和高质量发展规划纲要》的指导和要求，兰州市进一步提高政治站位，强化组织领导，成立了以市委书记、市长为双组长的市黄河流域生态保护和高质量发展协调推进领导小组，着力研究推动重点工作。二是在河湖监管方面，在全面推行河湖长制的基础上，建立和推广“河湖长+检察长+警长”工作机制。这一工作机制创新性地将行政执法和刑事司法在河湖监管工作中做到了有效衔接，进一步理顺了河湖保护与治理机制，提高了治河效率，形成了警政、警民合力治河的“警务共同体”。

2. 积极制定科学、高品质的规划及条例

为确保黄河生态治理工作的科学有序推进，兰州市研究制定了一系列规划及条例，主要有《兰州市“十四五”生态环境保护规划》《黄河（兰州段）

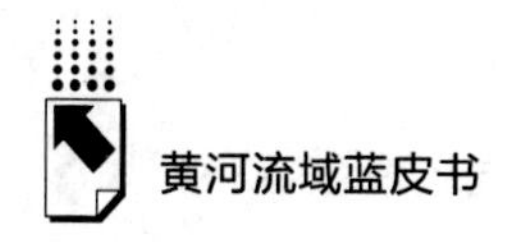

生态文明建设总体规划》《兰州市黄河流域生态保护和高质量发展规划重点任务分工方案》《兰州市黄河流域生态保护和高质量发展规划》《兰州市河湖岸线保护利用专项规划》《兰州市水土保持专项规划》《黄河风情景观带改造建设规划》《兰州黄河之滨高质量发展规划》《沿河生态旅游景区景点规划》《兰州市防洪专项规划》《黄河风情景观带慢行系统规划》《兰州市黄河风情线大景区管理保护条例》等。

（二）积极谋划项目，着力统筹推进，筑牢治理网络

1. 积极谋划项目支撑

为有序推进黄河兰州段生态治理，兰州市立足“十四五”、着眼中长期，统筹考虑，及时谋划、储备、实施一批关键性、全局性重大支撑项目，梳理形成了《兰州市黄河流域生态保护和高质量发展重大储备项目库》，共谋划储备项目 7 大类 349 项，总投资 9507.3 亿元。[①] 同时，《2021~2022 年兰州市黄河流域生态保护和高质量发展重大项目清单》共储备项目 357 项，总投资 2807 亿元。其中，生态保护方面 84 项，总投资 159.8 亿元；高质量发展方面 263 项，总投资 2647 亿元。

2. 多层次的治理项目协调推进

兰州市多维度、多层次统筹推进黄河生态治理。通过积极打造南北滨河路和南北两山生态绿化提升生态品质；通过实施黄河干流兰州段防洪工程提升了防洪标准且达到百年一遇；实施河道治理工程，累计完成河道治理 54.1 公里；实施湟水河兰州市西固段防洪治理、水阜河水生态综合治理工程、大通河兰州市永登段防洪治理、兰州新区的西岔生态调蓄工程、庄浪河及榆中县宛川河流域综合整治等工程，提升黄河兰州段干支流防洪能力。实施七里河安宁、雁儿湾等污水处理厂提标改扩建工程，实施兰州新区黄河上游生态修复水源涵养示范园区项目、兰州新区黄河流域生态储备林项目，着力建设黄河上游生态保护示范区。这一系列生态治理项目稳步推进，多层次构建黄河生态治理网络屏障。

3. 加强联防联治，筑牢治理网络

黄河兰州段的治理是一个系统工程，必须加强流域内不同地区之间的生态

---

① 《兰州市黄河流域生态保护和高质量发展有关情况新闻发布会实录》，每日甘肃新闻。

环境协同治理能力。兰州市创新流域监管体制机制，加强联防联治，与白银市、临夏州、武威市等上下游城市签订了黄河干支流跨界污染联防联控及横向生态补偿协议。兰州新区积极创建兰州—新区—白银黄河中上游生态修复及水土流失综合治理示范区。通过联防联治形成了流域上下游联动共治的合力，进一步明确规定了相关区域在联合巡查、信息共享、问题共治等方面的责任，进一步筑牢了兰州黄河生态治理综合网络。

（三）紧盯目标任务，多管齐下，有序推进各项治理

1. 水土流失综合治理稳步推进

2021 年兰州市水土流失综合治理任务 40 平方公里、小流域综合治理任务 15 平方公里。截至 2021 年底，完成水土流失综合治理面积 17.26 平方公里；完成小流域综合治理面积 15 平方公里。①

2. 加强水质监测，保障饮水安全

兰州市对各级饮用水水源地开展年度环境基础状况调查评估，对重点区域和流域落实执行日巡查工作机制，对污染源、水质、水量等重要指标做到每日巡查监控，对环境部反馈的所有入河排污口开展溯源排查、监测和信息录入，结合多个流域水污染防治项目治理促进流域水质持续改善。一系列措施全面确保兰州市的水质安全，进一步保障群众饮水安全。

3. 做好核查整改各项工作

兰州市着力推动河湖“清四乱”常态化规范化开展，累计清理黄河干流兰州段砂石堆体和垃圾 5 万余立方米，拆除违法建设 2 万余平方米，截至 2021 年上半年，水利部和省河长办反馈黄河干流问题 101 个，已解决 89 个；实施黄河干流岸线利用项目专项整治行动，完成黄河干流兰州段 240 个岸线利用项目的逐一摸排调查和整改。2021 年，兰州市河湖水系管护中心扎实开展“春雷”河湖管护攻坚行动，对全市 8 县（区）自查出即知即改的 22 个问题全部完成整改。②

4. 提高河道管理水平

2021 年，兰州市完成了黄河干流兰州城区段河滩整治、河堤及栏杆维修

---

① 根据《兰州市水土保持工作站 2021 年度事业单位法人年度报告书》数据整理。

② 根据《兰州市河湖水系管护中心 2021 年度事业单位法人年度报告书》内容整理。

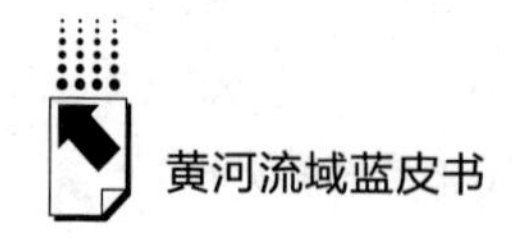

加固、河心滩疏浚整治等工程。依托河道视频监控系统，全面实现了“线上+线下”全天候河道巡检双模式，不断夯实水利防洪设施薄弱环节，进一步提高了黄河干流兰州城区段河道管理水平。①

（四）聚焦生态文创，打造文旅高地，拓展治理空间

为进一步实现黄河流域生态保护和高质量发展，兰州市积极谋划，将生态治理与文化旅游相结合，精心打造“黄河之滨也很美”的城市名片，进一步拓展了治理空间，提升了治理维度。

1. 挖掘黄河文化，推动绿色生态产业发展

兰州市持续推进黄河国家文化公园建设工作，着力将兰州建设成独具特色的黄河文化保护传承弘扬示范区；加强生态湿地修复治理和美化，打造河畔夜景，“夜游黄河”已成为兰州一景；白塔山、金城关、黄河楼、“读者印象”等文化街区，成为兰州新地标。2020 年，兰州市荣获“中国文旅和网红经济融合发展峰会”中“新时代 · 中国最美夜游景观旅游城市”和“新时代 · 中国最具文旅投资价值城市”两项大奖。据统计，2021 年国庆假日期间，以“黄河之滨”为代表的兰州市旅游实现了约 24.56 亿元的综合收入。全年共实现旅游总收入 593.5 亿元，实现了经济效益与社会效益的良好统一。

2. 巩固“国家园林城市”创建成果，加强黄河两岸美化和人文关怀，进一步提升兰州市民幸福感

现在的黄河两岸处处是景观绿化带，河边设有宽阔的健身步道。以兰州市南滨河东路的原兰铁泵站项目点为代表，可以看到堤稳岸固，环境优美，成为市民休闲的好去处。课题组在黄河沿岸对路过的多位市民进行了随机访问，全部被访者均对兰州黄河段的生态改善状况评价良好，满意程度较高。

总体看来，经过多年的综合生态治理，兰州黄河段生态状况明显好转。2021 年，兰州市森林覆盖率达到 8.35%，进一步支撑黄河兰州段泥沙输入量下降；黄河干流兰州段年输沙量为 0.058 亿吨，比上年减少了 61.84%；② 地表水水质总体良好，饮用水源水质达标率为 100%③。可以说，兰州市黄河流域生态保护和

---

① 根据《兰州市黄河河道管理站 2021 年度事业单位法人年度报告书》内容整理。

② 根据 2020 年、2021 年《黄河泥沙公报》数据整理。

③ 数据来自《兰州市 2021 年环境状况公报》。

高质量发展踏实践行了习总书记提出的“先发力、带好头”的要求，走出了“机制规划夯实治理基础，统筹项目打造治理网络，紧扣目标推进有序治理、生态文旅融合拓治理空间”的发展路径，取得了良好成果。

四　黄河兰州段生态治理高质量发展的主要问题

黄河兰州段生态治理虽然取得了显著成效，但要实现高质量发展依然面临诸多难题。一是兰州市生态质量还有较大提升空间。根据 2020 年、2021 年《甘肃省生态环境状态公报》数据，2019 年、2020 年两年，比较全省 14 个市州生态环境状况指数，甘南州、陇南市、天水等市的生态环境质量等级为“良”，兰州市生态环境质量等级为“一般”。可见，要实现兰州市生态环境状况从“一般”到“优良”的升级，还需要多方持续发力。二是黄河流域兰州段水体生态情况复杂。黄河流域兰州段支流较多，水体生态现状复杂，导致在选择生态修复治理过程中要时时因地制宜，调整具体方式方法，实现全面综合治理成效的难度客观存在。三是黄河河道管理薄弱问题需要引起持续重视。虽然兰州市黄河干流防洪工程修建极大地改善了兰州市防洪薄弱的现状，但仍然有部分河堤存在安全隐患，且由于近几年洪水较大，又有部分河堤暴露出了问题，需要加强治理。四是生态文明建设依然任重道远。在注重现实黄河生态治理的同时，人们对生态文明的了解和主动参与的积极性依然有限。从生态善治到实现生态文明，还需群策群力，积极创新谋划发展路径。五是就如何利用和开发好兰州市作为黄河流域“干流发展段”的潜在价值，还需多加探索。兰州作为黄河流域干流发展段的重要节点城市，守着“万里黄河第一城”的黄金标签，坐拥美丽的黄河之滨，如何进一步挖掘和开发利用其潜在价值，并将其与经济、社会、生态发展形成良性耦合机制，还要更有创意性和开放性的探索。

五　几点建议

建议进一步强化“立法护持治水”。对涉及黄河流域生态治理和修复、河道整治和水土保持、污染防治和高质量发展、黄河文化传承和保护等方面制定更为完善的法规。以最严格的制度、最严密的法治护持高质量发展，尽早实现

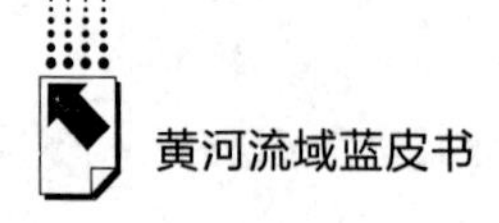

兰州生态环境质量大幅提升。

建议进一步建设和维护好市内景观恢复性河道，根据河道实地情况设计河道水资源发展规划和实施方案，以确保河道景观逐步升级发展。建议进一步加强与沿黄城市的交流合作，共享发展机遇，探索黄河景观河道旅游生态链，携手推进黄河流域生态保护和高质量发展。

建议在做好自查自纠的同时，引入第三方专业机构参与黄河生态治理监管核查。随着兰州市行政管理信息化水平的提升，大数据运用也愈来愈广泛，但是我们在市辖区水利部门机构设置、水土保持专业人员方面依然存在短板。可以引入第三方专业机构，通过创建“水土保持管家”模式，承担建设项目水土保持监督、检查、监测等工作，以相对较低的成本实现项目优化，构建公平开放、竞争有序、监管到位的水土保持服务市场。

建议做好“黄河清”与“文化兴”双向促进工作，加大绿色生态产业在黄河生态治理与高质量发展中的经济、社会作用。近年来，随着兰州黄河生态的有效治理，“黄河清”吸引来了相当的市场资源，一些黄河沿岸的网红景点和民族餐饮热度不减并逐步形成新的文化现象。建议通过保护性利用自然资源，进一步壮大特色优势产业的规模，以独特的黄河文化风俗资源为切入点，让“文化兴”反哺于黄河生态治理，提升人们的生态保护意识和生态文明素养，形成良性互动和促进。建议在全省范围，重点在兰州市范围内开展黄河文化推介工作，营造“兰州人爱黄河，黄河水润金城”的积极氛围。人们常对周围过于熟悉的事物视而不见，生长在黄河边的人们有很多人对于这条母亲河并不真正了解。建议对广大兰州市民开展诸如黄河、黄河文明探源、黄河治理历史、兰州黄河故事等方面多形式的公益性推介，树立“黄河第一城”的居民自豪感，在黄河生态治理高质量发展方面走出人文关怀第一步。

参考文献

韩建民、牟杨：《黄河流域生态环境协同治理研究——以甘肃段为例》，《甘肃行政学院学报》2021 年第 2 期。

吕志祥、乔金花：《黄河流域甘肃段生态治理的法治保障分析》，《河北环境工程学院学报》2020 年第 1 期。

陆大道、孙东琪：《黄河流域的综合治理与可持续发展》，《地理学报》2019 年第 12 期。

郭晗、任保平：《黄河流域高质量发展的空间治理：机理诠释与现实策略》，《改革》2020 年第 4 期。

赵万山：《兰州在黄河流域生态保护和高质量发展中先发力带好头》，《兰州日报》2021 年 9 月 10 日。

贾国静：《“治河即所以保漕”？——清代黄河治理的政治意蕴探析》，《历史研究》2018 年第 5 期。

附　　录

Appendix

B.28 黄河流域生态保护和高质量发展大事记（2021年7月至2022年6月）

张明霞*

2021年

七月

9日　水利部召开推进黄河流域生态保护和高质量发展工作领导小组会议，传达学习贯彻中央推动黄河流域生态保护和高质量发展领导小组全体会议精神，观看黄河流域生态环境警示片。

10~12日　黄淮北部等部分地区降了大到暴雨，黄河中游小浪底库区西阳河、沁河中游干流及支流丹河出现明显洪水过程。水利部密切跟踪雨情汛情变化趋势，维持水旱灾害防御Ⅳ级应急响应，有序应对暴雨洪水过程。

15日　《人民论坛》发表水利部党组书记、部长李国英署名文章：《集聚

* 张明霞，博士，青海省社会科学院副研究员，研究方向为森林生态系统及可持续经营、生态经济等。

推动新阶段水利高质量发展的奋进力量》。文章指出，紧紧围绕解决基层的困难事、群众的烦心事办实事。在青海省海北州海宴县金滩乡光明沟、宁夏回族自治区中卫市沙坡头区东园镇黑山嘴山洪沟实施山洪灾害防治定向帮扶。

18日　水利部召开防汛会商会，研判“七下八上”防汛关键期汛情形势，以流域为单元研究部署近期防范应对工作。

29日　水利部召开党组会议，对习近平总书记关于防汛救灾工作的重要指示进行再学习、再贯彻、再落实，传达学习贯彻习近平总书记在西藏考察时重要讲话精神。会议强调，加强重要江河源头和高原湖泊生态保护与修复，保护好地球第三极生态。

八月

2日　水利部在京召开黄河流域河湖管理保护工作推进视频会议，深入学习贯彻习近平总书记关于黄河流域生态保护和高质量发展的重要讲话指示批示精神，认真落实党的十九届五中全会精神，进一步安排部署黄河流域河湖长制和河湖管理保护重点工作。

9日　为深入贯彻落实黄河流域生态保护和高质量发展战略，依据《黄河流域生态保护和高质量发展规划纲要》，水利部、国家发展改革委正式印发了《黄河流域淤地坝建设和坡耕地水土流失综合治理“十四五”实施方案》。

10日　水利部召开推进黄河流域生态环境突出问题整改水利工作视频会议，传达学习贯彻中央推动黄河流域生态保护和高质量发展领导小组全体会议精神，对黄河流域生态环境突出问题整改水利工作进行研究部署。

11日　水利部召开部务会议，审议黄河流域生态保护和高质量发展水安全保障规划、加强三峡工程运行安全管理的指导意见和关于创新小型水库管护机制的意见。

21日　水利部安排部署暴雨洪水防御工作。会议要求黄河流域做好水库的科学调度，强化黄河下游控导工程。

九月

3日　水利部网站发表水利部党组署名文章：《中国共产党领导人民治理黄河的经验与启示》。文章指出，人民治黄是中国共产党百年奋斗史中的光辉篇章，是党领导人民重整河山、改天换地的历史缩影，是“中国共产党为什么能、马克思主义为什么行、中国特色社会主义为什么好”的生动诠释与例证。从70多年波澜壮阔的人民治黄实践中，我们得到的最根本、最关键的一条经验就是：必须始终坚持中国共产党的领导，必须紧紧依靠社会主义制度。

9日 水利部部长李国英出席国务院新闻办公室“水利支撑全面建成小康社会”新闻发布会。李国英指出，黄河连续22年不断流，黑河下游东居延海连续17年不干涸，塔里木河重现生机。实施了黄河中上游、长江上中游、京津风沙源等国家水土流失重点防治工程，生态系统保护治理成效显著。

10~14日 水利部党组书记、部长李国英在西藏自治区调研水利工作时明确强调必须牢记“国之大者”，在推动青藏高原生态保护和可持续发展上不断取得新成就。

18日 水利部召开《中国黄河文化大典》编纂工作会议，全面启动《中国黄河文化大典》编纂工作。

25日 黄河中下游干流及支流渭河、汾河、沁河、大汶河，海河南系卫河等河流将出现明显涨水过程，水利部要求扎实做好秋汛防御工作。

十月

1日 水利部主持防汛会商，进一步安排部署黄河汉江海河等流域秋汛洪水防御工作。

4日 水利部维持水旱灾害防御Ⅲ级应急响应，有6个工作组在陕西、山西、河南、山东四省防汛一线，指导做好黄河洪水防范应对工作。

8日 中共中央、国务院印发的《黄河流域生态保护和高质量发展规划纲要》发布，规划范围为黄河干支流流经的青海、四川、甘肃、宁夏、内蒙古、山西、陕西、河南、山东9省区相关县级行政区，这是指导当前和今后一个时期黄河流域生态保护和高质量发展的纲领性文件。

16~17日 国家防总副总指挥、水利部部长李国英赴河南、山东检查指导黄河下游秋汛防御工作。

25日 水利部召开党组会议，传达学习贯彻习近平总书记在深入推动黄河流域生态保护和高质量发展座谈会上的重要讲话和考察黄河入海口时的重要指示精神。

26日 水利部召开部务会议，研究部署贯彻深入推动黄河流域生态保护和高质量落实工作。

十一月

8~11日 中国共产党第十九届中央委员会第六次全体会议胜利召开，全面总结了党的百年奋斗重大成就和历史经验。七十五载人民治黄，正是中国共产党百年奋斗史中的光辉篇章。中国共产党领导下的治黄事业迸发强大的生命力和创造力，取得了诸多令世界瞩目的巨大成就。其中，解决黄河断流这一世纪难题的"黄河水量统一管理与调度"之举，写下了世界江河治理"中国范例"。

17日 水利部在京召开《中国河湖年鉴》编纂工作启动会，系统记录河湖长制工作发展历程。

23日 水利部召开党组会议，传达学习贯彻《中共中央 国务院关于深入打好污染防治攻坚战的意见》，指出要持续打好长江保护修复攻坚战、黄河生态保护治理攻坚战，科学推进水土流失综合治理，进一步提升生态环境质量。

十二月

8日 《人民日报》发表李国英部长署名文章：《强化河湖长制 建设幸福河湖》。文章指出，全面推行河湖长制，是以习近平同志为核心的党中央，立足解决我国复杂水问题、保障国家水安全，从生态文明建设和经济社会发展全局出发作出的重大决策。5年来的实践充分证明，全面推行河湖长制完全符合我国国情水情，是江河保护治理领域根本性、开创性的重大政策举措，是一项具有强大生命力的重大制度创新。

12日 南水北调工程全面通水七周年，筑牢"四条生命线"。南水北调东、中线一期工程全面建成通水，沟通了长、黄、淮、海四大流域，初步构筑了我国南北调配、东西互济的水网格局。

22日 国务院新闻办公室举行全面推行河湖长制五周年新闻发布会。

30日 水利部会同发展改革委、自然资源部、生态环境部、农业农村部、能源局、林草局在京联合召开视频会议，研究部署推进黄河流域小水电清理整改工作。黄河水利委员会和河南、陕西、甘肃、青海四省作了交流发言。

31日 水利部召开推进黄河流域生态保护和高质量发展工作领导小组会议，认真学习贯彻习近平总书记在深入推动黄河流域生态保护和高质量发展座谈会上的重要讲话精神，研究部署“十四五”时期重点任务。

2022年

一月

6~7日 全国水利工作会议在北京召开。李克强总理、胡春华副总理作出重要批示。会议强调，加快黄河干流河道和滩区综合提升治理、黄河流域东庄等控制性枢纽建设；推进黄河古贤等水利枢纽前期工作；开展黄河黑山峡、桃花峪水库，交溪上白石水利枢纽等前期论证；推进黄河滩区居民迁建工作；巩固黄河等水资源优化配置和修复治理成果；大力推进黄河流域生态保护和高质量发展水利工作；加大黄河中上游等重点区域水土流失治理力度；打好黄河流域深度节水控水攻坚战。

17~25日 水利部开展专题会商，分析研判黄河凌汛形势，安排部署防凌工作。

二月

1日 水利部详细了解黄河防凌措施落实等情况，强调要强化预报预警预演预案措施。

8日 水利部制定印发了《2022年水资源管理工作要点》，提出开展母亲河复苏行动，推进河湖生态环境复苏与地下水超采治理，提高水资源集约节约安全利用能力和水平，促进生态文明建设和高质量发展。

16日 《求是》刊发水利部党组署名文章：《为黄河永远造福中华民族而不懈奋斗》。文章指出，黄河是中华民族的母亲河。习近平总书记一直十分关心黄河流域生态保护和高质量发展，亲自擘画、亲自部署、亲自推动黄河流域生态保护和高质量发展重大国家战略。

22日 水利部办公厅印发《“十四五”水文化建设规划》，其中设置了

“讲好黄河故事”等专栏，提出以黄河文化等为重点，积极推进水文化建设。

25 日 农村水利水电工作会议在北京召开。会议强调，要大力推进大中型灌区现代化改造，夯实粮食安全水利基础，推进黄河流域农业深度节水控水。

三月

3 日 水利部召开 2022 年水利系统节约用水工作会议，强调坚决贯彻中央重大决策部署，深入实施国家节水行动，打好黄河流域深度节水控水攻坚战，大力推进污水资源化利用试点。

9 日 黄河防总召开防凌会商会，安排部署防凌工作。

10~14 日 黄河水利委员会统筹规划、精细调度，确保黄河全线平稳开河。

16 日 2022 年水利规划计划工作座谈会指出要支撑国家重大战略迈出新步伐，编制完成黄河流域生态保护和高质量发展水安全保障规划。

18 日 黄河内蒙古河段全线开河，凌汛洪水安全进入万家寨水库，标志着 2021~2022 年度黄河防凌工作顺利结束。

四月

13 日 水利部发布 2021 年法治政府建设年度报告，完成黄河保护立法起草并送全国人大常委会进行审议，积极推动黄河保护法颁布施行。

27 日 水利部召开水政工作会议，强调要全力推动黄河保护法、节约用水条例等尽早颁布实施。

28 日 京杭大运河全线水流贯通。此次京杭大运河全线贯通补水通过优化调度南水北调东线北延工程供水、引黄水、本地水、再生水及雨洪水等水源，向京杭大运河黄河以北 707 公里河段进行补水。

五月

6 日 黄河水利委员会研究推动数字孪生黄河水旱灾害防御应用系统建设工作。

9~13 日 水利部进一步分析研判当前黄河流域雨情、水情、汛情形势，

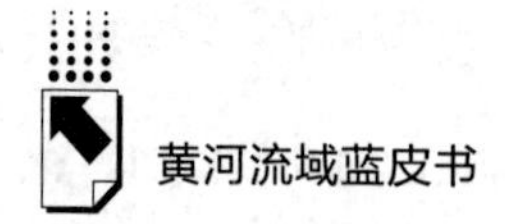

就统筹做好水旱灾害防御与疫情防控工作作出安排部署。

17日 黄河水利委员会印发《黄河水利委员会推动新阶段黄河流域水利高质量发展“十四五”行动方案》。

25日 黄河水利委员会组织开展2022年黄河防御大洪水调度演练。

六月

9日 2022年黄河水文防汛抗旱动员会在郑州召开，要求坚持“预”字当先、“实”字托底，高质量完成测报任务。

14日 黄河水利委员会召开党组会议，强调牢牢把握黄河流域作为中华文化保护传承弘扬的重要承载区战略定位，突出黄河流域中华人文始祖发源地特殊地位，深入挖掘黄河文化的时代价值，增强保护传承弘扬黄河文化的使命感、责任感，讲好新时代黄河故事，不断完善黄河水文化宣教展示体系。

20日 黄河水利委员会部署近期汛前调水调沙工作。

25日 黄河下游引黄涵闸改建工程开工建设。

29日 《学习时报》头版头条刊发李国英部长署名文章：《建设数字孪生流域 推动新阶段水利高质量发展》。文章指出，黄河流域生态保护和高质量发展等规划纲要，对数字孪生流域建设提出了更加具体明确的要求。

（根据中国水利部官网、黄河网和沿黄九省区社科院官网整理）

S基本子库
SUB DATABASE

中国社会发展数据库（下设 12 个专题子库）

紧扣人口、政治、外交、法律、教育、医疗卫生、资源环境等 12 个社会发展领域的前沿和热点，全面整合专业著作、智库报告、学术资讯、调研数据等类型资源，帮助用户追踪中国社会发展动态、研究社会发展战略与政策、了解社会热点问题、分析社会发展趋势。

中国经济发展数据库（下设 12 专题子库）

内容涵盖宏观经济、产业经济、工业经济、农业经济、财政金融、房地产经济、城市经济、商业贸易等12个重点经济领域，为把握经济运行态势、洞察经济发展规律、研判经济发展趋势、进行经济调控决策提供参考和依据。

中国行业发展数据库（下设 17 个专题子库）

以中国国民经济行业分类为依据，覆盖金融业、旅游业、交通运输业、能源矿产业、制造业等 100 多个行业，跟踪分析国民经济相关行业市场运行状况和政策导向，汇集行业发展前沿资讯，为投资、从业及各种经济决策提供理论支撑和实践指导。

中国区域发展数据库（下设 4 个专题子库）

对中国特定区域内的经济、社会、文化等领域现状与发展情况进行深度分析和预测，涉及省级行政区、城市群、城市、农村等不同维度，研究层级至县及县以下行政区，为学者研究地方经济社会宏观态势、经验模式、发展案例提供支撑，为地方政府决策提供参考。

中国文化传媒数据库（下设 18 个专题子库）

内容覆盖文化产业、新闻传播、电影娱乐、文学艺术、群众文化、图书情报等 18 个重点研究领域，聚焦文化传媒领域发展前沿、热点话题、行业实践，服务用户的教学科研、文化投资、企业规划等需要。

世界经济与国际关系数据库（下设 6 个专题子库）

整合世界经济、国际政治、世界文化与科技、全球性问题、国际组织与国际法、区域研究 6 大领域研究成果，对世界经济形势、国际形势进行连续性深度分析，对年度热点问题进行专题解读，为研判全球发展趋势提供事实和数据支持。